· 高等学校计算机基础教育教材精选 ·

新编计算机应用基础教程（第2版）

袁启昌 周凌翱 韦伟 车金庆 编著

清华大学出版社

北京

内 容 简 介

本书依据教育部高等学校计算机基础教学指导委员会提出的"大学计算机基础教学基本要求"编写而成,共分 8 章,主要内容包括计算机基础知识、Windows XP 操作系统的使用,以及文字处理软件 Word 2003、电子表格制作软件 Excel 2003、演示文稿制作软件 PowerPoint 2003、网页制作软件 FrontPage 2003 和数据库制作软件 Access 2003 的使用,最后一章为 Office 2003 综合实训。

本书以社会需求为导向,紧跟当前计算机技术的发展动向,突出应用技术、注重实际操作、贯穿案例驱动与项目实践教学思想,同时覆盖计算机等级考试一级内容,兼顾常用的 Office 高级应用技能和高级国家职业技能鉴定内容,使学生的计算机水平、应用能力和信息素养得到全面培养与提高。

本书第 1 版于 2011 年被江苏省教育厅评为江苏省高等学校精品教材。本书内容丰富、结构合理、重点明确、语言简练、实例丰富、步骤详细、操作性强,可作为应用型本科院校和高职高专的计算机应用基础课程教材,也可作为计算机一级考试以及各类计算机培训教材,还可作为计算机爱好者学习计算机应用知识与方法的自学参考书。

图书在版编目(CIP)数据

新编计算机应用基础教程/袁启昌等编著. —2 版. —北京:清华大学出版社,2013
高等学校计算机基础教育教材精选
ISBN 978-7-302-33319-7

Ⅰ. ①新… Ⅱ. ①袁… Ⅲ. ①电子计算机－高等学校－教材 Ⅳ. ①TP3

中国版本图书馆 CIP 数据核字(2013)第 173620 号

责任编辑:袁勤勇 王冰飞
封面设计:何凤霞
责任校对:白 蕾
责任印制:何 芊

出版发行:清华大学出版社
   网   址:http://www.tup.com.cn,http://www.wqbook.com
   地   址:北京清华大学学研大厦 A 座 邮 编:100084
   社 总 机:010-62770175 邮 购:010-62786544
   投稿与读者服务:010-62776969,c-service@tup.tsinghua.edu.cn
   质 量 反 馈:010-62772015,zhiliang@tup.tsinghua.edu.cn
   课 件 下 载:http://www.tup.com.cn,010-62795954
印 装 者:三河市李旗庄少明印装厂
经 销:全国新华书店
开 本:185mm×260mm 印 张:26.5 字 数:611 千字
版 次:2012 年 7 月第 1 版 2013 年 9 月第 2 版 印 次:2013 年 9 月第 1 次印刷
印 数:1～3600
定 价:44.50 元

产品编号:054279-01

出版说明

在教育部关于高等学校计算机基础教育三层次方案的指导下,我国高等学校的计算机基础教育事业蓬勃发展。经过多年的教学改革与实践,全国很多学校在计算机基础教育这一领域中积累了大量宝贵的经验,取得了许多可喜的成果。

随着科教兴国战略的实施及社会信息化进程的加快,目前我国的高等教育事业正面临着新的发展机遇,但同时也必须面对新的挑战。这些都对高等学校的计算机基础教育提出了更高的要求。为了适应教学改革的需要,进一步推动我国高等学校计算机基础教育事业的发展,我们在全国各高等学校精心挖掘和遴选了一批经过教学实践检验的优秀的教学成果,编辑出版了这套教材。教材的选题范围涵盖了计算机基础教育的三个层次,包括面向各高校开设的计算机必修课、选修课,以及与各类专业相结合的计算机课程。

为了保证出版质量,同时更好地适应教学需求,本套教材将采取开放的体系和滚动出版的方式(即成熟一本、出版一本,并保持不断更新)。坚持宁缺毋滥的原则,力求反映我国高等学校计算机基础教育的最新成果,使本套丛书无论在技术质量上还是出版质量上均成为真正的“精选”。

清华大学出版社一直致力于计算机教育用书的出版工作,在计算机基础教育领域出版了许多优秀的教材。本套教材的出版将进一步丰富和扩大我社在这一领域的选题范围、层次和深度,以适应高校计算机基础教育课程层次化、多样化的趋势,从而更好地满足各学校由于师资和生源水平、专业领域等的差异而产生的不同需求。我们热切期望全国广大教师能够积极参与到本套丛书的编写工作中来,把自己的教学成果与全国的同行们分享;同时也欢迎广大读者对本套教材提出宝贵意见,以便我们改进工作,为读者提供更好的服务。

我们的电子邮件地址是 xiech@tup.tsinghua.edu.cn。联系人:谢琛。

清华大学出版社

前　言

21 世纪是人类全面进入信息时代的世纪。在信息时代,应用计算机获取、表示、存储、传输、处理、控制和应用信息进行协同工作、解决实际问题的能力,已成为衡量一个人文化素质高低的重要标志之一。高校计算机基础课程的教学目标是满足社会对大学生在计算机应用方面的基本要求,同时为其专业本身的发展对计算机应用技术的要求打好相应的基础,最终为将学生打造为既掌握本专业知识,又掌握计算机基本应用的复合型人才服务。

本书是"高等学校计算机基础教育教材精选"丛书之一。本书的特点是,紧跟当前计算机技术的发展步伐,以社会需求为导向,以实际应用为中心,贯穿案例驱动与项目实践的教学思想,注重操作技能训练。本书覆盖计算机等级考试一级内容,兼顾常用的 Office 高级应用技能和国家高级职业技能鉴定内容,使学生的计算机水平、应用能力和信息素养得到全面培养与提高。

本书第 1 版受到广大读者的欢迎,并于 2011 年被江苏省教育厅评为江苏省高等学校精品教材。本书第 2 版根据实际学时删除了第 1 版的第 6 章和第 10 章,改写了第 1、2、7、8 章,并且对其他章节进行了修订。本书的主要内容包括计算机基础知识、Windows XP 操作系统的使用,以及文字处理软件 Word 2003、电子表格制作软件 Excel 2003、演示文稿制作软件 PowerPoint 2003、网页制作软件 FrontPage 2003 和数据库制作软件 Access 2003 的使用,最后一章为 Office 2003 综合实训。本书配套提供了电子教案、教学案例和上机操作题的素材,读者可从清华大学出版社网站 http://www.tup.com.cn 下载使用。本书编者还可根据需要向读者提供"计算机应用基础"课程学习平台,该学习平台是在《新编计算机应用基础教程》教材基础之上,总结编者多年的教学经验,使用方正奥思 6.0 创作出的适应教学实际需要、体系规范完整、资料丰富的一套教学软件。

本书实例丰富、步骤详细、操作性强,可作为高等院校的计算机应用基础课教材,也可作为计算机一级考试以及各类计算机培训教材,还可作为计算机爱好者学习计算机应用知识与方法的自学参考书。

本书由南京工业大学、南京钟山职业技术学院袁启昌教授和钟山职业技术学院周凌翔副教授任主编,钟山职业技术学院韦伟副教授和常州工程职业技术学院车金庆老师任副主编。其中,韦伟编写第 1 章、第 7 章,周凌翔编写第 3～5 章,车金庆编写第 2 章、第 6 章,袁启昌编写第 8 章。全书由袁启昌教授统稿定稿,周凌翔完成了"计算机应用基础"课程学习平台的制作，韦伟汇总了全书的电子教案。

由于本书涉及的知识面广，加之计算机技术发展迅速，并且编者水平有限、编写时间仓促，书中难免存在疏漏和不妥之处，恳请广大教师和读者提出宝贵的意见。

编者

2013 年 6 月

目录

第 1 章 计算机基础知识

1946 年 2 月，世界上第一台电子数字计算机 ENIAC(Electronic Numerical Integrator And Computer)在美国宾夕法尼亚大学诞生了。在半个多世纪的时间里，它一直以令人难以置信的高速度发展着。计算机的出现彻底改变了人们的工作、学习和生活，对人类的整个历史发展有着不可估量的影响。

随着人类进入信息社会，计算机已经成为人们在社会生活中不可缺少的工具，掌握计算机的基础应用知识和基本操作技能，也成为人们适应信息化社会的必备技能。

本章将详细介绍计算机的发展过程，软、硬件基本知识以及数制和信息编码。通过本章内容的学习，读者应了解和掌握以下内容：

- 计算机的发展过程及我国计算机的发展现状
- 计算机的数制与编码
- 计算机(特别是微机)系统的组成及软、硬件系统之间的关系
- 计算机硬件的基本组成
- 计算机软件的分类及作用

1.1 计算机的发展过程

学习重点
- 计算机的诞生
- 计算机的发展阶段
- 我国计算机的发展

1.1.1 计算机的诞生

自人类社会形成以来，人们在劳动生产和社会生活中产生了计算的需要。人类最初用手指计算，后来用石头、刻痕或绳结来计数和计算，并陆续发明了算盘、计算尺等计算工具。

1642 年，法国数学家帕斯卡采用与钟表类似的齿轮传动装置，制成了最早的十进制加法机；1673 年，德国数学家莱布尼兹发明了乘法机，这是第一台可以运行完整的四则运

算的计算机。

1822 年，英国数学家巴贝齐发明了差分机，专门用于航海和天文计算，这是最早采用寄存器(齿轮式装置)来存储数据的计算机，体现了早期程序设计思想的萌芽。

1834 年，巴贝奇设计了一种程序控制的通用分析机，这台分析机已经描绘出有关程序控制方式计算机的雏形，其设计思想为现代电子计算机的产生奠定了基础。

1946 年，由美国宾夕法尼亚大学物理学家莫奇利(John W. Mauchly)和电气工程师埃克特(J. Prester Eckert)带领，开始实施设计和制造电子计算机的计划，并于 1946 年成功地研制了世界上第一台由程序控制的电子数字计算机(如图 1-1 所示)，命名为 ENIAC (Electronic Numerical Integrator And Computer)，其中文名为埃尼阿克)。用它计算弹道只要 3 秒，比用机械计算机快 1000 倍，比人工计算快 20 万倍。ENIAC 看上去完全是一个庞然大物，占地面积达 170m²、重量达 30t、耗电量为 150kW/h、运算速度为 5000 次/秒，共使用了 18 000 多只电子管、1500 多个继电器以及其他器件。

图 1-1　世界上第一台电子数字计算机(ENIAC)，1946 年

1.1.2　计算机体系结构的形成

1946 年 6 月，冯·诺依曼提出了存储程序通用电子计算机方案——电子离散变量自动计算机(Electronic Discrete Variable Automatic Computer，EDVAC)方案。该方案中明确规定新型计算机有 5 个组成部分，即计算器、逻辑控制装置、存储器、输入和输出，并详细描述了这 5 个部分的功能和相互关系，提出了程序存储(Stored-Program)思想。计算机可以按照程序规定的顺序，自动地从一条程序指令进入到下一条程序指令。

1.1.3　计算机的发展阶段

按所用的逻辑元件的不同，现代计算机经历了 4 代变迁。

第一代(1946—1958 年)：电子管计算机时代。计算机的逻辑元件采用电子管；主存储器采用汞延迟线、磁鼓、磁芯；外存储器采用磁带；软件主要采用机器语言、汇编语言；应用以科学计算为主。其特点是体积大、耗电大、可靠性差、价格昂贵、维护/维修复杂，但它奠定了以后计算机技术的基础。

图1-2所示为一个巨大的计算机化的防空系统SAGE（Semi-Automatic Ground Environment，半自动地面防空警备系统）。1954年，防空用的计算机"赛其"（SAGE）在美国诞生，赛其（SAGE）是用来帮助美国空军追踪雷达信号的。它是最早由人工操作的实时控制计算机系统，能够接收各侦察站的雷达传来的信息，识别出来袭飞行物，然后由操作者指挥地面防御武器瞄准敌方飞行器。它重达300t，被放置在一个水泥堡垒中，它配备了调制解调器和图形显示技术，而且处理器是"双核"的。

第二代（1958—1964年）：晶体管计算机时代。晶体管的发明推动了计算机的发展，计算机逻辑元件采用了比电子管小得多的晶体管以后，不需要暖机时间，消耗能量较少，处理更加迅速。第二代计算机的体积大大缩小，耗电量减少，可靠性提高，性能比第一代计算机有很大的提高。其主存储器采用磁芯，外存储器已开始使用更先进的磁盘。高级语言FORTRAN语言和COBOL语言相继开发出来并被广泛使用，且出现了以批处理为主的操作系统。第二代计算机的体积和价格都下降了，使用的人也多起来，促进了计算机工业迅速发展。

图1-3所示为1960年日本电气公司（Nippon Electric Company）制造的计算机NEAC 2203。它是日本最早的晶体管计算机之一，使用磁芯内存，这在当时还是很昂贵的。NEAC 2203主要应用在商业、科学和工程领域。

图1-2　SAGE计算机

图1-3　NEAC 2203计算机

第三代（1964—1971年）：中小规模集成电路计算机时代。虽然晶体管较电子管而言是一个明显的进步，但晶体管还是会产生大量的热量，因此会损害计算机内部的敏感部分。1958年出现了集成电路（IC），将3种电子元件结合到一个小小的硅片上。相应地，科学家使更多的元件集成到单一的半导体芯片上，于是，计算机变得更小、功耗更低、速度更快。这一时期的发展还包括使用了操作系统，使得计算机在中心程序的控制、协调下可以同时运行许多不同的程序。

值得一提的是，操作系统中"多道程序"和"分时系统"等概念的提出，结合计算机终端设备的广泛使用，使得用户可以在自己的办公室或家中使用远程计算机。第三代计算机的特点是体积更小、价格更低、可靠性更高、计算速度更快。

图1-4所示为IBM的System/360大型机，它在1964年问世。作为IBM可互换计算机系列中的一员，IBM System/360大型机是第一个可涵盖全范围应用软件的计算机，对于大大小小的软件，从商业到科学，都可以进行安装、应用。高端的System/360大型机

曾在 NASA 的阿波罗登月计划以及空中交通控制系统中得到应用。IBM 重金研制的 IBM System/360 大型机大获成功，一举确立了其在市场上的统治地位。而且几乎没有什么计算机能像 IBM System/360 大型机那样长命，甚至有些 360 大型机至今仍在运行。

第四代（1971 年至今）：大规模集成电路计算机时代。第四代计算机使用的元件依然是集成电路，不过，这种集成电路已经大大改善，它包含几十万到上百万个晶体管，人们称之为大规模集成电路（Large Scale lntegrated Circuit，LSI）和超大规模集成电路（Very Large Scale lntegrated Circuit，VLSI）。图 1-5 所示为超大规模集成电路计算机。

图 1-4　IBM System/360 计算机

图 1-5　曙光 4000L（数据处理超级服务器）

出现集成电路后，其唯一的发展方向是扩大规模。大规模集成电路（LSI）可以在一个芯片上容纳几百个元件。到 20 世纪 80 年代，超大规模集成电路（VLSI）在芯片上容纳了几十万个元件，后来的 ULSI 将数字扩充到百万级，可以在硬币大小的芯片上容纳如此数量的元件使得计算机的体积和价格不断下降，而功能和可靠性不断增强。基于"半导体"的发展，到了 1972 年，第一个真正的个人计算机诞生了，它所使用的微处理器内包含了 2300 个"晶体管"，可以在一秒内执行 60 000 个指令，其体积也缩小了很多，世界各国也随着"半导体"及"晶体管"的发展去开拓计算机史上新的一页。

20 世纪 70 年代中期，计算机制造商开始将计算机带给普通消费者，这时的小型机带有软件包，包括供非专业人员使用的程序及最受欢迎的字处理程序和电子表格程序。这一领域的先锋有 Commodore、Radio Shack 和 Apple Computers 等。

1981 年，IBM 推出个人计算机（PC）用于家庭、办公室和学校。20 世纪 80 年代，个人计算机的竞争使得其价格不断下降，计算机的拥有量不断增加。计算机继续缩小体积，从桌上计算机到膝上计算机到掌上计算机。与 IBM PC 竞争的 Apple Macintosh 系列于 1984 年推出，Macintosh 提供了友好的图形界面，用户可以用鼠标方便地操作。

第四代计算机以大规模集成电路作为逻辑元件和存储器，使计算机向着微型化和巨型化两个方向发展。从第一代到第四代，计算机的体系结构都是相同的，即都由控制器、存储器、运算器和输入/输出设备组成，称为冯·诺依曼体系结构。

1.1.4　我国计算机的发展

新中国建立后，我国的世界级数学大师华罗庚教授和原子能事业的奠基人钱三强教授都十分关注计算机技术的发展。从 1951 年起，他们先后聚集国内外相近领域人才加入到中国的计算机事业中。1956年,新中国制定《十二年科学技术发展规划》,开始了我国计算机事业的创建。

在大师们的努力和前苏联专家的帮助下,由原七机部张梓昌高级工程师领衔研制的中国第一台电子管数字电子计算机M103在1958年试制成功(如图1-6所示),它的平均运算速度为30次/秒。经改进,配置了磁芯存储器后,计算机的运算速度提高到1800次/秒。这台计算机的诞生,凝聚了我国无数科研人员的心血,开辟了中国计算机事业的新纪元。

随后,由张效祥教授领衔研制的我国第一台大型电子数字计算机M104(如图1-7所示)在1959年也交付使用,运行速度为1万次/秒。

图1-6　研究人员在使用M103　　　　图1-7　中国第一台大型数字电子计算机M104

M103和M104机相继问世后,我国已经初步掌握了计算机技术。M103和M104机的出现证明了中国人民有能力发展中国自己的、全部国产化的计算机。此后,在科研人员的努力下,我国的计算机研发水平发展迅速。

在M103机、M104机研制成功之后不久,我国第一台自行设计而且成功运转的通用电子计算机107型计算机问世。107型计算机是一台小型的串联通用电子管数字计算机,其主频为62.5kHz,平均每秒运算250次。这台计算机共有100多个程序,包括检查程序、错误诊断程序、标准子程序、标准程序和各种应用程序等。中国科学技术大学以107型计算机为基础,编写了《计算机原理》和《程序设计讲义》作为该校计算机专业、力学系、自动化系、地球物理系的教材。同时,M104机的负责人之一吴几康率领团队担负起自行设计119型大型通用计算机的重任。终于,在1964年4月,119型计算机研制成功。它是我国首台自行设计的大型通用计算机,与每秒运算1万次的M104机相比,其运算速度快了5倍,内存容量大了8倍,并且外部设备和供电系统的性能均有明显改进。

后来,我国又开始致力于计算机微型化的研究。1983年3月,浪潮率先开发出第一台"浪潮"牌微型计算机0520A;1986年8月7日,长城0520C-H高级中文微型计算机问世。计算机在我国普及的序幕由此拉开。

2010年11月,我国自主研发的"天河一号"超级计算机(如图1-8所示)凭着每秒钟4700万

图1-8　"天河一号"超级计算机

亿次的运算峰值速度脱颖而出,成为当时世界上运算速度最快的超级计算机。

1.1.5　计算机的特点

计算机具有任何其他计算工具无法比拟的特点,正是由于这些特点,计算机的应用范围不断扩大,已经进入人类社会的各个领域,发挥着越来越大的作用,成为信息社会的科技核心。

1. 运算速度快,计算精度高

运算速度快是计算机最显著的特点。现代计算机的运算速度最高可达每秒千万亿次,个人计算机的运算速度也达到了每秒几千万到几亿次。

由于采用数字化表示数据的方法,计算机表示数的位数可以达到很高的精确度。目前,计算机要取得 10 位十进制数,并得到百亿分之一以上的精确度是不难的。

2. 具有逻辑判断和记忆能力

计算机既可以进行算术运算又可以进行逻辑运算,可以对文字、符号进行判断和比较,以及进行逻辑推理和证明,这是其他任何计算工具无法相比的。

计算机具有存储信息的存储装置,可以存储大量的数据,在需要时,又能准确无误地将数据取出来。计算机的这种存储信息的记忆能力,使它成为信息处理的有力工具。

3. 高度的自动化与灵活性

计算机采用程序控制工作方式,即把为完成某项任务编写的程序(计算机可直接或间接接收的指令序列)事先存入计算机中,在需要的时候发出一条执行该程序的指令,计算机就可以按程序自动执行,无须人工干预,这使得计算机实现了自动化。

1.1.6　计算机的分类

依据计算机的规模与性能,20 世纪人们习惯地把计算机分成巨型机、大型机、中型机、小型机和微型机五类。随着计算机技术的发展,多年前提出的这种分类方法已不能正确反映当前计算机在性能、应用和发展趋势等方面的现状。例如,现在价格低廉的个人计算机已具有过去大、中型甚至巨型计算机的性能。目前,一种比较流行的新分类法认为,现代计算机可分为超级计算机、服务器、桌面计算机和嵌入式计算机 4 种类型。

1. 超级计算机

超级计算机(Super Computer)是计算机中功能最强、运算速度最快、存储容量最大的一类计算机,通常是指由数百、数千甚至数十万个处理器(机)组成,内存由 TB 至几十 TB,能完成普通计算机和服务器不能完成的大型复杂课题的计算机,多用于国家高科技领域和尖端技术研究。

超级高性能计算机的应用代表了一个国家计算机研发和应用的最高水平,因此,该领域的发展极其迅速,竞争异常激烈。在 2013 年 6 月 17 日公布的第 41 届全球超级计算机 500 强排行榜中,由中国国防科技大学研制的“天河二号”超级计算机,以双精度浮点运算峰值速度每秒 5.49 亿亿次、Linpack 基准测试性能每秒 3.39 亿亿次的速度夺冠,成为全球最快的超级计算机,如图 1-9 所示。2012 年曾位居第一的美国橡树岭国家实验室的超级计算机泰坦(Titan)屈居第二。与 2010 年 11 月曾获得 TOP500 第一的中国"天河一号"相比,"天河二号"峰值计算速度和持续计算速度均提升 10 倍以上。

图 1-9　中国制造的超级计算机"天河二号"

2. 服务器

服务器(Server)是指在网络环境下运行相应的应用软件,为网上用户提供共享信息资源和各种服务的一种高性能计算机。图 1-10 和图 1-11 所示为联想服务器 ThinkServer 和戴尔 PowerEdge 1855 刀片服务器。

图 1-10　联想服务器 ThinkServer　　　　　图 1-11　戴尔 PowerEdge 1855 刀片服务器

服务器是具有高可靠性、高数据安全性和对企业进行大规模信息处理的中枢。服务器的主要设计目标就是实现高效的吞吐量,以每分钟处理的事务数或每秒提供的页面数来衡量。小型的服务器可能只有一个高性能处理器,中型服务器具有数十个处理器,大型服务器拥有多达数百个处理器。

3. 桌面计算机

桌面计算机(Desktop Computer)崛起于 20 世纪 80 年代,分为个人计算机(Personal Computer)和工作站(Workstation)两种。

PC 就是人们常说的微型计算机(Micro Computer)、微型机,包括台式机(如图 1-12 所示)、笔记本电脑(如图 1-13 所示)、平板电脑(如图 1-14 所示)等,通常是单机系统,主要面向个人应用。微型机是计算机中价格最低、应用最广、发展最快、装机容量最多的一种。目前,一般单位、个人使用的最多的就是微型机。微型机又称微机、电脑、PC,以使用微处理机、结构紧凑为特征。由于其升级换代快、性能不断提高、操作使用方便、价格持续下降,它的用户群不断扩大。常见的微机有 IBM 或 X86 PC 系列机及其兼容机(多使用 Intel 和 AMD 的处理器芯片)和 Apple 公司的 Macintosh 系列机,注意这两个系列的计算机互不兼容,其中,IBM 系列机(及其兼容机)占有的市场份额较大,软件最丰富,应用较广泛。

图 1-12 台式机

图 1-13 笔记本电脑

图 1-14 平板电脑 iPad 5

工作站(如图 1-15 和图 1-16 所示)是一种主要面向专业应用领域,具有强大的数据运算与图形、图像处理能力,为满足工程设计、动画制作、科学研究、软件开发、金融管理、信息服务、模拟仿真等专业领域而设计开发的高性能计算机。工作站具有多任务、多用户能力,又兼有微型机的操作便利和良好的人机界面,可连接多种输入/输出设备,具有很强的图形交互处理能力和很强的网络功能。

图 1-15 HP Z600 工作站

图 1-16 苹果 Mac Pro 工作站

因此,工作站在工程领域,特别是在图像处理、计算机辅助设计领域得到了广泛的应用,它还可应用于商业、金融、办公等领域。

4. 嵌入式计算机

嵌入式计算机即嵌入式系统(Embedded System),指嵌入各种设备及应用产品内部的计算机系统,如图 1-17 所示。其体积小、结构紧凑,可作为一个部件安装于所控制的装

新编计算机应用基础教程(第 2 版)

置中,且提供了用户接口、与管理有关的信息的输入/输出、监控设备工作,使设备及应用系统有较高的智能和性价比。嵌入式计算机系统由嵌入式硬件与嵌入式软件组成,硬件以芯片、模板、组件、控制器形式安装于设备内部,软件是实时多任务操作系统和各种专用软件,一般固化在 ROM 或闪存中。

嵌入式系统的核心部件是嵌入式处理器,包括嵌入式微控制器(Micro Controller Unit,MCU,俗称单片机)、嵌入式微处理器(Micro Processor Unit,MPU)、嵌入式 DSP 处理器(Digital Signal Processor,DSP)和嵌入式片上系统(System on Chip,SoC)。

图 1-17　Soekris net4801(适用于网络应用程序)　　图 1-18　因特网收费电话(Windows XP)

嵌入式计算机系统现在广泛用于机电一体化产品中,如家电产品、工业智能测量仪表、办公设备及医用电子设备等(如图 1-18 所示)。它是计算机市场中增长最快的计算机系统,也是种类繁多、形态多种多样的计算机系统,小到日常生活随处可见的智能电器、PDA(手持数据设备)、智能手机(如图 1-19 所示)、掌上游戏机(如图 1-20 所示),大到某些昂贵的工业和医用控制装置,都有它们的"身影"。

图 1-19　智能手机 iPhone 5　　　　图 1-20　掌上游戏机 Gameboy

1.2 数字信息与数据的表示

学习重点

- 计算机中的数制
- 计算机中的编码
- ASCII 编码

1.2.1 计算机中的数制

数据信息的表示是计算机实现信息加工、处理的基础。由于计算机是由电子元件组合的数字逻辑电路组成,电路通常只有两种稳态,例如继电器的接通或断开、电平的高或低、电流的有或无等。因此,微型机的数据信息一般采用二进制数来表示。

计算机中的数据信息使用的数制是二进制,有时也使用八进制和十六进制表示。

1. 十进制

十进制的特点如下:

(1) 十进制数用 10 个数表示,即 0、1、2、3、4、5、6、7、8、9。

(2) 低位向高位进位的规则是"逢十进一"。

(3) 相同数字所在的位置不同,表示的数值大小不同。

十进制数的基数为 10,各位置的权值的整数部分从右至左依次是 10^0、10^1、10^2、$\cdots$,分别表示 1、10、100、$\cdots$。一个十进制的数字符号可以用 a_0、a_1、a_2、$\cdots$ 表示,例如数字符号 1010 用字母表示为 $a_0=0$、$a_1=1$、$a_2=0$、$a_3=1$。利用权值和数字符号可以将十进制数用通用公式表示为:

$$a_n \times 10^n + a_{n-1} \times 10^{n-1} + \cdots + a_1 \times 10^1 + a_0 \times 10^0$$

例如,数值 1010 用公式表示为:

$$1 \times 10^3 + 0 \times 10^2 + 1 \times 10^1 + 0 \times 10^0 = 1 \times 1000 + 0 \times 100 + 1 \times 10 + 0 = 1010$$

2. 二进制

二进制的特点如下:

(1) 二进制数用两个数表示,即 0 和 1。

(2) 低位向高位进位的规则是"逢二进一"。

(3) 相同数字所在的位置不同,表示的数值大小不同。

二进制数的基数为 2,各位置的权值的整数部分从右至左依次是 2^0、2^1、2^2、$\cdots$,分别表示 1、2、4、$\cdots$。一个二进制的数字符号可以用 a_0、a_1、a_2、$\cdots$ 表示,例如数字符号 1010 用字母表示为 $a_0=0$、$a_1=1$、$a_2=0$、$a_3=1$。利用权值和数字符号可以将二进制数用通用公式表示为:

$$a_n \times 2^n + a_{n-1} \times 2^{n-1} + \cdots + a_1 \times 2^1 + a_0 \times 2^0$$

例如,数值 1010 用公式表示为:

$$1 \times 2^3 + 0 \times 2^2 + 1 \times 2^1 + 0 \times 2^0 = 1 \times 8 + 0 \times 4 + 1 \times 2 + 0 = 10$$

3. 八进制

八进制的特点如下：

（1）八进制数用 8 个数表示，即 0、1、2、3、4、5、6、7。

（2）低位向高位进位的规则是"逢八进一"。

（3）相同数字所在的位置不同，表示的数值大小不同。

八进制数的基数为 8，各位置的权值的整数部分从右至左依次是 8^0、8^1、8^2、…，分别表示 1、8、64、…。一个八进制的数字符号可以用 a_0、a_1、a_2、… 表示，例如数字符号 1010 用字母表示为 $a_0 = 0$、$a_1 = 1$、$a_2 = 0$、$a_3 = 1$。利用权值和数字符号可以将八进制数用通用公式表示为：

$$a_n \times 8^n + a_{n-1} \times 8^{n-1} + \cdots + a_1 \times 8^1 + a_0 \times 8^0$$

例如，数值 1010 用公式表示为：

$$1 \times 8^3 + 0 \times 8^2 + 1 \times 8^1 + 0 \times 8^0 = 1 \times 512 + 0 \times 64 + 1 \times 8 + 0 = 520$$

4. 十六进制

十六进制的特点如下：

（1）十六进制数用 16 个数表示，即 0、1、2、3、4、5、6、7、8、9、A、B、C、D、E、F。

（2）低位向高位进位的规则是"逢十六进一"。

（3）相同数字所在的位置不同，表示的数值大小不同。

十六进制数的基数为 16，各位置的权值的整数部分从右至左依次是 16^0、16^1、16^2、…，分别表示 1、16、256、…。一个十六进制的数字符号可以用 a_0、a_1、a_2、… 表示，例如数字符号 1010 用字母表示为 $a_0 = 0$、$a_1 = 1$、$a_2 = 0$、$a_3 = 1$。利用权值和数字符号可以将十六进制数用通用公式表示为：

$$a_n \times 16^n + a_{n-1} \times 16^{n-1} + \cdots + a_1 \times 16^1 + a_0 \times 16^0$$

例如，数值 1010 用公式表示为：

$$1 \times 16^3 + 0 \times 16^2 + 1 \times 16^1 + 0 \times 16^0 = 1 \times 4096 + 0 \times 256 + 1 \times 16 + 0 = 4112$$

1.2.2 数制的转换

1. 十进制数转换为二、八、十六进制数

方法：除 R 取余，R 为基数。

将十进制数逐次除以二、八或十六进制数，直到商等于 0 为止，将所得的余数倒排（最后一次得到的余数为最高位，第一次得到的余数为最低位）即得相应转换的进制数，如图 1-21 所示。

例如：$(18)_{10} = (10010)_2 = (22)_8 = (12)_{16}$

2. 二、八、十六进制数转换为十进制数

方法：使用公式 $(a_n \times R^n + a_{n-1} \times R^{n-1} + \cdots + a_1 \times R^1 + a_0 \times R^0 + a_{-1} \times R^{-1} + a_{-2} \times R^{-2} + \cdots)$，$R$ 为基数。

例如：$(101.11)_2 = (5.75)_{10}$

$1 \times 2^2 + 0 \times 2^1 + 1 \times 2^0 + 1 \times 2^{-1} + 1 \times 2^{-2} = 5.75$

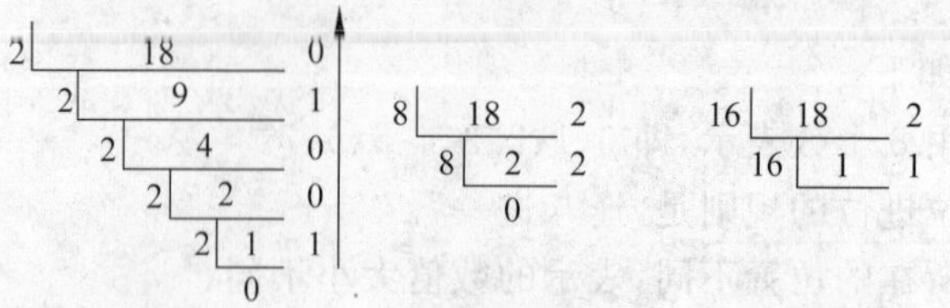

二进制值：10010　　　八进制值：22　　　十六进制值：12

图 1-21　十进制转二进制、八进制、十六进制示意图

$(101.11)_8 = (64.140)_{10}$

$1 \times 8^2 + 0 \times 8^1 + 1 \times 8^0 + 1 \times 8^{-1} + 1 \times 8^{-2} = 65.140$（保留 3 位小数）

$(101.11)_{16} = (257.066)_{10}$

$1 \times 16^2 + 0 \times 16^1 + 1 \times 16^0 + 1 \times 16^{-1} + 1 \times 16^{-2} = 257.066$（保留 3 位小数）

3. 二进制数转换为八、十六进制数

方法：使用分组。

将二进制数从最低位开始，每 3 位或 4 位分为一组，然后将各组的转换结果组合在一起，就是八进制数或十六进制数。

例如：$(1101010)_2$，$(001'101'010)_2 = (152)_8$，$('0110'1010)_2 = (6A)_{16}$

4. 各进制之间的简单对应关系

各进制之间的简单对应关系见表 1-1。

表 1-1　各进制之间的简单对应关系

数　制				数　制			
十	二	八	十六	十	二	八	十六
0	0	0	0	8	1000	10	8
1	1	1	1	9	1001	11	9
2	10	2	2	10	1010	12	A
3	11	3	3	11	1011	13	B
4	100	4	4	12	1100	14	C
5	101	5	5	13	1101	15	D
6	110	6	6	14	1110	16	E
7	111	7	7	15	1111	17	F

1.2.3　计算机中的数据与编码

1. 数据

计算机中的数据包括数字、字符、汉字、声音、图形、图像等。

数据一般具有两种形态：一种为人类可读形式的数据，简称人读数据，如文字、图像、图形、声音等；另一种为机器可读形式的数据，简称机读数据，如印刷在物品上的条形码，录制在磁盘、光盘上的数码,穿在纸带和卡片上的各种孔等,它们都是通过特制的输入设备将信息传送给计算机处理的。机读数据使用二进制表示的形式。

2. 数据单位

1) 位

计算机中运算器运算的是二进制数,控制器发出的指令是二进制形式,存储器中存放的数据和程序也是二进制的。

计算机中最小的数据单位是二进制的一个数位,称为比特,简称位,记为 bit 或 b。一个二进制位有两种,即 0 或 1。

2) 字节

8 位二进制数表示一个字节(Byte),字节是计算机中用来表示存储空间大小的最基本的容量单位。例如,计算机内存的存储容量以及磁盘的存储容量都是以字节为单位的。一个字节可以存储一个字符,两个字节可以存储国标码的一个汉字,也可以用千字节(KB)、兆字节(MB)、十亿字节(GB)等来表示存储容量。

$$1Byte = 8bit$$
$$1KB = 1024B(即 2^{10}B)$$
$$1MB = 1024KB = 1024 \times 1024B(即 2^{20}B)$$
$$1GB = 1024MB = 1024 \times 1024 \times 1024B(即 2^{30}B)$$
$$1TB = 1024GB = 1024 \times 1024 \times 1024 \times 1024B(即 2^{40}B)$$

3) 字

字(Word)由若干个字节组成(通常是字节的整数倍),是计算机进行数据存储和数据处理的运算单位。字长是计算机性能的重要标准,不同档次的计算机有不同的字长,字长表示存储、处理数据的信息单位。按照字长的不同,计算机可划分为 8 位机、16 位机、32 位机、64 位机等。

3. 美国标准信息交换代码

微型计算机采用的字符编码是 ASCII 码(American Standard Code For Information Interchange),称为"美国标准信息交换代码",国际标准化组织认定其为国标标准,如表 1-2 所示。

表 1-2 ASCII 码表

$d_3 d_2 d_1 d_0$ \ $d_6 d_5 d_4$	000	001	010	011	100	101	110	111
0000	NUL	DLE	SP	0	@	P	'	p
0001	SOH	DC1	!	1	A	Q	a	q
0010	STX	DC2	"	2	B	R	b	r
0011	ETX	DC3	#	3	C	S	c	s
0100	EOT	DC4	$	4	D	T	d	t
0101	ENQ	ANK	%	5	E	U	e	u
0110	ACK	SYN	&	6	F	V	f	v

$d_3 d_2 d_1 d_0$ ＼ $d_6 d_5 d_4$	000	001	010	011	100	101	110	111
0111	BEL	ETB	'	7	G	W	g	w
1000	BS	CAN	(	8	H	X	h	x
1001	HT	EM	)	9	I	Y	i	y
1010	LF	SUB	*	:	J	Z	j	z
1011	VT	ESC	+	;	K	[	k	{
1100	FF	ES	,	<	L	\	l	|
1101	CR	GS	—	=	M	]	m	}
1110	SO	RS	.	>	N	^	n	~
1111	SI	US	/	?	O	_	o	DEL

一个字节为 8 位二进制数，一个 ASCII 码占一个字节的低 7 位，最高位是"0"，共有 128 种状态，每个状态都唯一对应一个 ASCII 码字符，共有 128 个字符，其中有 26 个大写英文字母、26 个小写英文字母、10 个数字字符、33 个标点符号和 33 个控制字符。128 个 ASCII 码如表 1-2 所示，其中，ASCII 码控制符说明如表 1-3 所示。

表 1-3　ASCII 码控制符说明

控制符	说明	控制符	说明	控制符	说明	控制符	说明
NUL	空	HT	水平定位符号	DC1	设备控制 1	EM	链接介质终端
SOH	标题开始	LF	换行	DC2	设备控制 2	SUB	替换
STX	文本开始	VT	垂直定位符号	DC3	设备控制 3	ESC	退出键
ETX	文本结束	FF	换页	DC4	设备控制 4	FS	文件分区符
EOT	传输结束	CR	回车	ANK	确认失败回应	GS	组群分隔符
ENQ	请求	SO	取消变换	SYN	同步暂停	RS	记录分隔符
ACK	确认回应	SI	启用变换	ETB	区块传输结束	US	单位分隔符
BEL	响铃	DLE	跳出数据通信	CAN	取消	DEL	删除
BS	退格						

4. 汉字编码

汉字进入计算机有以下 3 种途径。

(1) 机器自动识别汉字：计算机通过"视觉"装置（光学字符阅读器或其他），用光电扫描等方法识别汉字。

(2) 通过语音识别输入：计算机利用人们给它配备的"听觉器官"，自动辨别汉语语音要素，从不同的音节中找出不同的汉字，或从相同音节中判断出不同汉字。

(3) 通过汉字编码输入：根据一定的编码方法，由人借助输入设备将汉字输入计算机。

对于机器自动识别汉字和汉语语音识别，国、内外都在研究，虽然取得了不少进展，但由于难度大,预计还要经过相当一段时间才能得到解决。在现阶段,比较现实的就是通过汉字编码方法使汉字进入计算机。

计算机中汉字的表示也是用二进制编码,同样是人为编码。根据应用目的的不同,汉字编码分为外码、交换码、机内码和字形码。

1) 外码

外码也称输入码,它是用来将汉字输入到计算机中的一组键盘符号。常用的输入码有拼音码、五笔字型码、自然码、表形码、认知码、区位码和电报码等,一种好的编码应有编码规则简单、易学好记、操作方便、重码率低、输入速度快等优点,每个人可根据自己的需要进行选择。

2) 交换码

计算机内部处理的信息都是用二进制代码表示的,汉字也不例外。而二进制代码使用起来是不方便的,需要采用信息交换码。中国标准总局在 1981 年制定了中华人民共和国国家标准 GB2312—1980,全称是《信息交换用汉字编码字符集—基本集》,即国标码。

区位码是国标码的另一种表现形式,把国标 GB2312—1980 中的汉字、图形符号组成一个 94×94 的方阵,分为 94 个"区",每区包含 94 个"位",其中,"区"的序号由 01 至 94,"位"的序号也是从 01 至 94。94 个区中的位置总数 $= 94 \times 94 = 8836$ 个,其中,7445 个汉字和图形字符中的每一个占一个位置后,还剩下 1391 个空位,这 1391 个位置空下来保留备用。

3) 机内码

根据国标码的规定,每一个汉字都有确定的二进制代码,在微机内部汉字代码都用机内码,在磁盘上记录汉字代码也使用机内码。

4) 字形码

字形码是汉字的输出码,输出汉字时均采用图形方式,无论汉字的笔画多少,每个汉字都可以写在同样大小的方块中,通常用 16×16 点阵来显示汉字。

5) 各种代码之间的关系

一般汉字信息处理系统的工作过程如图 1-22 所示。

图 1-22 一般汉字信息处理系统的工作过程

1.3 微型计算机系统

学习重点

- 微型计算机系统的组成
- 微型计算机硬件系统的 5 个基本组成部分
- 微型计算机软件系统的分类
- 微型计算机软、硬件系统的关系

1.3.1　微型计算机系统的组成

微型计算机是计算机中应用最普及、最广泛的一类。一个完整的微型计算机系统由硬件系统和软件系统两部分组成,如图 1-23 所示。

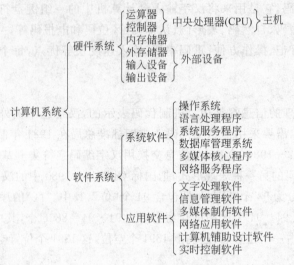

图 1-23　计算机系统的组成

硬件系统是指计算机系统中的各种物理装置,它是计算机系统的物质基础,是看得见摸得着的实体。例如,计算机的处理芯片、存储器芯片、底板、各类扩充板卡、机箱、键盘、鼠标器、显示器、打印机、硬盘等。

软件是相对于硬件而言的,计算机软件是指在计算机中运行的各种程序及其处理的数据和相关文档。程序用来指挥计算机硬件一步步地进行规定的操作,数据则为程序处理的对象,文档是软件设计的报告、操作使用说明等,它们都是软件不可缺少的组成部分。

1.3.2　微型计算机的硬件系统

几十年来,虽然计算机系统在性能指标、运算速度、工作方式、应用领域和价格等方面与早期的计算机有很大的差别,但在基本的硬件结构方面一直沿袭着美籍匈牙利数学家冯·诺依曼在 1946 年提出的计算机组成和工作方式的基本思想,简要地概括为以下 4 点:

(1)计算机应由 5 个基本部分组成,即运算器、控制器、存储器、输入设备、输出设备。

(2)各基本部件的功能是,存储器应能存放数据和指令,控制器应能自动执行指令,运算器应能进行加、减、乘、除等基本运算。操作人员可以通过输入、输出设备与主机进行通信。

(3)计算机内部采用二进制来表示指令和数据。

(4)将编好的程序和原始数据送入内存储器中,然后启动计算机工作,计算机应在不需要操作人员干预的情况下,自动完成逐条取出指令和执行指令的任务。

根据冯·诺依曼提出的计算机组成和工作方式的基本思想,计算机硬件系统的 5 个基本组成部分的相互关系如图 1-24 所示。

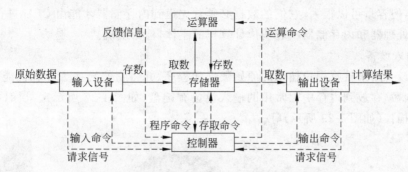

图 1-24　计算机硬件系统各部分之间的关系

1）运算器

运算器也称为算术逻辑单元 ALU（Arithmetic Logic Unit），它是执行算术运算和逻辑运算的功能部件。算术运算包括加、减、乘、除等运算；逻辑运算包括与、或、非等逻辑运算。

运算器的性能是影响整个计算机性能的重要因素。运算器并行处理二进制代码的位数决定了计算机精度，同时，运算器进行基本运算的速度也直接影响了系统的速度，因此，精度和速度是运算器的重要性能指标。

2）控制器

控制器是计算机的指挥中心，它的主要功能是按照人们预先确定的操作步骤，控制微机各部件步调一致地自动工作。控制器要从内存储器中按顺序取出各条指令，每取出一条指令就进行分析，然后根据指令的功能向各功能部件发出控制命令，控制它们执行这条指令所指定的任务。在控制器得知一条指令执行完毕后，会按顺序自动地取下一条要执行的指令，重复上述工作过程，直到整个程序执行完毕。

运算器和控制器合在一起称为中央处理器，简称 CPU（Central Processing Unit），如图 1-25 所示。

3）存储器

存储器是计算机用来存储信息的重要功能部件，它不仅能保存大量二进制数据，而且能读出数据进行处理，或者写入新的数据。

一般来说，存储器分为两级：一级为内存储器（又称为主存储器），内存储器由插在主板内存插槽中的若干内存条（如图 1-26 所示）组成，其存储速度较快，但容量相对较小，由 CPU

图 1-25　英特尔 CPU

图 1-26　内存条（华硕）

直接访问；另一级为外存储器（又称为辅助存储器），如磁盘、光盘、磁带存储器等，其存储速度较慢，但容量可以很大，它们的数据必须首先送到内存储器才能由 CPU 进行处理。

中央处理器和内存储器一起构成计算机的主体，称为主机。

4）输入设备

输入设备用来接收用户输入的原始数据和程序，并将它们转换为计算机能识别的形式（二进制数）存放到内存中。常用的输入设备有键盘（如图 1-27 所示）、鼠标（如图 1-28 所示）、扫描仪（如图 1-29 所示）等。

图 1-27　键盘　　　　　　　图 1-28　鼠标　　　　　　　图 1-29　扫描仪

5）输出设备

输出设备用于将存放在内存中的由计算机处理的结果转换为人们所能接受的形式。常用的输出设备有显示器（如图 1-30 所示）、打印机（如图 1-31 所示）、绘图仪（如图 1-32 所示）等。

图 1-30　LCD 显示器　　　　图 1-31　激光打印机　　　　图 1-32　绘图仪

输入设备、输出设备和外存储器一起构成计算机的外部设备，称为外设。

将上述计算机硬件的五大功能部件用总线连接起来，就构成了一个完整的计算机硬件系统。

1.3.3　微型计算机的软件系统

计算机软件系统是计算机系统必不可少的一个重要部分，它与硬件相配合才能使计算机正常工作，以完成某个特定的任务。一个完整的计算机系统必须是硬件和软件相互配合的系统。

1. 软件的概念

软件(Software)是指与计算机系统操作有关的计算机程序、规程、规则,以及可能有的文件、文档及数据。软件是计算机的"灵魂",包括指挥、控制计算机各部分协调工作并完成各种功能的程序和数据。

按照不同的角度和标准,可以将软件划分为不同的种类。如果从应用的角度出发,通常将软件划分为系统软件和应用软件两大类。从总体上来说,无论是系统软件还是应用软件,都在朝着外延"傻瓜化"、内涵"智能化"的方向发展,即软件本身越来越复杂,功能越来越强,但用户的使用越来越简单,操作越来越方便。软件的应用不仅仅局限于计算机本身,家用电器、通信设备、汽车以及其他电子产品都是软件应用的对象。

2. 系统软件

系统软件是指控制和协调计算机及外部设备、支持应用软件开发和运行的系统,是无须用户干预的各种程序的集合,主要功能是调度、监控和维护计算机系统,负责管理计算机系统中各种独立的硬件,使得它们可以协调工作。

系统软件使得计算机使用者和其他软件将计算机当作一个整体而不需要考虑底层的每个硬件是如何工作的,比较有代表性的系统软件是操作系统、程序语言、编译系统、数据库管理系统、系统辅助处理程序等。

1) 操作系统

在计算机软件中最重要、最基本的就是操作系统(Operating System,OS),如图1-33所示。它是最底层的软件,控制所有计算机运行的程序并管理整个计算机的资源,是计算机裸机与应用程序及用户之间的"桥梁"(如图1-34所示),没有它,用户也就无法使用某种软件或程序。

图 1-33　Windows 8 操作系统

图 1-34　操作系统所处的位置

操作系统是计算机系统的控制和管理中心,从资源角度来看,它具有 CPU 管理、存储管理、设备管理、文件管理及作业管理 5 项功能。

操作系统的种类相当多,从简单到复杂,可分为智能卡操作系统、实时操作系统、传感器结点操作系统、嵌入式操作系统、个人计算机操作系统、多处理器操作系统、网络操作系统和大型机操作系统。按应用领域划分主要有 3 种,即桌面操作系统、服务器操作系统和嵌入式操作系统。

（1）桌面操作系统·桌面操作系统主要用于个人计算机。个人计算机市场从硬件架构上来说主要分为两大阵营，即 PC 机与 Mac 机，从软件上主要分为两大类，即类 UNIX 操作系统和 Windows 操作系统。

① UNIX 和类 UNIX 操作系统：Mac OS X、Linux 发行版（如 Debian、Ubuntu、Linux Mint、openSUSE、Fedora 等）。

② 微软公司的 Windows 操作系统：Windows XP、Windows Vista、Windows 7、Windows 8 等。

（2）服务器操作系统：服务器操作系统一般指安装在大型计算机上的操作系统，例如 Web 服务器、应用服务器和数据库服务器等。服务器操作系统主要集中在以下三大系列。

- UNIX 系列：SUNSolaris、IBM-AIX、HP-UX、FreeBSD 等。
- Linux 系列：Red Hat Linux、CentOS、Debian、Ubuntu 等。
- Windows 系列：Windows Server 2003、Windows Server 2008、Windows Server 2008 R2 等。

（3）嵌入式操作系统：嵌入式操作系统是应用在嵌入式系统的操作系统。嵌入式操作系统广泛应用在人们生活的各个方面，涵盖范围从便携设备到大型固定设施，如数码相机、手机、平板电脑、家用电器、医疗设备、交通灯和工厂控制设备等，越来越多的嵌入式操作系统安装有实时操作系统。

在嵌入式领域常用的操作系统有嵌入式 Linux、Windows Embedded、VxWorks，以及广泛用在智能手机或平板电脑等消费电子产品的操作系统，如 Android、iOS、Symbian、Windows Phone 和 BlackBerry OS 等。

2）程序语言

计算机解题的一般过程是，用户用计算机语言编写程序，输入计算机，然后由计算机将其翻译成机器语言，在计算机上运行后输出结果。程序设计语言的发展经历了五代，即机器语言、汇编语言、高级语言、非过程化语言和智能语言。

3）编译系统

计算机只能直接识别和执行机器语言，因此要在计算机上运行高级语言程序必须配备程序语言翻译程序。翻译程序本身是一组程序，不同的高级语言有相应的翻译程序，如汇编语言汇编器，C 语言编译、连接器等。

4）数据库管理系统

数据库管理系统是一种操纵和管理数据库的大型软件，用于建立、使用和维护数据库，如 Foxpro、Access、Oracle、Sybase、DB2 和 Informix 等。

5）系统辅助处理程序

系统辅助处理程序也称为"软件研制开发工具"、"支持软件"、"软件工具"，主要有编辑程序、调试程序、装备和连接程序。

3. 应用软件

应用软件是为了满足用户在不同领域、不同问题上的应用需求所编制的软件，用来解决各种计算机应用中的实际问题。应用软件可以扩宽计算机系统的应用领域，放大硬件的功能。

应用软件根据实现功能的不同可以划分为不同的类别(如图 1-35 所示),例如常用的办公软件(文字处理 Word、电子表格 Excel、演示文稿 PowerPoint)等。

下载工具	聊天工具	五笔输入	拼音输入	浏览工具	杀毒软件
迅雷	QQ2012	王码五笔	搜狗拼音	搜狗浏览器	金山毒霸
QQ旋风	微软MSN	搜狗五笔	QQ拼音	百度浏览器	瑞星杀毒
网际快车	移动飞信	万能五笔	百度输入法	IE9	卡巴斯基
电驴(VeryCD)	阿里旺旺	极点五笔	紫光拼音	傲游云浏览器	NOD32
比特彗星	新浪9158	QQ五笔	拼音加加	淘宝浏览器	电脑管家
视频播放	音频播放	在线视听	游戏平台	办公应用	图像处理
暴风影音	千千静听	PPTV	快快游戏	Foxmail	光影魔术手
RealPlayer	酷狗音乐	风行	多玩魔盒	有道词典	Photoshop
QQ影音	酷我音乐	UUSee	腾讯游戏中心	金山WPS	美图秀秀
百度影音	QQ音乐播放器	PPS	1322游戏盒	福昕阅读器	iSee图片专家
KMPlayer	Foobar2000	QQLive	浩方对战平台	词霸2012	可牛影像
驱动软件	安全辅助	开发工具	其他常用	最新热门	手机软件
驱动精灵	金山卫士	Java	WinRAR	Photoshop CS4	手机QQ
驱动人生	瑞星安全助手	易语言	Nero	Vagaa哇嘎	搜狗输入法
显卡驱动	电脑管家	MySQL	Adobe Reader	迅游加速器	百度ting
声卡驱动	木马克星	phpMyAdmin	Flash Player	超级兔子	UC浏览器
其它驱动	IE守护天使	Turbo C++	EasyRecovery	魔方	奇艺影视

图 1-35　常用工具软件分类

1.3.4　微型计算机软、硬件系统的关系

硬件和软件是一个完整的计算机系统互相依存的两大部分。如果没有硬件,谈不上应用计算机,但是如果只有硬件(裸机)没有软件系统,是无法工作的。这正如乐团和乐谱的关系一样,如果只有乐器、演奏员这类"硬件"而没有"乐谱"这类软件,乐团就很难演奏出动人的乐章。所以,硬件和软件是相辅相成的。只有软、硬件配套的计算机才能称为完整的计算机系统,它们的关系主要体现在以下几个方面。

(1)硬件和软件互相依存。硬件是软件赖以工作的物质基础,软件的正常工作是硬件发挥作用的唯一途径。计算机系统必须要配备完善的软件系统才能正常工作,且充分发挥其硬件的各种功能。

(2)硬件和软件无严格界线。随着计算机技术的发展,在许多情况下,计算机的某些功能既可以由硬件实现,也可以由软件实现。因此,硬件和软件在一定意义上说没有绝对严格的界线。

(3)硬件和软件协同发展。软件随硬件技术的迅速发展而发展,软件的不断发展和完善又促进了硬件的更新,两者密切地交织发展,缺一不可。

1.4　思考与实践

1. 选择题

(1)在微型计算机中,合称为中央处理单元(CPU)的是(　　)。

　　A. 运算器和控制器

　　B. 累加器和算术逻辑运算部件(ALU)

C. 累加器和控制器

D. 通用寄存器和控制器

(2) 计算机系统的"主机"由（　　　）构成。

    A. CPU、内存储器及辅助存储器　　　　B. CPU 和内存储器

    C. 存放在主机箱内部的所有器件　　　　D. 计算机主板上的所有器件

(3) 在计算机领域中，通常用英文单词"Byte"来表示（　　　）。

    A. 字　　　　　　　　B. 字长　　　　　　　C. 二进制位　　　　　D. 字节

(4) 在计算机领域中，通常用英文单词"bit"来表示（　　　）。

    A. 字　　　　　　　　B. 字长　　　　　　　C. 二进制位　　　　　D. 字节

(5) 某工厂的仓库管理软件属于（　　　）。

    A. 应用软件　　　　　B. 系统软件　　　　　C. 工具软件　　　　　D. 字处理软件

(6) 下列关于系统软件的 4 条叙述中，正确的一条是（　　　）。

    A. 系统软件与具体应用领域无关

    B. 系统软件与具体硬件的逻辑功能无关

    C. 系统软件是在应用软件基础上开发的

    D. 系统软件并不具体提供人机界面

(7) Linux 是一种（　　　）。

    A. 数据库管理系统　　　　　　　　　　B. 操作系统

    C. 字处理系统　　　　　　　　　　　　D. 鼠标驱动程序

(8) C 语言编译器是一种（　　　）。

    A. 系统软件　　　　　　　　　　　　　B. 微机操作系统

    C. 字处理系统　　　　　　　　　　　　D. 源程序

(9) 用于描述内存性能优劣的两个重要指标是（　　　）。

    A. 存储容量和平均无故障工作时间

    B. 存储容量和平均修复时间

    C. 存储容量和存取时间

    D. 平均无故障工作时间和内存的字长

(10) 计算机能直接识别和执行的语言是（　　　）。

    A. 机器语言　　　　　B. 高级语言　　　　　C. 汇编语言　　　　　D. 数据库语言

(11) 在下列 4 种设备中，属于计算机输入设备的是（　　　）。

    A. UPS　　　　　　　B. 投影仪　　　　　　C. 绘图仪　　　　　　D. 鼠标

(12) 汉字在计算机中的表示方法一定是（　　　）。

    A. 国标码　　　　　　　　　　　　　　B. 机内码

    C. 最左位置为 1 的 2 个字节代码　　　　D. ASCII 码

(13) 7 位二进制编码的 ASCII 码可表示的字符个数为（　　　）。

    A. 128　　　　　　　B. 130　　　　　　　C. 127　　　　　　　D. 64

(14) 十六进制数的 1 个位能够表示的不同状态有（　　　）。

    A. 9 种　　　　　　　B. 15 种　　　　　　　C. 10 种　　　　　　　D. 16 种

(15) 已知英文字母 m 的 ASCII 码值为 109,那么英文字母 p 的 ASCII 码值为(   )。

    A. 111   B. 112   C. 113   D. 114

(16) 下面不是计算机采用二进制的主要原因的是(   )。

    A. 二进制只有 0 和 1 两个状态,在技术上容易实现

    B. 二进制的运算规则简单

    C. 二进制数的 0 和 1 与逻辑代数的"真"和"假"相吻合,适合于计算机进行逻辑运算

    D. 二进制可与十进制直接进行算术运算

(17) 教师上课用的计算机辅助教学软件是(   )。

    A. 操作系统   B. 系统软件

    C. 应用软件   D. 文字处理软件

(18) 在微机的性能指标中,内存储器容量指的是(   )。

    A. ROM 容量   B. CD-ROM 容量

    C. RAM 容量   D. ROM 和 RAM 容量的总和

(19) 在计算机中,信息的最小单位是(   )。

    A. 字节   B. 位   C. 字   D. KB

(20) 计算机软件一般分为系统软件和应用软件两大类,不属于系统软件的是(   )。

    A. 操作系统   B. 数据库管理系统

    C. 客户管理系统   D. 语言处理系统

(21) 以下属于计算机输出设备的是(   )。

    A. 打印机   B. 鼠标   C. 扫描仪   D. 键盘

(22) 微型计算机主机的组成部分是(   )。

    A. 运算器和控制器   B. 中央处理器和主存储器

    C. 运算器和外设   D. 运算器和存储器

(23) 在标准 ASCII 编码表中,数字、小写英文字母和大写英文字母的前后次序是(   )

    A. 数字、小写英文字母、大写英文字母

    B. 小写英文字母、大写英文字母、数字

    C. 数字、大写英文字母、小写英文字母

    D. 大写英文字母、小写英文字母、数字

(24) 6 位二进制数能表示的最大十进制整数是(   )。

    A. 64   B. 63   C. 32   D. 31

(25) 在十六进制数的数码中,最大的一个是(   )。

    A. A   B. E   C. 9   D. F

(26) 下列字符中 ACSII 码值最大的是(   )。

    A. a   B. A   C. f   D. Z

(27) 下列设备中,完全属于外部设备的一组是(   )。

    A. CD-ROM 驱动器、CPU、键盘、显示器

B. 激光打印机、键盘、软盘驱动器、鼠标

C. 内存储器、软件驱动器、扫描仪、显示器

D. 打印机、CPU、内存储器、硬盘

(28) 下列四组数依次为二进制、八进制和十六进制,符合要求的是(　　)。

A. 11,78,19　　　B. 12,77,10　　　C. 12,80,10　　　D. 11,77,19

(29) 一个字符的 ASCII 编码占用的二进制数的位数为(　　)。

A. 8　　　　　　　B. 7　　　　　　　C. 6　　　　　　　D. 4

(30) 通常所说的"裸机"是指计算机仅有(　　)。

A. 硬件系统　　　B. 软件　　　　　C. 指令系统　　　D. CPU

(31) 下列 4 种软件中,属于应用软件的是(　　)。

A. 财务管理系统　　　　　　　　　B. Windows 98

C. DOS　　　　　　　　　　　　　D. Windows 2000

(32) 操作系统的主要功能是(　　)。

A. 实现软、硬件的转换　　　　　　B. 管理系统中所有的软、硬件

C. 把源程序转换为目标程序　　　　D. 进行数据处理

(33) 与二进制数 11111110 等值的十进制数是(　　)。

A. 255　　　　　　B. 256　　　　　　C. 254　　　　　　D. 253

(34) 下列叙述中,正确的是(　　)。

A. 外存储器既可作为输入设备也可作为输出设备

B. 高级语言源程序可以被计算机直接执行

C. 在计算机语言中,汇编语言属于高级语言

D. 机器语言是与所用机器无关的

2. 填空题

(1) 计算机系统一般由_____和_____两大系统组成。

(2) 微型计算机系构由_____、控制器、_____、输入设备、输出设备五大部分组成。

(3) 在表示存储容量时,1GB 表示 2 的_____次方,或者_____MB。

(4) 构成存储器的最小单位是_____,存储容量一般以_____为单位。

(5) 计算机软件一般可分为_____和_____两大类。

(6) 7 个二进制位可表示_____种状态。

(7) 在微型计算机中,西文字符通常用_____编码来表示。

(8) 以国标码为基础的汉字机内码是两个字节的编码,一般在微型计算机中每个字节的最高位为_____。

(9) 操作系统的功能由 5 个部分组成,即处理器管理、存储管理、_____管理、_____管理和作业管理。

第 2 章 Windows XP 操作系统的使用

Windows XP 是继 Windows 98、Windows Me 与 Windows 2000 之后推出的又一个新的操作系统，是由美国 Microsoft 公司为个人计算机开发的基于图形用户界面的操作系统。Windows XP 基于 Windows 2000/NT 的核心技术，继承 Windows 98/Me 的易用性，同时还具有更友好简洁的界面、更好的安全性和稳定性，以及强大的因特网、多媒体和家庭网络等功能。

本章将详细介绍 Windows XP 的基本操作和使用方法。通过本章的学习，读者应掌握以下内容：

- 操作系统及其基本功能和分类，Windows XP 启动、注销和退出的方法
- Windows XP 的基本操作，如桌面、窗口、对话框、任务栏、菜单、帮助系统、快捷方式和剪贴板的使用
- Windows XP 的资源管理和文件管理，如文件夹的概念、文件与文件夹管理、磁盘管理、"回收站"的使用等
- 控制面板的使用，如桌面设置、添加/删除程序、输入法设置、日期/时间等设置
- Windows XP 常用工具写字板、记事本、计算器、画图的使用方法，以及系统工具"磁盘清理程序"、"磁盘碎片整理程序"等的使用方法。

2.1 Windows XP 概述

学习重点
- Windows XP 的功能和特点
- Windows XP 的启动、注销和退出

2.1.1 Windows XP 的功能和特点

Windows XP 有 Home Edition（家庭版）、Professional（专业版）、64-bit Edition（支持64 位 CPU 版）3 种不同的版本，它们以完善的兼容性和高效率的服务对从个人计算机到高端服务器的各种操作环境给予了全面的支持。

1. 界面更友好

中文 Windows XP 改进了桌面、窗口的外观,提供了更加个性化的欢迎界面、快速的用户切换方式、增强的开始菜单、以任务处理为中心的友好设计、快速的查找手册、My Music、My Picture、照片打印向导等功能,新的可视化界面能帮助用户轻松自如地使用计算机。

2. 安全性和稳定性的提高

中文版 Windows XP 建立在 Windows 2000 基础之上,使用了新的引擎,加强了保护数据安全和用户隐私的功能。Windows XP 内置了"Internet 连接防火墙"功能,可以限制或阻止来自 Internet 未经要求的连接,从而保护了计算机和网络。

3. 强大的硬件兼容性

Windows XP 在很多方面改进了对硬件设备的支持,强调了更好的设备兼容性。Windows XP 对没有包括在 Windows 2000 之内的几百种硬件提供了即插即用支持,并增强了对 USB、IEEE 1394、PCI 及其他总线结构的支持。

4. 多媒体功能的扩展

Windows XP 中的 Windows Movie Maker 软件可以帮助用户将使用摄像机录制的材料创建、编辑和共享成电影。电影制作完成后,可以使用 Windows Media Player for Windows XP 来观看,此软件还有 DVD 播放功能。

5. 网络功能和安全性的改善

与以前的 Windows 操作系统相比,Windows XP 的网络功能有了很大的改善,用户在不必了解大量网络知识的情况下,就可以使用 Windows XP 的网络安全向导进行家庭或小型办公局域网的设置。

6. 轻松获取帮助和支持

在中文版 Windows XP 中引入了全新的帮助系统,当用户打开【帮助支持中心】窗口时可以看到一系列常用主题和多种任务的选项,其中的内容以超链接形式显示,结构更加合理,而且用户使用起来更加方便。用户可以使用"搜索"、"索引"功能在帮助系统中查找所需要的内容,如果用户的计算机是连入 Internet 的,可以通过列表中的内容获得 Microsoft 公司的在线支持,用户可以和其他的中文版 Windows XP 使用者进行信息交流,或者向微软新闻组中的专家求助,也可以启动远程协助向在线的朋友或者专业人士寻求解决问题的方法。

2.1.2 Windows XP 的启动、注销和退出

1. Windows XP 的启动

启动 Windows XP 的过程如下:

(1) 按下计算机主机箱上的电源开关(POWER 按钮),计算机将对主板的 BIOS、CPU、内存、硬盘等情况进行自检,屏幕上会显示用户计算机的自检信息,如 CPU 型号、内存大小等。

(2) 完成上述自检后,如果计算机只安装了 Windows XP 系统,那么它会自动启动;

如果同时安装了多个操作系统,屏幕上会显示一个选择菜单,如图 2-1 所示。用户可用键盘上的方向键来选择,按回车键(Enter)即可启动。

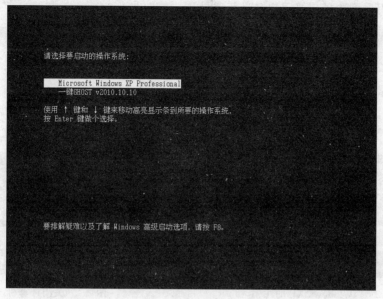

图 2-1　选择操作系统

　　(3) 如果在 Windows XP 中设置了多用户使用,屏幕上会显示用户登录界面,如图 2-2 所示。单击用户名图标,对于没有设置用户密码的用户,单击相应的用户图标可以直接进入;否则,需要输入正确的密码,之后单击【登录】按钮才能登录。

图 2-2　Windows XP 操作系统登录界面

2. Windows XP 的注销

　　如果一台计算机设置了多个用户,在某用户工作完成后,可以通过注销计算机切换到另一个用户的操作界面。具体操作步骤如下:

（1）单击【开始】和【注销】按钮，弹出【注销 Windows】对话框，如图 2-3 所示。

（2）单击【注销】按钮，计算机将关闭当前用户的所有程序，回到 Windows XP 的用户登录界面，用户可选择其他用户名进行登录。

> **注意**：如果单击【切换用户】按钮，当前用户的程序并不关闭，只是更换另一个用户继续使用计算机。

3. Windows XP 的退出

关机的操作方法是，单击【开始】和【关闭计算机】按钮，在弹出的【关闭计算机】对话框（如图 2-4 所示）中进行相应操作。该对话框中有 3 个选项，即待机、关闭和重新启动。

图 2-3　Windows XP 的注销

图 2-4　关闭计算机

- 待机：当计算机处于"待机"状态时，系统可切断外围设备、显示器甚至硬盘驱动器的电源，但会保留计算机内存的电源，以不至于丢失工作数据，再次唤醒计算机时可以快速恢复用户的 Windows 会话。

按住 Shift 键，【待机】将更改为【休眠】。【休眠】将保存一份桌面及所有打开文件和文档的映像，然后关闭计算机电源。在下次打开电源时，计算机可以快速启动并恢复到上次关机时文件和文档的打开状态。

- 关闭：关闭计算机。
- 重新启动：关闭并重启计算机。

2.2　Windows XP 的基本操作

学习重点

- 鼠标常用的操作方法和指针的含义
- 键盘区域和基本操作，以及中文输入法的类型
- 桌面图标的显示方法、含义和常用操作
- 任务栏的组成和常规操作
- 窗口、对话框和菜单的组成和操作
- Windows XP 帮助系统的使用

2.2.1　鼠标的使用

1. 鼠标的基本操作

中文 Windows XP 的操作以鼠标为主,用户可以通过鼠标方便、快捷地完成大部分操作。鼠标最常用的操作有以下几种。

- 移动:鼠标指针随着鼠标的移动而移动。
- 指向:把鼠标指针停留在某个对象上,通常用于激活对象或显示工具提示信息。
- 单击:按下鼠标左键一次,通常用于选中某一对象。
- 双击:快速地连续按下鼠标左键两次,通常用于启动某一程序或打开窗口。
- 拖动:先单击选中某一对象,在不松开的情况下移动,到达目的地时再松开,这一过程称为拖动。拖动通常用于滚动条的操作、标尺滑块的操作,以及复制、移动对象的操作。
- 右击:快速将鼠标右键按下并松开,通常用于打开快捷菜单。

2. 鼠标的几种形状

鼠标指针在不同状态下具有不同的形状,表 2-1 列出了鼠标指针的不同形状和含义。

表 2-1　鼠标指针的形状与含义

指针形状	含　义	指针形状	含　义	指针形状	含　义	指针形状	含　义
	正常选择	↕	调整垂直	＋	精确选择	✥	移动
	帮助选择	↔	调整水平	I	选定文本	↑	候选
	后台运行	↘	沿对角线调整 1		手写		链接选择
	忙	↗	沿对角线调整 2	⊘	不可用		

2.2.2　键盘的基本操作和中/英文输入法

1. 键盘的基本操作

利用键盘可以完成中文 Windows XP 提供的所有操作功能,表 2-2 列出了常用的键盘操作。

表 2-2　常用的键盘操作

快　捷　键	描　　述
Alt＋Tab	在打开的窗口之间进行切换
Alt＋Space	打开应用程序的控制菜单
Alt＋－	打开文档窗口(图标)的控制菜单
Alt＋菜单右侧的下划线字母	打开菜单

快　捷　键	描　　述
Alt＋Esc	切换当前窗口
Ctrl＋Esc 或 ⊞	打开【开始】菜单
Alt＋F4	退出程序
Ctrl＋F4	关闭文档窗口
F1	启动帮助
Ctrl＋Space	切换中/英文输入状态
Ctrl＋Shift	切换各输入法
Ctrl＋A	全部选取
Ctrl＋C	复制
Ctrl＋X	剪切
Ctrl＋V	粘贴
Ctrl＋Z	撤销
Del	删除
Print Screen	复制当前屏幕图像到剪贴板中
Alt＋Print Screen	复制当前活动窗口或对话框到剪贴板中

2. 中/英文输入法

英文字母的输入非常简单,因为它是一个字母对应一个按键,可以用键盘直接输入,中文则需要使用专门的输入法。目前,汉字编码方案已经有数百种,其中,在计算机上运行的就有几十种。

作为普通的计算机使用者,常用的中文输入法是键盘输入法。键盘输入法是利用各种汉字输入方法的编码敲击键盘来输入汉字,有数字码、拼音码、字形码、音形结合码4种。

(1) 数字码:将待编码的汉字集以一定的规则排序后,依次赋予相应的数字串(如4个数字)作为汉字输入代码,例如区位码、电报码。其优点是一字一码,无重码;缺点是代码难以记忆。数字码现已基本淘汰。

(2) 拼音码:以我国汉字拼音方案为基础的输入方法,例如全拼、双拼等。其优点是简单易学;缺点是重码较多,输入速度较慢。

(3) 字形码:以汉字形状确定的编码,编码规则较复杂,例如五笔字型输入法。其优点是码字较短、输入速度快;缺点是需要一定时间的学习和记忆。

(4) 音形结合码:兼用音码和形码的方法组成的编码,有先形后音的,也有先音后形的。其特点是重码少,有利于区别同音字,但规则较为繁复。

中/英文输入法的切换方法有以下几种。

方法1:按 Ctrl＋Space 快捷键。

方法 2：用鼠标单击输入法状态窗口中的【中/英文切换】按钮。

方法 3：单击任务栏上的输入法按钮，在弹出的输入法菜单中选择英文或汉字输入法。

英文字符、数字和其他一些非控制字符有全角和半角之分。全角字符占两个字节，半角字符占一个字节。全角字符和半角字符的切换方法如下。

方法 1：按 Shift＋Space 快捷键。

方法 2：用鼠标单击输入法状态窗口中的【全角/半角切换】按钮。

2.2.3　桌面简介

桌面就是在安装好中文版 Windows XP 后，用户启动计算机登录到系统后看到的整个屏幕界面，它是用户和计算机进行交流的窗口，在上面可以存放用户经常用到的应用程序和文件夹图标。用户可以根据自己的需要在桌面上添加各种快捷图标，在使用时双击图标就能够快速启动相应的程序或文件。

通过桌面，用户可以有效地管理自己的计算机，与以往任何版本的 Windows 相比，中文版 Windows XP 桌面有着更加漂亮的画面、更富个性的设置和更为强大的管理功能。Windows XP 的桌面主要由屏幕背景、桌面图标和任务栏等组成。

1. 桌面图标

桌面图标指桌面上排列的小图像，包含图形和说明文字两个部分，实际上，它们是一些快捷方式，用来快速打开对应的应用程序、文档、磁盘驱动器等。不同图形的图标代表不同的内容。如果把鼠标停留在图标上片刻，桌面上就会出现对图标所表示内容的说明或者是文件存放的路径，双击图标就可以打开相应的内容。

常用桌面图标的含义如下。

- 我的电脑：用来管理计算机资源，可以访问计算机中所有存储设备中的文件、文件夹。
- 我的文档：用于管理用户的个人文件夹，包含【图片收藏】和【我的音乐】两个特殊的个人文件夹。
- 回收站：存放已删除的文件或文件夹，并允许恢复。
- 网上邻居：显示指向共享计算机、打印机和网上其他资源的快捷方式。
- Internet Explorer：简称 IE，微软公司开发的网页浏览器，用于浏览互联网上的信息，通过双击该图标可以访问网络资源。

2. 任务栏

任务栏默认位于桌面最下方（如图 2-5 所示），一般位于桌面的最下方，也可以用鼠标拖动到桌面的左、右两侧和上方。任务栏主要由【开始】菜单、快速启动栏、应用程序区和通知区域组成。从【开始】菜单可以打开大部分安装的软件；快速启动栏中存放的是常用程序的快捷方式，通过单击快捷图标即可启动；应用程序区显示当前正在执行的程序或任务；通知区域则是通过各种小图标形象地显示一些应用程序的状态。

任务栏和【开始】菜单的属性是可以设置的，具体方法是，右击任务栏的空白处，从快

【开始】菜单　　快速启动栏　　应用程序区　　　　　　通知区域

图 2-5　任务栏

捷菜单中选择【属性】命令,然后在弹出的【任务栏和「开始」菜单属性】对话框(如图 2-6 所示)中进行设置。

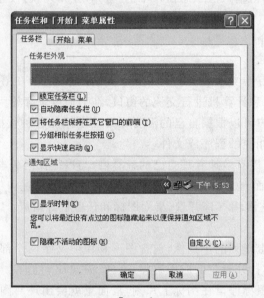

图 2-6　【任务栏和「开始」菜单属性】对话框

【任务栏】选项卡中各选项的含义如下。

- 锁定任务栏:使任务栏的位置和大小锁定不变。
- 自动隐藏任务栏:鼠标指针在不指向任务栏时,任务栏不显示。
- 将任务栏保持在其他窗口的前端:在打开其他窗口时任务栏不会被挡住,始终在前端。
- 分组相似任务栏按钮:当任务栏按钮过多时,会把同一类按钮分组集合在一个按钮上,以便精简任务栏。
- 显示快速启动:控制快速启动栏是否显示。
- 显示时钟:控制通知区域时钟是否显示。
- 隐藏不活动的图标:大部分程序在使用中会有一个图标显示在任务栏的通知区域,如果不启用程序,可以选择将其图标隐藏。单击【自定义】按钮,弹出【自定义】对话框,可以在其中改变某一个程序的通知行为。

在【「开始」菜单】选项卡中可以选择不同的菜单样式,单击【自定义】按钮,在弹出的对话框中可以对【开始】菜单进行相关设置。

新编计算机应用基础教程(第 2 版)

2.2.4 窗口、对话框和菜单

1. 窗口的组成与操作

1) 窗口的组成

窗口是应用程序运行的一个界面,也表示该程序正在运行。图2-7所示为一个典型的窗口。Windows XP窗口一般具有统一的外观,主要包含以下元素。

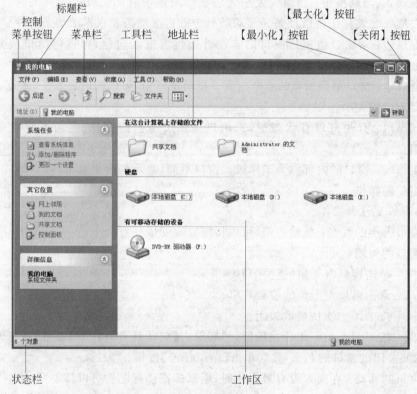

图2-7 窗口的组成

- 控制菜单按钮:位于窗口的左上角,右击该按钮可以打开控制菜单,其中的命令用来改变窗口的大小,以及移动、放大、缩小、还原和关闭窗口。
- 标题栏:位于窗口的最上部,用于显示应用程序或文档的名字。标题栏还有一个作用,就是标识窗口是否处于活动状态。
- 【最小化】按钮:单击该按钮,窗口将最小化为任务栏上的一个缩小的任务条,窗口的名字显示在任务条上。
- 【最大化】按钮:单击该按钮,窗口将扩展到整个桌面,此时该按钮变为【还原】按钮,当窗口最大化时单击【还原】按钮,窗口将恢复成原来的大小。
- 【关闭】按钮:单击关闭按钮用于关闭窗口。
- 菜单栏:几乎每个窗口都有自己的菜单栏,它位于标题栏的下面。不同的应用程序菜单栏不同。菜单栏中列出了可用的菜单名,每个菜单都对应一组命令或动作,供用户选择使用。

- 工具栏:有些窗口拥有一个或多个工具栏,它们位于菜单栏的下面。工具栏上有一系列小图标,单击这些图标可以完成相应的功能或动作。
- 地址栏:地址栏是一种特殊的工具栏,通过地址栏可以显示磁盘中的文件或文件夹以及在网上漫游。例如,输入"E:"并按 Enter 键可以显示磁盘 E:中的所有文件或文件夹。
- 滚动条、滚动按钮:当窗口大小无法显示当前所有的文件或文件夹时,在窗口的右端或底端将出现滚动条。滚动条分为垂直滚动条和水平滚动条两种。
- 窗口边框:窗口边框指窗口的 4 个外边框。拖动边框,可以将窗口改变成任意大小。
- 窗口角:窗口角指窗口的 4 个角落。拖动窗口角,可以同时在水平、垂直方向上改变窗口的大小。
- 状态栏:有些窗口有状态栏,为用户提供了与当前操作、当前系统状态有关的信息。
- 工作区:窗口的内部称为工作区。窗口不同,显示的内容也不同。

2)窗口的操作

窗口有以下几种操作。

- 窗口大小的改变:拖动边框,可以将窗口改变成任意大小。
- 窗口的关闭:

方法 1:单击窗口右上角的【关闭】按钮。

方法 2:双击窗口左上角的控制菜单。

方法 3:按 Alt+F4 快捷键关闭。

方法 4:按 Ctrl+Alt+Del 快捷键,然后单击【启动任务管理器】链接,在打开的窗口中选择需要关闭的窗口的名字,然后单击【结束任务】按钮。

- 窗口的移动:在窗口没有最大化时,用鼠标拖动标题栏可以移动窗口。
- 窗口的切换:当打开多个窗口时,可以使用以下方法实现窗口之间的切换。

方法 1:单击任务栏上与窗口对应的标题按钮。

方法 2:单击窗口的任意区域。

方法 3:按 Alt+Tab 快捷键。

方法 4:按 Alt+Esc 快捷键。

- 窗口的排列:右击任务栏的空白区域,在弹出的快捷菜单中(提供了 3 种窗口排列方式,即层叠、横向平铺及纵向平铺)进行选择。其中,"平铺"使窗口并排放置;"层叠"使窗口交叠,只显示每个窗口的一部分。

2. 对话框的组成与操作

对话框是一个与用户进行交互的窗口,用户可以在对话框中进行输入信息、阅读提示、设置选项等操作。对话框也有与窗口相似的元素,如标题栏、【关闭】按钮等。但对话框中没有菜单栏,尺寸也一般是固定的。图 2-8 给出的对话框是 Word 2003 中的【字体】

对话框。

对话框主要包含以下元素。

- 选项卡：图 2-8 所示的【字体】对话框实际上包含了 3 个选项卡，每个选项卡分别用于执行不同的任务，单击某一个选项卡标签即可打开对应选项卡的内容。

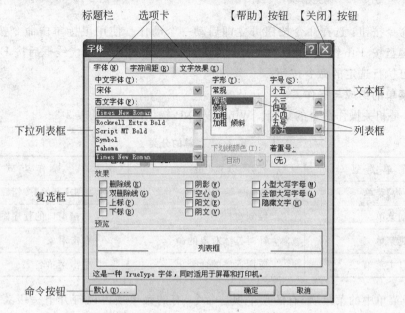

图 2-8　Word 2003 的【字体】对话框

- 单选按钮：表示一组互斥的选项，在一组单选按钮中只能选择其中的一个，如图 2-9 所示。选中的单选按钮内有一个圆点，未选中的单选按钮内无此圆点。

图 2-9　单选按钮

- 复选框：表示可以选择多项的选项，它和单选按钮不同，在一组选项中可以选中其中的一个或多个。

- 文本框：可以输入信息的矩形框。当移动到空白文本框时，将有一个"I"形的闪烁光标，所输入的文字将从光标指示处开始插入。

- 列表框：以列表形式显示多种可以选择的对象。在列表框中单击即可选择一项。当列表项多于列表框一次所能显示的项数时，列表框就会出现滚动条，用户可以通过滚动条来移动列表项。

- 下拉列表框：下拉列表框是一个矩形框，其中显示了当前的选定项。该方框右边带下三角的按钮称之为下拉按钮，单击后将在方框下方弹出一组可用的选项列表，如图 2-8 所示。

- 调整滑块：也称滑竿、滚动条，用于表示一组连续变化值的选择，如音量的大小、鼠标速度的快慢等，如图 2-10 所示。

- 微调框：用于指定一个数值，它由一个数值框、增加按钮和减少按钮组成，如图 2-11 所示。

图 2-10　调整滑块

图 2-11　微调框

- 命令按钮：选择命令按钮可立即启动一个动作。使用鼠标单击命令按钮或使用键盘按 Tab 键或 Shift＋Tab 快捷键，使命令按钮上出现虚线框后按 Enter 键，均可执行选定的命令按钮。

3. 菜单的组成与操作

菜单是相关操作命令的集合。Windows XP 提供的菜单见表 2-3。

表 2-3　菜单的分类

菜 单 类 型	功　　能	操 作 方 式
【开始】菜单	Windows XP 命令	单击【开始】按钮
控制菜单	控制窗口	单击窗口的程序图标
快捷菜单	针对具体对象的命令	右击对象
窗口主菜单	应用程序的命令	单击菜单名

对于菜单中的菜单项，有的菜单项是命令，有的菜单项可以打开下一级菜单，下一级菜单称为子菜单。

- 呈灰暗显示：表示该菜单项当前不具备执行条件，不可以选用。
- 左边有"√"符号：表示该菜单项当前已有效。
- 右边有"▶"符号：表示该菜单项也是菜单，选择该项时将打开下一级菜单。
- 右边有"…"符号：表示该菜单项带有对话框，选择该项时将打开相应的对话框。
- 右边有"●"符号：表示该项已经被选中。

2.2.5　帮助和支持中心

Windows XP 系统的"帮助和支持中心"是全面提供各种工具和信息的资源。使用搜索、索引或者目录，可以广泛访问各种联机帮助系统。通过"帮助和支持中心"，可以向联机 Microsoft 支持技术人员寻求帮助，可以与其他 Windows XP 用户和专家利用 Windows 新闻组交换问题和答案，还可以使用"远程协助"让朋友或同事帮助用户。

如果要打开"帮助和支持中心"，可以单击【开始】按钮，然后选择【帮助和支持】命令或按 F1 键，随后会显示图 2-12 所示的【帮助和支持中心】窗口。

1. 联机帮助

Windows XP 为操作系统中的所有功能提供了广泛的帮助。从"帮助和支持中心"主页上，可以浏览帮助主题。单击导航栏上的"主页"或者"索引"，可以查看目录或索引。在"搜索"框中输入一个或多个词汇，可以查找所需信息。

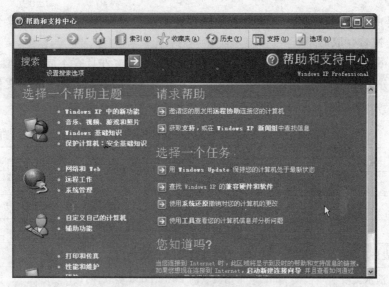

图 2-12 【帮助和支持中心】窗口

2. 远程协助

编辑远程协助使用"远程协助"功能,可以让朋友或者计算机专家、同事指导客户解决计算机问题。只需使用 Windows 实时客户端邀请联机联系人,或者使用电子邮件向朋友发出邀请即可,在得到客户的授权后,专家可以查看用户的屏幕,甚至可以取得用户计算机的控制权(所有会话都经过加密,并且可以用密码进行保护),甚至可以在解决问题的过程中联机聊天。

2.3 Windows XP 资源管理

学习重点

- 文件、文件夹的概念,文件的类型
- Windows XP 系统中文件的命名规则
- 打开【资源管理器】的方法,比较【资源管理器】和【我的电脑】窗口的异同
- 使用【资源管理器】配置文件夹选项
- 特殊文件夹的功能
- 文件或文件夹的常规操作,包括查看方式、排列、属性设置、选取、创建等
- 剪贴板和回收站的使用

2.3.1 文件和文件夹简介

1. 文件及文件类型

计算机中存储了大量的信息,Windows 用来存储和管理信息的基本单位是文件。任

何文件都是由应用程序创建的,并且如果保存在磁盘上会命名一个唯一的文件名。计算机对文件是按名存取的。

在 Windows 环境中,文件的操作或结构特性指定了文件具有不同的类型。Windows XP 为了区分文件的类型,在命名文件时会用扩展名对其加以标识。常用文件类型和扩展名如表 2-4 所示。

表 2-4 常用文件类型和扩展名

文 件 类 别	扩展名	打 开 方 式
可执行文件	.exe	自执行
文本文件	.txt	用记事本、写字板、Word 等都可以打开
Word 文档	.doc	用微软的 Word 等软件打开
Excel 电子表格	.xls	用微软的 Excel 软件打开
PowerPoint 演示文稿	.ppt	用微软的 PowerPoint 等软件打开
WinRAR 压缩文件	.rar	用 WinRAR 打开
图片	.jpg	用画图/看图软件打开
网页文件	.htm	用浏览器打开,可以用网页制作工具(如 Frontpage)编辑
便携式文档格式	.pdf	用 PDF 阅读器打开、用 PDF 编辑器编辑

2. 文件的命名规则

文件名由主文件名和扩展名两部分组成,中间用小圆点隔开。主文件名用来表示文件的名称,用户通过它可以大概知道文件的作用或内容的含义,在对文件命名时要遵循“望文知意”的原则。而扩展名是用来区分文件类型的,在一个文件中扩展名的大小写系统是不予区别的。在 Windows XP 系统下,文件名的长度(包含扩展名部分)最长可达 256 个字符。扩展名一般由 1~4 个字符组成,在 Windows XP 中,主文件名可以由英文字母、汉字、数字以及一些符号等组成,但不能使用\、/、:、*、?、"、<、>、|等符号。

3. 文件夹

磁盘上存有大量的文件,怎样对文件进行有序的管理,如何快速地搜索到文件,这就涉及文件的组织形式。在 Windows 系统中一直沿用着人们日常生活中分类存档的思想,建立“文件夹”的存储区,文件夹的图标一般是▭。

每个文件夹都有对应的名字,称为“文件夹名”,其命名规则和文件的命名规则相同,只不过没有扩展名。文件夹的名称应尽量起到分类的作用,例如将游戏文件存放在名为“Games”的文件夹下。文件夹中还可以包含文件夹,称为子文件夹,由此形成层次化的文件组织结构。例如,在名为“Music”的文件夹下可以建立名字为“流行音乐”、“古典音乐”、“儿歌”等的子文件夹。

4. 盘符与文件路径

盘符是 Windows 系统对于磁盘存储设备的标识符,一般使用 26 个英文字母加上一个冒号“:”来标识。早期的计算机一般装有两个软盘驱动器,所以,“A:”和“B:”这两个盘符用来表示软驱,而硬盘设备是从 C：开始一直到 Z：,C 盘一般用做系统盘。随着软盘驱动器的淘汰,A：、B：盘符被闲置。

在树形目录结构中,从根目录到任何数据文件只有一条唯一的通路,在该路径上从树的根(即主目录)开始,把所有目录文件名与数据文件名依次用"\"连接起来构成该数据文件的路径名。对于每一个文件,其完整的文件路径名由 4 部分组成,其形式为：

```
[D:]\[Path]\filename[.ext]
```

其中,D 表示驱动器;Path 表示路径;filename 表示文件主名;ext 表示扩展名;[]表示该项目可省略。

路径分为绝对路径和相对路径,从根文件夹出发的路径为绝对路径,从当前文件夹出发的路径为相对路径。用浏览器选中某一文件或文件夹,打开地址栏,所显示的就是该文件或文件夹的绝对路径。

注意：在同一文件夹下,文件不能重名。

2.3.2 文件管理工具介绍

1. 我的电脑

双击桌面上的【我的电脑】图标,会出现如图 2-13 所示的窗口。此窗口有计算机中所有的软盘、硬盘、CD-ROM 驱动器等,若想查看相关文件夹或文件的信息,只需双击相应图标即可。在该窗口的左侧窗格中还有【网上邻居】、【我的文档】、【共享文档】和【控制面板】4 个超链接,单击这些超链接,可以在不同窗口之间进行切换。

图 2-13 【我的电脑】窗口

2. 资源管理器

资源管理器是 Windows 系统提供的资源管理工具,用户可以用它查看计算机中的所有资源,特别是它提供的树形文件系统结构,从而更清楚、更直观地了解计算机中的文件和文件夹。

打开资源管理器的方法有以下几种。

方法 1:用鼠标右击【我的电脑】、【网上邻居】、【回收站】、【开始】等图标或按钮,在弹出的快捷菜单中选择【资源管理器】命令。

方法 2:直接双击打开【我的电脑】,然后单击工具栏上的【文件夹】按钮。

方法 3:按键盘上的 Windows 徽标 ➕ E 快捷键。

资源管理器主要分为 3 部分,如图 2-14 所示,上部是标题栏、菜单栏和工具栏、地址栏;左侧是以树形结构展示的磁盘和文件夹窗口;右面是用户选定的磁盘或文件夹的内容窗口。

图 2-14　资源管理器

在资源管理器中可以将文件夹的子文件夹折叠,也可以展开。当一个文件夹前面有"➕"符号时,表示该文件夹下还有子文件夹,双击该文件夹或单击该符号,将显示该文件夹的子文件夹,并且"➕"变为"➖"号,此时文件夹已经展开;当一个文件夹前面有"➖"符号时,表示该文件夹下没有子文件夹,双击该文件夹或单击该符号,将不显示该文件夹的子文件夹,并且"➖"变为"➕"号,此时文件夹已经折叠。

> **注意**:在打开【我的电脑】或者【资源管理器】时,单击工具栏中的【文件夹】按钮,可以快速地在【我的电脑】或者【资源管理器】窗口之间进行切换。

2.3.3　文件和文件夹的组织与管理

1.【我的文档】文件夹及其位置的修改

【我的文档】文件夹是一个便于存取的文件夹,许多应用程序默认保存的位置都在这里。

该文件夹下包含两个特殊的个人文件夹,即【图片收藏】和【我的音乐】,如图 2-15 所示。

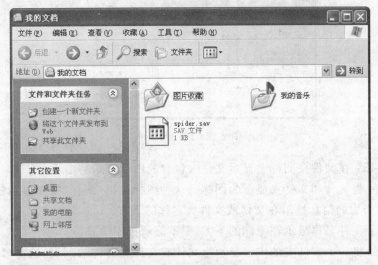

图 2-15　展开【我的文档】文件夹

Windows 为计算机上的每一个用户创建个人文件夹。当多人使用一台计算机时,它会使用用户名来标识每个个人文件夹。【我的文档】默认的路径是"C:\Documents and Settings\＜用户名＞\My Documents",而在实际使用中,通常大家都不会将工作文件保存在系统分区 C 盘上,因此很有必要改变一下【我的文档】的路径。

修改【我的文档】的路径的具体步骤如下:

(1) 在桌面上右击【我的文档】图标,在弹出的快捷菜单中选择【属性】命令,打开【我的文档 属性】对话框。

(2) 在【目标文件夹】选项卡中单击【移动】按钮,在弹出的【选择一个目标】对话框中选择常用的工作文件夹路径,如图 2-16 所示。

有时需要复制多个不同路径的文件,将其移动到某个指定的文件夹中,此时可以设置【我的文档】的路径指向要保存文件的文件夹。然后右击要移动的文件,在弹出的快捷菜单中选择【发送到】|【我的文档】命令,即可快速地将不同路径的文件复制到指定位置。

2. 文件或文件夹的查看方式

文件或文件夹有 5 种查看方式,在浏览文件或文件夹时,用户可以根据需要选择相应的查看方式。查看的方法是,在【我的电脑】或【资源管理器】窗口的工具栏上单击【查看】按钮,在弹出的菜单中进行选择,如图 2-17 所示。当然,用户还可以直接在【查看】菜单中进行选择,下面介绍不同查看方式的含义。

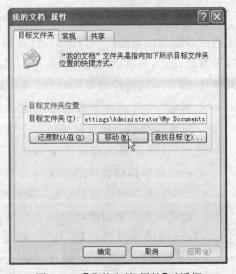

图 2-16　【我的文档 属性】对话框

图 2-17 【查看】菜单

- 缩略图:在文件夹图标上显示文件夹包含的图像和缩略图。
- 平铺:将文件和文件夹显示为图标。这种图标比以"图标"视图显示的图标要大,选定类型的信息显示在文件或文件夹名称的下方。
- 图标:文件名称显示在图标的下方,但不显示排序信息。
- 列表:将一个文件夹的内容显示为文件或文件夹名称的列表,这些名称前面显示一个小图标。如果文件夹中包含许多文件,且用户希望通过浏览列表找到一个文件名,则该视图很有用。
- 详细信息:Windows 列出了打开的文件夹的内容,并提供了文件的详细信息,包括名称、类型、大小和修改日期。

另外,在放有图片的文件夹中,Windows 还提供了【幻灯片】查看方式。在此方式下图片显示为单排的缩略图图像。用户可以使用左、右箭头按钮在图片中进行滚动,如果单击一个图片,它将显示为一个较大的图像,位于其他图片之上。

同时,在放有图片的文件夹左侧的图片任务窗格中,可以通过选择【作为幻灯片查看】选项,将该文件夹中所有的图片以全屏的幻灯片方式进行浏览。

3. 文件或文件夹的排列

1)普通排列方式

在浏览文件或文件夹时,用户还可以根据需要选用不同的方式来排列文件或文件夹。排列的方法是在窗口的空白处右击,在弹出的快捷菜单中选择【排列图标】命令中相应的排列方式,如图 2-18 所示,或者选择【查看】|【排列图标】中的子命令。在浏览各种不同的文件时,会有不同的排列图标命令,其含义如下。

- 名称:文件将按字母顺序分组,每组的标题分别包含该组中文件名称的第一个字母。
- 大小:大小基本相同的文件将显示为一组,每组的标题中都包含该组中文件的大小。
- 类型:文件将按类型分组,在每组的下方显示描述该组文件类型的标题。

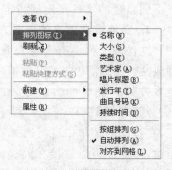

在【查看】|【详细信息】方式下,单击右侧文件列表区上方的【名称】,文件列表即自动按文件名称降序排序,再次单击【名称】,文件列表即自动按名称升序排序;

图 2-18 排列图标命令

新编计算机应用基础教程(第 2 版)

同样,单击右侧文件列表区上方的【大小】、【类型】、【修改日期】,文件列表即自动按文件大小、类型、修改日期进行排序。文件列表区上方的各标题位置还可以用鼠标按住左右拖动,以满足浏览需要。

2）文件和文件夹的组排列

Windows XP 中新增的按组排列文件与文件夹图标的功能,为用户提供了一种全新的浏览文件与文件夹的方式。如果当前窗口位于磁盘驱动器的根目录下,例如在本地磁盘 C:\下,首先用户可选择右键快捷菜单中的【按组排列】、【名称】命令,则系统自动将所有的文件与文件夹按照名称的首字母进行分组,并将每组以横线分隔。同时,在横线的上面会以大写英文字母标明组中的文件是以哪个字母开头的。例如,图 2-19 D 组下面只列出了文件名以 D 开头的所有文件和文件夹。如果用户选择的是【大小】命令,则系统将以文件的大小为尺度将它们进行分组,分组类型包括小、中、大和文件夹。如果用户想按照自己的意愿排列图标,可以通过拖动图标的方式来实现。

图 2-19　按名称对文件与文件夹进行分组排列

4. 文件或文件夹属性的查看与设置

先选取文件或文件夹,然后选择【文件】菜单或右键快捷菜单中的【属性】命令,即可查看文件夹属性。在查看文件或文件夹的属性时,用户可以获得文件或者文件夹的属性、文件的类型、打开文件的程序名称、包含在文件夹中的文件和子文件夹的数目、文件被修改或访问的最后时间等,如图 2-20 所示。对于不同的文件类型,其属性对话框中的信息各不相同。一般情况下,文件或文件夹都包含只读、隐藏和存档属性,其含义如下。

- 【只读(R)】属性:表示这个文件夹只可以阅读,不可以编辑。
- 【隐藏(H)】属性:可把文件夹隐藏起来,使文件不可见。
- 【存档(I)】属性:该属性是文件和文件夹的默认属性。

5. 选取文件或文件夹

在对文件或文件夹进行操作时首先要选取文件或文件夹。

1）选取单个文件或文件夹

单击需要选取的文件或文件夹即可。

2）选取连续的文件或文件夹

方法1：先单击需要选取的第一个文件或文件夹，然后在按住Shift键的同时单击最后一个文件或文件夹。

方法2：将鼠标指针指向需要选取的连续文件或文件夹左上角的第一个文件或文件夹，拖动鼠标形成矩形方框，然后释放鼠标，一个矩形文件或文件夹区域将被选取。

3）选取不连续文件或文件夹

按住Ctrl键，单击需要选取的文件或文件夹。

4）选取局部连续、总体不连续的文件或文件夹

先用选取连续文件或文件夹的方法选取第一个连续组，然后按住Ctrl键，用同样的方法选取第二、三个连续组。

图2-20　文件的属性对话框

5）选取整个选定资源内的文件和文件夹

方法1：按Ctrl＋A快捷键。

方法2：选择【编辑】|【全部选定】命令。

6. 新建文件或文件夹

这里以新建文件夹为例进行介绍，操作步骤如下：

（1）先选定待建文件夹要存放的位置。

（2）创建文件夹。

方法1：选择【资源管理器】或【我的电脑】窗口中的【文件】|【新建】|【文件夹】命令。

方法2：右击窗口空白处，在弹出的快捷菜单中选择【新建】|【文件夹】命令。

（3）为新建的文件夹输入名称。

7. 移动和复制文件或文件夹

1）移动文件或文件夹

方法1：选定需要移动的文件或文件夹，用鼠标拖动其到左侧树状目录窗格中的目标位置。

方法2：选定需要移动的文件或文件夹，用鼠标右键拖动其到目标位置，在弹出的快捷菜单中选择【移动到当前位置】命令。

方法3：选定需要移动的文件或文件夹，选择【编辑】|【剪切】命令或单击工具栏上的【剪切】按钮或选择右键快捷菜单中的【剪切】命令，将选取的文件或文件夹剪切到剪贴板上。然后定位到目标位置，选择【编辑】|【粘贴】命令或单击工具栏上的【粘贴】按钮或选择右键快捷菜单中的【粘贴】命令。

移动操作在【我的电脑】窗口中除了可以使用以上的方法2和方法3外，还可以选定需要移动的文件或文件夹，然后在左侧的【文件和文件夹任务】窗格中选择【移动这个文件/文件夹】，在弹出的【移动项目】对话框中选择目标位置。

2）复制文件或文件夹

方法1：选定需要复制的文件或文件夹，按住 Ctrl 键，用鼠标拖动其到目标位置。

方法2：选定需要复制的文件或文件夹，直接用鼠标右键拖动其到目标位置，在弹出的快捷菜单中选择【复制到当前位置】命令。

方法3：选定需要复制的文件或文件夹，选择【编辑】|【复制】命令或单击工具栏上的【复制】按钮或选择右键快捷菜单中的【复制】命令，将选取的文件或文件夹复制到剪贴板上。然后定位到目标位置，选择【编辑】|【粘贴】命令或单击工具栏上的【粘贴】按钮或选择右键快捷菜单中的【粘贴】命令。

> 注意：移动和复制文件或文件夹也可以使用快捷键。复制的快捷键是 Ctrl＋C，剪切的快捷键是 Ctrl＋X，粘贴的快捷键是 Ctrl＋V。

8. 重命名文件或文件夹

用户可以根据需要改变文件或文件夹的名称，操作方法如下。

方法1：选定需要重命名的文件或文件夹，然后选择【文件】|【重命名】命令。

方法2：右击需要重命名的文件或文件夹，在弹出的快捷菜单中选择【重命名】命令。

方法3：用鼠标单击两次需要重命名的文件或文件夹，也可以对文件或文件夹重命名。

当需要为成批的文件重命名时可以先选定需要重命名的多个文件，为其中第一个文件进行重命名，在确认后即可为成批的文件重命名。

9. 搜索文件和文件夹

有时用户只知道对象的部分信息，例如对象的名字、修改日期等。这时使用 Windows 的搜索功能来搜索文件或文件夹，能快速找到需要的文件和文件夹。打开【搜索结果】窗口（如图 2-21 所示）的方法如下。

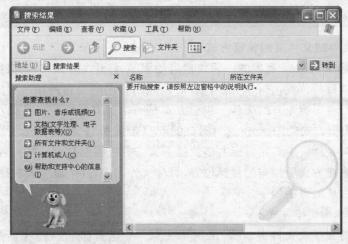

图 2-21　【搜索结果】对话框

方法1：在【开始】菜单中选择【搜索】命令。

方法 2：右击【开始】按钮，在快捷菜单中选择【搜索】命令。

打开【搜索】任务窗格的方法如下。

方法 1：在【资源管理器】或【我的电脑】窗口中选择【文件】|【搜索】命令。

方法 2：在【资源管理器】或【我的电脑】窗口中单击工具栏上的【搜索】按钮。

在【搜索】任务窗格的各选项中输入查找对象的已知信息，然后单击【搜索】按钮，即可开始搜索指定的对象。在搜索过程中，窗口的底端显示了搜索结果。完成搜索操作后，找到的文件和文件夹显示在右侧的搜索窗口中。搜索完毕后，从搜索结果中双击即可将其打开。在搜索过程中如果要停止搜索，单击【停止】按钮即可。

在这里，使用【搜索结果】对话框中提供的菜单，可以对搜索结果进行打开、发送、创建快捷方式、删除、重命名、剪切、复制等操作。

10．文件和文件夹的删除

1）逻辑删除

逻辑删除指将选中的文件或文件夹放入到【回收站】中，必要时可以使用还原的方法恢复。具体方法如下。

方法 1：在选定需要删除的文件或文件夹后，选择【文件】|【删除】命令。

方法 2：在选定需要删除的文件或文件夹后，单击工具栏上的【删除】按钮。

方法 3：右击选定需要删除的文件或文件夹，然后选择快捷菜单中的【删除】命令。

方法 4：选定需要删除的文件或文件夹，将文件或文件夹直接拖到【回收站】中。

方法 5：选定需要删除的文件或文件夹，按 Delete 键。

2）物理删除

如果不想让删除的对象放在【回收站】中，而是直接被物理删除，可以使用 Shift＋Delete 快捷键直接将文件或文件夹从磁盘上删除。

> **注意**：在将 U 盘、移动硬盘以及网络位置的项目或超过回收站存储容量的项目删除时，不会被放到回收站中，而是被彻底删除，不能还原。

11．创建文件或文件夹的快捷方式

快捷方式是 Windows 提供的一种快速启动程序、打开文件或文件夹的方法。快捷方式并不能改变项目的位置，它也不是副本，而是应用程序的快速连接。删除、移动或重命名快捷方式均不会影响原有的项目。快捷方式是一个只有几百个字节的小文件，它的扩展名为.lnk。快捷方式的图标有一个特殊的标记（带箭头）。快捷图标可以放在桌面上，也可以放在任何文件夹中。用鼠标右击快捷方式，选择【属性】命令，可查看快捷方式的大小、存储位置，快捷方式所指向的目标位置、目标文件名等，并可以更改快捷方式的图标。

创建快捷方式的方法如下：

1）发送到桌面快捷方式

右击选中的文件或文件夹，在弹出的快捷菜单中选择【发送到】|【桌面快捷方式】命令，即可完成桌面快捷方式的创建。

2）直接创建

右击选中的文件或文件夹，在弹出的快捷菜单中选择【创建快捷方式】命令，即可在当前位置创建该项目的快捷方式。若想在其他位置创建,只需移动此快捷方式即可。

3) 使用对话框

具体步骤如下:

(1) 选中要创建快捷方式的位置,在空白处右击,然后在弹出的快捷菜单中选择【新建】命令中的【快捷方式】命令,弹出如图 2-22 所示的对话框。

图 2-22 【创建快捷方式】对话框

(2) 在文本框中输入或利用【浏览】按钮选择创建快捷方式对象的路径,然后单击【下一步】按钮,弹出如图 2-23 所示的对话框。

图 2-23 输入快捷方式的名称

(3) 在文本框中输入快捷方式的名称,单击【完成】按钮。

> **注意**:利用【文件】菜单中的相应命令也可以完成上述 3 种操作。

2.3.4 回收站操作

【回收站】是操作系统在硬盘中暂时存放被删除文件和文件夹的区域,这些被删除的文件和文件夹在需要时可以恢复。

1. 恢复被删除的文件或文件夹

1）恢复被删除的单个文件或文件夹

在【回收站】窗口中（如图 2-24 所示）选中需要恢复的文件或文件夹，使用【回收站】左侧的【回收站任务】窗格中的【还原此项目】命令即可恢复被选定的文件或文件夹。

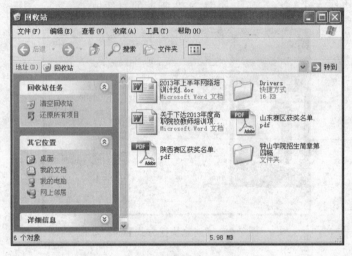

图 2-24 【回收站】窗口

2）恢复被删除的多个文件或文件夹

选中需要恢复的文件或文件夹，使用【回收站】左侧的【回收站任务】窗格中的【还原选定的项目】命令即可恢复被选定的多个文件或文件夹。

3）恢复所有被删除的文件和文件夹

选择【回收站】左侧的【回收站任务】窗格中的【还原所有项目】命令，恢复后的文件或文件夹将被还原到原位置。

2. 彻底删除文件或文件夹

1）删除部分文件

在【回收站】窗口中单击要彻底删除的文件或文件夹，然后选择【文件】|【删除】命令或者按 Delete 键。

2）删除所有文件

在【回收站】窗口中选择【文件】|【清空回收站】命令，或单击左侧窗格中的【清空回收站】图标。

3. 更改【回收站】的属性

右击【回收站】图标，在快捷菜单中选择【属性】命令，弹出如图 2-25 所示的对话框，在该对话框中可以对其属性进行设置。

滑块指针表明了当前【回收站】设定的空间。

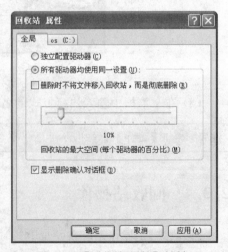

图 2-25 【回收站 属性】对话框

如果要对不同的磁盘进行不同的配置,选中【独立配置驱动器】单选按钮,然后选择需要更改设置的磁盘选项卡,拖动滑竿增、减磁盘空间的百分比;如果要使用相同的容量设置,可以选中【所有驱动器均使用同一设置】单选按钮,最好同时选中属性窗口下部的【显示删除确认对话框】复选框,以避免误删了需要的文件。如果选中【删除时不将文件移入回收站,而是彻底删除】复选框,则文件或文件夹会被不可恢复地删除掉。

2.3.5　磁盘清理和磁盘碎片整理

1. 磁盘清理

磁盘清理的主要目的是清理无用文件、释放磁盘空间,其方法主要有清空回收站、卸载或删除不再使用的软件、压缩很少使用的文件等。磁盘清理程序通过彻底删除不需要的文件来增加磁盘的可用空间。

启动磁盘清理程序的方法如下:

(1) 单击【开始】按钮,选择【所有程序】|【附件】|【系统工具】|【磁盘清理】命令,然后选择要清理的驱动器。

(2) 弹出如图 2-26 所示的【磁盘清理】对话框,以计算可释放的空间量。

(3) 接着弹出如图 2-27 所示的对话框,在该对话框中选择要彻底删除的文件,单击【确定】按钮,即可完成磁盘清理工作。

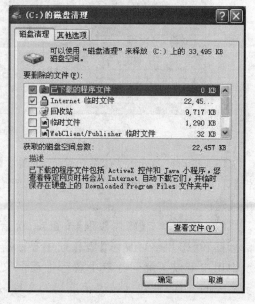

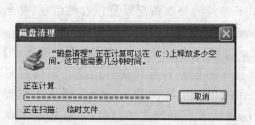

图 2-26　【磁盘清理】对话框　　　　　　　图 2-27　选择要彻底删除的文件

2. 磁盘碎片整理

计算机在经过一段时间的操作后,计算机系统的整体性能会有所下降,这是因为用户对磁盘进行多次读/写操作后,磁盘上的碎片文件或文件夹过多。由于这些碎片文件和文件夹被分别放置在一个卷上的许多分离的部分,Windows 系统需要花费额外的时间来读取和搜集文件和文件夹的不同部分。并且,用户建立新的文件和文件夹也会花费很长的时间,原因是磁盘上的空闲空间是分散的,Windows 系统必须把新建的文件和文件夹存储在卷上的不同地方。基于这个原因,用户应定期对磁盘碎片进行整理。

在进行磁盘碎片整理之前,用户可以使用磁盘碎片整理程序中的分析功能得到磁盘空间使用情况的信息,信息中显示了磁盘上有多少碎片文件和文件夹,用户可以根据信息来决定是否需要对磁盘进行整理。磁盘碎片整理的操作步骤如下:

(1) 单击【开始】按钮,选择【所有程序】|【附件】|【系统工具】|【磁盘碎片整理程序】命令。

(2) 打开【磁盘碎片整理程序】窗口,如图 2-28 所示。选择要进行磁盘碎片整理的驱动器后,用户可以单击【分析】按钮启用系统的磁盘碎片分析功能,以便查看分析报告确定该磁盘是否需要碎片整理。

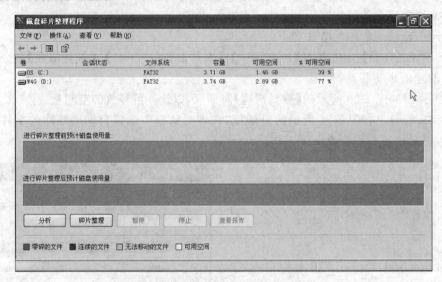

图 2-28 【磁盘碎片整理程序】窗口

(3) 进行碎片分析后,系统会自动激活【查看报告】按钮,单击该按钮将弹出【分析报告】对话框。在【分析报告】对话框中,系统给出了碎片的分布情况以及该卷的信息,并给出了建议。

(4) 如果单击【碎片整理】按钮,系统会自动进行碎片整理工作,并且在【分析显示】信息框和【碎片整理显示】信息框中显示碎片整理的进度和各种文件信息。从信息显示中用户可以了解到磁盘中各种性质的文件在磁盘上的使用情况,其中,红色区域表示零碎的文件,蓝色区域表示连续的文件,绿色区域表示系统文件,白色区域表示磁盘空闲空间。

在磁盘碎片整理过程中,用户可以单击【暂停】按钮暂时终止整理工作,也可以单击【停止】按钮结束整理工作。

系统完成磁盘碎片整理工作后,单击【查看报告】按钮,可以查看磁盘碎片整理结果。

2.4 实践案例 1——Windows XP 资源管理器的使用

学习重点

- 在【资源管理器】中创建、浏览、搜索文件与文件夹
- 移动、复制、删除和恢复文件
- 文件夹选项的设置

2.4.1 任务要求

使用文件夹归档文件非常重要,下面以个人文件归档管理为例进行介绍,任务要求如下:

(1) 在 D 盘根目录下建立文件目录结构,其中,01 表示学号后两位,张三是学生姓名(请用自己的学号和姓名代替"01 张三",下同)。

(2) 在刚创建的"01 张三"文件夹中新建两个文件,即"我的文档.txt"和"我的文件.doc"。

(3) 将步骤(2)中新建的"我的文档.txt"和"我的文件.doc"移动到"D:\01 张三\Downloads"文件夹中。

(4) 搜索计算机中的"工作表.doc"文件(该文件由读者事先建立),并把它复制到"D:\01 张三\Downloads\Doc"文件夹中。

(5) 删除"01 张三\Downloads\Music"文件夹,发现误删后,将其恢复。

(6) 把"D:\01 张三\Downloads\我的文件.doc"文件的属性设置为只读。

(7) 为"D:\01 张三"文件夹创建桌面快捷方式。

2.4.2 操作步骤

1. 创建文件夹目录结构

(1) 右击【我的电脑】(或【网上邻居】、【回收站】、【开始】等),在弹出的快捷菜单中选择【资源管理器】命令,打开【资源管理器】窗口。

(2) 在【资源管理器】窗口中,单击【文件夹】列表中的【本地磁盘(D:)】,进入 D 盘。

(3) 选择【文件】|【新建】|【文件夹】命令,输入文件夹名"01 张三",然后按 Enter 键。

(4) 双击"部门"文件夹,选择【文件】|【新建】|【文件夹】命令(或选择右键快捷菜单中的【新建】|【文件夹】命令),输入文件夹名"Downloads"。

(5) 用类似步骤(4)的方法,分别在"01 张三"文件夹中新建文件夹 Temp 和"参考资料"。

(6) 在"D:\01 张三\Downloads"文件夹中分别新建 Doc、Music 和 PIC 文件夹。

（7）在"D:\01 张三\Temp"和"D:\01 张三\参考资料"文件夹中分别创建如图 2-29 所示的文件夹和子文件夹。

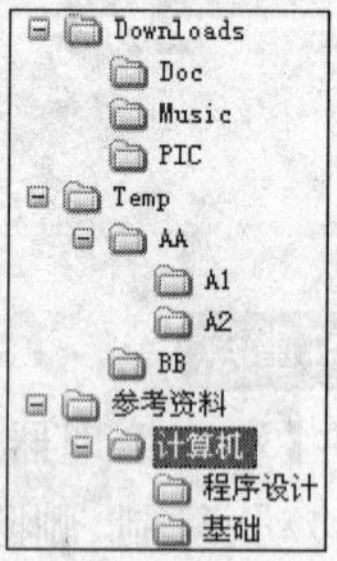

2. 创建文件

1）新建文本文件

（1）在【资源管理器】窗口中，单击【文件夹】列表中的"01 张三"。

（2）在右侧工作区的空白处右击，选择快捷菜单中的【新建】|【文本文件】命令。

（3）将文本文件的文件名改为"我的文档.txt"。

图 2-29　新建文件目录结构

2）新建 Word 文档

（1）在"01 张三"文件夹的空白处右击，选择快捷菜单中的【新建】| Microsoft Word 命令。

（2）将文本文件的文件名改为"我的文件.doc"。

3. 移动文件

（1）选中上面新建的"我的文档.txt"和"我的文件.doc"。

（2）按 Ctrl＋X 快捷键。

（3）在【资源管理器】窗口中，单击【文件夹】列表中的 Downloads 文件夹。

（4）按 Ctrl＋V 快捷键。

4. 搜索文件并复制

（1）在【资源管理器】窗口中，单击工具栏中的【搜索】按钮，在【你要查找什么?】选项组中单击【所有文件和文件夹】选项。

（2）在【全部或部分文件名】文本框中输入搜索的文件名"工作表.doc"，在【在这里寻找】下拉列表框中选择要查找的驱动器、文件夹或网络，然后单击【搜索】按钮，开始查找文件。

（3）选中找到的"工作表.doc"，按 Ctrl＋C 快捷键，然后定位到目标位置——Doc 文件夹，按 Ctrl＋V 快捷键完成复制操作。

5. 删除文件夹并复制

（1）选定 Music 文件夹，按键盘上的 Delete 键，或选择【文件】|【删除】命令。

（2）打开【回收站】窗口，选定要还原的 Music 文件夹，然后单击窗口左侧的【还原此项目】命令。

6. 设置文件属性

选定"D:\01 张三\Downloads\我的文件.doc"文件，然后选择【文件】|【属性】命令，在弹出的【属性】对话框中选择【只读】。

7. 创建桌面快捷方式

（1）在【资源管理器】窗口中，右击【文件夹】列表中的"01 张三"。

（2）在快捷菜单中选择【发送到】|【桌面快捷方式】命令。

2.5 Windows XP 系统的简单设置

学习重点

- 应用程序的安装与删除
- 个性化工作环境设置,包括桌面背景、屏幕保护程序、外观、鼠标和键盘等
- 文件夹共享的设置
- 设备管理器的使用
- 磁盘管理

控制面板可以帮助用户完成系统的相关设置。单击【开始】按钮,选择【设置】|【控制面板】命令,即可打开【控制面板】窗口。Windows XP 为用户提供了两种【控制面板】视图,即分类视图(如图 2-30 所示)和经典视图(如图 2-31 所示),本书以下内容是在经典视图中进行的。

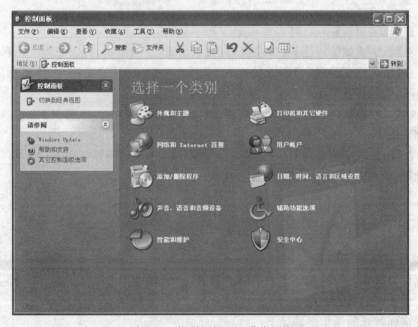

图 2-30 控制面板——分类视图

2.5.1 应用程序的安装和删除

如果需要添加或删除标准的 Windows 应用程序,除了可以直接运行该软件的安装程序(一般程序名为 Setup.exe)或自带的卸载程序以外,还可以使用以下方法安装和删除各种应用软件。操作步骤如下:

图 2-31 控制面板——经典视图

(1) 在【控制面板】中双击【添加或删除程序】图标。

(2) 在【添加或删除程序】窗口左侧单击【添加新程序】按钮,可以安装应用程序。

(3) 在【添加或删除程序】窗口左侧单击【更改或删除程序】按钮,选择要删除的应用程序,并单击【更改/删除】按钮,可以删除已安装的应用程序。

(4) 在【添加或删除程序】窗口左侧单击【添加/删除 Windows 组件】按钮,可以选择添加或删除的 Windows 组件。

(5) 在【添加或删除程序】窗口左侧单击【设定程序访问和默认值】按钮,可以指定某些操作的默认程序,如浏览器、媒体播放器等。

2.5.2 个性化工作环境

1. 桌面背景的设置

用户可以选择单一的颜色作为桌面的背景,也可以选择 BMP、JPG、TIF 等类型的位图文件作为桌面的背景图片。

设置桌面背景的操作步骤如下:

(1) 在【控制面板】窗口中双击【显示】图标。

(2) 弹出【显示 属性】对话框,切换到【桌面】选项卡,如图 2-32 所示。

(3) 在【背景】列表框中可选择一幅喜欢的背景图片,在【桌面】选项卡的显示器中将显示该图片作为背景图片的效果,也可以单击【浏览】按钮,在本地磁盘或网络中选择其他图片作为桌面背景。在【位置】下拉列表中有居中、平铺和拉伸 3 个选项,可调整背景图片在桌面上的位置。若用户想用纯色作为桌面背景颜色,可在【背景】列表框中选择【无】选项,在【颜色】下拉列表中选择喜欢的颜色,然后单击【应用】按钮。

图 2-32 【显示 属性】对话框

2. 屏幕保护程序的设置

在实际使用中,若彩色屏幕的内容一直固定不变,间隔时间较长后可能会造成屏幕的损坏,因此,若在一段时间内不用计算机,可设置屏幕保护程序自动启动,以动态的画面显示屏幕,从而保护屏幕不会损坏。

设置屏幕保护的操作步骤如下:

(1) 在【控制面板】窗口中双击【显示】图标。

(2) 弹出【显示 属性】对话框,切换到【屏幕保护程序】选项卡,如图 2-33 所示。

图 2-33 【屏幕保护程序】选项卡

(3) 在该选项卡的【屏幕保护程序】选项组的下拉列表中选择一种屏幕保护程序,在该选项卡的显示器中即可看到该屏幕保护程序的显示效果。单击【设置】按钮,可对该屏幕保护程序进行一些设置;单击【预览】按钮,可预览该屏幕保护程序的效果,移动鼠标或操作键盘即可结束屏幕保护程序;在【等待】文本框中可输入数字或调节微调按钮确定等待的时间,即计算机多长时间无人使用则启动该屏幕保护程序。

> **注意**:用户可以从网络上下载喜爱的屏幕保护程序文件,扩展名为. src,右击 src 文件,在快捷菜单中可以测试、配置、安装该屏幕保护程序,也可以将其直接复制到 C:\Windows\system32 目录下,之后在【显示 属性】对话框的【屏幕保护程序】下拉列表中即可看到该屏幕保护程序。

3. 更改显示外观

更改显示外观就是更改桌面、消息框、活动窗口和非活动窗口等的颜色、大小、字体等。在默认状态下,系统使用的是【Windows 标准】的颜色、大小、字体等设置,用户也可以根据自己的喜好设计颜色、大小和字体等的显示方案。

更改显示外观的操作步骤如下:

(1) 在【控制面板】窗口中双击【显示】图标。

(2) 弹出【显示属性】对话框,切换到【外观】选项卡,如图 2-34 所示。

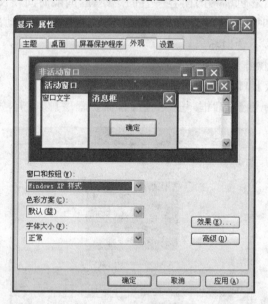

图 2-34 【外观】选项卡

(3) 在该选项卡的【窗口和按钮】下拉列表中有【Whistler 样式】和【Windows 经典】两个样式选项。若选择【Whistler 样式】选项,则【色彩方案】和【字体大小】只可以使用系统默认方案;若选择【Windows 经典】选项,则【色彩方案】和【字体大小】下拉列表中提供了多种选项供用户选择。单击【高级】按钮,将弹出【高级外观】对话框,如图 2-35 所示。

在该对话框的【项目】下拉列表中提供了所有可进行更改设置的选项,用户可单击显示

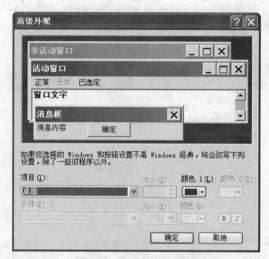

图 2-35 【高级外观】对话框

框中的想要更改的项目,也可以直接在【项目】下拉列表中进行选择,然后更改其大小和颜色等。若所选项目中包含字体,则【字体】下拉列表变为可用状态,用户可对其进行设置。

(4) 设置完毕后,单击【确定】按钮回到【外观】选项卡中。

(5) 单击【效果】按钮,弹出【效果】对话框,如图 2-36 所示。

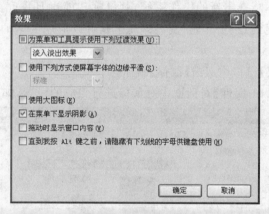

图 2-36 【效果】对话框

(6) 在该对话框中可进行显示效果的设置,单击【确定】按钮回到【外观】选项卡中。

(7) 单击【应用】和【确定】按钮即可应用所选设置。

4. 键盘的设置

设置键盘的方法如下:

(1) 在【控制面板】窗口中双击【键盘】图标。

(2) 在弹出的【键盘 属性】对话框中对键盘进行相应的设置,如图 2-37 所示。其中,【速度】选项卡中各选项的含义如下。

• 【重复延迟】滑块:可以设置键盘的反应时间。

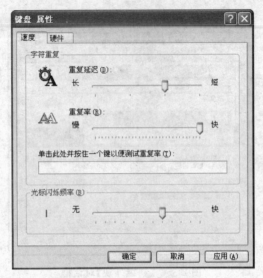

图 2-37 【键盘 属性】对话框

- 【重复率】滑块：改变字符开始重复时的重复速度。
- 【光标闪烁频率】滑块：改变插入点闪烁的速度。

5. 鼠标的设置

随着 Windows 不断推出新的操作系统，其鼠标功能也日臻完美，Windows XP 亦不例外，鼠标参数设置更细致、更体贴，真正体现了软件以应用为本的理念。设置鼠标的方法如下：

(1) 在【控制面板】窗口中双击【鼠标】图标。

(2) 在弹出的【鼠标 属性】对话框中对鼠标进行相应的设置，如图 2-38 所示。

图 2-38 【鼠标 属性】对话框

- 【按钮】选项卡：在【按钮】选项卡中，用户可以设置鼠标键的使用。在默认情况下，鼠标是按右手使用的习惯来配置按键的。如果用户习惯用左手操作鼠标，可以在【鼠标键配置】选项组中选择【切换主要和次要的按钮】选项。在【双击速度】选项组中，用户可设定系统对鼠标键双击反应的灵敏程度。在【单击锁定】选项组中，用户如果选中【启用单击锁定】复选框，可以设置不用一直按着鼠标按钮就可以突出显示或拖曳。例如要拖曳时单击鼠标按钮；要放开时再次单击鼠标按钮。
- 【指针】选项卡：在【指针】选项卡中，用户可以从【方案】下拉列表中选择一种系统自带的指针方案，然后在【自定义】列表框中选中要选择的指针，如图 2-39 所示。如果用户不喜欢系统提供的指针方案，可以单击【浏览】按钮，弹出【浏览】对话框，为当前选定的指针操作方式指定一种新的指针外观，指针文件的扩展名为 * .ani 或 * .cur。如果用户希望指针带阴影，可以选中【启用指针阴影】复选框。

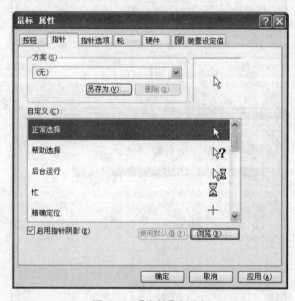

图 2-39 【指针】选项卡

- 【指针选项】选项卡：在【指针选项】选项卡的【移动】选项组中，用鼠标拖动滑块，可以调整鼠标指针移动速度的快慢。如果用户希望鼠标指针在对话框中会自动移动到默认的按钮上，应选中【取默认按钮】选项组中的【自动将指针移动到对话框中的默认按钮】复选框。在【可见性】选项组中，可以设置是否显示指针踪迹，在打字时是否隐藏指针及按 Ctrl 键时是否显示指针位置，如图 2-40 所示。
- 【轮】选项卡：在【轮】选项卡中可以设置滚动滑轮一个齿格可以滚动的行数。
- 【硬件】选项卡：【硬件】选项卡如图 2-41 所示，在【设备】列表框中列出了鼠标的硬件名称、类型。单击【属性】按钮，可以打开相应的鼠标属性对话框，对鼠标硬件进行一些高级的设置。在此对话框的【常规】选项卡中，可以查看鼠标的特性和状态。切换到【驱动程序】选项卡，用户可以更新鼠标的驱动程序，并且可以卸载鼠标。

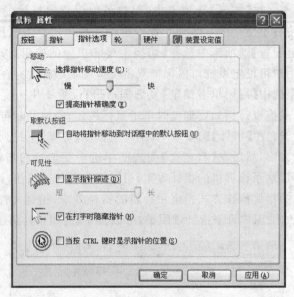

图 2-40 【指针选项】选项卡

图 2-41 【硬件】选项卡

6. 日期和时间的设置

在任务栏的右端显示有系统提供的时间和星期,将鼠标指向时间栏稍微停顿即会显示系统日期。若用户不想显示日期和时间,或需要更改日期和时间,可以按以下方法进行操作。

若用户不想显示日期和时间,可以执行以下操作:

(1) 右击任务栏,在弹出的快捷菜单中选择【属性】命令,弹出【任务栏和「开始」菜单属性】对话框。

（2）切换到【任务栏】选项卡（如图 2-42 所示），在【通知区域】选项组中取消选中【显示时钟】复选框。

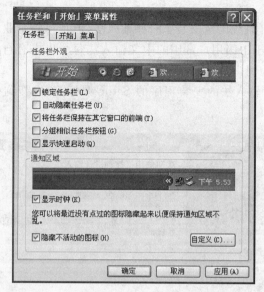

图 2-42　【任务栏】选项卡

（3）单击【应用】和【确定】按钮。

若用户需要更改日期和时间，可以执行以下步骤：

（1）双击时间栏，或单击【开始】按钮，选择【控制面板】命令，打开【控制面板】，然后双击【日期和时间】图标。

（2）弹出【日期和时间 属性】对话框，切换到【时间和日期】选项卡，如图 2-43 所示。

图 2-43　【日期和时间 属性】对话框

（3）在【日期】选项组的【年份】框中可单击微调按钮调节准确的年份，在【月份】下拉列表中可选择月份，在【日期】列表框中可选择日期和星期；在【时间】选项组的【时间】文本框中可输入或调节准确的时间。

（4）更改完毕后，单击【应用】和【确定】按钮即可。

7. 输入法的设置和安装

1）输入法的安装

虽然 Windows XP 系统已经安装了一些输入法，但是一些企业的员工因为工作需要不同的输入法，即使对于中国用户常用的中文输入法每个人也有自己的喜好。下面以搜狗拼音输入法的安装为例，介绍输入法的安装过程。

（1）双击搜狗拼音输入法的安装程序的 Setup 图标，弹出搜狗拼音输入法安装向导对话框，如图 2-44 所示。

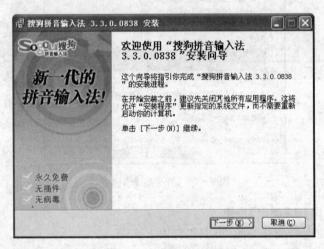

图 2-44　安装向导对话框

（2）单击【下一步】按钮，在打开的界面中进行协议认证。

（3）单击【我同意】按钮，打开如图 2-45 所示的界面，在文本框中输入安装程序的安装位置或通过【浏览】按钮设置安装位置。

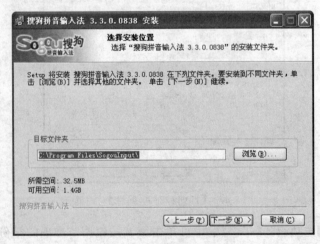

图 2-45　【选择安装位置】界面

（4）单击【下一步】按钮，打开如图 2-46 所示的界面，在"开始菜单"文件夹中为搜狗拼音输入法创建快捷方式。

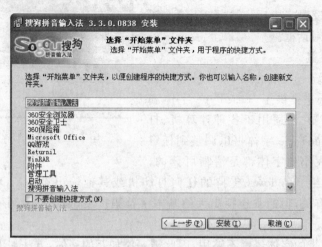

图 2-46 【选择"开始菜单"文件夹】界面

（5）单击【安装】按钮进行安装，安装完成之后单击【完成】按钮即可结束安装。

2）删除输入法

如果要删除中文输入法，首先要打开【文字服务和输入语言】对话框，下面介绍其打开方法。

方法 1：在【控制面板】窗口中双击【区域和语言选项】图标，弹出【区域和语言选项】对话框，然后切换到【语言】选项卡，单击【详细信息】按钮。

方法 2：在任务栏中右击语言栏，在弹出的快捷菜单中选择【设置】命令。

删除输入法的步骤如下：

（1）在打开的【文字服务和输入语言】对话框中，从已安装的输入法列表框中选择要删除的输入法，例如全拼输入法，然后单击【删除】按钮。

（2）单击【确定】按钮。

3）设置输入法

对于经常使用计算机的用户来说，合理地设置输入法，可以明显地提高工作效率。用户可以按照下面的步骤来设置输入法。

（1）如前所述打开【文字服务和输入语言】对话框，切换到【设置】选项卡。

（2）如果要设置默认输入法，在【默认输入语言】选项组的下拉列表中选择需要的输入法。

（3）单击【键设置】按钮，会弹出【高级键设置】对话框，在【要关闭 Caps Lock】选项组中，用户可以设置关闭英文大写功能的快捷键；在【输入语言的热键】选项组中，用户可以设置输入法的快捷键。

（4）如果用户要设置某个输入法，可以在【已安装的服务】选项组中选择该输入法，然后单击【属性】按钮，打开该输入法的属性对话框进行设置。

（5）为了便于随时设置和选择输入法，用户可以单击【语言栏】按钮，在弹出的【语言栏设置】对话框(如图 2-47 所示)中选中【在桌面上显示语言栏】复选框,使任务栏上显示出输入法指示器。

（6）输入法设置完毕后,单击【确定】按钮保存设置并关闭对话框。

8. 字体的设置

字体是具有统一风格的数字、符号和字符的集合。Windows 提供了 TrueType 字体和 OpenType 字体。它们适用于各种计算机、打印机和程序。TrueType 字体可以调整到任意大小,并且所有大小的字体都是清晰可读的,

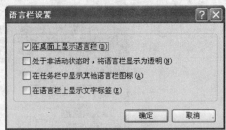

图 2-47 【语言栏设置】对话框

可以将它们发送给 Windows 支持的任何打印机或其他输出设备。OpenType 字体与 TrueType 字体有关,但通常包括更大的基本字符集扩展,如小型大写字母、老式数字及更复杂的形状。

Windows 自带的字体经常不够用,因此需要添加新的字体,方法如下:

（1）双击【控制面板】中的【字体】图标,打开【字体】窗口,如图 2-48 所示。

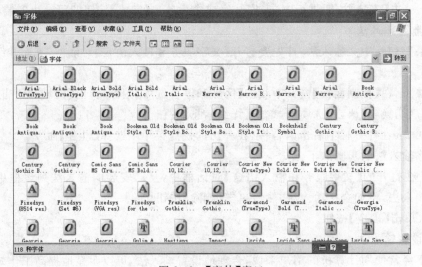

图 2-48 【字体】窗口

（2）选择【文件】|【安装新字体】命令,弹出【添加字体】对话框。

（3）在【文件夹】文本框中选择要安装字体所在的驱动器和目录,在【字体列表】中选择要安装的字体。

（4）单击【确定】按钮。

2.5.3 用户管理

在实际生活中,一台计算机经常会被多个用户使用,且每个用户的个人设置和配置文件等会有所不同。对多用户使用环境设置后,在不同用户用不同身份登录时,系统会应用

该用户身份的设置,而不会影响其他用户的设置。

Windows XP 多用户功能的基本设置都可以通过控制面板的【用户账户】完成。打开【用户账户】对话框的具体操作为,在【控制面板】窗口中双击【用户账户】图标,打开【用户账户】对话框,如图 2-49 所示。

图 2-49 【用户账户】对话框

安装 Windows XP 后,系统第一次启动时会要求用户创建至少一个新账户,第一个新账户默认为计算机管理员 Administrator,接下来进入系统后就是使用新创建的账户登录了。Windows XP 默认账户是没有密码的,所以在登录画面后单击就可以进入。

1. 设置账户密码

如果要为账户添加密码,可以在【控制面板】中打开【用户账户】,单击账户名 Administrator 进入账户设置界面,然后单击【创建密码】按钮进入密码设置界面,如图 2-50 所示。在【输入一个新密码】和【再次输入密码以确认】文本框中输入新密码,然后单击【创建密码】按钮完成 Administrator 账户的密码设置。那么,再次使用此账户登录 Windows XP 时,就必须输入密码了。

2. 创建账户

设置用户账户很容易,但必须首先设置自己是计算机管理员账户。否则,将无法设置其他用户账户。创建新账户的方法如下:

(1)在【控制面板】中双击【用户账户】图标,弹出【用户账户】对话框,在【挑选一项任务】区域中单击【创建一个新账户】。

(2)打开【为新账户起名】界面,如图 2-51 所示,在文本框中为新账户输入名称,然后单击【下一步】按钮。

(3)打开【挑选一个账户类型】界面,如图 2-52 所示,单击想要的账户类型,然后单击【创建账户】按钮。

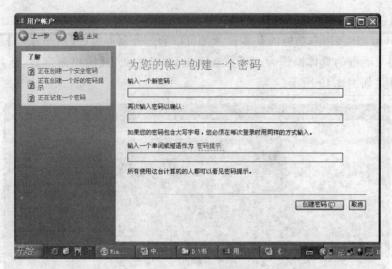

图 2-50　设置密码

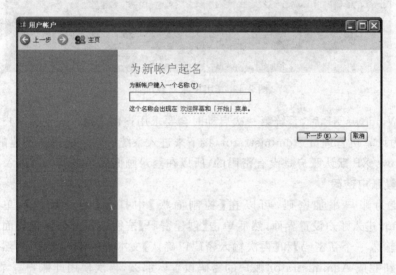

图 2-51　【为新账户起名】界面

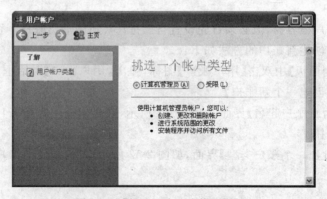

图 2-52　【挑选一个账户类型】界面

2.5.4 设备管理器和磁盘管理

1. 设备管理器

Windows 的设备管理器是一种管理工具,提供了有关计算机上的硬件如何安装和配置的信息,以及硬件如何与计算机程序交互的信息。打开设备管理器的方法大致有以下几种。

方法 1:在【开始】菜单中单击【所有程序】|【管理工具】|【计算机管理】命令,在打开的【计算机管理】窗口左侧单击控制台树中的【设备管理器】,在右侧窗口会显示设备管理器的内容,如图 2-53 所示。

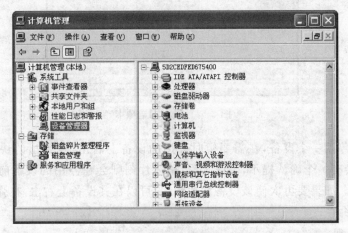

图 2-53 【计算机管理】窗口

方法 2:在【我的电脑】上右击,选择弹出的快捷菜单中的【属性】命令,弹出【系统属性】对话框,切换到【硬件】选项卡,如图 2-54 所示,单击【设备管理器】按钮。

方法 3:打开【我的电脑】,单击左侧系统任务中的【查看系统信息】,也可以弹出【系统属性】对话框,在【硬件】选项卡上单击【设备管理器】按钮。

方法 4:打开【控制面板】,双击【系统】图标,弹出【系统属性】对话框,在【硬件】选项卡中单击【设备管理器】按钮。

设备管理器中有的设备前会出现问题符号,其含义如下。

- 红色的叉号:说明该设备已被停用。右击该设备,从快捷菜单中选择【启用】命令就可以重新启用该设备。
- 黄色的问号:表示该硬件未能被操作系统所识别。
- 感叹号:指该硬件未安装驱动程序或驱动程序安装不正确。

在进行系统的设备更新或维护过程中有时需要卸载设备。方法是在设备管理器列表中找到需要进行卸载的硬件,然后右击,在弹出的快捷菜单中选择【卸载】命令,弹出【确认】对话框,单击【确定】按钮把该设备卸载。做完了这一步,用户就可以拆除该硬件设备了。

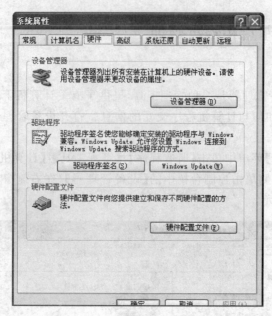

图 2-54 【硬件】选项卡

如果需要停用一个设备,在需要暂时停用的设备上右击,在弹出的快捷菜单中选择【停用】命令,会有一个确认提示,确认之后,稍候片刻则会在停用的设备前有一个红色的叉号显示出来。如果要再次使该设备发挥作用,可以在其设备上右击,在弹出的快捷菜单中选择【启用】命令。

2. 磁盘管理

磁盘管理程序是用于管理硬盘以及硬盘所包含分区或卷的系统工具。使用磁盘管理,可以初始化新的磁盘、创建卷以及将卷格式化为 FAT、FAT32 或 NTFS 文件系统。磁盘管理使用户能够执行大多数与磁盘有关的任务,而不需要关闭计算机,大多数配置更改将立即生效。

打开磁盘管理程序的方法有以下两种。

方法 1:在【开始】菜单中选择【所有程序】|【管理工具】|【计算机管理】命令,打开【计算机管理】窗口,单击控制台树中的【磁盘管理】。

方法 2:单击【开始】按钮,在【控制面板】中双击【管理工具】|【计算机管理】,打开【计算机管理】窗口。单击左边控制台树中的【磁盘管理】,在右边窗格中可以看到这台计算机上的所有磁盘。

如果要改变硬盘盘符,可以先选中硬盘,例如 D:,右击之后在弹出的快捷菜单中选择【更改驱动器名称和路径】命令,在弹出的对话框中单击【更改】按钮,弹出【更改驱动器号和路径】对话框,选中【指派以下驱动器】单选按钮,再单击其右面的下拉按钮,选择一个空闲盘符,如 K:。

很多时候,我们需要调整硬盘分区,这就需要使用磁盘管理工具进行分区调整。尽管这种调整不会对操作系统造成损害,但更改后分区数据会丢失,因此在调整之前务必将重要数据进行备份。调整分区的步骤如下：

（1）删除目标分区。打开【磁盘管理】程序，右击盘符，在右键菜单中选择【删除逻辑驱动器】命令，在弹出的对话框中单击【是】按钮，此时该磁盘就会变成【可用空间】状态。

（2）新建分区。右击【可用空间】盘符，选择【新建逻辑驱动器】命令，弹出【新建磁盘分区向导】对话框。然后单击【下一步】按钮进入【选择分区类型】对话框，选择【逻辑驱动器】，单击【下一步】按钮。

在【指定分区大小】对话框中，必须根据需要在【分区大小】文本框中输入准备重新创建的硬盘分区的大小。接着选定盘符和路径，继续单击【下一步】按钮进行格式化分区操作。

（3）格式化分区。如果要让新建分区被系统识别，必须进行格式化操作。在【格式化分区】对话框中，系统提示"要在这个磁盘分区上储存数据，您必须先将其格式化"。设置完毕后单击【下一步】按钮，用户会看到一个【正在完成新建磁盘分区向导】的对话框，最后单击【完成】按钮，系统会对刚刚创建的分区进行格式化。

按照同样的方法，根据需要将剩余硬盘空间划分成另一个分区就可以了。

2.6 Windows XP 中的实用程序

学习重点

- 画图程序的使用
- 用记事本和写字板处理文本
- 使用计算器进行计算

Windows XP 中有许多实用程序，例如画图、记事本、计算器、写字板等。它们的启动都可以通过选择【开始】菜单中的【所有程序】|【附件】命令，然后单击相应的快捷图标。

2.6.1 画图

1. 认识画图窗口

画图程序是一个位图编辑器，可以对各种位图格式的图片进行编辑，用户可以自己绘制图片，也可以对扫描的图片进行编辑修改。在编辑完成后，用户可以以 BMP、JPG、GIF 等格式保存图片，还可以将其发送到桌面和其他文档中。

【画图】窗口主要由标题栏、菜单栏、工具箱、状态栏、画图区和颜料盒组成，如图 2-55 所示。

2. 工具箱的使用

在【工具箱】中共有 16 种常用的工具，当选择某一种工具时，在下面的辅助选择框中会出现相应的信息。例如当选择【橡皮】工具时，会出现橡皮的大小选项；当选择【放大镜】工具时，会显示放大的比例；当选择【裁剪】工具时，可以对图片进行任意形状的裁切；当选择【选定】工具时,拖动鼠标左键,可以拉出一个矩形选区对所要操作的对象进行选择。

3. 图像的编辑

　　【画图】程序的【图像】菜单如图2-56所示,用户使用它可以对图像进行简单的编辑。【图像】菜单中的命令有以下几种。

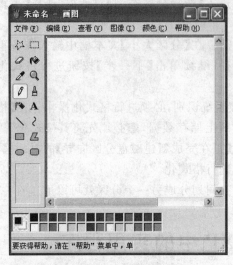

图 2-55　【画图】程序窗口

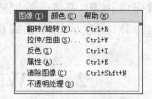

图 2-56　【图像】菜单

- 翻转/旋转:用户可以根据自己的需要对图片进行水平翻转、垂直翻转及按一定角度旋转。
- 拉伸/扭曲:用户可以选择水平和垂直方向拉伸的比例和扭曲的角度。
- 反色:执行此命令图形可呈反色显示。
- 属性:显示了保存过的文件属性,包括保存的时间、大小、分辨率以及图片的高度、宽度等,用户可以在【单位】选项组下选择不同的单位进行查看。
- 清除图像:清除绘图区中的所有内容。
- 不透明处理:选择【不透明处理】指定了现有的图片将被【画图】中选定区域的白色背景所覆盖。

4. 颜色的编辑

　　颜料盒中提供的色彩远远不能满足用户的需要,在【颜色】菜单中为用户提供了专业的颜色,选择【颜色】|【编辑颜色】命令,将弹出【编辑颜色】对话框,用户可以在【基本颜色】选项组中进行色彩的选择,也可以单击【规定自定义颜色】按钮自定义颜色,然后再将其添加到【自定义颜色】选项组中,如图2-57所示。

2.6.2　记事本

　　记事本是一个用来创建简单文档的基本文本编辑器。记事本最常用来查看或编辑文本(.txt)文件,但是许多用户发现记事本是创建网页的简单工具。因为记事本仅支持很

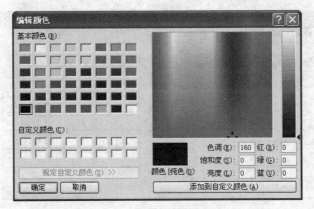

图 2-57 【编辑颜色】对话框

基本的格式,所以用户不能在需要保持纯文本的文档中偶尔保存特殊格式。因为特殊字符或其他格式不能在所发布的网页上显示,否则可能导致错误,所以在为网页创建HTML 文档时特别有用。用户可以将记事本文件保存为 Unicode、ANSI、UTF-8 或高位在前的 Unicode 格式。当使用不同字符集的文档时,这些格式可以向用户提供更大的灵活性。

2.6.3 写字板

写字板的功能要比记事本强大,它已经不限于纯文本文档的编辑。在写字板中可以创建和编辑简单的文本文档,或者有复杂格式和图形的文档。用户可以将信息从其他文档链接或嵌入写字板文档,可以将写字板文件保存为文本文件、多信息文本文件、MS-DOS 文本文件或者 Unicode 文本文件。当用于其他程序时,这些格式可以向用户提供更大的灵活性,应将使用多种语言的文档保存为多信息文本。写字板不仅可以进行中/英文文档的编辑,还可以进行图文混排,插入图片、声音、视频剪辑等多媒体资料。写字板的窗口由标题栏、菜单栏、工具栏、格式栏、水平标尺、工作区和状态栏几部分组成。

2.6.4 计算器

使用计算器可以完成任意的通常借助手持计算器完成的标准运算。计算器可用于基本的算术运算,例如加、减、乘、除运算等。同时它还具有科学计算器的功能,例如对数运算和阶乘运算等。当用户从事非常专业的科研工作时,要经常进行较为复杂的科学运算,此时可以选择【查看】|【科学型】命令,打开科学计算器窗口进行运算,如图 2-58 所示。运算结果不能直接保存,而是存储在内存中,以供粘贴到其他应用程序和其他文档中,它的使用方法和人们日常生活中所使用的计算器的方法一样,可以通过鼠标单击计算器上的按钮来取值,也可以通过键盘输入来操作。

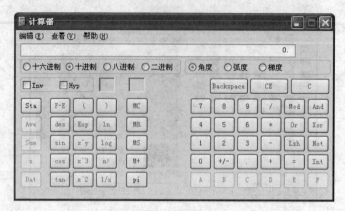

图 2-58　科学计算器窗口

2.7　实践案例 2——系统与环境设置

学习重点

- 桌面的设置
- 设置开始菜单和任务栏
- 设置鼠标
- 设置输入法

2.7.1　任务要求

办公室中,员工都配备有自己工作时使用的计算机,大家可以对计算机进行设置,以展现自己的个性、方便自己的使用、符合自己的习惯。

(1) 设置自己喜欢的图片作为桌面背景,位置为居中。

(2) 屏幕保护程序的启动时间为 6 分钟,用字幕"快乐工作 快乐生活"作为屏幕保护内容。

(3) 外观的字体设为大字体,并把它存为"我喜爱的主题 1"主题。

(4) 把【开始】菜单上的程序数目设为 4。

(5) 清除"我最近的文档"中的文档。

(6) 锁定任务栏,并在通知区域显示时钟。

(7) 把鼠标设置为左手习惯。

(8) 在打字时隐藏指针。

(9) 在桌面上显示语言栏。

(10) 输入法与非输入法的切换热键为左手 Alt＋Shift＋C。

2.7.2 操作步骤

1. 设置桌面背景

（1）在桌面空白处右击，在弹出的快捷菜单中选择【属性】命令，弹出【显示 属性】对话框。

（2）将【显示 属性】对话框切换到【桌面】选项卡，在【背景】列表框中选择所需的背景文件，或者单击【浏览】按钮，选择计算机中喜欢的图片文件。

（3）在【位置】下拉列表框中选择【居中】选项，单击【确定】按钮。

2. 设置屏幕保护程序

（1）将【显示 属性】对话框中切换到【屏幕保护程序】选项卡。

（2）在【等待】微调框中单击设置等待的时间为 6 分钟。

（3）在【屏幕保护程序】下拉列表框中选择【字幕】。

（3）单击【设置】按钮，弹出【字幕设置】对话框，设置【位置】为居中、背景色为绿色，输入文字"快乐工作 快乐生活"。然后单击【文字格式】按钮，在弹出的【文字格式】对话框中设置字体为方正舒体、字形为粗体、字号为 72、颜色为黄色。

3. 设置外观，并保存为主题

（1）将【显示 属性】对话框中切换到【外观】选项卡。

（2）在【字体大小】下拉列表框中选择大字体。

（3）将【显示 属性】对话框中切换到【主题】选项卡。

（4）单击【另存为】按钮，在弹出的【另存为】对话框中输入"我喜爱的主题1"。

4. 设置【开始】菜单属性

（1）右击【开始】按钮，在弹出的快捷菜单中选择【属性】命令，弹出【任务栏和「开始」菜单属性】对话框。

（2）在【「开始」菜单】选项卡中选中「开始」菜单】单选按钮并单击【自定义】按钮，弹出【自定义「开始」菜单】，然后在【常规】选项卡中设置【开始】菜单上的程序数目为 4。

（3）在【高级】选项卡中单击【清除列表】按钮。

（4）在【任务栏】选项卡中选中【锁定任务栏】和【显示时钟】复选框。

5. 设置鼠标属性

（1）在控制面板中双击【鼠标】图标，弹出【鼠标 属性】对话框。

（2）在【鼠标键】选项卡中选中【切换主要和次要的按钮】复选框。

（3）在【指针选项】选项卡中选中【在打字时隐藏指针】复选框。

6. 设置输入法

（1）在任务栏上右击语言栏，然后在快捷菜单中选择【设置】命令，弹出【文字服务和输入语言】对话框。

（2）切换到【设置】选项卡，单击【语言栏】按钮，弹出【语言栏设置】对话框，选中对话框中的【在桌面上显示语言栏】复选框，单击【确定】按钮。

（3）单击【设置】选项卡中的【键设置】按钮，弹出【高级键设置】对话框，在【操作】列表

框中选择【中文(简体)输入法—输入法/非输入法切换】选项,单击【更改按键顺序】按钮,设置热键为左手 Alt | Shift | C。

2.8　思考与实践

1. 选择题

(1) Windows XP 的特点包括(　　　　)。

    A. 多任务　　　　　B. 图形界面　　　　　C. 即插即用　　　　D. 以上都对

(2) 在 Windows XP 系统中,下列说法错误的是(　　　　)。

    A. 文件名中允许使用汉字

    B. 文件名中允许使用空格

    C. 文件名中允许使用多个圆点分隔符

    D. 文件名中允许使用竖线"|"

(3) 在 Windows 中,将文件拖到回收站中后,则(　　　　)。

    A. 复制该文件到回收站　　　　　　　B. 删除该文件,且不能恢复

    C. 删除该文件,且可以恢复　　　　　D. 回收站自动删除该文件

(4) 在 Windows 系统中,文件的组成结构采用的是(　　　　)。

    A. 表格结构　　　　B. 网状结构　　　　C. 线性结构　　　　D. 树形结构

(5) 单击窗口中的最小化按钮,窗口在桌面上消失,此时该窗口对应的程序(　　　　)。

    A. 还在内存中运行　　　　　　　　　B. 停止运行

    C. 正在前台运行　　　　　　　　　　D. 暂停运行,可右击继续运行

(6) 在 Windows 中,有关文件或文件夹的属性,下列说法不正确的是(　　　　)。

    A. 所有文件或文件夹都有自己的属性

    B. 文件存盘后,属性不可以改变

    C. 用户可以重新设置文件或文件夹属性

    D. 文件或文件夹的属性包括只读、隐藏、系统及存档等

(7) 复制操作的不正确的方法是(　　　　)。

    A. 工具栏复制按钮　　　　　　　　　B. 编辑

    C. 点拖　　　　　　　　　　　　　　D. 右键菜单

(8) 在 Windows XP 系统中,(　　　　)。

    A. 允许同一文件夹中的两个文件同名,也允许不同文件夹中的两个文件同名

    B. 允许同一文件夹中的两个文件同名,但不允许不同文件夹中的两个文件同名

    C. 不允许同一文件夹中的两个文件同名,也不允许不同文件夹中的两个文件同名

    D. 不允许同一文件夹中的两个文件同名,但允许不同文件夹中的两个文件同名

(9) 要选定多个连续的文件(文件夹),要先按住(　　　　),再选定文件。

    A. Alt 键　　　　　B. Ctrl 键　　　　　C. Shift 键　　　　D. Tab 键

(10) 在 Windows XP 中使用删除命令删除硬盘中的文件后,(　　)。

    A. 文件确实被删除,无法恢复

    B. 在没有存盘操作的情况下,还可以恢复,否则不可以恢复

    C. 文件被放入回收站,可以通过【查看】菜单中的【刷新】命令恢复

    D. 文件被放入回收站,可以通过回收站操作恢复

(11) 在 Windows 中,一般情况下,能改变大小的是(　　)。

    A. 桌面　　　　　　　B. 窗口　　　　　　　C. 对话框　　　　　D. 图标

(12) 关于对话框中的列表框,下列说法正确的是(　　)。

    A. 列表框内可以输入文字和符号

    B. 列表框内列出可供选择的选项

    C. 列表框内既可以输入文字也可以输入字符串

    D. 列表框内只列出用户输入的文字

2. 填空题

(1) 不经过回收站,永久删除所选中文件和文件夹中要按_____。

(2) 在文件夹中要建立新文件,可以选择【文件】菜单中的_____命令。

(3) 操作系统是控制和管理计算机_____资源,以合理有效的方法组织多个用户共享多种资源的程序集合。

(4) Windows XP 属于_____操作系统。

(5)【关闭计算机】对话框包括【待机(S)】、【关闭(U)】、_____按钮。

(6) 桌面一般由桌面背景、桌面图标、_____、【开始】按钮等组成。

(7) 在 Windows XP 安装期间将自动创建名为_____的账户,它是 Windows XP 初始的管理员账户。

(8) 在计算机中有两种计算器,一种是_____;另一种是科学计算器。

3. 上机操作题

(1) Windows XP 基本操作。

① 启动 Windows XP,在桌面上建立画图程序的快捷方式图标。

② 运行写字板程序,用汉字和英文输入一篇个人介绍。

③ 在 D 盘创建"EX1"文件夹,并把写字板建立的文档存入该文件夹中。

④ 打开 Word 和 Excel 应用程序,并在两个窗口之间进行切换,将已打开的窗口以横向平铺方式排列。

⑤ 调整桌面图标排列方式,改为按类型排列。

⑥ 查找 C 盘中所有扩展名为 .jpg 的文件。

⑦ 利用 Windows XP 的帮助系统,查找有关"文件类型"的资料。

(2) 资源管理器。

① 在 D 盘创建"EX2"文件夹,将 C:\Windows 文件夹中的 *.txt 文件复制到"学生练习二"文件夹。

② 选择"EX2"中的某个文件,浏览其属性并将其改为【只读】属性。

③ 选择"EX2"中的某个文件,重命名为"练习",并将其删除,然后再恢复。

（3）系统环境设置。

① 删除任务栏上输入法列表中的"智能 ABC 输入法"，并将其重新添加。

② 在任务栏属性对话框中选择【分组相似任务栏按钮】选项，然后打开两个 Word 文档，观察任务栏状况。

③ 改变桌面背景图案为计算机内存储的某一张图片，设置屏幕保护为字幕"快乐生活 快乐工作"。

④ 修改系统时钟，把时间提前 1 天。

（4）附件的使用。

① 执行磁盘清理程序，清除 C 盘上的"Internet 临时文件"。

② 执行磁盘碎片整理程序，分析 C 盘的碎片状况。

③ 使用计算器，输入二进制数 110110，并将其转换成十进制数。

第 **3** 章 文字处理软件 Word 2003 的使用

Word 2003 是美国微软(Microsoft)公司推出的办公自动化软件 Office 2003 中的核心组件之一,是 Windows 平台上功能强大的文字处理软件。Word 2003 集文字输入、编辑、排版、存储、打印于一体,适合制作书籍、信函、传真等各种文档,它还具有较强的图形和表格处理能力,制作出来的文档图文并茂,因而应用十分普遍。

本章详细介绍 Word 2003 的基本操作和使用方法。通过本章的学习,读者应掌握以下内容:

- Word 软件的基本功能。
- Word 文件的创建、打开、输入、保存和打印等基本操作,以及多窗口的并排比较。
- 文本的选定、插入与删除、复制与移动、查找与替换等基本编辑技术。
- 字体格式设置、段落格式设置、文档页面设置和文档分栏等基本排版技术。
- 图文混排、插入图片、绘制自选图形、使用文本框、插入艺术字、插入数学公式。
- 表格的创建、修改,表格中数据的输入与编辑以及数据的排序和计算。
- Word 2003 的高级排版操作——批量文档的制作、邮件合并的实现等。

3.1　Word 2003 简介

学习重点
- Word 2003 软件的启动和退出
- Word 2003 软件的窗口组成
- Word 2003 软件的工具栏
- Word 2003 软件的视图方式

3.1.1　Word 的启动和退出

1. Word 2003 的启动

启动 Word 2003 的方法很多,下面介绍几种常用的方法:

（1）在【开始】菜单中选择【所有程序】|Microsoft Office|Microsoft Office Word 2003命令启动 Word 应用程序，并新建一个名为"文档1.doc"的 Word 文档。

（2）在桌面上如果有 Word 图标，双击 Word 应用程序图标W，可以快速启动 Word。

（3）打开已有的 Word 文档。

2．Word 2003 的退出

1）关闭当前 Word 文档

若只是关闭当前文档，而不退出 Word 应用程序，可以使用以下方法：

（1）选择【文件】|【关闭】命令。

（2）单击菜单栏最右侧的【关闭窗口】按钮X。

2）直接退出 Word 应用程序

（1）单击标题栏最右端的【关闭】按钮X。

（2）选择【文件】|【退出】命令。

（3）当 Word 应用程序窗口作为当前活动窗口时，按 Alt＋F4 快捷键。

（4）双击标题栏左端的控制菜单图标W。

（5）单击控制菜单，选择【关闭】命令。

若用户在退出 Word 2003 之前没有保存修改过的文档，在退出时 Word 2003 会弹出消息框，提示用户是否保存对文档的修改，如图 3-1 所示。如果要保存对文档的修改，单击【是】按钮，保存文档并退出；如果不保存，则单击【否】按钮，不保存文档并退出；如果要取消保存操作，则单击【取消】按钮，取消该操作并回到 Word 2003 工作窗口。

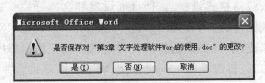

图 3-1 消息框

3.1.2 Word 2003 的窗口组成

启动 Word 2003 应用程序后，即可打开如图 3-2 所示的 Word 2003 窗口，这里简要介绍 Word 2003 窗口及其组成。

1．标题栏

标题栏位于窗口的最上方，其左边显示该文档的名称，其右边分别为【最小化】、【最大化】和【关闭】按钮，可以最小化、最大化、还原或者关闭程序窗口。

2．菜单栏

菜单栏位于标题栏的下方，其中含有【文件】、【编辑】、【帮助】等 9 个菜单项，在此可以根据不同的分类来选择相应的操作。例如，单击【文件】菜单项，可以选择对文件进行新建、打开和保存等操作。菜单栏中列出了 Word 2003 的所有操作功能。

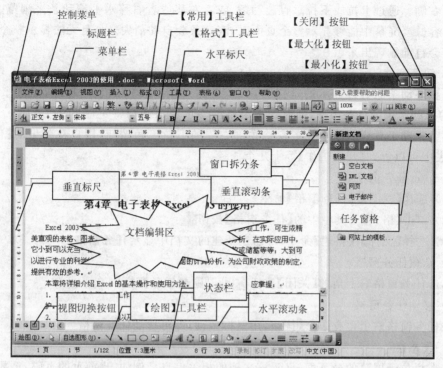

图 3-2　Word 2003 窗口

3. 工具栏

工具栏位于菜单栏的下方，最常见的是【常用】工具栏和【格式】工具栏。工具栏中的每个图标都有对应的菜单命令。当需要使用某个功能时，只需单击相应的图标按钮即可实现，而不必先选择某个菜单，再选择想要执行的命令。

> **注意**：除了在窗口中默认出现的【常用】工具栏和【格式】工具栏外，还有【绘图】、【图片】、【其他】格式、【表格和边框】等 19 种工具栏，选择【视图】|【工具栏】级联菜单中的相应工具栏命令可以显示或隐藏工具栏，拖动工具栏左端的竖条┋可以移动工具栏。选择【工具】|【自定义】命令，可以在弹出的【自定义】对话框中，为工作界面添加没有的工具栏和工具按钮。

4. 文档编辑区

中间空白的区域是文档编辑区，用户可以在这个区域中输入文字、插入图表和修改文档内容。

5. 标尺

标尺分为水平标尺和垂直标尺两种，水平标尺位于文档编辑区的顶端，垂直标尺位于文档编辑区的左侧。根据标尺上的刻度，用户可以准确地了解文档中的某些内容显示的位置，用户也可以移动标尺来改变对文档的布局设置。

6. 滚动条

与标尺一样，滚动条也分为水平滚动条和垂直滚动条两种，分别包围在文档编辑区的底端与右侧。通过上拉或下拉垂直滚动条,或者左移或者右移水平滚动条来浏览文档的所有内容。当屏幕中能够显示整个页面时,滚动条会自动消失。一旦无法显示整个页面,滚动条会自动显现出来。

7. 任务窗格

垂直滚动条的右边显示的是任务窗格,它是 Word 2003 的新增功能,显示了 Word 2003 的一些常用的任务操作,通过任务窗格能够迅速访问与特定任务相关的命令,而无须使用菜单和工具栏。单击任务窗格顶部右侧的下拉三角按钮,用户在弹出的【任务窗格】列表中可以看到【开始工作】等十几个任务。

1) 显示任务窗格

(1) 选择【视图】|【任务窗格】命令。

(2) 单击【格式】工具栏中的【任务窗格】按钮 。

(3) 选择【文件】|【新建】命令,可以在新建的文档中显示任务窗格。

2) 隐藏任务窗格

单击任务窗格右上角的【关闭】按钮 ✕ 可以隐藏任务窗格。

3) 移动任务窗格

在任务窗格右上角有一个 ⋮ 按钮,用鼠标拖动,即可移动任务窗格。

8. 状态栏

状态栏位于屏幕的最下面,显示该文档的相关信息。例如,当前页的页码、页数、根据标尺刻度显示光标所在的位置,以及当前对文档的操作类型是改写还是插入等。

9. 全屏显示和恢复窗口

选择【视图】|【全屏显示】命令,标题栏和菜单栏会全部隐藏,只留下一个【关闭全屏显示】按钮,整个屏幕成为工作区。单击【关闭全屏显示】按钮或者按 Esc 键都可以将窗口恢复到原来的显示状态。

10. Word 的帮助功能

Microsoft Office 2003 的每一个应用软件都提供了联机帮助,当用户在实际操作中遇到问题时,要充分利用其帮助功能。

3.1.3 Word 2003 的视图方式

所谓视图方式就是查看文档的方式。同一个文档可以在不同的视图下查看,虽然文档的显示方式不同,但是文档的内容是不变的。Word 2003 有 5 种视图,即普通视图、页面视图、Web 版式视图、大纲视图和阅读版式视图,用户可以根据对文档的操作需求采用不同的视图。视图之间的切换可以使用【视图】菜单中的相关命令,也可以使用水平滚动条左侧的视图切换按钮,如图 3-3 所示。

1. 普通视图方式

普通视图可以显示完整的文字格式,但简化了文档的页面布局(如对文档中嵌入的图形及页眉、页脚等内容不予显示,对文档

图 3-3 视图切换按钮

的分栏效果不能真实显示），其显示速度相对较快。用户可以在该视图方式下进行文字的输入及编辑工作，并对文字格式进行编排。但是，如果页面的排版较复杂，建议在下述页面视图方式下操作。

2. Web 版式视图方式

Web 版式视图方式是 Word 的几种视图方式中唯一一种按照窗口大小进行折行显示的视图方式（其他几种视图方式均是按页面大小进行显示），这样就避免了 Word 窗口比文字宽度要窄，用户必须左右移动光标才能看到整排文字的尴尬局面，并且用 Web 版式视图方式显示时字号较大，方便了用户的联机阅读。在这种视图方式下，在屏幕上用大比例放大显示 Word 文档时，文字会自动按照窗口大小进行折行显示，而无须移动水平滚动条。

3. 页面视图方式

启动 Word 后，Word 默认的视图方式为页面视图方式，此时的显示效果与打印效果完全一致，用户可以从中看到各种对象（包括页眉、页脚、水印、图形和分栏排版等）在页面中的实际打印位置，即"所见即所得"。这对于编辑页眉和页脚，调整页边距，以及处理边框、图形对象、分栏等都是很有用的。

4. 大纲视图方式

大纲视图方式是按照文档中标题的层次来显示文档，但前提是必须应用 Word 的"标题"样式来设置文档中的各级标题。所谓样式，就是应用于文档中的各级标题和文本的一套格式特征，它能迅速改变文档的外观。如果要改变文字的样式，可以应用已有的样式，又称为内置样式。如果找不到具有所需特征的样式，可以创建新的样式，然后再应用。当应用 Word 的"标题"样式设置文档中的各级标题后，在大纲视图方式下，用户可以折叠文档，只查看主标题，或者扩展文档，查看某级标题或者整个文档的内容，从而使用户查看文档的结构变得十分容易。在这种视图方式下，用户还可以通过拖动标题来移动、复制或重新组织正文，方便了用户对文档大纲的修改。

5. 阅读版式视图方式

如果用户打开文档是为了进行阅读，阅读版式视图将优化阅读体验。阅读版式视图会隐藏除【阅读版式】和【审阅】工具栏以外的所有工具栏，一般同时显示两页。在 Word 2003 中，单击【常用】工具栏上的【阅读】按钮或在任意视图下按 Alt＋R 快捷键，可以切换到阅读版式视图。想要停止阅读文档，单击【阅读版式】工具栏上的【关闭】按钮或按 Esc 键或按 Alt＋C 快捷键，可以从阅读版式视图切换回来。

3.2　Word 2003 的基本操作

学习重点

- 文档的建立
- 文档的打开

- 文本的输入
- 文本的复制、移动和删除
- 文档的保存和保护

3.2.1 建立文档

启动 Word 后，Word 会自动新建一个空白文档并暂时命名为"文档 1.doc"。Word 对于以后新建的文档以创建的顺序依次命名为"文档 2"、"文档 3"等。每一个新建文档对应一个独立窗口。

创建新文档的方法有以下几种：

（1）单击【常用】工具栏中的【新建空白文档】按钮 。

（2）选择【文件】|【新建】命令，在【新建文档】任务窗格中选择【空白文档】。

（3）按 Ctrl＋N 快捷键。

（4）在【新建文档】任务窗格中单击【本机上的模板】新建一个文档，如图 3-4 所示。

图 3-4　新建文档

3.2.2 打开文档

1. 打开一个或多个文档

打开一个或多个已存在的 Word 文档有以下几种常用方法：

（1）单击【常用】工具栏上的【打开】按钮 。

（2）选择【文件】|【打开】命令。

（3）按 Ctrl＋O 快捷键。

执行打开操作后，会弹出【打开】对话框（如图 3-5 所示），在【查找范围】下拉列表框中确定文件的存放位置，然后从文件列表框中选定文件，单击【打开】按钮。如果无法确定要打开文件的存放位置，可以在该对话框中选择【工具】|【查找】命令，在查找到需要的文件后再打开。

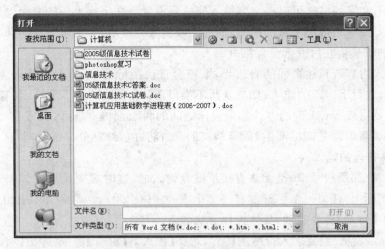

图 3-5 【打开】对话框

注意:

　　① Word 可以打开其他类型的一些文件,如 Web 页、纯文本文件、RTF 格式文件等。但必须在【打开】对话框的【文件类型】下拉列表框中选择【所有文件】或相应的类型,才可以使目标文件显示在文件列表框中。

　　② 若单击【打开】对话框中的【打开】按钮右侧的下拉按钮,可以选择是将该文件以副本方式打开还是以只读方式打开。如果以副本方式打开,则将在包含原始文件的文件夹中创建该文件的一个副本;如果以只读方式打开,则不能将所做修改保存到原始文件,而只能通过另存为一个文件进行保存。

---

2. 打开最近使用过的文档

如果要打开最近使用过的文档,Word 提供了几种更快捷的操作方式:

(1) 单击【文件】菜单,选择底部显示的文件名列表中的文档。

(2) 在【开始工作】任务窗格中选择【打开】列表框中显示的文件名。

默认情况下,【文件】菜单中会保留 4 个最近使用过的文档名,但用户可以设置【文件】菜单底部显示的文件的最大个数。选择【工具】|【选项】命令,弹出"选项"对话框,在【常规】选项卡的【列出最近所用文件】文本框中修改文件个数,单击【确定】按钮即可(最多可以显示 9 个文件)。

3.2.3　输入文本

　　建立了新文档后,用户可以在文档中输入文字,在编辑区内垂直闪烁的光标就是插入点,用于指示字符输入的位置。输入字符后,光标自动向右移动,输入的字符被显示在屏幕上。

1. 文字输入的一般原则

在新建的空白文档中,Word 默认输入的汉字为宋体、五号字,英文字体为 Times

New Roman,文字的格式可以在文字输入完成后设置。文字输入一般遵循以下原则：

（1）不要用空格增加字符的间距，而应当在输入完成后，为文本设置字体来设置字符间距（字体的设置将在后续部分详细介绍）。

（2）输入内容若到达页面的右边界，系统会自动换行；一个自然段输入完成后，可以按 Enter 键，进行下一段的输入；如果换行不换段落，可以按 Shift＋Enter 快捷键。

（3）不要用按 Enter 键的方式加大段落之间的间距，而是在输入完成后，为文本设置段落格式来设置段落之间的间距（段落格式的设置将在后续部分详细介绍）。

2．特殊符号的输入

有些字符（如版权号©）是无法直接从键盘输入的，这时需要使用实体引用的方式将字符插入（实际上，任何一个字符都有一个相应的实体引用），字符的实体引用通过菜单栏中的【插入】|【符号】命令实现，具体操作方法如下：

（1）将插入点放到要插入符号的位置，选择【插入】|【符号】命令，弹出【符号】对话框，如图 3-6 所示。

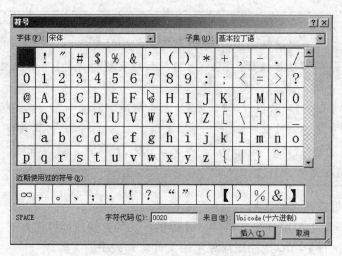

图 3-6 【符号】对话框

（2）在该对话框右下角的【来自】下拉列表框中选择一种编码方式（一般选择【Unicode（十六进制）】，它是最新的国际标准编码，所支持的字符也最多）。

（3）选择了【Unicode（十六进制）】后，因为【Unicode（十六进制）】编码的字符达六万多个，不便于在该对话框中寻找，此时可在【子集】下拉列表框中选择要插入的符号所属的子集（如版权号©属于【拉丁语-1】子集）缩小寻找范围。

（4）在该对话框中找到并单击选中要插入的符号。

（5）单击【插入】按钮就可以在文档中插入一个符号（如版权号©）。

用户也可以选择【插入】|【特殊符号】命令，弹出【特殊符号】对话框，插入一些常用的特殊符号，如数字编号、标点符号、算术运算符号等。使用输入法也可以插入一些特殊符号，例如，在智能 ABC 输入法状态下，利用 V＋0～V＋9 快捷键可以插入各类数字、标点符号等特殊符号。

3. 插入点的移动

用户可以在整个屏幕范围内的任意位置移动光标并在光标处进行文本的插入、删除和修改等操作。插入点位置指示了将要插入的文字或图形的位置以及各种编辑修改命令生效的位置。移动插入点的操作是各种编辑操作的前提，其方法有以下几种：

（1）利用鼠标移动插入点。用鼠标将 I 形光标移到特定位置，单击即可。

（2）利用键盘按键移动插入点。相应的内容如表 3-1 所示。

表 3-1 键盘按键移动的功能

按　　键	插入点的移动
↑、↓、←、→	移到上一行、下一行、左一个字符、右一个字符
Home/End	回到一行的开始/结尾处
PgUp/PgDn	转到上一窗口/下一窗口的开始处
Ctrl＋Home/Ctrl＋End	回到文档的开始/结尾处

3.2.4　文档的基本编辑

1. 文本的选定

所谓"选定文本"，就是给将要进行操作的文字做上标志——选定的文本以黑底白字的形式反相显示，以示与未选定文字的区别。在编辑或排版文本前经常需要先选定文本，常用的方法有以下几种：

（1）拖动鼠标选定文本。把鼠标的 I 形光标放置在要选定的文本之前，然后按住鼠标左键拖动到要选定文本的最后一个字符处，松开鼠标即可选择任意长度的文本块，从一个字符直至整个文档。该选定方法适用于不太长的一段文字。

（2）用键盘 Shift 键和鼠标选定文本。把插入点置于要选取的文本首字符之前，然后按住 Shift 键，把鼠标的 I 形光标移到需选定的文本末尾，再单击鼠标，即可选定两个插入点光标之间的所有文本。

（3）单击选定一行。把鼠标的 I 形光标移到该行的最左边的"选定区"，直至变为一个向右上指的箭头时，然后单击，即可选定一整行。

（4）双击选定一个自然段。把鼠标的 I 形光标放在一个自然段的任意行的最左边的"选定区"，直至变为一个向右上指的箭头时双击，即可选定一个自然段。

（5）选定一个矩形块文本。将光标置于要选定的文本的左上角，然后按住 Alt 键不放，再按住鼠标左键，拖动到文本块的右下角，即可选定一个矩形块文本。

（6）选定全文。把鼠标的 I 形光标放在一个自然段的任意行的最左边的"选定区"，直至变为一个向右上指的箭头时，三次单击鼠标，即可选定全文。用户也可以选择【编辑】|【全选】命令或按 Ctrl＋A 快捷键选定全文。

2. 插入文本

如果要插入文本，首先将插入点定位到准备插入字符的位置。在插入状态下，用户可以向文本中插入任意新内容。操作步骤如下：

（1）如果状态栏中的【改写】按钮为灰白色，为【插入】状态；如果是黑色，则为【改写】状态，双击状态栏中的【改写】按钮即可在两种状态之间进行切换。

（2）将光标定位于需要插入新内容的位置。

（3）输入需要增加的文字，可以是一个字符，也可以是一段文字，原光标后的文字向后推移，同时对其内容自动排版。

（4）如果要将一个自然段分成两个自然段，只要将光标移到需要分段的字符处，然后按 Enter 键即可。

3. 删除文本

1）使用键盘进行删除操作

（1）将插入点移至需要删除的字符的右边，按键盘上的 Backspace 键，一次删除光标左边的一个字符；或把插入点置于该字符的左边，按键盘上的 Delete 键，一次删除光标右边的一个字符。

（2）若要删除的字符较多，也可先选定要删除的文本，然后按 Delete 键。

（3）在编辑文本时，有时需要将两个自然段合并成一个自然段，只要删除中间的回车符即可。

2）使用工具栏中的【剪切】按钮

选定要删除的文本，然后单击工具栏中的【剪切】按钮，即可将被选定的文本删除，被删除文本后面的内容自动补缺，不会留下空白位置。

4. 移动文本

在编辑文档的时候，用户经常需要将某些文本从一个位置移到另一个位置，以调整文档的结构。

1）使用剪贴板移动文本

（1）选定所要移动的文本。

（2）选择【编辑】|【剪切】命令，或单击【常用】工具栏中的【剪切】按钮 ，或按 Ctrl＋X 快捷键，此时所选定的文本被剪切并保存在了剪贴板中。

（3）将光标插入到文本要移动到的位置。插入点可以在本文档中，也可以在另一个文档中。

（4）选择【编辑】|【粘贴】命令，或单击【常用】工具栏中的【粘贴】按钮 ，或按 Ctrl＋V 快捷键，所选定的文本便移动到指定的新位置上。

2）使用鼠标移动文本

如果是在同一屏幕中移动内容，使用鼠标操作更为便捷。具体操作步骤如下：

（1）选定所要移动的文本。

（2）将鼠标移至选定的文本区，此时鼠标指针将变为指向左上角的箭头 。

（3）按住鼠标左键，此时鼠标指针下方增加了一个虚线矩形框，并在其前方出现了一虚竖线段，表明文本要插入的新位置。

（4）拖动鼠标指针到要移动到的新位置，松开鼠标，完成文本的移动。

5．复制文本

复制文本的操作方法与移动文本相似，方法有以下几种：

1）使用剪贴板复制文本

（1）选定所要复制的文本。

（2）选择【编辑】|【复制】命令，或单击【常用】工具栏中的【复制】按钮，或按 Ctrl＋C 快捷键，此时所选定的文本被复制并保存在了剪贴板中。

（3）将光标插入到文本要复制到的位置。插入点可以在本文档中，也可以在另一个文档中。

（4）选择【编辑】|【粘贴】命令，或单击【常用】工具栏中的【粘贴】按钮，或按 Ctrl＋V 快捷键，所选定的文本便复制到指定的新位置上。

2）使用鼠标复制文本

如果是在同一屏幕中复制内容，使用鼠标操作更为便捷。具体操作步骤如下：

（1）选定所要复制的文本。

（2）将鼠标移至选定的文本区，此时鼠标指针将变为指向左上角的箭头。

（3）按住 Ctrl 键，同时按住鼠标左键，此时鼠标指针下方增加了一个虚线矩形框和带＋的矩形，并在其前方出现了一虚竖线段，表明文本要复制的位置。

（4）拖动鼠标指针的虚插入点到要复制到的位置，松开鼠标左键，完成文本的复制。

6．撤销与恢复

选择【编辑】|【撤销】命令或单击【常用】工具栏上的【撤销】按钮 可以撤销上一步的操作，为误操作提供改正的机会。Word 支持多次撤销，重复单击【撤销】按钮，便能逐步恢复所进行的操作。

如果撤销后又不想撤销该操作，可以单击【常用】工具栏上的【恢复】按钮 。Word 支持多次"恢复"。

注意：撤销的快捷键是 Ctrl＋Z；恢复的快捷键是 Ctrl＋Y。

3.2.5 保存文档

正在输入、编辑的文字都暂时存放在计算机内存中，必须将它们保存起来以免丢失。

1．新文档的保存

（1）如果当前编辑的是尚未保存过的新文档，选择【文件】|【保存】命令或【文件】|【另存为】命令，或者单击【常用】工具栏上的【保存】按钮，都将弹出【另存为】对话框，如图 3-7 所示。

（2）在【保存位置】下拉列表框中选择合适的保存位置。

（3）在【文件名】下拉列表框中输入一个合适的文件名。

（4）在【保存类型】下拉列表框中一般选用默认的【Word 文档（＊.doc）】。Word 还提

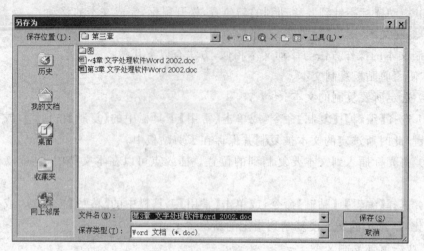

图 3-7 【另存为】对话框

供了将文档保存为其他类型的功能,例如纯文本(.txt)文件、RTF 文件、Web 页等。

(5) 单击【保存】按钮。

2. 保存已有文档

如果当前编辑的是已命名过的旧文档,选择【文件】|【保存】命令或【文件】|【另存为】命令的操作有所不同。

选择【文件】|【保存】命令时不会弹出【另存为】对话框,而是直接保存到原来的文档中,以当前内容代替原来的内容,当前编辑状态保持不变。

选择【文件】|【另存为】命令时将弹出【另存为】对话框,这时可以为当前编辑的文档更改名字、保存位置或文件类型。

3. 自动保存

为了防止因突然断电或出现了其他意外而导致文档突然被关闭导致丢失文件内容,Word 设置了自动保存的功能,文件在每次关闭之前也应该进行存盘。设置自动保存的操作如下:

(1) 选择【工具】|【选项】命令,弹出【选项】对话框,切换到【保存】选项卡。

(2) 选中【自动保存时间间隔】复选框,并在其后的【分钟】微调框中调整或输入自动保存的时间间隔。例如输入"5",则 Word 每 5 分钟就对当前的文件保存一次。

4. 保存多个文档

在按住 Shift 键的同时单击【文件】菜单项,这时菜单中的【保存】命令会变成【全部保存】命令,选择【全部保存】命令就可以实现一次操作保存多个文档的目的。

3.2.6 文档的保护

1. 设置"权限密码"

如果所编辑的文档是一份机密文件,不希望无关人员查看此文档,则可以给文档设置"打开权限密码",使他人在没有密码的情况下无法打开文档。

如果文档允许他人查看,但禁止修改,可以给文档设置"修改权限密码",使他人在没有密码的情况下,只能打开文档而不能修改文档。具体设置方法如下:

(1)选择菜单栏上的【工具】|【选项】命令,弹出【选项】对话框,切换到【安全性】选项卡,就可以看到加密选项,如图 3-8 所示。

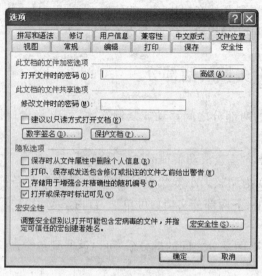

图 3-8 【安全性】选项卡

(2)在该选项卡中,设置【打开文件时的密码】可以限制打开文档;设置【修改文件时的密码】则允许查看,但不允许修改。

(3)输入密码后单击【确定】按钮,确认密码。

(4)对该文档进行保存。

2. 取消权限密码

如果要取消已设置的密码,可以按以下步骤操作:

(1)打开文档(若已设置打开权限密码,需要输入正确的密码才能打开)。

(2)选择【工具】|【选项】命令,弹出【选项】对话框,切换到【安全性】选项卡。

(3)将对话框中设置过的密码(∗显示)按 Delete 键删除。

(4)对文档进行保存,即可删除设置的权限密码。

3.2.7 并排比较两个文档

如果打开了多个文档,在【窗口】菜单中会显示多个文档的名称,并且出现【并排比较】命令。进行并排比较的操作方法如下:

(1)打开多个文档。

(2)在【窗口】菜单上选择【并排比较】命令,弹出【并排比较】对话框。

(3)选择需要并排比较的另一文档的名称,单击【确定】按钮。

(4)两个文档并排显示,同时打开【并排比较】工具栏(如图 3-9 所示)。

- 默认【同步滚动】按钮 ▣‡ 处于按下状态,滚动鼠标时两个文档同时滚动;单击释放【同步滚动】按钮 ▣‡,滚动鼠标时仅活动窗口文档滚动。

图 3-9 【并排比较】工具栏

- 在文档比较过程中文档位置发生了改变,如果要将文档窗口重新放置到开始文档比较前的位置,需要单击【重置窗口位置】按钮 ▣‡。
- 单击【关闭并排比较】按钮可以停止比较文档。

3.2.8 同时查看文档的两部分

如果要在长文档的两部分之间移动或复制文本,可以将窗口拆分为两个窗格,操作如下:

(1) 将鼠标指针指向垂直滚动条顶部的拆分条 ⬚。

(2) 当鼠标指针变为调整大小形状 ⇌ 时,按下左键将拆分条拖动到所需位置。义档分为上、下两个窗格,上、下两部分文档均可单独、自由滚动,用户可以根据需要在两部分之间移动或复制文本。

(3) 双击处于上、下两部分之间的拆分条,可以返回到单个窗口的状态。

3.3 Word 2003 的排版

学习重点

- 文字格式的设置:字体、字形、字号、字符间距、文字效果
- 段落格式的设置:对齐、缩进、特殊格式、间距、行距
- 项目符号和编号的设置
- 分栏、首字下沉
- 页眉、页脚的设置
- 文本的查找和替换
- 边框和底纹的设置

Word 之所以受到人们的喜爱,原因之一就是可以设置文档的外观,可以快速地排出丰富多彩的文档格式,并且可以立即在屏幕上显示出设置后的效果,即"所见即所得"。文档排版包括设置字体、字号、行与行之间的距离、段与段之间的距离以及文本对齐、设置边框和底纹、页面边框等操作。

3.3.1 文字格式的设置

文字的格式主要指字体、字形和字号。此外,用户还可以给文字设置颜色、边框、添加

下划线或者着重号和改变文字间距等。

　　设置文字格式的方法有两种，一种是用【格式】工具栏中的【字体】、【字号】、【加粗】、【倾斜】、【下划线】、【字符边框】、【字符底纹】和【字体颜色】等按钮来设置文字的格式；另一种是选择【格式】|【字体】命令来设置文字的格式。

　　Word 默认的字体格式为：汉字为宋体、五号，西文为 Times New Roman、五号。

1. 设置字体、字形、字号和颜色

1）用【格式】工具栏设置文字的格式

（1）选定要设置格式的文本。

（2）单击【格式】工具栏中的【字体】下拉列表框 宋体　　　　 ▾，选择需要的字体。

（3）单击【格式】工具栏中的【字号】下拉列表框 五号 ▾，选择需要的字号。

（4）单击【格式】工具栏最右端的【颜色】下拉按钮 A ▾，打开颜色列表框，从中选择所需的颜色选项。

（5）如果需要，还可以单击【格式】工具栏中的【加粗】、【倾斜】、【下划线】、【字符边框】、【字符底纹】或【字符缩放】等按钮，给所选的文字设置【加粗】、【倾斜】等格式。

注意：在 Word 中同时使用【号】和【磅】作为字号单位，1 磅＝1/72 英寸，1 英寸＝25.4mm，换算后得 1 磅＝0.352mm。

2）用菜单命令设置文字的格式

　　选择【格式】|【字体】命令可以对文字的各种格式进行详细设置，用此命令设置文字格式的一般步骤如下：

（1）选定要设置格式的文本。

（2）选择【格式】|【字体】命令，弹出【字体】对话框，如图 3-10 所示。

图 3-10　【字体】对话框

（3）在【字体】选项卡中可以对字体进行以下设置：

① 单击【中文字体】下拉列表框，在中文字体列表中选择所需字体。

② 单击【西文字体】下拉列表框，在西文字体列表中选择所需的西文字体。

③ 在【字形】和【字号】列表框中选择所需的字形和字号。

④ 单击【字体颜色】下拉列表框，打开颜色列表并选择所需的颜色。Word 默认颜色为自动设置（黑色）。

（4）在预览框中查看所设置的字体，确认后单击【确定】按钮。

> **注意**：因为已选定要设置文字格式的文本可能是中、英文混合的，为了避免英文字体按中文字体来设置，在【字体】选项卡中对中、英文分别设置。

2. 改变字符间距、字宽度和水平位置

有时由于排版的原因，需要改变字符间距、字宽度和水平位置。改变字符间距、字宽度和水平位置的具体步骤如下：

（1）选定要调整的文本。

（2）选择【格式】|【字体】命令，弹出【字体】对话框。

（3）在【字符间距】选项卡中设置以下选项。

- 缩放：将文字在水平方向上进行扩展或压缩，其中，100％为标准缩放比例，小于100％文字将变窄，大于 100％文字将变宽。用户可直接输入列表框中不存在的缩放比例，例如 120％。
- 间距：通过调整【磅值】，加大或缩小文字的字间距。默认的字间距为【标准】。
- 位置：通过调整【磅值】，改变文字相对水平基线提升或降低文字显示的位置，系统默认为【标准】。

（4）设置后，用户可在预览框中查看设置结果，确认后单击【确定】按钮。

3. 给文本添加下划线、着重号

1）用【格式】工具栏设置

选定要设置格式的文本后，单击【格式】工具栏中的【下划线】按钮即可。但用这种方法设置的效果比较单一，没有线型、颜色的变化。

2）用菜单命令设置下划线或着重号

使用【格式】|【字体】命令设置字体下划线、着重号的具体步骤如下：

（1）选定要添加下划线或着重号的文本。

（2）选择【格式】|【字体】命令，弹出【字体】对话框。

（3）在【字体】选项卡中单击【下划线线型】下拉列表框，打开下划线线型列表并选择所需的下划线。

（4）在【字体】选项卡中单击【下划线颜色】下拉列表框，打开下划线颜色列表并选择所需的颜色。

（5）单击【着重号】下拉列表框，打开着重号列表并选择所需的着重号。

（6）查看预览框，确认后单击【确认】按钮。

在【字体】选项卡中，还有一组【删除线】、【双删除线】、【上标】、【下标】、【阴影】、【空心】

等效果的复选框,选中某个复选框可以使字体格式得到相应的效果,尤其是上、下标在简单公式中是很实用的。

4. 设置文字动态效果

在【字体】对话框中除了可以设置文字的字体、字号、颜色、字符间距之外,还可以设置文字的动态效果(如"礼花绽放"等),以增加文字的美感。具体操作步骤如下:

(1) 选定要设置动态效果的文字。

(2) 选择【格式】|【字体】命令,弹出【字体】对话框。

(3) 切换到【文字效果】选项卡,在【动态效果】列表框中选择需要的效果。

(4) 查看预览框,确认后单击【确认】按钮。

需要注意的是,文字动态效果是不可打印的,只有在编辑文档时可见。

5. 给文本添加边框和底纹

1) 用【格式】工具栏设置

选定要设置格式的文本后,单击【格式】工具栏中的【字符边框】、【字符底纹】按钮。但用这种方法设置的效果比较单一,没有边框线型、颜色的变化。

2) 用菜单命令设置边框和底纹

使用【格式】|【边框和底纹】命令设置字体边框和底纹的一般步骤如下:

(1) 选定要添加边框和底纹的文本。

(2) 选择【格式】|【边框和底纹】命令,弹出【边框和底纹】对话框,如图 3-11 所示。

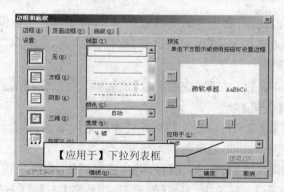

图 3-11 【边框和底纹】对话框

(3) 在【边框】选项卡的【设置】选项组和【线型】、【颜色】、【宽度】列表框中选定所需参数。

(4) 在【应用于】下拉列表框中选择【文字】选项。

(5) 在预览框中可查看结果,确认后单击【确认】按钮。

如果要添加底纹,可以切换到【底纹】选项卡,做类似上述的操作。在该选项卡中选定底纹的颜色和图案;在【应用于】下拉列表框中选择【文字】;在预览框中可以查看结果,确认后单击【确认】按钮。边框和底纹可以同时或单独加在文本上。

3.3.2 段落的格式化

在文档中,段落是一个独立的格式编排单位,它具有自身的格式特征,如左/右边界、对齐方式、间距和行距、分栏等,所以可以对单独的段落进行段落编排。段落就是以段落标记↵作为结束的一段文字。每按一次 Enter 键就插入一个段落标记,并开始一个新的段落。若不做新的设置,下一新段落将延续前一段落的格式特征。如果删除段落标记,那么下一段文本连接到上一段的文本之后,会成为上一段文本的一部分,其段落格式改变成与上一段相同。

这里主要介绍段落左/右边界的设置、段落的对齐方式、行间距与段间距的设定。

1. 段落左/右边界的设置

段落的左边界是指段落的左端与页面左边距之间的距离。同样,段落的右边界是指段落的右端与页面右边距之间的距离。Word 默认以页面左、右边距为段落的左、右边界,即页面左边距与段落的左边界重合,页面右边距与段落的右边界重合。

用户可以使用【格式】工具栏或【格式】|【段落】命令设置段落的左、右边界。

1) 使用【格式】工具栏

单击【格式】工具栏中的【减少缩进量】按钮 或【增加缩进量】按钮 可以调整段落的边界。每单击一次缩进按钮,所选文本减少或增加的缩进量为一个汉字。具体操作步骤如下:

(1) 选定要缩进的段落,若选定的段落只有一个,将光标置于该段落内就可以了。

(2) 单击【格式】工具栏上的【增加缩进量】按钮 两次,就可以看到该段落向右缩进了两个汉字的宽度。

(3) 单击【格式】工具栏上的【减少缩进量】按钮 ,可以使段落向左移动。

2) 使用【格式】|【段落】命令

使用【格式】|【段落】命令可以更加精确地设置段落的缩进值,设置步骤如下:

(1) 选定拟设置左、右边界的段落。

(2) 选择【格式】|【段落】命令,弹出【段落】选项对话框,如图 3-12 所示。

(3) 在【缩进和间距】选项卡中,单击【缩进】选项组的【左】或【右】文本框的微调按钮 ,设定左、右边界的字符数。

(4) 在【特殊格式】下拉列表框中选择【首行缩进】、【悬挂缩进】或【无】选项确定段落首行的格式。

(5) 在【预览】框中查看,确认排版效果满意后单击【确定】按钮。

3) 用鼠标拖动标尺上的缩进标记

在普通视图和页面视图下,在 Word 窗口中可以显示水平标尺。标尺给页面设置、段落设置、表格大小的调整和制表位的设置都提供了方便。在标尺的两端有可以用来设置段落左、右边界的可滑动的缩进标记,标尺的左端上、下共有 3 个缩进标记:上面的尖向下的三角形 是【首行缩进】标记,下面的尖向上的三角形 是【悬挂缩进】标记,最底下的小矩形□是【左缩进】标记,标尺右端尖向上的三角形 是【右缩进】标记,如图 3-13 所示。

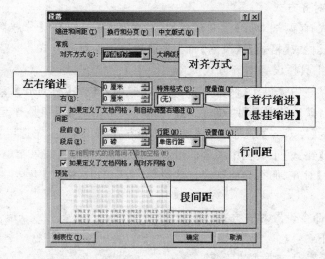

图 3-12 【段落】对话框

图 3-13 水平标尺

　　使用鼠标拖动这些标记可以为选定的段落设置左、右边界和首行缩进的格式。如果在拖动标记的同时按住 Alt 键,那么在标尺上会显示出具体缩进的数值,使用户一目了然。下面分别介绍各个标记的功能。

- 【首行缩进】标记:仅控制第一行第一个字符的起始位置。拖动该标记可以设置首行的缩进位置。
- 【悬挂缩进】标记:控制除段落第一行以外的其余各行的起始位置,且不影响第一行。拖动该标记可实现悬挂缩进。
- 【左缩进】标记:控制整个段落的左缩进位置。拖动该标记可以设置段落的左边界,拖动时首行缩进标记和悬挂缩进标记一起拖动。
- 【右缩进】标记:控制整个段落的右缩进位置。拖动该标记可以设置段落的右边界。

用鼠标拖动水平标记上的缩进标记设置段落左、右边界的步骤如下:

(1) 选定要设置左、右边界的段落。

(2) 拖动【首行缩进】标记到所需的位置,设定首行缩进。

(3) 拖动【左缩进】标记到所需的位置,设定左边界。

(4) 拖动【右缩进】标记到所需的位置,设定右边界。

提示:在拖动标记时,在文档窗口中会出现一条虚的竖线,表示段落边界的位置。

2．设置段落对齐方式

段落对齐方式有【两端对齐】、【左对齐】、【右对齐】、【居中】和【分散对齐】5 种。用户可以用【格式】工具栏或【格式】|【段落】命令来设置段落的对齐方式。

1) 用【格式】工具栏设置对齐方式

在【格式】工具栏中提供了【两端对齐】▤、【居中】▤、【右对齐】▤和【分散对齐】▤ 4 个对齐按钮，默认情况是【两端对齐】。如果【两端对齐】按钮呈弹起状态，则当前插入点所在的段落为【左对齐】方式。设置段落对齐方式的步骤是，先选定要设置对齐方式的段落，然后单击【格式】工具栏中相应的对齐方式按钮。例如，如果希望把文档中的某些段落设置为【居中】对齐，那么只要选定这些段落，然后单击【格式】工具栏中的【居中】按钮即可。

2) 用【段落】命令设置对齐方式

具体步骤如下：

(1) 选定要设置对齐方式的段落。

(2) 选择【格式】|【段落】命令，弹出【段落】对话框，如图 3-12 所示。

(3) 切换到【缩进和间距】选项卡，在【对齐方式】下拉列表框中选择相应的对齐方式。

(4) 在【预览】框中查看，确认排版效果满意后单击【确定】按钮。

3．行间距与段间距的设定

初学者常用按 Enter 键插入空行的方法来增加段间距或行距，显然，这是一种不得已的办法。实际上，可以使用【格式】菜单中的【段落】命令来精确地设置段间距和行间距。

1) 设置段间距

设置段间距的具体步骤如下：

(1) 选定要改变段间距的段落。

(2) 选择【格式】|【段落】命令，弹出【段落】对话框，如图 3-12 所示。

(3) 在【缩进和行距】选项卡中单击【间距】选项组的【段前】和【段后】文本框的增减按钮，设置间距，每按一次增加或减少 0.5 行。用户也可以在文本框中直接输入数字和单位（如厘米或磅）。【段前】表示所选段落与上一段之间的距离，【段后】表示所选段落与下一段之间的距离。

(4) 在【预览】框中查看，确认排版效果满意后单击【确定】按钮。

2) 设置行距

设置行距的操作步骤如下：

(1) 选定要设置行距的段落。

(2) 选择【格式】|【段落】命令，弹出【段落】对话框，如图 3-12 所示。

(3) 单击【行距】下拉列表框，选择所需的行距选项。各行距选项的含义如下：

- 【单倍行距】选项设置每行的高度为可容纳这一行中最大的字号，并上、下留有适当的空隙。这是默认值。
- 【1.5 倍行距】选项设置每行的高度为这一行中最大字号高度的 1.5 倍。
- 【2 倍行距】选项设置每行的高度为这一行中最大字号高度的 2 倍。
- 【最小值】选项设置 Word 将自动调整高度以容纳最大字号。

- 【固定值】选项设置固定的行距,固定值设置的度量单位为"磅"。
- 【多倍行距】选项设置每行的高度为这一行中最大字号高度的倍数,在【设置值】文本框中输入行数,行允许设置带小数,例如 1.25 等。

(4) 在【设置值】文本框中要输入具体的设置值,而有的行距选项不需要设置值。

(5) 在【预览】框中查看,确认排版效果满意后单击【确定】按钮。

注意:

① 段落的左/右边界、特殊格式、段间距和行距的单位可以设置为【字符】、【行】或【厘米】、【磅】。其设置方法是,选择【工具】|【选项】命令,弹出【选项】对话框,在【常规】选项卡的【度量单位】下拉列表框中选择【厘米】并单击【确定】按钮。如果没有选中【使用字符单位】复选框,则【段落】对话框中将以"厘米/磅"为单位显示;如果选中【使用字符单位】复选框,则【段落】对话框中将以"字符/行"为单位显示。

② 设置段落的左/右边界、特殊格式、段间距和行距时,可以采用指定单位,如左、右边界用"厘米",首行缩进用"字符",间距用"磅"等。只要在输入设置值的同时输入单位即可。采用"字符"单位设置首行缩进的优点是,无论字体大小怎样变化,其缩进量始终保持两个字符数,格式总是一致的。

---

4. 给段落添加边框和底纹

有时,要给文章的某些重要段落或文字加上边框或底纹,使其更为突出和醒目。给段落添加边框和底纹的方法与给文本添加边框和底纹的方法相同(参见 3.3.1 节),唯一需要注意的是,在【边框】或【底纹】选项卡的【应用于】下拉列表框中应选定【段落】选项。

利用【边框和底纹】对话框,还可以给整张页面添加边框,只需要切换到【页面边框】选项卡进行相关的边框设置即可。

3.3.3　格式的复制和清除

对一部分文字或段落设置的格式可以复制到其他文字上,使其具有同样的格式。如果用户对设置好的格式觉得不满意,也可以清除它。使用【常用】工具栏中的【格式刷】按钮 可以实现格式的复制。

1. 格式的复制

复制格式的具体步骤如下:

(1) 选定已设置格式的文本。

(2) 单击【常用】工具栏中的【格式刷】按钮 ,此时鼠标指针变为刷子形状。

(3) 将鼠标指针移到要复制格式的文本开始处。

(4) 拖动鼠标选择要复制格式的文本,然后放开鼠标左键就可以完成格式的复制。

提示:单击【格式刷】按钮,格式刷只能使用一次。如果想多次使用,应双击【格式刷】按钮,此时格式刷就可以使用多次了。如果要取消格式刷功能,只要再单击【格式刷】按钮一次或按 Esc 键即可。

---

2. 格式的清除

如果对于所设置的格式不满意，那么可以清除所设置的格式，恢复到 Word 默认的状态。逆向使用格式刷就可以清除已设置的格式，也就是说，把 Word 默认的字体格式应用于已设置的文字。

用户也可以使用菜单命令清除格式。其操作步骤是，选定要清除格式的文本，选择【编辑】|【清除】|【格式】命令。此外，还可以用快捷键清除格式，其操作步骤是，选定要清除格式的文本，按 Ctrl＋Shift＋Z 快捷键。

3.3.4　项目符号和编号

在编排文档时，为某些段落加上编号或某种特定的符号（称项目符号），可以提高文档的可读性。手工输入段落编号或项目符号不仅效率不高，而且在增、删段落时还需修改编号顺序，容易出错。在 Word 中，可以在输入时自动给段落创建编号或项目符号，也可以给已输入的各段文本添加编号或项目符号。

1. 在输入文本时自动创建编号或项目符号

1）自动创建项目符号

（1）先输入一个星号＊，后面跟一个空格，然后输入文本。

（2）输完一段按 Enter 键，星号会自动变成黑色圆点的项目符号，并在新的一段开始处自动添加同样的项目符号。

这样逐段输入，每一段前都有一个项目符号，最新的一段（指未输入文本的一段）前也有一个项目符号。如果要结束自动添加项目符号，可以按 BackSpace 键删除插入点前的项目符号，或再按一次 Enter 键。

2）自动创建段落编号

（1）先输入如 1.、（1）、一、、A. 等格式的起始编号，然后输入文本。

（2）输完一段按 Enter 键，在新的一段开头会根据上一段的编号格式自动创建编号。

重复上述步骤，可以对输入的各段建立一系列的段落编号。如果要结束自动创建编号，可以按 BackSpace 键删除插入点前的编号，或再按一次 Enter 键。在这些建立了编号的段落中删除或插入某一段落时，其余的段落编号会自动修改，不必人工干预。

2. 对已输入的各段文本添加编号或项目符号

1）使用工具栏中的快捷按钮

具体操作步骤如下：

（1）选定要添加段落编号（或项目符号）的各段落。

（2）单击【格式】工具栏中的【编号】按钮 ⅷ（或【项目符号】按钮 ⅷ）。

2）使用菜单命令

具体操作步骤如下：

（1）选定要添加段落编号（或项目符号）的各段落。

（2）选择【格式】|【项目符号和编号】命令，弹出【项目符号和编号】对话框，如图 3-14 所示。

（3）在【项目符号和编号】对话框的【项目符号】选项卡中有 7 种项目符号，用户可以单击选定其中一种，然后单击【确定】按钮。

3. 自定义项目符号

如果需要对选中的项目符号进行编辑，或者添加新的项目符号，可以按以下步骤操作：

（1）选定要添加项目符号的各段落。

（2）选择【格式】|【项目符号和编号】命令，弹出【项目符号和编号】对话框。

（3）在【项目符号】选项卡中选中要编辑的项目符号，然后单击【自定义】按钮，这时会弹出【自定义项目符号列表】对话框，如图 3-15 所示。

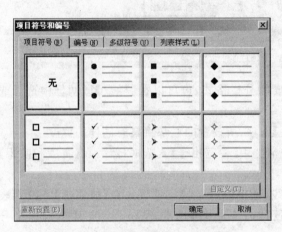

图 3-14 【项目符号和编号】对话框

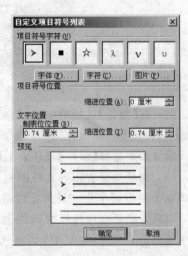

图 3-15 【自定义项目符号列表】对话框

（4）单击【字体】按钮，可以在弹出的【字体】对话框中设置项目符号的格式，包括大小、字形、颜色等。

（5）单击【字符】按钮，可以在弹出的【字符】对话框中选择任一字符代替当前的项目符号。

（6）单击【图片】按钮，可以在弹出的【图片项目符号】对话框中选择系统提供的图片代替当前的项目符号。

（7）返回【自定义项目符号列表】对话框，单击【确定】按钮，则给选中的段落添加了自定义项目符号。

3.3.5 分栏

"分栏"排版是报纸、杂志中常用的排版格式，分栏使得版面显得更加生动、活泼，并且增强了可读性。在 Word 中，用户可以使用【分栏】功能设置各种美观的分栏文档。

在普通视图方式下，只能显示单栏文本，如果要查看多栏文本，必须切换到页面视图或打印预览方式下。具体操作步骤如下：

（1）如果要对整个文档分栏，则将插入点移到文本的任意处；如果要对部分段落分栏，则应先选定这些段落。

（2）选择【格式】|【分栏】命令，弹出【分栏】对话框，如图 3-16 所示。

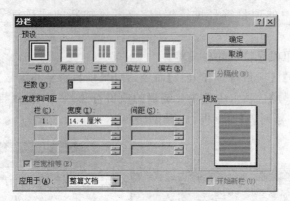

图 3-16　【分栏】对话框

（3）在【预设】选项组中选择自己需要的分栏格式，也可以在【栏数】微调框中选择或输入所需的栏数。

（4）如果选择【一栏】、【两栏】、【三栏】选项，所设置的栏都将具有同样的宽度。

（5）如果要设置不等宽栏的宽度，取消选中【栏宽相等】复选框，然后在【宽度和间距】选项组中设置每个栏的具体宽度值。

（6）如果要在栏与栏之间加上分隔线，选中【分隔线】复选框。在【应用于】下拉列表框中选择分栏格式的范围，如果选择了【插入点之后】选项，Word 会自动插入一个分隔线。

（7）单击【确定】按钮，Word 会按照用户的设置编排新的版面。

如果用户进行打印预览，对显示的结果不满意，可以打开【分栏】对话框，重新设置分栏格式，例如改变栏的数目、调整栏的宽度等。如果想取消分栏排版格式，可以在【分栏】对话框的【预设】选项组中选择【一栏】选项，然后单击【确定】按钮。

注意：对最后一段进行分栏操作，在选择段落时，不能选中文章末尾的回车符，否则会导致文字全部偏向左边一栏。

3.3.6　首字下沉

1. 设置首字下沉

有些文章用每段的首字下沉来代替每段的首行缩进，使内容更加醒目。操作步骤如下：

（1）将光标插入到要设置首字下沉的段落的任意位置。

（2）选择【格式】|【首字下沉】命令，弹出【首字下沉】对话框，如图 3-17 所示。

图 3-17　【首字下沉】对话框

（3）在【位置】选项组中选择【下沉】或【悬挂】。

（4）在【选项】选项组中选定首字的字体，并输入下沉行数和距后面正文的距离。

（5）单击【确定】按钮。

2. 取消设定的首字下沉格式

（1）将光标插入到要取消首字下沉的段落的任意位置。

（2）选择【格式】|【首字下沉】命令，弹出【首字下沉】对话框。

（3）在【位置】选项组中选择【无】。

（4）单击【确定】按钮。

3.3.7 插入页码

如果希望给文档中的每页标注页码，可以使用【插入】|【页码】命令。具体步骤如下：

（1）选择【插入】|【页码】命令，弹出【页码】对话框，如图 3-18 所示。

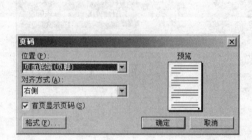

图 3-18 【页码】与【页码格式】对话框

（2）在【位置】下拉列表框中选择页码的位置。

（3）在【对齐方式】下拉列表框中选择页码的水平位置。

（4）【首页显示页码】复选框的选中与否可以决定文档的第 1 页是否需要插入页码。

（5）单击【格式】按钮，弹出【页码格式】对话框（如图 3-18 所示），在【数字格式】下拉列表框中选择数字的类型（包括阿拉伯数字、中文数字、罗马数字等），在【起始页码】微调框中输入数字可以确定首页显示的页码（若输入数字"3"，首页显示页码为 3）。

（6）单击【确定】按钮，返回【页码】对话框，然后单击【确定】按钮确认设置。

只有在页面视图和打印预览方式下可以看到插入的页码，在其他视图下看不到页码。

3.3.8 插入脚注与尾注

在编写文章时经常需要对一些从他人文章中引用的内容、名词或事件加以注释，称为脚注或尾注。Word 提供了插入脚注和尾注的功能，可以在指定的文字处插入注释。脚注和尾注都是注释，其唯一的区别在于，脚注放在每个页面的底部，而尾注放在文章的结尾。

（1）将插入点移到需要插入脚注和尾注的文字之后。

（2）选择【插入】|【引用】|【脚注和尾注】命令，弹出如图 3-19 所示的对话框。

（3）在该对话框中选中【脚注】或【尾注】单选按钮，设定注释的【编号格式】、【自定义标记】、【起始编号】和【编号方式】等。

（4）单击【插入】按钮，插入点会自动进入页脚位置或文章的末尾处，输入注释的文字即可。

如果要删除脚注或尾注，则选定脚注号或尾注号，按 Delete 键。

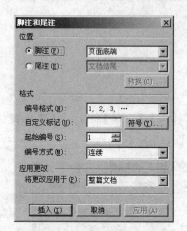

图 3-19 【脚注和尾注】对话框

图 3-20 【分隔符】对话框

3.3.9 插入分隔符

1. 插入分页符

Word 具有自动分页功能。也就是说，当输入文本或插入的图形满一页时，Word 会自动分页。在编辑排版后，Word 会根据情况自动调整分页的位置。有时为了将文档的某一部分内容从新的一页开始，例如，使章节标题总在新的一页开始，可强制插入分页符进行人工分页。插入分页符的步骤如下：

（1）将插入点移到新的一页的开始位置。

（2）按 Ctrl＋Enter 快捷键，也可以选择【插入】|【分隔符】命令，在【分隔符】对话框中选中【分页符】单选按钮，如图 3-20 所示，然后单击【确定】按钮。

在普通视图下，人工分页符是一条水平虚线。如果想删除分页符，只要切换到普通视图，把插入点移到人工分页符的水平虚线中，按 Delete 键即可。

2. 插入分节符

在文档中的一页之内或两页之间插入分节符将文档分成不同的节，然后根据需要设置每节的格式。例如，对于不同节可设置不同的页眉和页脚，设置不同的分栏格式，采用不同的页码编排、页边距、页面边框等。

插入分节符的步骤如下：

（1）将插入点移到新的一页的开始位置。

（2）选择【插入】|【分隔符】命令，在【分隔符】对话框中选择一种分节符类型，例如【下

一页),然后单击【确定】按钮,即插入一个分节符,新节从下一页开始。

3.3.10　插入文件

利用 Word 的插入文件功能,可以在当前编辑的文档中插入其他文件,从而将几个文档连接成一个文档。其具体步骤如下:

(1) 把光标定位于需要插入另一个文档的位置。

(2) 选择【插入】|【文件】命令,弹出【插入文件】对话框。

(3) 在【插入文件】对话框中选定要插入文档所在的文件夹和文档名。

(4) 单击【确定】按钮,即可在插入点指定处插入所需的文档。

3.3.11　制表位的设定

在 Word 文档中,如果在不使用表格的情况下整齐地输入多行、多列文本,可以使用制表位实现。按 Tab 键后,水平标尺上插入点移动到的位置称为制表位。按 Tab 键来移动插入点到下一制表位,很容易使各行文本的列对齐。在 Word 中,默认制表位是从标尺的左端开始自动设置,各制表位间的距离是 2.02 个字符。另外,Word 提供了 5 种不同的制表位,用户可以根据需要选择并设置各制表位间的距离。

1. 使用标尺设置制表位

在水平标尺左端有一制表位对齐方式按钮,不断单击它可以循环出现左对齐、居中对齐、右对齐、小数点对齐和竖线 5 个制表符,单击可以选定一个制表符。使用标尺设置制表位的步骤如下:

(1) 将插入点置于要设置制表位的段落。

(2) 单击水平标尺左端的制表位对齐方式按钮,选定一种制表符。

(3) 单击水平标尺上要设置制表位的地方,此时在该位置上会出现选定的制表符图标。

(4) 重复(2)、(3)两步可以完成制表位的设置工作。

(5) 用户可以拖动水平标尺上的制表符图标调整其位置,如果在拖动的同时按住 Alt 键,则可以看到精确的位置数据。

设置好制表符位置后,在输入文本并按 Tab 键时,插入点将依次移到所设置的下一制表位上。如果想取消制表位的设置,那么只要往下拖动水平标尺上的制表符图标离开水平标尺即可。在带制表位的一行文本末尾按 Enter 键换行后,上一行的制表位设定在新的一行中继续保持。

2. 使用【制表位】命令设置制表位

(1) 将插入点置于要设置制表位的段落。

(2) 选择【格式】|【制表位】命令,弹出【制表位】对话框,如图 3-21 所示。

(3) 在【制表位位置】文本框中输入具体的位置值(以字符为单位)。

(4) 在【对齐方式】选项组中选中某一种对齐方式单选按钮。

（5）在【前导符】选项组中选中一种前导符。

（6）单击【设置】按钮。

（7）重复步骤（3）～（6），可以设置多个制表位。

如果要删除某个制表位，可以在【制表位位置】文本框中选定要清除的制表位位置，并单击【清除】按钮。单击【全部清除】按钮可以一次清除设置的所有制表位。

在设置制表位时，还可以设置带前导符的制表位，这一功能对目录排版很有用。

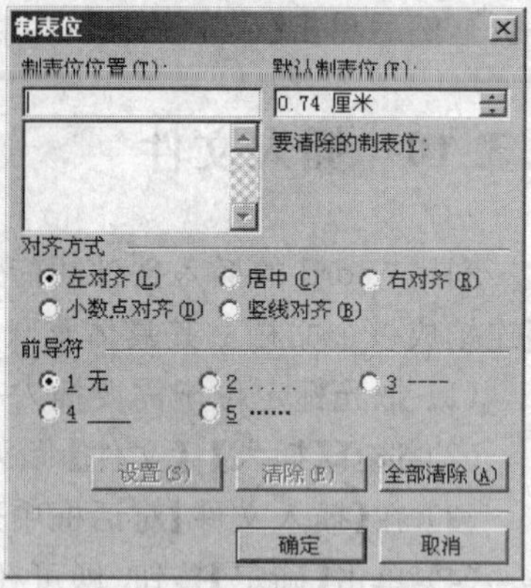

3.3.12 页眉和页脚

图 3-21 【制表位】对话框

页眉和页脚是打印在一页顶部和底部的注释性文字或图形。其中，页眉打印在页面顶部的页边距中，页脚打印在页面底部的页边距中。页眉和页脚不是随文本输入的，而是通过命令设置的。页码是最简单的页眉或页脚，页眉和页脚也可以比较复杂，例如在一般教材中，单页的页眉是章节标题和页码，双页的页眉是书名和页码，没有页脚。在页脚中，可以设置作者的姓名、日期等。页眉和页脚只能在页面视图和打印预览方式下看到。页眉的建立方法和页脚的建立方法是一样的，都可以用【视图】|【页眉和页脚】命令实现。

1．建立页眉/页脚

（1）选择【视图】|【页眉和页脚】命令，打开页眉（或页脚）编辑区，文档中原来的内容呈灰色显示，同时显示【页眉和页脚】工具栏，如图 3-22 所示。如果在普通视图或大纲视图下执行此命令，那么 Word 会自动切换到页面视图。

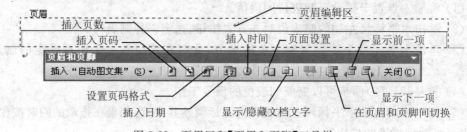

图 3-22　页眉区和【页眉和页脚】工具栏

（2）在页眉编辑区中输入页眉文本，然后单击【在页眉和页脚间切换】按钮，进入页脚编辑区并输入页脚文字，例如作者、页号、日期等。

（3）如果有必要，可以使用【格式】工具栏上的按钮设置文本的格式。

（4）单击【页眉和页脚】工具栏上的【关闭】按钮，完成设置并返回文档编辑区。

这样，整个文档的各页都具有了同一格式的页眉和页脚。

2．建立奇/偶页不同的页眉

（1）选择【视图】|【页眉和页脚】命令，打开【页眉和页脚】工具栏，并显示页眉（或页脚）编辑区。

（2）单击工具栏中的【页面设置】按钮，弹出【页面设置】对话框。

（3）在【版式】选项卡的【页眉和页脚】选项组中选中【奇偶页不同】复选框（如果需要设置文档的第一页和其他页的页眉/页脚不同，可以选中【首页不同】复选框）。

（4）单击【确定】按钮，返回到页眉编辑区，此时，页眉编辑区的左上角出现了"奇数页页眉"字样以提醒用户。在【奇数页页眉】编辑区中输入奇数页的页眉内容。

（5）单击工具栏中的【显示下一项】按钮，切换到【偶数页页眉】编辑区，输入偶数页的页眉内容。

（6）单击【页眉和页脚】工具栏上的【关闭】按钮，设置完毕。

3. 使用【插入"自动图文集"】

（1）选择【视图】|【页眉和页脚】命令，进入页眉（或页脚）编辑状态。

（2）单击工具栏中的【插入"自动图文集"】下拉按钮，在下拉列表中选择所需项目，例如，在页眉（或页脚）编辑区显示"第 X 页共 Y 页"内容。

（3）单击【页眉和页脚】工具栏上的【关闭】按钮，X、Y 按实际页数显示。

4. 页眉/页脚的删除

选择【视图】|【页眉和页脚】命令，进入页眉（或页脚）编辑状态，选定页眉或页脚并按 Delete 键即可。

3.3.13　文本的查找与替换

使用 Word 的查找功能不仅可以查找文档中某一指定的文本，还可以查找特殊符号（如段落标记、制表符等）。

1. 查找文本

操作步骤如下：

（1）选择【编辑】|【查找】命令或按 Ctrl＋F 快捷键，弹出【查找和替换】对话框，切换到【查找】选项卡，如图 3-23 所示。

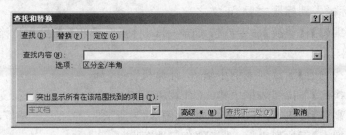

图 3-23　【查找】选项卡

（2）在【查找内容】下拉列表框中输入要查找的文本，例如输入"Word 2003"一词。

（3）单击【查找下一处】按钮开始查找。当查找到"Word 2003"一词后，该文本被移到窗口工作区内，并反白显示所找到的文本。

（4）如果此时单击【取消】按钮，将关闭【查找和替换】对话框，插入点停留在当前查找到的文本处；如果还需继续查找，可以接着单击【查找下一处】按钮，直到整个文档查找完毕为止。

2. 替换文本

有时需要将文档中多次出现的某个字（或词）替换为另一个字词，例如，将"文本"替换成"文字"等，可以利用【替换】功能来实现。【替换】操作与【查找】操作类似，具体步骤如下：

（1）选择【编辑】|【替换】命令或按 Ctrl＋H 快捷键，弹出【查找和替换】对话框，切换到【替换】选项卡，如图 3-24 所示。此对话框比【查找】对话框多了一个【替换为】下拉列表框。

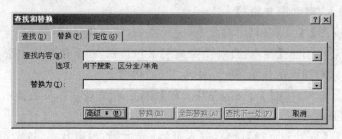

图 3-24 【替换】选项卡

（2）在【查找内容】下拉列表框中输入要查找的内容。

（3）在【替换为】下拉列表框中输入要替换的内容。

（4）在输入需要查找和替换的文本和格式后，根据情况单击下列按钮之一。

- 【替换】按钮：替换找到的文本，继续查找下一处并定位。
- 【全部替换】按钮：替换所有找到的文本，不需要任何对话。
- 【查找下一处】按钮：不替换找到的文本，继续查找下一处并定位。

3. 高级替换

使用【替换】操作不仅可以将查找到的内容替换为指定的内容，还可以替换为指定的格式。例如，将正文中的"计算机"替换为红色、粗体、加着重号的"计算机"。具体步骤如下：

（1）将光标插入到标题之后、正文之前。

（2）选择【编辑】|【替换】命令或按 Ctrl＋H 快捷键，弹出【查找和替换】对话框，切换到【替换】选项卡。

（3）在【查找内容】下拉列表框中输入"计算机"。

（4）在【替换为】下拉列表框中输入"计算机"。

（5）单击【高级】按钮，打开扩展选项，如图 3-25 所示。

（6）单击【搜索】下拉列表框，选择【向下】选项。

（7）将光标插入到【替换为】下拉列表框中（注意以下格式设置是针对替换后内容的）。

（8）单击【格式】按钮，选择【字体】命令，弹出【字体】对话框。

（9）在【字体】选项卡中设置字体为粗体、红色，并加着重号，然后单击【确定】按钮。

（10）返回【替换】选项卡，单击【全部替换】按钮。

（11）弹出消息对话框，询问"是否继续从开始处搜索"，单击【否】按钮。

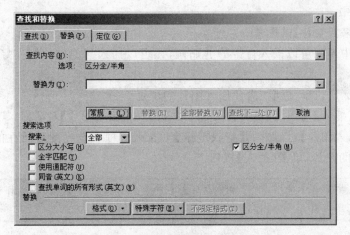

图 3-25　高级功能的【替换】选项卡

3.4　图文混排

- 图片的插入
- 图片格式的设置
- 文本框的设置
- 图形的绘制
- 复杂数学公式的插入

图文混排是 Word 的特色功能之一，用户可以在 Word 中插入自带的剪贴画，也可以插入其他软件制作的图片，还可以插入 Word 自制的图形，从而达到图文并茂的效果。

3.4.1　插入图片

1. 插入剪贴画

在 Word 剪贴画库中包含了各类剪贴画供用户使用，具体的操作步骤如下：

（1）选择【插入】|【图片】|【剪贴画】命令，显示【剪贴画】任务窗格。

（2）单击【剪贴画】任务窗格上的【管理剪辑】超链接，弹出【剪辑管理器】对话框。剪辑管理器的操作类似资源管理器文件夹的操作，在左窗格 Office 收藏集中提供了可以选择的剪贴画，单击所需的剪贴画类别，在右窗格中将显示该类别所包含的剪贴画。

（3）在右窗格中选定需要插入的剪贴画，然后单击图片右端的下拉按钮，选择【复制】命令。

（4）在 Word 文档中将光标定位于需要插入图片的位置，选择【粘贴】命令，则剪贴画被插入到文档中。

2. 插入【来自文件】的图片

在 Word 中不仅可以插入自带的剪贴画，还可以插入其他软件制作好的图片。操作步骤如下：

（1）将光标定位于文档中需要插入图片的位置。

（2）选择【插入】|【图片】|【来自文件】命令，弹出【插入图片】对话框。

（3）在【插入图片】对话框的【查找范围】下拉列表框中选择图片所在的文件夹，然后选择需要插入的图片，单击【插入】按钮。

> 提示：如果在步骤（2）操作中，选择【插入】|【图片】|【来自扫描仪或照相机】命令，可以
> 　　　插入连接到计算机的扫描仪或数码照相机的图片。

3.4.2　设置图片格式

选中插入的图片，在图片周围会出现 8 个控制点（黑色小方块），同时打开如图 3-26 所示的【图片】工具栏。拖动控制点可以改变图片的大小，使用【图片】工具栏可以插入图片，设置图片的亮度、对比度、位置、环绕方式等。

图 3-26　【图片】工具栏

双击图片，或者右击图片，在弹出的快捷菜单中选择【设置图片格式】命令，或者单击【图片】工具栏上的【设置图片格式】按钮，弹出【设置图片格式】对话框，如图 3-27 所示。通过【设置图片格式】对话框可以设置图片的颜色与线条、图片的大小、图片与文字的环绕方式等。

1. 改变图片大小

使用鼠标更改图片大小的具体步骤如下：

（1）单击选定的图片，图片周围会出现控制点。

（2）将鼠标移至控制点处，当鼠标指针变为水平↔、垂直↕或斜对角↖的双向箭头时，按下鼠标左键拖动鼠标可以改变图片的水平、垂直或斜对角方向的大小尺寸。

如果希望保持图片的中心位置不变，在拖动的同时需按住 Ctrl 键；如果希望保持图片的长宽比例不变，则需拖动角上的尺寸控点；如果既希望保持图片的长宽比例不变，又希望保持图片的中心位置不变，则需按住 Ctrl 键并拖动角上的控制点。

使用【设置图片格式】对话框更改图片大小的步骤如下：

（1）选定需要设置大小的图片。

（2）双击图片，打开【设置图片格式】对话框，切换到【大小】选项卡，如图 3-27 所示。

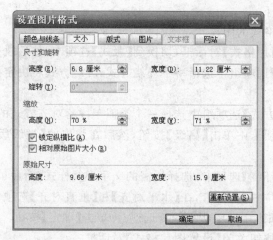

图 3-27 【设置图片格式】对话框

（3）在该对话框中输入数值，精确调整图片的大小。选中【锁定纵横比】复选框，可以使图片的宽度和高度保持原始图片的比例；取消选中【锁定纵横比】复选框，可以分别设置图片的宽度和高度。一般都选中【相对原始图片大小】复选框。

（4）单击【确定】按钮，关闭【设置图片格式】对话框。

2. 裁剪图片

裁剪图片的具体步骤如下：

（1）选取需要裁剪的图片。

（2）在【图片】工具栏上单击【裁剪】按钮 ⌖ ，如果【图片】工具栏不可见，则选择【视图】|【工具栏】|【图片】命令将其打开。

（3）将裁剪工具置于裁剪控点上，然后执行下列操作之一。

① 若要裁剪一边，向内拖动该边上的中心控点。

② 若要同时相等地裁剪两边，在向内拖动任意一边上控点的同时按住 Ctrl 键。

③ 若要同时相等地裁剪四边，在向内拖动角控点的同时按住 Ctrl 键。

（4）在【图片】工具栏上单击【裁剪】图标按钮，以关闭【裁剪】命令。

也可以使用【设置图片格式】对话框精确地裁剪图片。具体步骤如下：

（1）选取需要裁剪的图片。

（2）打开【设置图片格式】对话框，切换到【图片】选项卡。

（3）在【裁剪】选项组的【左】、【右】、【上】、【下】微调中输入需要裁剪的值。

（4）单击【确定】按钮，关闭【设置图片格式】对话框。

3. 文字的环绕

在 Word 2003 中插入或粘贴图片时，其默认的环绕方式为"嵌入型"，嵌入式图片周围的 8 个控制点为实心小方块。使用嵌入式插入的图片和图形对象可与文本一起移动。【嵌入型】的环绕方式不支持旋转图片，必须将其版式设置为【四周型】或【紧密型】等非嵌入式环绕方式（浮动方式）才能实现随意移动图片的目的。非嵌入式图片周围的 8 个控制点为空心小方块。

具体操作步骤如下：

（1）单击要设置格式的图片。

（2）打开【设置图片格式】对话框，切换到【版式】选项卡，然后执行下列操作。

① 在【环绕方式】选项组中选择一个环绕方式，环绕方式将决定插入的图片如何被周围的文字环绕。

② 在【水平对齐方式】选项组中选择一个类似于段落对齐方式的选项。

（3）在【版式】选项卡中单击【高级】按钮，然后在弹出的【高级版式】对话框中执行下列操作。

① 切换到【文字环绕】选项卡，选择所需的文字环绕样式，然后单击【确定】按钮。

② 切换到【图片位置】选项卡，在【水平对齐】和【垂直对齐】选项组中选择图片位置格式，然后在【选项】选项组中选中所需的复选框，再单击【确定】按钮。

（4）单击【确定】按钮关闭【设置图片格式】对话框。

> **注意**：通过单击【图片】工具栏上的【文字环绕】按钮，可以在打开的下拉菜单中快速设置图片的环绕方式。

4．为图片添加边框

为图片添加边框的具体步骤如下：

（1）单击要设置格式的图片。

（2）打开【设置图片格式】对话框，切换到【颜色与线条】选项卡。

（3）在【颜色与线条】选项卡中设置线型、粗细和颜色。

5．重设图片

如果用户对图片的格式设置不满意，可以在选定图片后，单击【图片】工具栏上的【重设图片】按钮取消对图片的设置，使图片恢复到插入时的状态。

> **注意**：使用【图片】工具栏上的【线型】按钮只能给图片添加黑色的框线。如果要给图片设置其他颜色的框线，可以选择【框线】下拉菜单中的【其他线条】命令，然后将弹出的【设置图片格式】对话框切换到【颜色与线条】选项卡并进行相关设置。

6．压缩图片

如果插入的图片分辨率过高，将使 Word 文件过大，这时，需要压缩 Word 文档中的图片。仅靠调整控制点只能压缩图片尺寸不能改变文件大小，那么怎样压缩 Word 文档中的图片呢？压缩 Word 文档中图片的方法是，在选定图片后，单击【图片】工具栏上的【压缩图片】按钮，弹出【压缩图片】对话框，然后选择【更改分辨率】为【打印】，并选中【压缩图片】和【删除图片的剪裁区域】复选框。这样，在进行批量操作时，选中应用于【文档中的所有图片】即可。

3.4.3 绘制自选图形

Word 提供了一套绘制图形的工具，用户利用它可以创建各种矢量图形。注意，只有在页面视图下才可以在 Word 文档中插入图形。

1.【绘图】工具栏

单击【常用】工具栏中的【绘图】按钮 ，可以在状态栏上方显示【绘图】工具栏，如图 3-28 所示。下面对【绘图】工具栏中的按钮进行简单介绍。

图 3-28　【绘图】工具栏

【绘图】工具栏中共提供了线条、连接符、基本形状、流程图、星与旗帜、标注六大类约 130 种自选图形。选择【插入】|【图片】|【自选图形】命令，可以打开【自选图形】工具栏，如图 3-29 所示。用户也可以直接单击【绘图】工具栏中的【自选图形】按钮，打开下拉菜单选择所需图形。

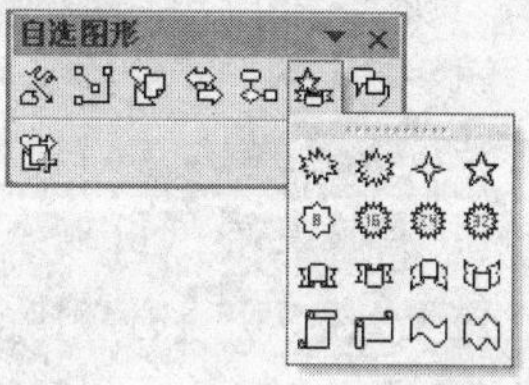

- 【填充颜色】按钮：单击此按钮旁的 按钮，可以打开填充色列表，为选中的对象填充当前所选颜色。

图 3-29　【自选图形】工具栏

- 【线条颜色】按钮：单击此按钮旁的 按钮，可以打开线条颜色列表，将选中对象的边框设置成当前所选颜色。
- 【字体颜色】按钮：单击此按钮旁的 按钮，可以打开字体颜色列表，将选中的文本设置成当前所选颜色。

线型、虚线线型、箭头样式：设置所选对象的线型样式。

- 【阴影】按钮：可以给所选定的对象添加阴影效果。
- 【三维效果】按钮：可以给所选定的对象添加三维立体效果。

2. 创建图形

使用【绘图】工具栏中的【自选图形】按钮以及常用图形按钮可以直接绘制矢量图形。例如绘制一个矩形，操作步骤如下：

（1）在【绘图】工具栏中单击【矩形】按钮 ，此时在光标插入位置将出现绘图画布，内容提示为"在此处插入图形"，且鼠标指针变成"＋"字形状。

（2）移动鼠标指针到要绘制图形的位置。

（3）按下鼠标左键，拖动出一个大小合适的矩形，然后松开鼠标。如果在绘图画布内部拖动鼠标，则在绘图画布内插入矩形；如果在绘图画布外拖动鼠标，则在绘图画布外插入矩形，且绘图画布消失。

> **注意：**
> ① 如果要绘制出正方形或圆形，只需单击【矩形】按钮或者【椭圆】按钮，然后在按住 Shift 键的同时拖动鼠标即可。

② 在画直线的同时按住 Shift 键,可以画出 15°、30°、45°、60°、75°等具有特殊角度的直线;按住 Ctrl 键可以画出自中间向两侧延伸的直线;同时按住这两个键则可以画出自中间向两侧延伸的具有特殊角度的直线。

③ 在一般情况下,单击某一绘图工具只能使用一次该工具,如果想多次使用,需要双击该绘图工具,当不再需要此工具时,按 Esc 键或再次单击该按钮即可。

注意:

① 绘图画布是 Word 2003 新增的功能,在每次插入自选图形或文本框时,都会自动出现绘图画布。绘图画布是一个区域,用户可以在这个区域内部绘制多个对象(自选图形、文本框等),也可以在区域内部插入图片、艺术字等,因为这些对象都包含在绘图画布内,所以它们可以作为一个整体一起移动和调整大小。

② 对绘图画布的操作类似于文本框的操作,用户可以通过拖动鼠标改变它的大小、移动它的位置,还可以通过【设置绘画画布格式】对话框设置它的位置、大小、边框颜色和填充色等。

③ 如果不想出现绘图画布,可以选择【工具】|【选项】命令,并将弹出的"选项"对话框切换到【常规】选项卡,然后取消选中【插入"自选图形"时自动创建绘图画布】复选框,单击【确定】按钮。

3. 移动图形的技巧

用户一般会用鼠标去拖动被移动的对象,但如果结合键盘操作将会收到许多意想不到的效果。

如果在拖动的同时按住 Shift 键,则所选图形只能在水平或垂直方向上移动;如果按住 Alt 键,则可以在定位的时候更精确。另外,使用方向键(→、←、↑、↓)也可以移动图形,不过一次只能移动 10 个像素,所以使用方向键只能实现粗调,而使用 Ctrl+方向键可一次移动 1 个像素,从而实现微调。

4. 在图形中添加文字

有时需要在绘制的图形中添加文字,Word 提供了这一功能。具体操作步骤如下:

(1) 右击要添加文字的图形,弹出快捷菜单。

(2) 选择快捷菜单中的【添加文字】命令,此时,光标被移动到图形内部。

(3) 在光标之后插入文字。

在图形中添加的文字将与图形一起移动,如果要设置文字格式,可以选中文字,也可以选中文字所在的图形。

5. 图形的效果设置

利用【绘图】工具栏中的【填充颜色】、【线型】、【阴影样式】、【三维效果样式】按钮可以为所选图形设置填充颜色、线条类型和颜色,以及阴影和三维效果。

6. 图形的叠放次序

对于绘制的自选图形或插入的其他图形对象,Word 将按绘制或插入的顺序将它们放于不同的对象层中。如果对象之间有重叠,则上层对象会遮盖下层对象。当需要显示下层对象时，可以通过调整它们的叠放次序来实现。具体操作步骤如下：

（1）选中要改变叠放次序的图形，如果图形对象的版式为嵌入型，需要先将其改为其他浮动型版式。

（2）在图形上右击，在弹出的快捷菜单中选择【叠放次序】命令，如图 3-30 所示。

（3）在出现的 6 种选项中选择一种。例如选择【置于顶层】命令，则该对象将处于绘图层的最顶层。如果对其他对象同样执行了此命令，那么最后一个进行此操作的对象将处于最顶层。【置于底层】的用法与此相同。图 3-31 所示为两个图形叠放次序不同时的效果。

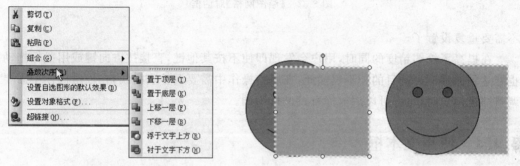

图 3-30　【叠放次序】菜单　　　　图 3-31　改变图形的叠放次序

7. 图形的组合

在 Word 中绘制数理化图形、流程图或其他图形时，都是将数个简单的图形拼接成一个复杂的图形，排版时需要把这些简单的图形组合成一个对象进行整体操作。

多数人的习惯是在按住 Shift 键的同时，逐个单击图形来选中所有的图片。但当图片很多、很小且挤在一起时，这种方法比较费时、费力。其实，最简单的操作方法如下：

（1）单击【绘图】工具栏左端白色箭头状的【选择对象】按钮 。

（2）拖动鼠标在想要组合的图片周围画一个矩形框，则框中的图片就被全部选中了。

（3）右击选中图形，在弹出的快捷菜单中选择【组合】|【组合】命令即可实现图形的组合。

如果要取消已经组合的图形，只需右击此图形，然后在弹出的快捷菜单中选择【组合】|【取消组合】命令。

8. 绘图精度的提高

大家平时绘制直线时，在需要配合的地方（例如绘制几何图形时），往往会出现要么露头、要么差一点够不着的情况，此时可能需要反复调整其长短，很让人头疼。

在 Word 中可以进行一定的设置来解决此问题，具体操作步骤如下：

（1）打开【绘图】工具栏。

（2）单击【绘图】按钮，在打开的菜单中选择【绘图网格】命令，弹出如图 3-32 所示的对话框。

（3）改动【水平间距】和【垂直间距】选项值到最小值 0.01 即可。如果用户想一直用该设置，可以单击【默认】按钮，把设定的值作为 Word 的默认值，这样建立其他文档时就

图 3-32 【绘图网格】对话框

不需要重复设置了。

在提高了绘图精度的同时,用户会发现即使不按其他键,直接按方向键或用鼠标拖动也能达到微移图形的目的。不仅如此,在表格操作中需要调整表格线,在段落操作中需要调整缩进标志时,也都可以用鼠标直接进行微调。

3.4.4　使用文本框

1. 将已有文本转换为文本框

将已有文本转换为文本框的具体操作步骤如下:

(1) 选中需要设置为文本框的内容。

(2) 选择【插入】|【文本框】菜单下的【横排】或【竖排】命令。

2. 创建文本框

创建文本框和创建图形的方法基本一样,具体操作步骤如下:

(1) 在【绘图】工具栏中单击【文本框】按钮（或【竖排文本框】按钮），此时在光标插入位置会出现绘图画布,内容提示为"在此处创建图形",且鼠标指针的形状变为"＋"字形。

(2) 移动鼠标指针到要绘制图形的位置。

(3) 按下鼠标左键,拖动出一个大小合适的矩形,然后松开鼠标。

(4) 在文本框中输入文字。

文本框格式的设置和设置图形的方法基本相同,在此不再赘述。

3. 文本框文字方向的改变

如果需要将创建的横排文本框变为竖排文本框,具体操作步骤如下:

(1) 选中需要设置的文本框。

(2) 单击【常用】工具栏中的【更改文字方向】按钮。

3.4.5　插入艺术字

在文档的编辑过程中,往往需要用一些艺术字来装点文档版面,如文档封面的设计等。

1. 插入艺术字

艺术字可以看作是具有图片特征的文字。插入艺术字的具体操作步骤如下：

（1）选择【插入】|【图片】|【艺术字】命令（或单击【绘图】工具栏上的【插入艺术字】按钮 ），将弹出如图 3-33 所示的【"艺术字"库】对话框。

图 3-33 【"艺术字"库】对话框

（2）单击选中一种艺术字样式后，单击【确定】按钮，将弹出【编辑"艺术字"文字】对话框，如图 3-34 所示。

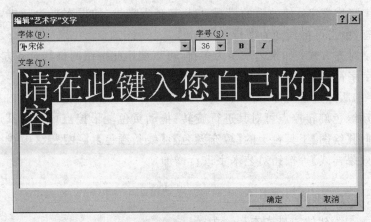

图 3-34 【编辑"艺术字"文字】对话框

（3）在【字体】下拉列表框中选择一种字体，在【字号】下拉列表框中选择一种字号，并决定是否粗体、斜体，然后在【文字】文本框中编辑文字。

（4）单击【确定】按钮，便在文档中插入了艺术字。

2. 编辑艺术字

对于插入的艺术字可以重新编辑，通过【艺术字】工具栏进行。单击选定插入的艺术字后,将自动显示【艺术字】工具栏,如图 3-35 所示。下面介绍工具栏上各按钮的功能。

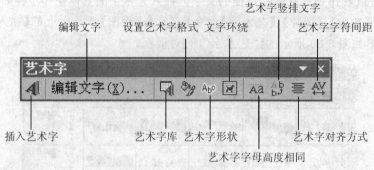

图 3-35 【艺术字】工具栏

- 插入艺术字:单击此按钮,可以打开【"艺术字"库】对话框,插入新的艺术字。
- 编辑文字:选定艺术字后,单击此按钮,可以打开【编辑"艺术字"文字】对话框,对文字内容进行修改。
- 艺术字库:选定艺术字后,单击此按钮,可以打开【"艺术字"库】对话框,重新选择一种样式代替原样式。
- 设置艺术字格式:单击此按钮,可以打开【设置艺术字格式】对话框,对选中的艺术字进行颜色与线条、大小、版式等设置。
- 艺术字形状:单击此按钮,可以进一步利用预设的形状来修饰选中的艺术字。
- 文字环绕:可以具体设置艺术字的文字环绕方式。
- 艺术字字母高度相同:可以使高度不同的字母等高,例如,小写的"a"和"b"。
- 艺术字竖排文字:使选中的横排艺术字变为竖排,如果本来为竖排,此按钮为选中状态,单击可将其变为横排。
- 艺术字对齐方式:如果艺术字为多排,可以使用此按钮调整其对齐方式。
- 艺术字字符间距:调整艺术字的字符间距。

将艺术字的版式设置为浮动型后,其周围将出现 3 种标志:拖动 8 个白色控点,可改变其大小;转动绿色旋转控点可对其进行旋转;拖动黄色菱形控点可改变其形状。此外,用户还可以利用【绘图】工具栏上的【填充颜色】、【线条颜色】、【线型】、【虚线线型】、【阴影样式】、【三维效果样式】等按钮对艺术字进行修饰。

3.4.6 插入和修改公式

1. 插入公式

在某些情况下,特别是在编辑一些论文的时候,文档中可能需要插入一些数学公式,例如根式公式或积分公式等。插入公式如果是采用常规的编辑手段去组合,不仅需要进行大量的格式设置,并且可能影响版面的美观,因此,通常利用 Word 中集成的公式编辑器来插入一个公式。具体操作步骤如下:

(1) 将鼠标指针定位在文档中插入公式的位置。

（2）选择【插入】|【对象】命令，弹出【对象】对话框，如图 3-36 所示。

图 3-36 【对象】对话框

（3）在【新建】选项卡的【对象类型】列表框中选择【Microsoft 公式 3.0】选项。

（4）单击【确定】按钮，会进入公式编辑器窗口，并显示一个【公式】工具栏（如图 3-37 所示）。在这个窗口中，用户可以在【公式】工具栏中选择需要的公式类型并输入相关内容。

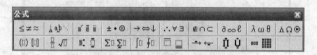

图 3-37 【公式】工具栏

【公式】工具栏的上一排按钮为符号按钮，用户可以从中选择插入一些特殊的符号，如关系符号、运算符号、希腊字母等；下一排按钮为模板按钮，提供了编辑公式所需的各种不同的模板样式，如分式、根式、积分、上标、下标等公式符号。

（5）公式建立完毕后，在公式编辑区外的任意位置单击即可退出公式编辑状态。

2. 修改公式

修改公式的具体操作步骤如下：

（1）双击公式，Word 2003 会自动启动公式编辑器。

（2）利用【公式】工具栏中的按钮编辑公式。

（3）完成后用鼠标在公式编辑区外的任意位置单击。

3.5 实践案例 1——电子板报的制作

操作重点

- 字体、段落格式的设置
- 合并文档
- 文本框的应用
- 艺术字的插入

- 自选图形、线条的应用

操作难点

图文混排的编辑

3.5.1 任务要求

本例中所用到的文件均在本书的素材电子文档"第3章\sample\实践案例1\"文件夹下，为便于操作，将该文件夹复制到 D 盘根目录下，即"D:\第3章\sample\实践案例1"。

根据提供的素材制作电子板报，最终效果如图 3-38 所示。

图 3-38 电子板报

通过本例，用户将掌握编排一篇图文并茂的 Word 电子板报的方法。

3.5.2 操作步骤

准备工作：打开素材文件夹中的"全球气候变暖.doc"文件。

1. 合并两个文件，并另存为"电子板报制作.doc"

（1）将光标插入到"全球气候变暖.doc"文档的末尾处，按 Enter 键。然后选择【插入】|【文件】命令，在弹出的【插入文件】对话框中进行设置，选择"大熊猫.doc"文件，单击

【确定】按钮,合并两个文件。

(2) 选择【文件】|【另存为】命令,在弹出的对话框中输入文件名为"电子板报制作.doc",然后单击【确定】按钮。

2. 设置电子板报头部

1) 制作"人与自然"文本框

(1) 将光标插入到文章起始位置,单击【绘图】工具栏中的【文本框】按钮，此时在文档起始位置会出现绘图画布,内容提示为"在此处插入图形",鼠标指针的形状变为"＋"字形。

(2) 将鼠标指针移至绘图画布内部,按住鼠标左键并拖动,插入一个文本框。然后在文本框中输入文字"人与自然",单击【格式】工具栏上的【居中】按钮，设置对齐方式为【居中】。

(3) 双击文本框,打开【设置文本框格式】对话框,切换到【大小】选项卡,设置文本框宽度为 10.8 厘米、高度为 3.8 厘米;切换到【颜色与线条】选项卡,设置文本框填充颜色为绿色、线条颜色为浅蓝,线型为 3 磅双线、粗细为 3 磅,如图 3-39 所示,单击【确定】按钮后,将文本框移至绘图画布的左上角。

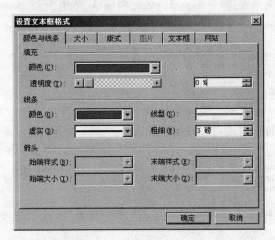

图 3-39　设置颜色与线条

(4) 选中文本框内的文字,选择【格式】|【字体】命令,弹出【字体】对话框,在【字体】选项卡中设置字体为华文行楷、60 号、白色,在【字符间距】选项卡中设置字符间距为加宽、5 磅。

2) 制作英文文本框

(1) 在绘图画布内再插入一个文本框,输入文字"The human beings and the environment",对齐方式为居中。

(2) 在【字体】对话框的【字体】选项卡中设置文字字体为 Edwardian Script ITC、24 号、阴影。

(3) 设置文本框的填充颜色与线条颜色均为"无填充颜色",调整文本框到合适的大小,并将其移动到"人与自然"文本框的下面。

3) 制作报刊号文本框

(1) 在绘图画布的右侧插入文本框,参考图 3-40 输入文字,并设置文字字体为楷体、

12 号、加粗。

图 3-40　电子板报头部效果图

（2）选中文字，选择【格式】|【段落】命令，在【段落】对话框中设置【行距】为固定值、17 磅，【对齐方式】为居中。

（3）设置文本框的大小为高 3.8 厘米、宽 3.2 厘米，填充颜色为"无填充颜色"，线条为黑色、2 磅、单实线。

（4）使用鼠标调整绘图画布的大小，效果如图 3-40 所示。

3．加横线

1）加标题横线

（1）将光标定位于正文的起始处，按 Enter 键，使正文与标题之间保留一行的行间距。

（2）在【绘图】工具栏中单击【直线】按钮　，在绘图画布外画一条水平直线，并将直线移动到步骤（1）设置的空行处，设置线型为 2 磅。

2）加分隔横线

（1）将光标定位于原"大熊猫"正文的起始处，按 Enter 键两次，使两篇文章之间空出两行的行间距。

（2）在设置的空行位置插入水平直线，设置线型为"实线"、虚线为"划线-点"、粗细为 2 磅、颜色为褐色。

4．设置"全球气候变暖"部分文字的段落格式

1）设置首字下沉

将光标插入到第一段的任意位置，选择【格式】|【首字下沉】命令，设置首字下沉两行、字体为隶书，单击【确定】按钮。然后选中首字，设置其颜色为橙色。

2）设置段落格式

选中原"全球气候变暖"一文中除第一段以外的其他文字，选择【格式】|【段落】命令，弹出【段落】对话框，在【特殊格式】下拉列表框中选择【首行缩进】选项，设置度量值为 2 字符，行距为固定值、16 磅。

5．设置"大熊猫"部分文字的段落格式

1）设置段落格式

分别选择原"大熊猫"一文中的第一段和其余段落，设置各段首行缩进 2 字符，行距为固定值、16 磅。

2）分栏

选择文章倒数第一、二段（最后的回车符不选），然后选择【格式】|【分栏】命令，将其分为等宽的两栏，栏间加分隔线。

6. 插入艺术字及图片

1）插入艺术字

（1）单击【绘图】工具栏中的【插入艺术字】按钮 ，在弹出的【"艺术字"库】对话框中选择第4行第3列的艺术字样式，单击【确定】按钮。

（2）在【编辑"艺术字"文字】对话框中输入"全球气候变暖"，字体为隶书、字号为40号。

（3）在文档中选择此艺术字，单击【艺术字】工具栏中的【设置艺术字格式】按钮 ，在【设置艺术字格式】对话框中设置边框颜色为橙色，设置其环绕方式为四周型；然后单击【艺术字形状】按钮 ，在打开的菜单中选择陀螺形 。

（4）移动艺术字至适当位置。

2）插入图片

（1）单击【绘图】工具栏中的【插入图片】按钮 ，插入图片"大熊猫.jpg"。

（2）双击图片，弹出【设置图片格式】对话框，设置图片的环绕方式为四周型、图片大小缩放为55%。

（3）移动图片至适当位置。

7. 为"大熊猫"部分添加标题

（1）在【绘图】工具栏中单击【自选图形】按钮，选择【星与旗帜】菜单中的【竖卷型】自选图形，在绘图画布外部拉出形状。

（2）右击此自选图形，选择【添加文字】命令，输入文字"大熊猫"。

（3）设置文字格式为华文行楷、26号、绿色。

（4）双击自选图形，设置自选图形的框线为橙色、3磅，环绕方式为四周型。

（5）适当调整其大小与位置。

8. 保存电子板报文档

至此，电子板报制作完成，单击工具栏中的【保存】按钮 保存。

3.6 在 Word 2003 中打印文档

学习重点

- 页面设置：纸张大小、页边距、版式、文档网格
- 打印设置

3.6.1 页面设置

在创建文档时，Word 默认的纸张大小为 A4，其版面的大小可以应用于大部分文档。

用户也可以根据需要重新设置纸张的大小、页边距,以及每页的行数和每行的字数。

纸张的大小确定了可用文本区域。文本区域的宽度是纸张的宽度减去左、右页边距,文本区域的高度是纸张的高度减去上、下页边距,如图 3-41 所示。

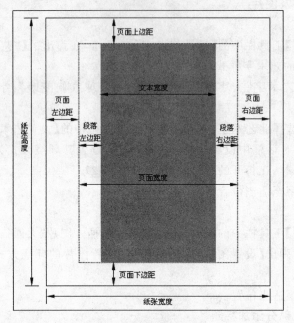

图 3-41　页面示意图

通过【页面设置】对话框,可以设置页面纸张的大小、页边距等。具体操作步骤如下:

(1) 选择【文件】|【页面设置】命令,弹出【页面设置】对话框,其中包含【页边距】、【纸张】、【版式】和【文档网格】4 个选项卡。

(2) 在【纸张】选项卡(如图 3-42 所示)的【纸张大小】下拉列表框中选择 Word 提供的纸张大小,用户也可以自定义纸张大小,在【宽度】和【高度】微调框中分别输入具体的数值,即可自定义纸张的大小。

(3) 在【页边距】选项卡(如图 3-43 所示)中,可以设置上、下、左、右的页边距,也可设置纸张的方向。如果需要设置装订线,可以在【装订线】微调框中输入边距的数值,并选定【装订线位置】。在【方向】选项组中可以选择纸张的方向,通常为【纵向】。

(4) 在【版式】选项卡中,可以设置页眉和页脚在文章中的编排,可以设置页眉和页脚【奇偶页不同】和【首页不同】,同时可以设置文本的垂直对齐方式。

(5) 在【文档网格】选项卡中,可以设置每页的行数和每行的字数,还可以设置分栏数。选中【网格】选项组中的【指定行和字符网格】单选按钮,即可设置每页的行数和每行的字数。

(6) 设置完成后,可以查看预览框中的效果。若满意,单击【确定】按钮,完成设置;否则,单击【取消】按钮,取消设置。

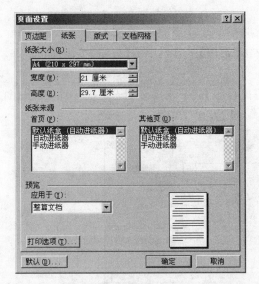

图 3-42 【纸张】选项卡

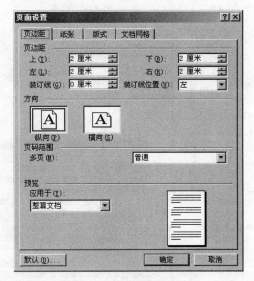

图 3-43 【页边距】选项卡

3.6.2 打印设置

当文档编辑、排版完成后,就可以打印输出了。在打印前,可以利用【打印预览】功能先查看一下排版是否理想。如果满意,则打印,否则可以继续修改排版。

1. 打印预览

单击【常用】工具栏中的【打印预览】按钮 或选择【文件】|【打印预览】命令,打开文档的打印预览窗口。

在文档打印预览窗口中有一个【打印预览】工具栏,如图 3-44 所示。工具栏中的【显示比例】下拉列表框是最常用的,单击其下拉按钮,可以从中选择合适的显示比例。

图 3-44 【打印预览】工具栏

在预览状态下,也可以对文档进行修改,单击【放大镜】按钮,鼠标指针会由放大镜形状变成"I"形,此时即可修改文档。在预览状态下可以选择单页或者多页预览。

单击【关闭】按钮可以退出打印预览状态。如果用户认为合适,则可以单击【打印】按钮打印输出。

2. 打印

在打印前,最好先保存文档,以免意外丢失。Word 提供了许多灵活的打印功能,可以打印一份或多份文档,也可以打印文档中的某一页或几页。当然,在打印前,应该准备好并打开打印机。常见的操作如下：

1）打印一份文档

打印一份当前文档的操作最简单，只要单击【常用】工具栏中的【打印】按钮即可。

2）打印多份文档

如果要打印多份文档副本，应选择【文件】|【打印】命令或按 Ctrl＋P 快捷键，弹出【打印】对话框，如图 3-45 所示。

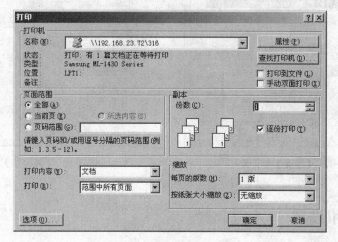

图 3-45 【打印】对话框

在对话框的【副本】选项组的【份数】微调框中输入需要的份数，若选中【逐份打印】复选框，在进行多页、多份打印时，打印的顺序为第 1 份的第 1 页、第 2 页、……，第 2 份的第 1 页、第 2 页、……；如果取消选中【逐份打印】复选框，则系统会在打印所有的第 1 页之后再打印所有的第 2 页。不设置逐份打印，打印速度将会提高，但整理打印文稿的时间要长一些；而逐份打印虽然打印速度稍慢，但打印完成的每一份文稿都是按顺序排列好的。

单击【确定】按钮即可开始执行打印命令。

3）打印一页或几页

若在【页面范围】选项组中选中【当前页】单选按钮，那么只打印当前插入点所在的一页；若选中【页码范围】单选按钮，并在其右边的文本框中输入页码，那么可以打印指定的页面。例如，要打印文章的第 3、4、5、7、8 页，可以在【页码范围】文本框中输入"3-5,7-8"。

3.7 Word 2003 表格的制作

学习重点

• 表格的建立

• 表格的编辑

• 表格的美化

• 表格和文本之间的转换

表格是最常用的文档格式,使用 Word 中的表格不仅能规范数据,而且能实现数据的计算、排序、文本与表格间的转换等。

3.7.1　表格的建立

Word 提供了 3 种建立表格的方法:一是使用【常用】工具栏上的【插入表格】按钮;二是使用【表格】菜单中的【插入】|【表格】命令;三是利用【表格和边框】工具栏进行手动制表。

1.　使用【插入表格】按钮建立表格

例如要建立一个 4 行 5 列的表格,其操作步骤如下:

(1) 将插入点移动到要建立表格的位置上。

(2) 单击【常用】工具栏上的【插入表格】按钮 ,这时在屏幕上将显示出一个网格,如图 3-46 所示。

(3) 在网格中按住鼠标左键,然后向右下方拖动,被拖动过的网格会高亮显示(深色网格),同时在底部的提示栏中显示相应的行数和列数。

(4) 当底部的提示栏中显示"4×5 表格"后,释放鼠标按键,表格就插入到光标所在的地方,其行高和列宽及表格的格式均采用 Word 的默认值。

(5) 如果已经开始拖动鼠标左键,但又不想插入表格,可以向左拖动鼠标,将指针移出网格,然后释放鼠标。

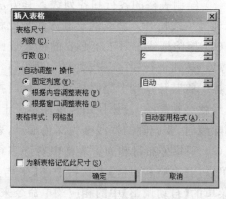

图 3-46　用【插入表格】按钮建立表格　　　　图 3-47　【插入表格】对话框

2.　使用【插入】|【表格】命令建立表格

用户也可以通过菜单命令插入表格,操作步骤如下:

(1) 将插入点移动到要建立表格的位置上。

(2) 选择【表格】|【插入】|【表格】命令,弹出【插入表格】对话框,如图 3-47 所示。

(3) 在【表格尺寸】选项组的【列数】和【行数】微调框中输入表格的列数和行数。例如插入 6 列 4 行的表格,则分别输入 6 和 4。

(4) 在【"自动调整"操作】选项组中选中【固定列宽】单选按钮,输入表格中每一列的宽度。在默认状态下,该选项为【自动】模式,即表格占满整行,每一列的宽度平均分配。

（5）单击【确定】按钮。

3．绘制复杂表格

用上述方法可以建立简单的表格和格式固定的表格，对于复杂的、不规则的表格，则可以使用 Word 提供的绘制表格功能来绘制。操作步骤如下：

（1）选择【表格】|【绘制表格】命令，或单击【常用】工具栏中的【表格和边框】按钮，打开【表格和边框】工具栏，并自动选择绘制表格按钮，如图 3-48 所示。

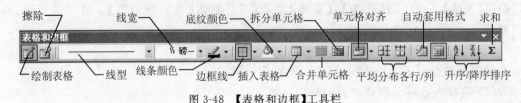

图 3-48　【表格和边框】工具栏

（2）确定表格边框所用的线型和线条粗细。【表格和边框】工具栏上的【线型】和【线宽】两个下拉列表框，用来确定表格边框所用的线型和线条粗细。选择不同的线型和线条粗细，可以绘制不同风格的表格。

（3）如果没有选定【绘制表格】按钮，可以单击【表格和边框】工具栏上的【绘制表格】按钮，这时的光标就变成了笔形。

（4）确定表格的外围边框。将笔形光标移到表格的左上角，然后按下鼠标左键拖动到表格的右下角松开鼠标，就绘制出了表格的外围边框。

（5）绘制表格的各行和各列线。其方法是当笔形光标在线的一端时按下鼠标，然后拖动到另一端松开。斜线的绘制方法与此相同，在此不再赘述。

（6）擦除框线。对于不必要的框线或画错的框线，可以使用【表格和边框】工具栏中的【擦除】按钮进行删除。当要删除框线时，单击【擦除】按钮，这时鼠标指针的形状会变为橡皮擦。将其移动到要删除框线的一端时按下鼠标，然后拖动到框线的另一端松开鼠标，该框线就会被删除，就像使用橡皮在本子上擦除一样容易。当移动到框线的另一端还没有删除线时，要删除的框线变为深色显示，表示该框被选定。

（7）平均分布行和列。表格中有许多行和列需要平均分布，也就是使行高或列宽相等，可以用【表格和边框】工具栏中的【平均分布各行】按钮和【平均分布各列】按钮或【表格】菜单的【自动调整】中的相应菜单命令来完成。其操作方法是，首先选定需要平均分布的多行或多列，然后单击【平均分布各行】或【平均分布各列】按钮，或选择【表格】|【自动调整】中的相应命令。

在建立表格的实际操作中，可以先建立规则表格，然后用【表格和边框】工具栏中的【擦除】按钮，删除多余的表线，再用【绘制表格】按钮绘制斜线等。

4．在表格中输入文本

建立空表格后，可以将插入点移到表格的单元格中输入文本。单元格是表格中最基本的编辑对象，当文本输入到单元格的右边线时，单元格的高度会自动增大，输入的文本会转到下一行。像编辑普通文本一样，如果要另起一段，则按 Enter 键。

用户可以用鼠标在表格中移动插入点，也可以按 Tab 键将插入点移动到下一个单元格,按 Shift＋Tab 快捷键将插入点移动到上一个单元格。按上、下、左、右键可以将插入点移动到与当前单元格临近的上、下、左、右单元格中。

3.7.2 表格的编辑

1. 选定表格

在表格中选定文本有两种方法,即用鼠标选定表格和用【表格】菜单选定表格。

1) 用鼠标选定表格

(1) 选定单元格。将鼠标指针放在某个单元格的最左边,当其变成指向右上方的黑箭头 ↗ 时单击,可以选中该单元格,向上、下、左、右拖动鼠标可选定多个单元格。

(2) 选定行。将鼠标放在整个表格的最左边(文本的选定区),其指针会变成指向右上方的箭头 ↗,将鼠标指针指向要选定的行,单击鼠标可以选中此行,向上或向下拖动鼠标可以选中多行乃至整张表格。

(3) 选定列。当将鼠标指针移到表格的上方时,指针变成了向下的黑色箭头 ↓,这时按下鼠标左键,并左、右拖动就可以选定表格的一列、多列乃至整个表格。

(4) 选定不连续的单元格。按住 Ctrl 键,可以一次选中多个不连续的区域,用相同的方法可以选择不连续的行或列。

(5) 选定整个表格。当鼠标指针指向表格线的任意地方时,在表的左上角会出现一个十字花的方框标记 ⊞,用鼠标单击,可以选定整个表格;在表的右下角出现小方框标记时,用鼠标单击,沿着对角线方向拖动,可以均匀地缩小或扩大表格的行宽或列宽。

2) 用【表格】菜单选定表格

(1) 将插入点移到选定表格的位置上。

(2) 选择【表格】|【选择】命令,出现【选择】子菜单(如图 3-49 所示),根据需要进行选择。

2. 在表格中插入行(列)

1) 使用【表格】菜单插入新行(列)

(1) 将插入点移动到要插入新行(列)的位置。

(2) 选择【表格】|【插入】命令,屏幕上出现子菜单,如图 3-50 所示。然后选择【行(在上方)】、【行(在下方)】或【列(在左侧)】、【列(在右侧)】命令。

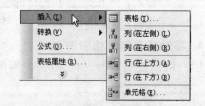

图 3-49 【表格】菜单中的【选择】子菜单　　图 3-50 【表格】菜单中的【插入】子菜单

2) 使用【表格和边框】工具栏按钮插入新行(列)

(1) 将光标移到要插入行的任意一个单元格中。

(2) 在【表格和边框】工具栏上单击【插入表格】按钮 ▦ 右侧的下拉按钮 ▾，屏幕上出现如图 3-51 所示的【插入表格】子菜单。在该子菜单中选择【在上方插入行】、【在下方插入行】或【在左侧插入列】、【在右侧插入列】命令，这时可以在插入点的上方（左侧）或下方（右侧）插入一个新行（列）。

3) 使用 Enter 键插入新行

(1) 将光标移到表格中某一行最右侧表格外的回车符中。

(2) 按 Enter 键，即可在表格所在行的下方插入一个新行。

3. 插入单元格

插入单元格也有两种方法，一是用【表格】菜单，二是用【表格和边框】工具栏。

(1) 将插入点移动到要插入新单元格的位置。

(2) 选择【表格】|【插入】|【单元格】命令，或在【表格和边框】工具栏上单击【插入表格】按钮 ▦ 右侧的下拉按钮 ▾，如图 3-51 所示，选择【插入单元格】命令，弹出【插入单元格】对话框，如图 3-52 所示。

图 3-51 【插入】子菜单

图 3-52 【插入单元格】对话框

(3) 在该对话框的 4 个选项中选择一个，默认状态下选中【活动单元格下移】单选按钮。

- 活动单元格右移：可在选定单元格的左边插入单元格，选定的单元格和其右侧的单元格向右移动相应的列数。

- 活动单元格下移：可在选定单元格的上边插入单元格，选定的单元格和其下的单元格向下移动相应的行数。

- 整行插入：可在选定单元格的上边插入空行。

- 整列插入：可在选定单元格的左边插入空列。

(4) 单击【确定】按钮，此时 Word 将在所选单元格的上方或左侧插入新的单元格。

4. 移动或复制表格中的内容

用户可以使用鼠标、命令或快捷键的方法，将单元格中的内容进行移动或复制，就像对待一般的文本一样。

1) 使用鼠标移动或复制单元格、行或列中的内容

(1) 选定所要移动或复制的单元格、行或列，也就是选定其中的内容。

(2) 将鼠标指针置于所选的内容上，然后按下鼠标左键。

(3) 把鼠标拖动到新的位置上，然后松开鼠标左键。

这样就完成了对单元格及其文本的移动操作,如果要复制单元格及文本,则在选定后按下 Ctrl 键,将其拖动到新的位置上。

2) 用命令移动或复制单元格、行或列中的内容

(1) 选定所要移动或复制的单元格、行或列。

(2) 如果要移动文本,则选择【编辑】菜单中的【剪切】命令,或单击【常用】工具栏上的【剪切】按钮 ;如果要复制文本,则选择【编辑】菜单中的【复制】命令或单击【常用】工具栏上的【复制】按钮 。

(3) 将鼠标置于所要移动或复制到的位置。

(4) 选择【编辑】|【粘贴】命令,如果选定的是单元格,则【粘贴】命令已变成了【粘贴单元格】;如果选定的是行,则【粘贴】命令已变成了【粘贴行】命令;如果选定的是列,则【粘贴】命令已变成了【粘贴列】命令。当然,也可以单击【常用】工具栏上的【粘贴】按钮 。这样就完成了所选文本的移动或复制操作。

3) 用快捷键移动或复制单元格、行或列中的内容

(1) 选定所要移动或复制的单元格、行或列。

(2) 若要移动文本,则按 Ctrl+X 快捷键或 Shift+Delete 快捷键;若要复制文本,则按 Ctrl+C 快捷键或 Ctrl+Insert 快捷键。

(3) 将光标移到所要移动到或复制到的位置。

(4) 按 Ctrl+V 快捷键或 Shift+Insert 快捷键。

这样,就完成了对所选文本的移动或复制操作。

5. 删除表格、行、列和单元格

对于表格中的文本内容,删除它们的方法和删除一般文本的方法是一样的。在建立一个表格后,如果对它不太满意,可以将其中一部分单元格、行、列或整个表格删除,以实现对表格结构的调整,使它达到最佳的效果。

删除表格中各项内容的操作步骤如下:

(1) 先选定要删除表格的选项,例如【表格】、【行】、【列】或【单元格】。

(2) 选择【表格】|【删除】命令,打开【删除】子菜单。

(3) 在【删除】子菜单中有 4 个选项,即【表格】、【行】、【列】和【单元格】,用户可以选择所需要的选项。

6. 合并和拆分单元格

Word 也可以把一行中的若干个单元格合并起来,或者把一行中的一个或多个单元格拆分为更多的单元格。

1) 合并单元格

(1) 选择所要合并的单元格,至少应有两个。

(2) 选择【表格】|【合并单元格】命令,也可以单击【表格和边框】工具栏中的【合并单元格】按钮 进行合并单元格操作。

2) 拆分单元格

(1) 选择所要拆分的单元格。

(2) 选择【表格】|【拆分单元格】命令,或单击【表格和边框】工具栏中的【拆分单元格】

按钮 ⊞,弹出【拆分单元格】对话框,如图 3-53 所示。

（3）在对话框的【列数】微调框中选择或直接输入拆分后的列数,默认为所选列数的两倍。在【行数】微调框中输入拆分后的行数,其默认值与所选单元格的行数相等。

（4）单击【确定】按钮,关闭对话框。这样,就完成了拆分单元格的操作。

7．表格的位置

对于一个新建立的表格,其位置默认为居左,即整个表格向左边靠齐,用户也可以使表格居中或居右。

1）使用工具栏按钮设置表格位置

例如,设置表格水平居中。

（1）选定整个表格。

（2）单击【常用】工具栏上的【居中】按钮 ☰,则整个表格在页面上水平居中。

2）使用菜单命令设置表格位置

（1）将光标插入到表格中,然后选择【表格】|【表格属性】命令,弹出【表格属性】对话框,如图 3-54 所示,切换到【表格】选项卡。

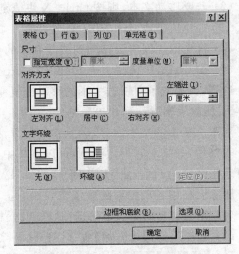

图 3-54 【表格】选项卡

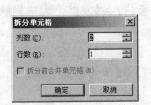

图 3-53 【拆分单元格】对话框

（2）在【尺寸】选项组中选中【指定宽度】复选框,可以指定表格的总宽度。

（3）在【对齐方式】选项组中可以设置表格居中、右对齐及左缩进的尺寸,在默认情况下,对齐方式是左对齐。

（4）在【文字环绕】选项组中可以设置无环绕或环绕形式。

（5）设置完成后,单击【确定】按钮。

8．单元格的对齐方式

所谓单元格的对齐方式,是指文字在单元格中的位置。例如,要设置文字在单元格中的位置为中部居中,具体操作步骤如下:

（1）选中要设置的单元格或单元格区域。

（2）右击,在弹出的快捷菜单中选择【单元格对齐方式】命令,打开其子菜单,如图 3-55

所示;或者单击【表格和边框】工具栏中的【单元格对齐方式】按钮▤右侧的下拉按钮▾，打开【单元格对齐方式】列表，如图 3-56 所示。

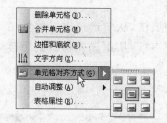
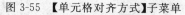

图 3-55　【单元格对齐方式】子菜单

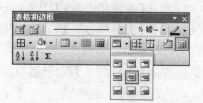

图 3-56　【单元格对齐方式】列表

（3）从中选择中部居中▤即可，所谓中部居中，是指文字在单元格内部垂直方向上居中，水平方向上也居中。

Word 共提供了 9 种单元格对齐方式，分别为靠上两端对齐、靠上居中、靠上右对齐、中部两端对齐、中部居中、中部右对齐、靠下两端对齐、靠下居中、靠下右对齐。

9. 修改行高和列宽

修改表格的行高和列宽也有使用鼠标和菜单命令两种方法。行高和列宽的调整方法类似，下面以调整列宽为例，介绍其具体操作方法。

方法 1：使用鼠标修改列宽。

（1）将插入点移动到表格中，此时，水平标尺中会出现表格的列标记▦（水平标尺上的一个小方块）。

（2）当鼠标指针指向列标记时会变成水平的双向箭头，按住鼠标左键，此时会出现一条垂直的虚线。

（3）按住鼠标左键拖动，可以改变列宽。

> **注意**：如果想看到当前的列宽数据，只要在拖动鼠标时按住 Alt 键，水平标尺上就会显示列宽的数据。如果选定了单元格，在调整列宽时，只改变选定单元格的列宽。

方法 2：用菜单命令改变列宽。

（1）选定要修改列宽的一列或多列。

（2）选择【表格】|【表格属性】命令，弹出【表格属性】对话框，切换到【列】选项卡。

（3）选中【指定宽度】复选框，在其右侧的微调框中输入数值，然后选择【度量单位】，其中，【百分比】是指本列占全表的百分比。

（4）单击【前一列】或【后一列】按钮可在不关闭对话框的情况下设置相邻列的列宽。

（5）单击【确定】按钮。

3.7.3　表格的美化

美化表格是指对表格的边框、底纹、字体等进行一些修饰，使表格更加美观，且内容清晰。

1.【表格和边框】工具栏

在此介绍一种简单的方法,即用【表格和边框】工具栏来处理表格的边框。

(1) 选定要添加边框和框线的单元格或整个表格。

(2) 单击【表格和边框】工具栏中的【线型】下拉列表框,从中选择框线的线型。

(3) 单击【表格和边框】工具栏中的【粗细】下拉列表框,从中选择框线的宽度,其单位是磅,默认线宽是1/2磅。

(4) 单击【边框颜色】按钮![icon]右侧的下拉按钮![icon],会出现一个调色板,从中选择线的颜色。

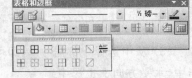

(5) 单击【外侧框线】按钮![icon]右侧的下拉按钮![icon],出现如图3-57所示的框线模板,从中选择要添加框线的位置。实线表示添加边框,虚线表示没有边框,可以反复操作,直到满意为止。

图3-57　边框线下拉列表

同样,使用【表格和边框】中的【底纹颜色】按钮![icon]可以非常方便地设置表格的底纹。

2. 使用表格自动套用格式

Word在表格的格式上提供了一种简便的设定工具,即【表格自动套用格式】,一旦表格建立,【表格】菜单下的【表格自动套用格式】命令即呈现有效状态。Word为用户提供了42种表格样式,在这些样式中,设置了一套完整的字体、边框、底纹等格式,用户可以选择适合的样式。

例如,为已经建立的表格套用边框和底纹,操作步骤如下:

(1) 将插入点置于该表格中。

(2) 选择【表格】|【表格自动套用格式】命令,弹出【表格自动套用格式】对话框。

(3) 在【表格样式】列表框中选择一种自己喜欢的格式,例如选择【网格型1】。

(4) 单击【确定】按钮,关闭对话框。

3.7.4　表格内数据的排序与计算

Word还能对表格中的数据进行简单的计算和排序。

1. 排序

排序可以分为简单排序和复杂排序两种,下面以"学生成绩表"(如表3-2)为例介绍排序的具体方法。

1) 简单排序

所谓简单排序就是只对一个关键词进行排序。现要求对表中的大学英语成绩进行递减排序,具体操作步骤如下:

(1) 将插入点放置在"大学英语"列的任意一个单元格中。

(2) 单击【表格和边框】工具栏中的【降序】按钮![icon],即可得到排序后的结果,如表3-3所示。

表 3-2　学生成绩表

姓　　名	大 学 英 语	高 等 数 学	计算机基础	平 均 分
王晶晶	70	65	85	
李兰	90	56	90	
朱啸天	70	60	80	
张一	40	75	80	
李丽	90	80	90	

表 3-3　按"大学英语"降序排序后的学生成绩表

姓　　名	大 学 英 语	高 等 数 学	计算机基础	平 均 分
李兰	90	56	90	
李丽	90	80	90	
王晶晶	70	65	85	
朱啸天	70	60	80	
张一	40	75	80	

通过【表格和边框】工具栏中的【升序】和【降序】按钮,可以完成对一个关键字的排序。

2) 复杂排序

所谓复杂排序就是同时对多个关键字进行排序。例如,对大学英语成绩进行递减排序,当两个同学的大学英语成绩相同时,再按高等数学成绩递减排序,操作步骤如下:

(1) 将插入点移动到要排序表格的任意一个单元格中。

(2) 选择【表格】|【排序】命令,弹出【排序】对话框,如图 3-58 所示。

(3) 在【主要关键字】下拉列表框中选择【大学英语】选项,在其右边的【类型】下拉列表框中选择【数字】选项,再选中【降序】单选按钮。

(4) 在【次要关键字】下拉列表框中选择【高等数学】选项,在其右边的【类型】下拉列表框中选择【数字】选项,再选中【降序】单选按钮。

(5) 在【列表】选项组中选中【有标题行】单选按钮。

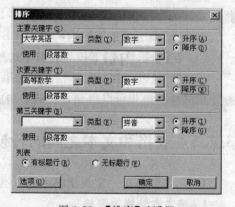

图 3-58　【排序】对话框

(6) 单击【确定】按钮完成排序,排序后的结果如表 3-4 所示。

使用【排序】对话框进行排序,最多可以对 3 个关键词进行排序。

2. 计算

在 Word 中可以快速地对表格中行和列的数值进行各种数值计算,如加、减、乘、除,以及求平均值、求百分比、找最大值、找最小值、排序等。

表 3-4 复杂排序后的学生成绩表

姓 名	大学英语	高等数学	计算机基础	平 均 分
李丽	90	80	90	
李兰	90	56	90	
王晶晶	70	65	85	
朱啸天	70	60	80	
张一	40	75	80	

Word 规定,表格中的行名称是以数字(1、2、3、4、…)来表示的,表格中的列名称是用英文字母(a、b、c、d、…)来表示的。单元格名称用单元格所在的"列名称"+"行名称"表示。例如,第 3 行第 2 列的单元格名称为 b3,第 5 行第 4 列的单元格名称为 d5。

例如,已经建立好一个学生成绩表,如表 3-2 所示。现要求计算出每位学生的平均分,具体操作步骤如下:

(1) 将光标移到要计算结果的单元格中。例如,将光标移到第 2 行第 5 列的单元格中。

(2) 选择【表格】|【公式】命令,弹出如图 3-59 所示的【公式】对话框。

(3) 在【公式】文本框中显示"= SUM(LEFT)",表明要计算所在单元格左边各列数据的总和,而例题要求计算平均值,所以可以采取以下方法之一。

图 3-59 【公式】对话框

方法 1:将其改为"= SUM(LEFT)/3"。

方法 2:将"SUM(LEFT)"删除,在【粘贴函数】下拉列表框中选择 AVERAGR,然后将公式改为"=AVERAGE(LEFT)"。

方法 3:将公式改为"=(b2+b3+b4)/3"。

(4) 在【数据格式】下拉列表框中选择 0.00 格式,表示保留到小数点后两位。

(5) 单击【确定】按钮,得到计算结果。

用同样的操作可以得到各行的平均成绩。

3.7.5 表格和文本之间的转换

有时,需要将按一定规律输入的文本转换为表格,也需要将表格转换为文本。

1. 将文本转换为表格

若要将如图 3-60 所示的文本转换为表格,具体操作步骤如下:

(1) 选中要转换为表格的文本。

(2) 选择【表格】|【将文本转换为表格】命令,弹出如图 3-61 所示的对话框。

(3) 在该对话框的【列数】微调框中输入列数。

(4) 在【文字分隔位置】选项组中选中【逗号】单选按钮。

国家或地区,首都,面积(平方千米),人口(万人)
中华人民共和国,北京,9600000,127610
蒙古,乌兰巴托,1566500,260
朝鲜,平壤,122762,2280
韩国,汉城,99262,4570
日本,东京,377800,12560

图 3-60　文本

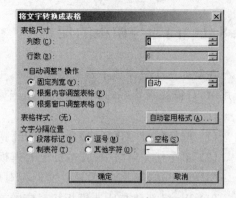

图 3-61　【将文字转换成表格】对话框

（5）单击【确定】按钮，实现了文本到表格的转换。转换后的表格如图 3-62 所示。

2. 将表格转换成文本

文本能转换成表格，同样，表格也能转换为文本。具体操作方法如下：

（1）将插入点定位到要转换的表格中或者选定整个表格。

（2）选择【表格】|【将表格转换为文本】命令，弹出如图 3-63 所示的对话框。

国家或地区	首都	面积（平方千米）	人口（万人）
中华人民共和国	北京	9600000	127610
蒙古	乌兰巴托	1566500	260
朝鲜	平壤	122762	2280
韩国	汉城	99262	4570
日本	东京	377800	12560

图 3-62　文本转换的表格

图 3-63　【表格转换成文本】对话框

（3）在该对话框中指定文字分隔符。

（4）单击【确定】按钮。

3.8　Word 2003 的高级排版操作

学习重点

- 向导和模板的使用
- 邮件合并功能的使用

Word 文档标题的样式设置、文档目录的自动生成、自动提取 Word 长文档各章标题作为页眉内容、Word 文档自动转换为 PowerPoint 演示文稿（＊.ppt）等高级排版操作内容将在第 8 章结合综合实训 3 讲授。

3.8.1 向导与模板的使用

在制作一个复杂或不熟悉的文档时,可以使用 Word 提供的向导和模板,用户在具体应用时,只需在设置好的文档中进行适当修改就可以了。

1. 使用模板

(1) 选择【文件】|【新建】命令,打开【新建文档】任务窗格。

(2) 单击任务窗格中的【本机上的模板】链接,弹出【模板】对话框。

(3) 从中选择一个与要建立文档相对应的模板,单击【确定】按钮。

(4) Word 新建与所选模板相对应的文档,会自动将格式设置好,并在文档的相应位置给出一些提示。

2. 使用向导

向导的功能比模板更进一步,可以指导用户一步一步地完成要做的工作。例如,用户可以使用 Word 提供的日历向导轻松地制作出美观的日历,具体操作步骤如下:

(1) 打开【模板】对话框。

(2) 切换到【其他文档】选项卡,选择【日历向导】选项,如图 3-64 所示。

图 3-64 【其他文档】选项卡

(3) 单击【确定】按钮,弹出【日历向导】对话框,如图 3-65 所示。

(4) 单击【下一步】按钮,选择日历的样式,如图 3-66 所示。

(5) 单击【下一步】按钮,选择日历的打印方向及图片,如图 3-67 所示。

(6) 单击【下一步】按钮,设置日历的日期范围,如图 3-68 所示。

(7) 单击【下一步】按钮,进入【完成】对话框。

(8) 单击【完成】按钮,完成日历的制作,建立的日历文档如图 3-69 所示。

除了日历向导之外,Word 2003 还提供了其他向导,例如,简历向导、信封向导等。其中,信封向导的打开需要选择【工具】|【信函与邮件】|【中文信封向导】命令。打开之后,只需按照向导指定的步骤进行设置就可以了。

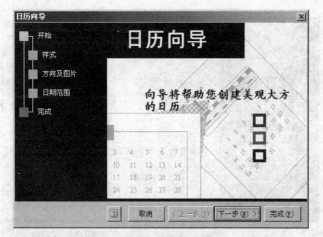

图 3-65 【日历向导】对话框

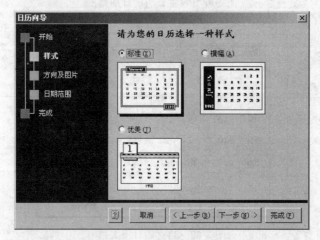

图 3-66 选择日历的样式

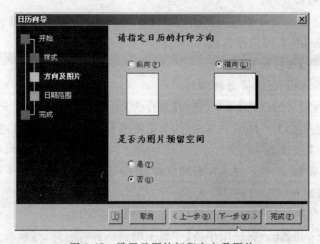

图 3-67 设置日历的打印方向及图片

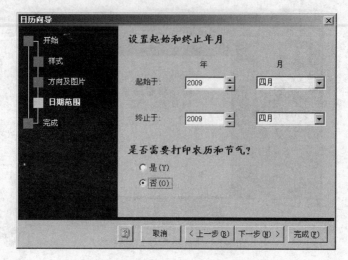

图 3-68　设置日历的日期范围

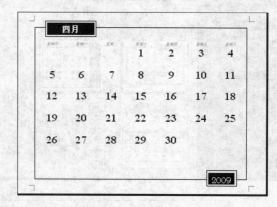

图 3-69　建立的日历文档

3. 创建文档模板

用户可以将已有的文件创建成模板,也可以根据原有的模板创建新模板文件。

方法 1:根据原有文档创建模板。

(1) 选择【文件】|【打开】命令。

(2) 打开所需文档,按需要进行修改。

(3) 选择【文件】|【另存为】命令,弹出【另存为】对话框。

(4) 在【保存类型】下拉列表框中选择【文档模板】,将【保存位置】自动设置为 Templates(模板)文件夹。

(5) 在【文件名】文本框中输入模板的文件名,单击【保存】按钮。

方法 2:根据原有模板创建新模板。

(1) 选择【文件】|【新建】命令,打开【新建文档】任务窗格。

(2) 在【新建文档】任务窗格中单击【本机上的模板】链接,弹出【模版】对话框。

(3) 在【模板】对话框中选中与要创建模板相似的模板,再选中【新建】选项组中的【模板】单选按钮,然后单击【确定】按钮。

(4) 按需要对模板进行修改。

(5) 选择【文件】|【另存为】命令,在【文件名】文本框中修改文件名。

3.8.2　邮件合并功能的使用

1. 基本概念和功能

"邮件合并"这个名称最初是在批量处理"邮件文档"时提出的。具体地说,就是在邮件文档(主文档)的固定内容中,合并与发送信息相关的一组通信资料(数据源,如 Excel表、Access 数据表等),从而批量生成需要的邮件文档,因此大大提高了工作效率。

使用"邮件合并"功能除了可以批量处理信函、信封等与邮件相关的文档外,还可以轻松地批量制作标签、工资条、成绩单、证书等。

2. 适用范围

需要制作的数量比较大且文档内容可分为固定不变的部分和变化的部分(例如,打印信封,寄信人信息是固定不变的,而收信人信息是变化的部分),变化的内容来自数据表中含有标题行的数据记录表。

3. 基本的合并过程

邮件合并的基本过程包括 3 个步骤,用户只要理解了这些过程,就可以得心应手地利用邮件合并来完成批量作业了。

(1) 建立主文档。主文档是指邮件合并内容的固定不变的部分,如信函中的通用部分、信封上的落款等。建立主文档的过程和平时新建 Word 文档一样,在进行邮件合并之前它只是一个普通的文档。唯一不同的是,如果用户正在为邮件合并创建一个主文档,用户可能需要花点心思考虑一下,这份文档要怎样写才能与数据源更完美地结合,满足自己的要求(最基本的一点,就是在合适的位置留下数据填充的空间);另一方面,在写主文档的时候系统也可以反过来提醒用户,是否需要对数据源的信息进行必要的修改,以符合书信写作的习惯。

(2) 准备数据源。数据源就是数据记录表,其中包含相关的字段和记录内容。一般情况下,考虑使用邮件合并来提高效率是因为我们手上已经有了相关的数据源,例如Word 表格、Excel 表格、Outlook 联系人或 Access 数据库。如果没有现成的,也可以重新建立一个数据源。

需要特别提醒的是,在实际工作中,用户可能会在 Word 表格或 Excel 表格上面加一行总标题。如果要作为数据源,应该先将该总标题删除,得到以标题行(字段名)开始的一张 Word 表格或 Excel 表格,因为将使用这些字段名来引用数据表中的记录。

(3) 将数据源合并到主文档中。利用邮件合并工具,可以将数据源合并到主文档中,从而得到目标文档。合并完成的文档的份数取决于数据表中记录的条数。

3.9 实践案例 2——用邮件合并功能批量制作信封和信件

操作重点
- 模板和向导的使用
- 邮件合并功能的应用

操作难点

邮件合并

3.9.1 任务要求

要求使用模板和向导以及邮件合并功能制作统一格式的批量信封和"程序设计培训成绩通知单"的批量信函,信封和成绩通知单的格式如图 3-70 所示。

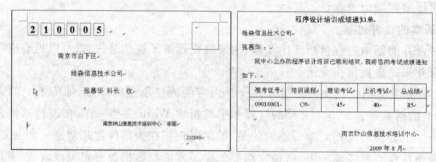

图 3-70 邮件合并后的信封和培训成绩通知单的格式

本例要求读者掌握使用向导和模板创建文档,以及邮件合并的功能。

3.9.2 操作步骤

1. 批量创建邮件信封

1)建立信封主文档

(1)选择【工具】|【信函与邮件】|【中文信封向导】命令,弹出【信封制作向导】对话框。

(2)单击【下一步】按钮,进入【样式】对话框。

(3)在【信封样式】下拉列表框中选择需要的信封样式,这里采用默认选项。单击【下一步】按钮,进入【生成选项】对话框。

(4)如果只生成一个信封,选中【生成单个信封】单选按钮,由于这里制作批量信封,所以选中【以此信封为模板,生成多个信封】单选按钮,并选中【打印邮政编码边框】复选框,然后单击【下一步】按钮,进入【完成】对话框。

（5）单击【完成】按钮完成操作，生成一个新的信封，如图 3-71 所示。然后用鼠标调整信息文本框的位置。图中自动生成的用书名号括起的《收件人地址一》、《收件人地址二》称为"域"，域是在 Word 文档中插入的文字、图形、页码和其他资料的一组代码，使用它可以实现数据的自动更新和文档自动化。

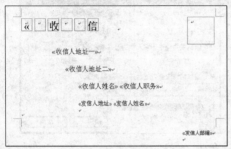

图 3-71　向导生成的信封主文档及其修改

（6）在"《收信人姓名》、《收信人职务》"后空一格，添加"收"字。删除"《发信人地址》"、"《发信人姓名》"、"《发信人邮编》"位置上的域，并分别输入"南京钟山信息技术培训中心"、"李丽"、"210049"（这些发信人信息属于固定不变的内容）。

（7）单击【常用】工具栏中的【保存】按钮，保存文件为"信封主文档.doc"。

2）建立数据源文档

（1）单击【常用】工具栏中的【新建空白文档】按钮，建立空文档。

（2）选择【表格】|【插入】|【表格】命令，新建一个表格，并输入如表 3-5 所示的内容。

表 3-5　数据源表

邮　编	地　　址	单 位 名 称	姓　名	职　务
210005	南京市白下区	维森信息技术公司	张慕华	科长
100009	北京市安定门	百顺物业管理公司	黄蓉	经理
200001	上海市南京东路	通达集团	季林	主任
430074	武汉关山口	华中科技公司	胡晓平	经理

（3）单击【常用】工具栏中的【保存】按钮，保存文件为"收件人.doc"。

3）邮件合并，批量生成信封

（1）打开文档"信封主文档.doc"。

（2）选择【工具】|【信函与邮件】|【显示邮件合并工具栏】命令，显示【邮件合并】工具栏，如图 3-72 所示。

图 3-72　【邮件合并】工具栏

（3）单击该工具栏中的【打开数据源】按钮，在弹出的【选取数据源】对话框中选择文档"收件人.doc"作为数据源。

（4）单击【查看合并数据】按钮 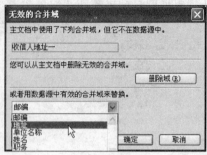，因为"信封主文档"中的合并域名称与打开的数据源"收件人.doc"表格中的标题字段名不一致，所以会弹出如图 3-73 所示的【无效的合并域】对话框。

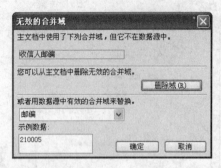

图 3-73　替换对应的合并域

（5）在信封主文档中由向导生成的合并域名称【收信人邮编】不在数据源中，即收件人表格字段名称中没有【收信人邮编】。这时应从对话框下部的数据源合并域下拉列表框中选取与主文档合并域相对应的字段名【邮编】，然后单击【确定】按钮。

（6）继续弹出一个【无效的合并域】对话框。对于主文档中的合并域【收信人地址一】，在下拉列表中选择【地址】作为替换的合并域，单击【确定】按钮。然后使用相同的方法设置其他替换的合并域，直至设置完毕。其中，【收信人地址二】用【单位名称】替换，【收信人姓名】用【姓名】替换，【收信人职务】用【职务】替换。当最后一个合并域替换完成后将立即预览显示合并形成的第 1 份信封（如图 3-74 所示），在【邮件合并】工具栏中单击记录按钮 ，显示第 2 份信封……

（7）单击【邮件合并】工具栏中的【合并到新文档】按钮 ，弹出如图 3-75 所示的【合并到新文档】对话框。选中【全部】单选按钮，单击【确定】按钮完成邮件合并。

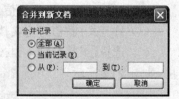

图 3-74　预览合并后生成的信封　　　　　图 3-75　【合并到新文档】对话框

（8）生成"信封 1.doc"的 Word 文档，其中显示了全部数据源与主文件合并后自动生成的所有信封，如图 3-76 所示。

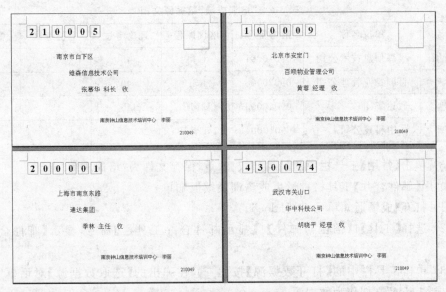

图 3-76　邮件合并后生成的信封

2. 创建批量信函

1）建立信函"成绩通知单主文档"（本例中不使用向导，完全自行制作）

（1）单击【常用】工具栏中的【新建空白文档】按钮，新建培训成绩通知单主文档，内容、格式如图 3-77 所示，所输入的内容均为不变的文档内容，可变内容——合并域需在后面的操作步骤中另行插入。

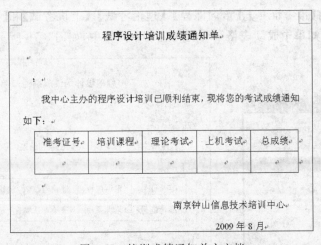

图 3-77　培训成绩通知单主文档

（2）单击【常用】工具栏中的【保存】按钮，保存文件为"成绩通知单主文档.doc"。

2）建立"培训成绩"数据源文档

（1）单击【常用】工具栏中的【新建空白文档】按钮，建立空文档。

（2）选择【表格】|【插入】|【表格】命令，新建一个表格，并输入如表 3-6 所示的内容。

表 3-6　"培训成绩"数据源文档

姓　名	单位名称	准考证号	培训课程	理论考试	上机考试	总成绩
张慕华	维森信息技术公司	09010001	C#	45	40	85
黄蓉	百顺物业管理公司	09020005	ASP	40	41	81
季林	通达集团	09040003	J2ME	46	48	94
胡晓平	华中科技公司	09010004	C#	40	35	75

（3）单击【常用】工具栏中的【保存】按钮![保存]，保存文件为"培训成绩.doc"。

3）用【邮件合并】工具栏批量生成培训成绩通知单

（1）打开"成绩通知单主文档.doc"。

（2）选择【工具】|【信函与邮件】|【显示邮件合并工具栏】命令，显示【邮件合并】工具栏。

（3）单击工具栏中的【打开数据源】按钮![打开数据源]，在弹出的【选取数据源】对话框中选择"培训成绩.doc"文档作为数据源。

（4）将插入点置于"程序设计培训成绩通知单"标题下的第 1 行处，单击【邮件合并】工具栏中的【插入域】按钮![插入域]，弹出【插入合并域】对话框（如图 3-78 所示），选择【单位名称】选项，单击【插入】按钮，将《单位名称》合并域放置于通知第 1 行，然后单击【关闭】按钮退出。

（5）将插入点置于下一行，单击【插入域】按钮![插入域]，弹出一个对话框，然后选择【姓名】选项，单击【插入】按钮，将《姓名》合并域放置于通知的第 2 行。

（6）同上，将【准考证号】、【培训课程】、【理论考试】、【上机考试】和【总成绩】合并域插入到培训成绩通知单中成绩表格第 2 行对应的单元格中，如图 3-79 所示。

图 3-78　【插入合并域】对话框

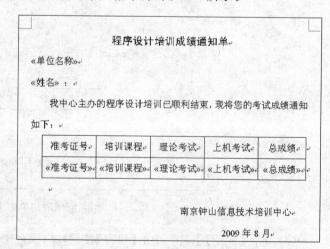

图 3-79　插入合并域后的主文档

（7）单击【查看合并数据】按钮![查看合并数据]，可以查看合并数据后的成绩通知单显示效果。因本例主文档中没有无效的合并域，所以不会出现【无效的合并域】对话框。

　新编计算机应用基础教程（第 2 版）

（8）如只需对部分收件人发出成绩通知单，可以单击【邮件合并】工具栏中的【收件人】按钮，弹出【邮件合并收件人】对话框进行筛选，将不发通知单人员所在行左侧的复选框取消即可。

（9）单击【邮件合并】工具栏中的【合并到新文档】按钮，弹出如图3-75所示的【合并到新文档】对话框，选中【全部】单选按钮，单击【确定】按钮完成邮件合并。

（10）生成名为"字母1. doc"的 Word 文档，其中显示了所挑选的全部数据源与主文档合并后的所有（本例为4份）成绩通知单，如图3-80所示。

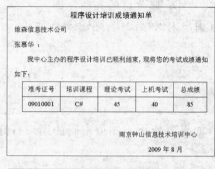
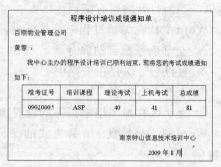

图 3-80　自动生成的成绩通知单

3.10　思考与实践

1. 选择题

（1）下列关于 Word 2003 文档窗口的说法，正确的是（　　）。

    A. 只能打开一个文档窗口

    B. 可同时打开多个文档窗口，被打开的窗口都是活动窗口

    C. 可同时打开多个文档窗口，但其中只有一个是活动窗口

    D. 可同时打开多个文档窗口，但在屏幕上只能见到一个文档窗口

（2）在 Word 2003 中，如果要打开多个连续的 Word 文档，可以在【打开】对话框中使用鼠标单击第一个文档，然后按住（　　）键，单击最后一个文档的名字。

    A. Shift   B. Ctrl   C. Alt   D. Esc

（3）在 Word 2003 中，若已保存了刚刚新建的文档，单击工具栏中的【打开】按钮却看不到刚保存的文档，可能的原因有（　　　　）。

    A．文件的目录不对　　　　　　　　B．文件是隐藏的

    C．文件的类型不对　　　　　　　　D．文件名错误

（4）在使用 Word 2003 时，若选择【工具】菜单中的【选项】命令，然后在【选项】对话框的【保存】选项卡中选中【自动保存时间间隔】复选框，则意味着每隔一定时间保存（　　　　）。

    A．当前应用程序　　　　　　　　　B．当前活动文档

    C．当前打开的所有文档　　　　　　D．修改过的文档

（5）Word 文档在编辑过程中突然断电，且用户未保存文档，则输入的内容（　　　　）。

    A．全部由系统自动保存

    B．可以部分保存在内存中

    C．全部没有保存

    D．是否保存根据用户预先的设置而定

（6）Word 对文档提供了 3 种方式的保护，如果要禁止不知道密码的用户打开文档，则应设置（　　　　）。

    A．只读密码　　　　　　　　　　　B．打开权限密码

    C．以只读方式打开文档　　　　　　D．修改权限密码

2．填空题

（1）Word 2003 只有在＿＿＿＿＿＿＿视图下才会显示页眉和页脚。

（2）在查找和替换操作中可以使用通配符，其中，＿＿＿＿＿＿＿表示一个任意字符，＿＿＿＿＿＿＿表示任意多个任意字符。

（3）Word 2003 文档模板的扩展名是＿＿＿＿＿＿＿。

（4）若设置【首字下沉】格式，应在＿＿＿＿＿＿＿菜单中进行选择。

（5）若想打印文档的第 3 页到第 9 页以及第 14 页，则在【打印】对话框中应设置页码范围为＿＿＿＿＿＿＿。

（6）在 Word 2003 文档中，有时会在某个单词下出现红色的波浪线，表示单词可能存在＿＿＿＿＿＿＿。

（7）Word 2003 默认的中文字体是＿＿＿＿＿＿＿，默认的字号是五号。

（8）在 Word 2003 编辑状态下，如果要在【段落】对话框中设置行距为 20 磅的格式，应先选择【行距】列表框中的＿＿＿＿＿＿＿。

3．上机操作题

操作题素材保存在本书的素材电子文档"第 3 章\ exercise \操作题"文件夹下。

（1）试对"文档 1. doc"中的文本进行编辑、排版和保存，效果如图 3-81 所示。要求如下：

① 将页面设置为 A4 纸，上、下页边距为 4 厘米，左、右页边距为 3.5 厘米，每页 38 行，每行 40 个字。

② 给文章加标题"维护世界和平促进共同发展"，并将标题设置为华文新魏、二号字、居中对齐，字符缩放为 120%。

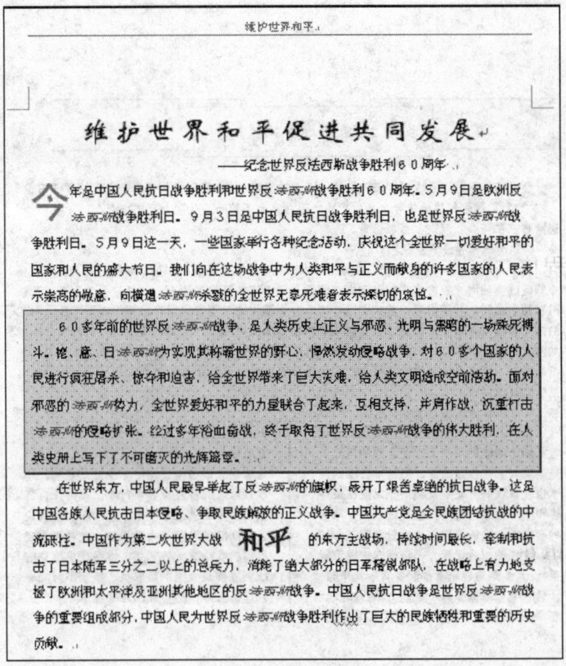
维护世界和平

维护世界和平促进共同发展

——纪念世界反法西斯战争胜利60周年

今年是中国人民抗日战争胜利和世界反法西斯战争胜利60周年。5月9日是欧洲反法西斯战争胜利日。9月3日是中国人民抗日战争胜利日，也是世界反法西斯战争胜利日。5月9日这一天，一些国家举行各种纪念活动，庆祝这个全世界一切爱好和平的国家和人民的盛大节日。我们向在这场战争中为人类和平与正义而献身的许多国家的人民表示崇高的敬意，向横遭法西斯杀戮的全世界无辜死难者表示深切的哀悼。

60多年前的世界反法西斯战争，是人类历史上正义与邪恶、光明与黑暗的一场殊死搏斗。德、意、日法西斯为实现其称霸世界的野心，悍然发动侵略战争，对60多个国家的人民进行疯狂屠杀、掠夺和迫害，给全世界带来了巨大灾难，给人类文明造成空前浩劫。面对邪恶的法西斯势力，全世界爱好和平的力量联合了起来，互相支持，并肩作战，沉重打击法西斯的侵略扩张。经过多年浴血奋战，终于取得了世界反法西斯战争的伟大胜利，在人类史册上写下了不可磨灭的光辉篇章。

在世界东方，中国人民最早举起了反法西斯的旗帜，展开了艰苦卓绝的抗日战争。这是中国各族人民抗击日本侵略、争取民族解放的正义战争。中国共产党是全民族团结抗战的中流砥柱。中国作为第二次世界大战 和平 的东方主战场，持续时间最长，牵制和抗击了日本陆军三分之二以上的总兵力，消耗了绝大部分的日军精锐部队，在战略上有力地支援了欧洲和太平洋及亚洲其他地区的反法西斯战争。中国人民抗日战争是世界反法西斯战争的重要组成部分，中国人民为世界反法西斯战争胜利作出了巨大的民族牺牲和重要的历史贡献。

图 3-81　习题 1 样张

③ 设置页眉为“维护世界和平”，页脚为自动图文集“第 X 页 共 Y 页”，均居中显示。

④ 设置全文行间距为 1.25 倍行距；设置正文第一段的首字“今”下沉两行，首字字体为黑体，颜色为红色；设置其余各段为首行缩进的特殊格式，度量值为两个字符。

⑤ 正文第二段加绿色 1.5 磅阴影边框，并填充灰色－12.5%底色，图案为 5%的橘黄色。

⑥ 在正文第三段插入艺术字“和平”，字号为 20，填充色为红色，然后选用第一行第五列样式，艺术字形状为正 V 形，并设置其环绕方式为“紧密型”。

⑦ 将正文中所有的“法西斯”文本设置为隶书、倾斜、小四号字、褐色。

⑧ 将编辑好的文本进行保存，文件名为 DONE1，文件类型为 RTF 格式(＊.RTF)。

(2) 试对“文档 2.doc”中的文本进行编辑、排版和保存，效果如图 3-82 所示。具体要求如下：

① 参考样张，在标题位置插入自选图形“前凸带形”，并输入文字“现代战争报道的通讯手段”，将字体设置为楷体、红色、三号字。

② 设置自选图形格式，其中，线条为 1.5 磅蓝色实线，环绕方式为“上下型”、居中，高度为 1.65 厘米，宽度为 14.9 厘米。

③ 分别为“科索沃战报导进入互联网”、“阿富汗前线采访卫星手机走红”两段添加项目符号“◆”。

④ 设置第一段的首字符下沉两行，字体为隶书、绿色，设置其余各段为首行缩进两个字符(不包括有项目符号“◆”的段落)。

⑤ 将全文中所有的“新闻”修改为“NEWS”，并设置其为西文字体 Arial Black、红色。

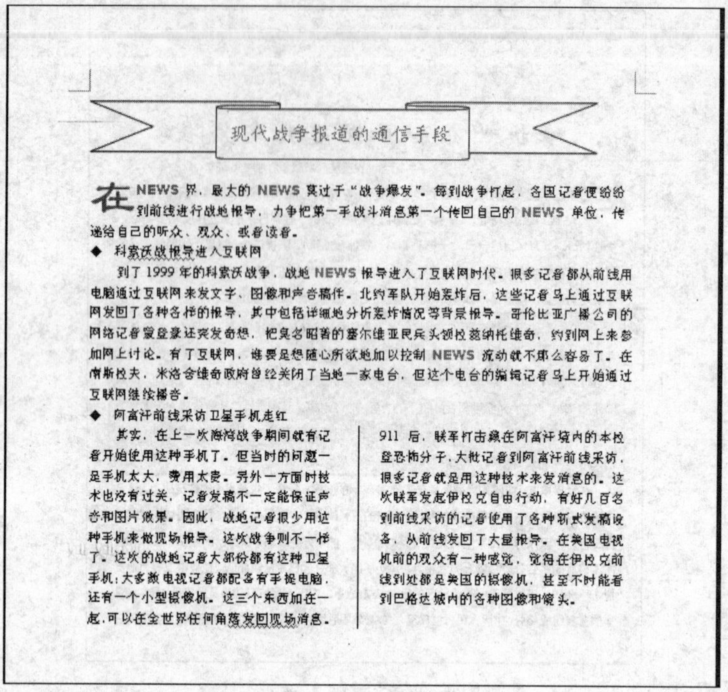

现代战争报道的通信手段

在NEWS 界，最大的 NEWS 莫过于“战争爆发”。每到战争打起，各国记者便纷纷到前线进行战地报导，力争把第一手战斗消息第一个传回自己的 NEWS 单位，传递给自己的听众、观众、或者读者。

◆ 科索沃战报导进入互联网

到了 1999 年的科索沃战争，战地 NEWS 报导进入了互联网时代。很多记者都从前线用电脑通过互联网来发文字、图像和声音稿件。北约军队开始轰炸后，这些记者马上通过互联网发回了各种各样的报导，其中包括详细地分析轰炸情况等背景报导。哥伦比亚广播公司的网络记者蒙登豪还突发奇想，把臭名昭著的塞尔维亚民兵头领拉兹纳托维奇，约到网上来参加网上讨论。有了互联网，谁要是想随心所欲地加以控制 NEWS 流动就不那么容易了。在南斯拉夫，米洛舍维奇政府曾经关闭了当地一家电台，但这个电台的编辑记者马上开始通过互联网继续播音。

◆ 阿富汗前线采访卫星手机走红

其实，在上一次海湾战争期间就有记者开始使用这种手机了。但当时的问题一是手机太大，费用太贵。另外一方面时技术也没有过关，记者发稿不一定能保证声音和图片效果。因此，战地记者很少用这种手机来做现场报导。这次战争则不一样了。这次的战地记者大部份都有这种卫星手机；大多数电视记者都配备有手提电脑，还有一个小型摄像机。这三个东西加在一起，可以在全世界任何角落发回现场消息。911 后，联军打击藏在阿富汗境内的本拉登恐怖分子，大批记者到阿富汗前线采访，很多记者就是用这种技术来发消息的。这次联军发起伊拉克自由行动，有好几百名到前线采访的记者使用了各种新式发稿设备，从前线发回了大量报导。在美国电视机前的观众有一种感觉，觉得在伊拉克前线到处都是美国的摄像机，甚至不时能看到巴格达城内的各种图像和镜头。

图 3-82　习题 2 样张

⑥ 将整个页面设置成每页 42 行，每行 40 个字符的格式，且上、下、左、右页边距均为 2.5 厘米。

⑦ 将正文的最后一段分为等宽的两栏，栏距为 3 个字符，并设置分隔线。

第 4 章 电子表格制作软件 Excel 2003 的使用

Excel 2003 是电子表格软件,可以完成表格输入、统计、分析等多项工作,可以生成精美直观的表格、图表。它的基本职能是对数据进行记录、计算与分析。在实际应用中,它小到可以充当一般的计算器,或者计算个人收支情况、计算贷款或储蓄等;大到可以进行专业的科学统计运算,以及通过对大量数据的计算分析,为公司财政政策的制定提供有效的参考。

本章将详细介绍 Excel 的基本操作和使用方法。通过本章的学习,读者应掌握以下内容:

- Excel 的基本概念,工作簿和工作表的原理,工作簿和工作表的建立、保存和保护。
- 工作表数据的类型以及数据的输入和编辑
- 在工作表中利用公式和函数进行数据计算
- 工作表中单元格格式、行/列属性、条件格式等格式化设置
- Excel 图表的建立、编辑与修饰等
- 工作表中数据清单的建立、排序、筛选、分类汇总和数据透视表等数据库操作
- 工作表的页面设置和打印

4.1 Excel 2003 概述

学习重点

- Excel 的基本功能
- 启动和退出 Excel 2003
- Excel 2003 的窗口组成
- 工作簿、工作表和单元格的概念以及它们之间的关系

4.1.1 Excel 的基本功能

1. 方便的表格制作

使用 Excel 可以快捷地建立数据表格,能在工作表的单元格中输入编辑数据。Excel

提供了同一数据列文字信息的快速填写功能,而且提供了丰富的数据格式设置功能,其中,单元格格式、填充格式、自动套用格式功能能实现对数值、文字、表格边框、图案等格式的设置。

2. 强大的计算功能

Excel 提供了简单、易学的公式输入方式和丰富的函数,利用自定义公式和 Excel 提供的各种函数可以进行各种复杂的计算。

3. 丰富的图表表现

Excel 图表类型有十几类,每一类又有若干子类型。根据提供的图表向导,用户可以方便地建立与工作表对应的统计图表,并且可以对图表进行精美的修饰,使得数据更加直观、清晰。

4. 快速的数据库操作

Excel 把数据表和数据库操作融为一体,可以对数据列表进行排序、筛选、分类汇总、数据透视表等操作,从而从不同角度分析统计数据。

5. 其他功能

Excel 支持对象连接与嵌入功能,在工作表中可以便捷地插入艺术字、图片等对象。Excel 还支持宏、Web 格式等。

4.1.2 Excel 的启动和退出

1. 启动 Excel

启动 Excel 可以用以下方法:

(1) 单击【开始】按钮,选择【所有程序】| Microsoft Office | Microsoft Office Excel 2003 命令,则启动 Excel 应用程序,并新建一个名为 book1. xls 的 Excel 工作簿。

(2) 双击桌面上的 Excel 快捷方式图标 ■。

(3) 打开已有的 Excel 文件。

2. 关闭文件并退出

在退出 Excel 之前,应将文件保存,若文件尚未保存,Excel 会在关闭窗口前提示保存文件。

1) 关闭当前工作簿

若只是关闭当前工作簿,而不退出 Excel 应用程序,可以用以下方法:

(1) 选择【文件】|【关闭】命令。

(2) 单击菜单栏最右侧的【关闭窗口】按钮 ■。

2) 直接退出 Excel 应用程序

若要直接退出 Excel 应用程序,可以用以下方法:

(1) 单击标题栏最右边的【关闭】按钮 ■。

(2) 选择【文件】|【退出】命令。

(3) 当 Excel 应用程序窗口作为当前活动窗口时,按 Alt+F4 快捷键。

(4) 双击标题栏左端的控制菜单图标 ■。

(5) 单击控制菜单图标,选择【关闭】命令。

4.1.3 Excel 的窗口组成

Excel 启动后,即可打开 Excel 应用程序窗口,如图 4-1 所示。Excel 应用程序窗口由标题栏、菜单栏、工具栏、名称框、状态栏、工作表区和任务窗格等组成。其中,标题栏、菜单栏、工具栏、状态栏、任务窗格等和 Word 类似,并且 Excel 通过【视图】菜单进行界面变换也和 Word 类似,在此不再赘述。下面对 Excel 窗口中的一些特殊组成部分进行介绍。

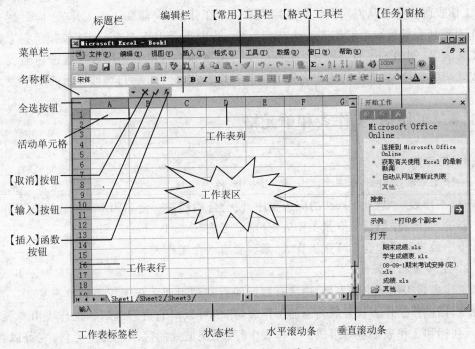

图 4-1 Excel 2003 应用程序窗口

1. 编辑栏

编辑栏由名称框、编辑按钮和编辑栏 3 个部分组成,如图 4-1 所示。

* 名称框:用于显示当前所选单元格的坐标。
* 编辑按钮:编辑按钮包括【取消】按钮(×)、【输入】按钮(√)和【插入函数】按钮(f_x),其功能是在编辑栏中输入或编辑数据时,单击【取消】按钮会取消刚刚输入或修改过的字符,恢复原样;单击【输入】按钮表示确认单元格中的数据;单击【插入函数】按钮将弹出【插入函数】对话框,可以用来插入函数,插入函数的操作将在后续部分详述。
* 编辑栏:编辑栏主要用来显示、编辑单元格中的数据和公式,在单元格中输入或编辑数据的同时也会在编辑栏中显示其内容。

2. 行、列标题

行、列标题用来定位单元格,例如 B3 代表第 3 行第 B 列。其中,行标题以数字显示,列标题以英文字母显示。

3. 全选按钮

全选按钮位于行标题和列标题的交叉处,单击全选按钮可以将当前工作表中的所有单元格选中。

4. 工作表区

工作表区是用来记录数据的区域,工作表中的所有信息都将保存在这张表中。

5. 工作表标签栏

工作表标签栏包括工作表翻页按钮和工作表标签按钮,用于显示工作表的名称。其中,工作表翻页按钮从左向右依次是翻到第一个工作表、向前翻一个工作表、向后翻一个工作表和翻到最后一个工作表 4 个按钮。Excel 中每个工作表有一个标签,标签上标注着工作表名,例如 Sheet1、Sheet2、Sheet3 等。用鼠标左键单击工作表标签按钮能实现工作表之间的切换,被选中的工作表称为当前工作表,即 Excel 窗口当前显示的工作表。

4.1.4　工作簿、工作表和单元格

1. 工作簿

一个 Excel 文件即为一个工作簿,其扩展名为 . xls。一个工作簿可以包含一张或多张表格(工作表)。启动 Excel 的应用程序,便会自动新建一个名为 Book1. xls 的工作簿,一个新的工作簿中默认有 3 张工作表,分别命名为 Sheet1、Sheet2、Sheet3。一个 Excel 的工作簿中最多可以包含 255 张工作表,最少要有一张工作表。

2. 工作表和单元格

工作表是工作簿中的表格,由含有数据的行和列组成。在工作簿中单击某张工作表的标签,则该张工作表就会成为当前工作表,用户可以对它进行编辑。工作表由单元格、行号、列标和工作表标签等组成。工作表中行、列交汇处的区域称为单元格,它可以存放数值和文字等数据。工作表最大可有 256 列、65 536 行,因此,一个工作表最大由 65 536×256 个单元格组成。

每一个单元格都有一个地址,地址由这个单元格所在的列标和行号组成,列标在前,行号在后。列标的表示范围为 A～Z、AA～AZ、BA～BZ、…、IA～IV,行号的表示范围为 1～65 536。例如第 7 行第 4 列单元格的地址是 D7。

每一张工作表都有一个标签,用来标识工作表。单击工作表标签,该工作表即成为当前工作表。如果一张工作表在计算时要引用另一张工作表的单元格中的内容,需要在引用的单元格地址前加上另一个<工作表名>和"!"符号,形式为<工作表名>!<单元格地址>。

3. 当前单元格

用鼠标单击一个单元格时,该单元格的框线将变为粗黑线,此时该单元格成为当前单元格。当前单元格的地址显示在【名称框】中,在数据编辑区中同时会显示当前单元格的内容。

4. 单元格区域的表示

前面已经说过,Excel 中的每个单元格都有自己的名称,如果引用一个单元格区域,应该怎样表示呢? 例如,A1、A2、A3、B1、B2、B3 单元格可以表示成 A1:B3,即一个连续的单元格区域可以用"左上角单元格名称:右下角单元格名称"表示。对于不连续的单元格区域,可以用逗号将这些单元格区域分隔开,例如 A1:B3,D3:F8,H6。

4.2 Excel 2003 的基本操作

学习重点

- Excel 2003 工作簿的创建和保存
- 工作表中的数据类型以及数据的输入
- 数据的自动输入
- 工作表的新建、复制、移动、删除及重命名操作
- 其他文件格式转换为 Excel 表格的方法

4.2.1 工作簿的基本操作

1. 建立新工作簿

可以使用以下方法建立 Excel 的新工作簿:

(1) 启动 Excel 应用程序时,系统会自动新建名为 Book1.xls 的工作簿。

(2) 单击【常用】工具栏上的【新建】按钮。

(3) 选择【文件】|【新建】命令,在打开的任务窗格中单击【空白工作簿】链接。

2. 保存工作簿

对于新建的工作簿可以选择以下方法保存。

方法 1:选择【文件】|【保存】命令,在弹出的【另存为】对话框中选择文件保存的位置以及更改文件的名称。

方法 2:单击【常用】工具栏上的【保存】按钮。

> **注意**:对于已经保存过的工作簿,如果需要更改文件的保存位置或文件的名称,需要选择【文件】|【另存为】命令,并在弹出的【另存为】对话框中进行设置。

4.2.2 输入和编辑数据

Excel 的基本操作对象是单元格,因此,用户在输入和编辑数据之前,要先选定某单元格作为当前单元格。输入和编辑数据可以在当前单元格中进行,也可以在数据的【编辑栏】中进行。

1. 输入数据

Excel 中的数据类型有文本型、数值型和日期时间型 3 种。

1) 文本型数据

文本型数据可由汉字、字母、数字、特殊符号、空格等组成。文本数据的默认对齐方式是单元格内靠左对齐。

选定某个单元格作为当前活动单元格（单击鼠标左键选中），输入文本之后按 Enter 键或单击编辑栏上的"输入"按钮 √，即可完成该单元格的文本输入。

> **注意**：如果输入的数据既包括文本也包含数字，例如"1.3M"，Excel 认为它是文本类型；如果输入身份证号码、电话号码或学号等无须计算的数字串，输入时在数字前面加上一个英文单引号"'"，Excel 则按文本数据处理，例如输入学号"'02100101"；如果文本长度超过单元格宽度，当右侧单元格为空时，超出部分将延伸到右侧单元格，当右侧单元格有内容时，超出部分隐藏。

2) 数值型数据

数值型数据包括数字（0～9）、＋、－、小数点、￥、$、%、E、e 等，数值型数据在单元格中默认右对齐。

在输入数值时，默认形式为常规表示法，例如 39、－26.7 等，但当输入的数值的长度超过单元格长度时，会自动转换为科学计数法，例如输入 789 123 456 789，则显示为 7.891 23E＋11。

> **注意**：如果单元格的数字被表示成"＃＃＃＃＃＃"，说明单元格列宽不够，增加单元格列宽即可；如果要在单元格中输入分数，需先输入零和空格，然后再输入分数，否则会被默认为日期类型。例如，输入分数 3/4 应输入"0 3/4"。

3) 日期时间型数据

日期时间型数据在单元格中默认右对齐。Excel 2003 预先设置了一些日期时间的格式，当输入数据与这些格式相匹配时，Excel 将识别它们。Excel 常用的日期时间格式有"mm/dd/yy"、"dd-mm-yy"、"hh:mm(am/pm)"，其中，am/pm 和时间之间应该有空格，例如 10:30 am，如果缺少空格，Excel 将把它当做字符型数据来处理。

> **注意**：输入当前日期的快捷方式为使用 Ctrl＋;快捷键，输入当前时间的快捷方式为使用 Ctrl＋Shift＋;快捷键。

2. 删除和修改单元格内容

1) 删除单元格内容

其具体操作步骤如下：

(1) 选定要删除内容的单元格；

(2) 按 Delete 键删除单元格内容，或选择【编辑】|【清除】|【内容】命令删除。

注意：在使用 Delete 键删除单元格内容时，只有数据从单元格中删除，单元格的其他属性，如格式等仍保留。如果想删除单元格的内容和其他属性，可以选择【编辑】|【清除】命令，若选择【清除】子菜单中的【全部】将清除单元格区域格式及内容。

2）修改单元格内容

修改单元格内容的方法如下：

(1) 双击需要修改内容的单元格，然后在单元格中修改或编辑内容。

(2) 单击需要修改内容的单元格，然后单击数据编辑区，在编辑区内修改或编辑内容。

例如修改 D2 单元格中的数值 85 为 90，在选择 D2 单元格后，单击【编辑栏】，这时【编辑栏】出现了闪烁的光标，可进行修改，修改完后，单击【编辑栏】左边的【确定】（即√）按钮。

3. 移动或复制单元格内容

其具体操作步骤如下：

(1) 选择要移动或复制的单元格或区域。

(2) 选择【编辑】菜单中的【复制】或【剪切】命令，或直接单击【常用】工具栏中的【复制】或【剪切】按钮，将选择的数据复制或剪切到剪贴板上。

(3) 选择目标区域，单击【常用】工具栏中的【粘贴】按钮，若目标区域中已有数据，将替换粘贴区域中的原有数据。

复制数据时，在复制数据的下方会显示【粘贴选项】按钮，单击该按钮会弹出【粘贴选项】快捷菜单，选择相应命令可确定粘贴形式。

按 Esc 键，可去除选定区的虚线框，但不能再进行粘贴了。

注意：若要将移动数据插入到已包含数据的单元格，应单击【插入】菜单中的【剪切单元格】选项，并指定周围单元格的移动方向。

4. 选择性粘贴

在执行【粘贴】命令时，不仅可以粘贴单元格（或单元格区域）中的数据，还可以粘贴数据的格式、公式、批注和有效性等其他信息，此外，还可以进行算术运算、行列转置等。这些都必须通过【选择性粘贴】来实现，其操作步骤如下：

(1) 将数据复制或剪切到剪贴板。

(2) 选择目标单元格或目标区域中左上角的第一个单元格，选择【编辑】|【选择性粘贴】命令，弹出【选择性粘贴】对话框，如图 4-2 所示。

(3) 进行相应的选择后，单击【确定】按钮即可完成选择性粘贴。

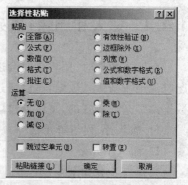

图 4-2 【选择性粘贴】对话框

4.2.3　选定单元格区域

在 Excel 中对数据进行操作时，首先要选定有关的单元格或数据区域,其中,数据区域可由连续的或不连续的多个单元格数据组成。

1. 单元格的选定

用鼠标单击要选定的单元格即可选定单元格。

2. 连续单元格的选定

选定连续单元格的方法如下:

(1) 选中要选区域的首个单元格(左上角单元格),按住 Shift 键不放,然后单击要选区域末单元格(右下角单元格)。

(2) 选择【编辑】|【定位】命令,弹出【定位】对话框,在【引用位置】文本框中输入数据区域范围值即可。例如输入"A3:F9",表示以 A3 为起点、以 F9 为终点的矩形区域。

(3) 拖曳鼠标,选中要选区域左上角的单元格,然后按住鼠标左键,将其拖动至右下角的单元格时松开鼠标,则单元格区域即被选定。

3. 不连续单元格的选定

选定不连续单元格的方法如下:

(1) 先选择第一个数据区,然后按住 Ctrl 键,再选定其他的单元格或数据区,最后松开 Ctrl 键。

(2) 选择【编辑】|【定位】命令,弹出【定位】对话框,在【引用位置】文本框中输入数据区域范围,每两个数据区地址之间需用逗号分隔。例如输入"A3:B4,A6:B6,G3:H4",表示选择了 3 个不连续的数据区。

4. 整行(或整列)的选定

单击要选行的行标题(或列标题)。

5. 多行(或多列)的选定

先选择一行(或一列),然后按住 Ctrl 键,单击相关的行标题(或列标题)。

6. 选定整个工作表

方法 1:单击行标题和列标题交叉处的全选按钮。

方法 2:按 Ctrl+A 快捷键。

> **注意**:在选定了多个单元格时,编辑栏中只能显示一个单元格,该单元格是当前可修改值的单元格,并且背景与其他已选定的单元格不同。

4.2.4 插入和删除行、列与单元格

在输入数据时,用户有时会遗漏一个数据,有时会漏掉一行或一列数据。发生这种情况时无须重新输入数据,可以通过 Excel 的【插入】操作来修改。相反,如果用户认为某些数据是多余或重复的,可以通过【删除】操作将其去掉。

1. 插入行、列与单元格

1) 插入单元格

其操作步骤如下:

(1) 选中要插入单元格的位置。

（2）选择【插入】|【单元格】命令，弹出【插入】对话框，如图4-3所示。

（3）选中【活动单元格下移】单选按钮，单击【确定】按钮。

其中，【活动单元格右移】表示将选中的单元格向右移，【活动单元格下移】表示将选中的单元格向下移，若选中【整行】或【整列】单选按钮，则在所选单元格的所在行或列插入。

2）插入行（列）

其操作步骤如下：

（1）选中要插入行（列）的行（列）。

（2）选择【插入】|【行】（或【列】）命令，此时所选行（列）向下（右）移动一行（列），以腾出位置插入新的行（列）。如果需要插入多行（列），则需选择和插入行（列）数一样多的行（列）。

2. 删除行、列与单元格

其操作步骤如下：

（1）选中目标（单元格、行或列）。

（2）选择【编辑】|【删除】命令，弹出【删除】对话框（如图4-4所示），进行相应的设置即可。

图4-3 【插入】对话框

图4-4 【删除】对话框

3. 重命名单元格

为了使工作表的结构更加清晰，可以为单元格重命名。其操作步骤如下：

（1）选定需要重命名的单元格。

（2）在【编辑栏】左侧的【名称框】中输入单元格的新名称。

（3）按 Enter 键完成命名。

4. 批注

1）插入批注

选中需要插入批注的单元格，选择【插入】|【批注】命令，在弹出的批注框中输入批注文字，完成输入后，单击批注框外面的工作表区域即可退出。

2）编辑/删除批注

选定有批注的单元格，然后右击，在弹出的快捷菜单中选择【编辑批注】或【删除批注】命令，即可编辑批注信息或删除已有的批注信息。

4.2.5　数据的快速输入、自动填充与自定义序列

对于一些有规律或相同的数据，可以采用自动填充功能高效输入。

当选中一个单元格或一个矩形区域后,在单元格的右下角会出现一个黑点,这就是填充柄。用鼠标指向填充柄时,鼠标指针会变成实心的十字形╋,此时按住鼠标左键将其拖动到最后一个单元格,即可完成有规律的数据输入,即数据填充。下面以图4-5为例介绍数据填充的基本规律:

(1) A列为纯数字,填充时将自动递增,但用户要注意,要产生一个等差(比)数列,至少要输入数列的前两个数据。

(2) B、C列为数字与字符的混合,填充时字符不变、数字递增。

(3) D列为Excel预设的自动填充序列,E列为纯字符,填充相当于复制。

	A	B	C	D	E
1	1	10月1日	www365	一月	计算机
2	2	10月2日	www366	二月	计算机
3	3	10月3日	www367	三月	计算机
4	4	10月4日	www368	四月	计算机
5	5	10月5日	www369	五月	计算机
6	6	10月6日	www370	六月	计算机
7	7	10月7日	www371	七月	计算机
8	8	10月8日	www372	八月	计算机
9	9	10月9日	www373	九月	计算机
10	10	10月10日	www374	十月	计算机

图 4-5 【自动填充】示意图

1. 填充数据

(1) 在单元格 A1:A6 单元格中填充数字 1001、1002、1003、…、1006。

操作方法:选中 A1 单元格,输入"1001",然后选中 A2 单元格,输入"1002",再同时选中 A1 和 A2 单元格(将鼠标指向 A2 单元格右下角的填充柄,鼠标指针变成实心十字形╋),按住鼠标左键将其拖动到 A6 单元格,则在 A1:A6 单元格中填充了数字 1001、1002、1003、…、1006。

(2) 在单元格 B1:B6 单元格中填充数字 2、5、8、11、14、17。

操作方法:选中 B1 单元格,输入"2",然后选中 B2 单元格,输入"5",再同时选中 B1 和 B2 单元格(将鼠标指向 B2 单元格右下角的填充柄时,鼠标指针会变成实心十字形╋),按住鼠标左键将其拖动到 B6 单元格,则在 A1:A6 单元格中填充了数字 2、5、8、11、14、17。

2. 填充自定义序列

(1) Excel 默认有许多自定义序列,例如"星期日、星期一、……、星期六","一月、二月、……、十二月","第一季、第二季、第三季、第四季","甲、乙、丙……"等,可酌情使用。

例:在单元格 C1:C6 中输入第一季、第二季、第三季、第四季。

操作方法:选中 C1 单元格,输入"第一季",然后选中 C1 单元格,在将鼠标指向 C1 单元格右下角的填充柄时,鼠标指针会变成实心的十字形╋,按住鼠标左键将其拖动到 C4 单元格,则在 C1:C4 单元格中填充了数字第一季、第二季、第三季、第四季。若继续往下拖动,C5 单元格又将自动填充"第一季"……

(2) 可以建立用户的自定义序列。

例:建立用户的自定义序列"高工、副高、工程师、助工",并在 D1:D4 单元格中输入该序列。

① 单击【工具】菜单中的【选项】命令，弹出【选项】对话框。

② 切换到【自定义序列】选项卡，如图 4-6 所示，在【自定义序列】列表框中选择新序列，在【输入序列】文本框中输入新序列，序列成员之间用 Enter 键或逗号分隔。

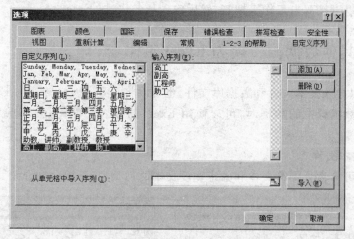

图 4-6 【自定义序列】选项卡

③ 输入完成后，单击【添加】按钮，然后单击【确定】按钮，返回工作界面。

④ 在 D1 单元格输入"高工"，使用填充柄拖动至 D4 单元格，则在 D1:D4 单元格中填充了"高工、副高、工程师、助工"。

4.2.6 工作表的管理

1. 工作表的移动和复制

Excel 允许将工作表在一个或多个工作簿中移动或复制。如果在两个工作簿之间移动或复制，则必须将两个工作簿都打开，并确定源工作簿和目标工作簿。其操作步骤如下：

(1) 激活要移动或复制的工作表。

(2) 选择【编辑】|【移动或复制工作表】命令，弹出【移动或复制工作表】对话框。

(3) 选择要移动或复制的工作簿和插入位置，选中【建立副本】复选框表示复制，若不选中则表示移动。

(4) 单击【确定】按钮即可。

2. 插入工作表

插入空白工作表。单击工作表标签(如 Sheet1)，选择【插入】|【工作表】命令，即可在 Sheet1 前插入一个空白工作表，并成为活动工作表，Excel 将给出默认的工作表名称。

3. 删除工作表

选中要删除的工作表标签，选择【编辑】菜单下的【删除】命令，整个工作表被删除且相应的标签也会从标签栏消失。

工作表的删除是永久删除，删除之后将无法撤销与恢复，因此在删除工作表时，系统将会给出【警告信息】,用户一定要谨慎操作,以免删除有用的信息或误操作。

4. 重命名工作表

选中工作表,单击【格式】菜单,选择【工作表】级联菜单中的【重命名】命令,此时该工作表标签呈现反向显示,输入新的名称即可。

用户也可以直接双击工作表标签,然后输入新名称,按 Enter 键。

4.2.7 将其他数据源转换为 Excel 工作表

Excel 可以导入文本文件和数据库文件,也可以将 Word 表格转换为 Excel 表格。当需要使用外部数据源中的数据时,可以使用 Excel 的导入功能,免去了重新输入数据的烦劳。

1. 导入文本文件

文本文件可分为分隔符文本和固定宽度文本两种类型,下面分别介绍其操作方法。

1) 导入分隔符文本

(1) 创建一个客户资料的文本文件,文本数据通过逗号隔开,如图 4-7 所示。

(2) 新建一个空白工作簿,选择【数据】|【导入外部数据】|【导入数据】命令,弹出【选取数据源】对话框,将【文件类型】设置为【文本文件】,然后在【查找范围】下拉列表框中选择要导入的文件(学生资料.txt),单击【打开】按钮。

(3) 弹出【文本导入向导——3 步骤之 1】对话框,在【原始数据类型】选项组中选中【分隔符号】单选按钮,选择【导入起始行】为"1",

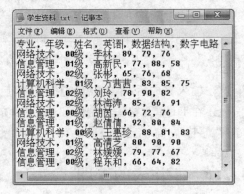

图 4-7 【学生资料】文本文件图

在【文件原始格式】下拉列表框中选择【936:简体中文(GB2312)】选项,单击【下一步】按钮,如图 4-8 所示。

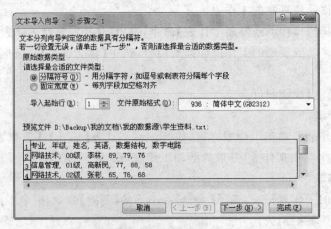

图 4-8 选择原始数据类型

（4）弹出【文本导入向导——3 步骤之 2】对话框。由于文本的分隔符使用的是逗号，所以在【分隔符号】选项组中选中【逗号】复选框，则在数据预览框中会出现规则的行和列。

（5）单击【下一步】按钮，弹出【文本导入向导——3 步骤之 3】对话框，采用默认选项，单击【完成】按钮，即可弹出【导入数据】对话框（如图 4-9 所示），在【数据的放置位置】选项组中选中【现有工作表】单选按钮。

图 4-9　选择数据的放置位置

（6）单击【确定】按钮，即可完成文本文件的导入，如图 4-10 所示。

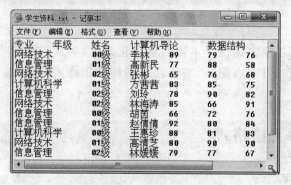

图 4-10　导入学生资料

2）导入固定宽度文本

假设导入如图 4-11 所示的文本数据。

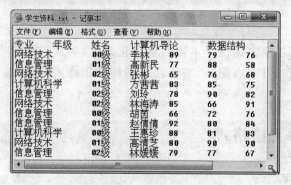

图 4-11　【学生资料】文本文件

其操作步骤和导入分隔符文本基本相同,只是在【文本导入向导——3 步骤之 1】对话框中选中【固定宽度】单选按钮。

2. 导入数据库文件

Excel 本身具有引入数据库文件的能力,只要通过导入数据就可以将数据库文件转换为 Excel 表格形式。其具体操作步骤如下:

(1) 新建一个空白工作簿,选择【数据】|【导入外部数据】|【导入数据】命令,弹出【选取数据源】对话框,将【文件类型】设置为【所有数据源】,然后在【查找范围】下拉列表框中选择要导入的文件,单击【打开】按钮。

(2) 弹出【导入数据】对话框,在【数据的放置位置】选项组中选中【现有工作表】单选按钮。

(3) 单击【确定】按钮,即可完成数据库文件的导入。

3. Word 表格转换为 Excel 表格

使用【复制】、【粘贴】命令可以很容易地将 Word 中的表格转换为 Excel 表格,具体操作步骤如下:

(1) 打开含有表格的 Word 文档,将表格选中,然后选择【编辑】|【复制】命令。

(2) 新建一个 Excel 的工作簿。

(3) 选中 Sheet1 工作表中的 A1 单元格作为数据存放的起始单元格,然后选择【编辑】|【粘贴】命令,Word 中的表格即粘贴到了 Excel 中。

4.3 Excel 2003 工作表的格式化

学习重点

- 【单元格格式】对话框的使用
- 列宽和行高的设置
- 条件格式的设置
- 行和列的隐藏和恢复
- 自动套用格式
- 冻结窗口设置

Excel 系统对于工作表提供了丰富的格式化命令,利用这些命令,可以完成数字显示、文字对齐、字形和字体、边框、图案颜色等多种对工作表的修饰,制作出各种美观的表格。

4.3.1 设置单元格格式

1. 设置字体格式

Excel 也可以像 Word 中一样设置单元格的字体、字号、颜色、下划线等,可以通过【常用】工具栏中的工具按钮进行设置，也可以利用菜单方式进行设置，其操作步骤如下：

（1）选定单元格或单元格区域。

（2）选择【格式】|【单元格】命令（或在选定的范围内右击，在弹出的快捷菜单中选择【设置单元格格式】命令）。

（3）弹出【单元格格式】对话框，切换到【字体】选项卡，如图 4-12 所示。

（4）改变字体设置后，单击【确定】按钮。

2. 设置对齐方式

单击【常用】工具栏中的【左对齐】、【居中】或【右对齐】按钮，可以更改文本在单元格中的对齐方式，用户也可以使用【格式】菜单中的【单元格】命令进行相应设置，操作步骤如下：

（1）选定单元格或单元格区域。

（2）选择【格式】|【单元格】命令（或在选定的范围内右击，在弹出的快捷菜单中选择【设置单元格格式】命令），弹出【单元格格式】对话框。

（3）弹出【单元格格式】对话框，切换到【对齐】选项卡，如图 4-13 所示。

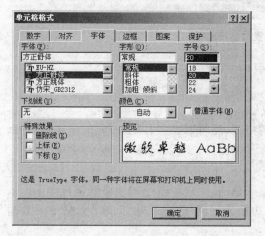

图 4-12　【字体】选项卡

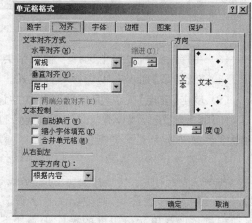

图 4-13　【对齐】选项卡

【对齐】选项卡中的各组成部分的含义如下。

- 水平对齐：设置文字在单元格中水平方向上的对齐方式。
- 垂直对齐：设置文字在单元格中垂直方向上的对齐方式。
- 方向：可以改变单元格中文字的显示方向。
- 自动换行：选中此复选框时，当单元格中的文字宽度大于列宽时，文字在单元格内自动换行。
- 合并单元格：选中此复选框，可以使选中的单元格区域合并为一个单元格。

3. 设置数字的显示格式

Excel 提供了多种数字格式，不仅可以使用 Excel 提供的内部的数字格式，还可以由用户自己创建自定义数字格式。

【格式】工具栏提供了【货币样式】按钮 、【百分比样式】按钮 % 等按钮来设置数字格

式。若要按其他方式改变数字的显示格式,其操作步骤如下:

(1) 选定单元格或单元格区域,在选定的范围内右击,在弹出的菜单中选择【设置单元格格式】命令(或选择菜单栏中的【格式】|【单元格】命令),弹出【单元格格式】对话框。

(2) 将【单元格格式】对话框切换到【数字】选项卡,如图 4-14 所示。

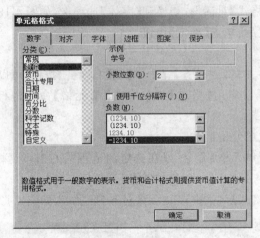

图 4-14　设置数字格式

(3) 在【分类】列表框中选择一种数字类型。

(4) 在【类型】列表框中选择一种格式。

(5) 单击【确定】按钮,完成数字格式的设置。

使用【数字】选项卡,不仅可以设置数字的格式,还可以设置日期、时间的格式,并可以将数字类型转换为文本类型。

4. 设置单元格的边框

在默认情况下,工作表中显示的表格线是灰色的,而这些灰色的表格线是打印不出来的,如果需要打印表格线,则要给工作表设置边框。设置了边框,可以使单元格中的数据更加醒目。设置单元格边框的操作步骤如下:

(1) 选中需要设置边框的单元格区域,选择【格式】|【单元格】命令,弹出【单元格格式】对话框。

(2) 切换到【边框】选项卡,如图 4-15 所示。

(3) 在【线条】选项组的【样式】列表框中选择线条样式,可以为边框的各边设置不同的线型。

(4) 单击【颜色】下拉列表框,打开调色板,选择要给边框添加的颜色。

(5) 在【预置】选项组中选定适当的边框形式。

【预置】选项组中的【外边框】按钮和【内部】按钮用于设置选定单元格或区域的外边框、内部表格线,【无】按钮用来取消设置的表格线,使用【边框】选项组中的各种按钮可以对选定区域的局部制作表格线,例如,可以为选定单元格或区域的某个侧边设置不同边线,或在单元格中画斜线。

5. 设置背景色

单元格默认没有使用背景,用户可以为单元格使用各种背景,可以单击【格式】工具栏

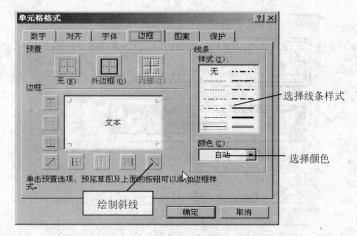

图 4-15　设置边框

上的【填充颜色】按钮——完成对所选区域的背景色填充,也可以使用【单元格格式】对话框对填充背景进行设置,操作步骤如下:

(1) 选定要格式化的单元格或单元格区域。

(2) 选择【格式】|【单元格】命令,弹出【单元格格式】对话框。

(3) 将弹出的对话框切换到【图案】选项卡。

(4) 选择所需的颜色背景和图案的样式,然后单击【确定】按钮,完成图案的设置。

使用【格式】工具栏设置单元格底纹,操作简单、方便,但只能为单元格填充单一的颜色;而使用菜单命令可以对单元格进行填充图案等设置。

4.3.2　快速格式化

快速格式设置可以用已有的格式为基础,迅速对其他单元格进行格式化。常见的快速格式设置工具有【格式刷】和【自动套用格式】两种。

1. 格式刷

格式刷的作用是将一个单元格或单元格区域的格式复制到另一个单元格或单元格区域中。其具体操作方法与 Word 中的格式刷操作相同,故在此不再赘述。

2. 自动套用格式

在 Excel 内提供了自动格式化的功能,可以根据预设的一些格式,将用户制作的报表格式化,产生美观的报表,也就是表格自动套用格式。操作步骤如下:

(1) 选定要格式化的区域。

(2) 选择【格式】|【自动套用格式】命令,弹出【自动套用格式】对话框,如图 4-16 所示。

(3) 在【格式】列表框中选择要使用的格式。

(4) 单击【确定】按钮。

这样,所选择的区域就会以选定的格式对表格进行格式化。

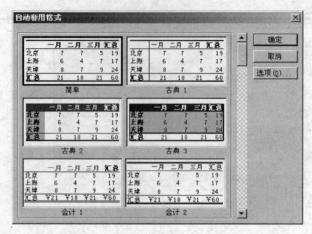

图 4-16 【自动套用格式】对话框

在自动格式化时,格式化的项目包含数字、边框、字体、图案、对齐、列宽和行高等。在使用时,用户可以根据实际情况使用其中的某些项目,在图 4-16 所示的对话框中单击【选项】按钮,即可把【要应用的格式】扩展选项打开。

4.3.3 设置列宽和行高

如果单元格中的信息过长,列宽不够,部分内容将显示不出来,或者行高不合适,那么可以调整行高和列宽。

1. 使用鼠标调整行高和列宽

调整行高的操作步骤如下:

(1)移动鼠标至行标题分隔线上。

(2)当鼠标指针变成双箭头 ✥ 时,按下鼠标左键,拖动行的下边界来设置所需的行高。

(3)调整到合适的高度后放开鼠标左键。

若用鼠标双击行标题的下边界,可自动调整行高至最合适的高度。

调整列宽的操作步骤如下:

(1)移动鼠标至列标题分隔线上。

(2)当鼠标指针变成双箭头 ✛ 时,按下鼠标左键,拖动列的右边界来设置所需的列宽。

(3)调整到合适的列宽后放开鼠标左键。

若用鼠标双击列标题的右边界,可以自动调整列宽至最合适的宽度。

如果要更改多列的宽度,先选定要更改的所有列,然后拖动其中一个列的右边界。如果要更改工作表中所有列的宽度,单击【全选】按钮,然后拖动任何一列的右边界。

2. 使用菜单调整行高和列宽

使用菜单调整行高和列宽的操作步骤如下:

(1)选中需调整的区域。

（2）选择【格式】|【行】（或【列】）命令。

（3）在其子菜单中单击【行高】（或【列宽】），弹出【行高】（或【列宽】）对话框。

（4）在弹出的对话框中输入行高（或列宽）的数值。

（5）单击【确定】按钮，整个选定区域的行高（或列宽）就应用所设置的值了。

4.3.4　设置条件格式

通过分析大量数据找出趋势和差异是一个很耗时的过程，尤其在必须设置信息的格式以便其他人员查阅时更是如此。使用 Excel 2003 的条件格式，可以根据设置的参数应用自动格式设置。例如，可以应用在成绩统计表中，设置考试成绩小于 60 分的字体的颜色为红色。

1. 添加条件格式

添加条件格式的操作步骤如下：

（1）选择要添加条件格式的单元格。

（2）选择【格式】|【条件格式】命令，然后执行下列操作之一。

① 若要将选定单元格中的值作为格式条件，选择【单元格数值】选项，接着选定比较词组，然后输入常量值或公式。如果输入公式，则必须以等号“＝”开始。

② 若要将公式作为格式条件（用于计算所选单元格之外的数据或条件），选择【公式】选项，然后输入用于估算逻辑值 TRUE 或 FALSE 的公式。

（3）单击【格式】按钮。

（4）选择当单元格数值满足条件或公式返回值为 TRUE 时要应用的格式。

（5）如果要添加其他条件，单击【添加】按钮，然后重复步骤（3）～（5）。

在 Excel 2003 中，最多可以为单元格指定 3 个条件。如果指定的条件均不满足，单元格会保持其现有格式。

如果使用多个条件，Excel 只应用第一个被满足的条件的格式，即使有多个条件被满足也是如此。

例如，在学生成绩表中设置 H3：H6 单元格中的数字显示格式为总分大于等于 330 分的用粗体加下划线显示，小于 330 分的用斜体显示，如图 4-17 所示。设置条件后的显示结果如图 4-18 所示。

图 4-17　用【条件格式】对话框设置条件

	D	E	F	G	H	I	J	
1	学生成绩表							
2	高数	英语	计算机	思品	总分	综合分	总评	
3	85	70	90	91	**336**	84.0	良	
4	66	89	92	74	*321*	80.3	良	
5	56	73	87	92	*308*	77.0	良	
6	90	88	90	93	**361**	90.3	优	

图 4-18 设置条件后的效果

2. 更改条件格式

更改条件格式的操作步骤如下：

（1）选择具有要更改的条件格式的单元格。

（2）选择【格式】|【条件格式】命令。

（3）单击要更改条件的格式按钮，然后更改格式。

3. 删除条件格式

删除条件格式的操作步骤如下：

（1）选择要删除条件格式的单元格。

（2）选择【格式】|【条件格式】命令。

（3）单击【删除】按钮，然后选中要删除条件的复选框。

> **注意**：如果要删除选定单元格的所有条件格式和所有其他单元格格式，选择【编辑】|【清除】|【格式】命令。

4.3.5 行和列的隐藏与显示

1. 隐藏行或列

隐藏行或列的操作步骤如下：

（1）选择要隐藏的行或列。

（2）选择【格式】|【行】（或【列】）|【隐藏】命令。

2. 显示隐藏的行或列

显示隐藏的行或列的操作步骤如下：

（1）选择希望显示或隐藏的行（或列）两侧的行（或列）。

（2）选择【格式】|【行】（或【列】）|【取消隐藏】命令。

4.3.6 背景设置

1. 为工作表添加背景图案

为工作表添加背景图案的操作步骤如下：

（1）单击想要添加背景图案的工作表。

（2）选择【格式】|【工作表】|【背景】命令，弹出【工作表背景】对话框。

（3）在【工作表背景】对话框中选择背景图案要使用的图形文件，所选图形将填入工作表中。

2. 删除工作表的背景图案

删除工作表的背景图案的操作步骤如下：

（1）单击想要删除背景图案的工作表。

（2）选择【格式】|【工作表】|【取消背景】命令，即删除了工作表应用的背景图片。

> **注意**：背景图案不能打印，并且不会保留在保存为网页的单个工作表或项目中。然而，如果将整个工作簿发布为网页，则背景将保留。

4.3.7 冻结窗格与取消冻结

当工作表中的数据内容较多、一页无法完全显示时，某些数据希望始终可见。使用【冻结窗格】（窗格：文档窗口的一部分，以垂直或水平条为界限并由此与其他部分分隔开）命令可以在滚动工作表时始终保持数据可见，且在滚动时保持行和列标志可见。

1. 冻结窗格

（1）若要冻结窗格，执行下列操作之一。

① 冻结顶部水平窗格：选择待拆分处的下一行。

② 冻结左侧垂直窗格：选择待拆分处的右边一列。

③ 同时冻结顶部和左侧窗格：单击待拆分处右下方的单元格。

（2）选择【窗口】|【冻结窗格】命令。

2. 取消冻结窗格

若要删除非滚动冻结窗格，可以选择【窗口】|【取消冻结窗格】命令。

4.4 Excel 2003 中公式的使用

学习重点

- 公式的组成、公式的输入方法
- 自动求和的使用
- 公式中的单元格引用方式
- 公式的显示与隐藏

电子表格系统除了能进行一般的表格处理外，还具有较强的数据计算能力。在 Excel 中，可以使用公式或者函数完成对工作表数据的计算。本节将介绍 Excel 中公式的使用方法。

4.4.1 使用公式

公式是对数据进行分析和计算的等式，使用公式可以对工作表中的数值进行加、减、乘、除等运算，公式由运算符、常量、单元格引用值、名称及工作表函数等元素构成。

1. 公式的输入

输入公式的操作步骤如下：

(1) 选定要输入公式的单元格。

(2) 输入“＝”(等号)，进入公式输入状态。

(3) 输入所需计算的公式，如果计算中要引用单元格中的数据，可直接用鼠标单击选定所需引用的单元格。当然，也可以直接输入单元格的引用，单元格引用将在稍后详述。

(4) 公式输入完后，按 Enter 键或者单击【编辑栏】上的【确认】按钮√。

Excel 自动计算公式并将结果显示在单元格中，公式内容显示在【编辑栏】中。

(5) 双击单元格，可以显示公式内容，此时可修改公式，修改后单击【编辑栏】中的【输入】按钮√将确认所做的修改，单击【取消】按钮×将放弃所做的修改。

例如，要在单元格 H3 中建立一个公式，该公式将单元格 D3、E3、F3、G3 的值相加，在单元格 H3 中输入“＝D3＋E3＋F3＋G3”，输入公式后按 Enter 键确认，结果将显示在 H3 单元格中，如图 4-19 所示。

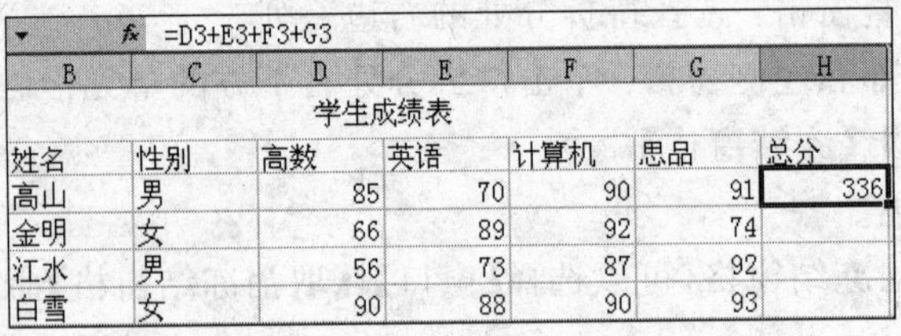
=D3+E3+F3+G3

B	C	D	E	F	G	H
学生成绩表						
姓名	性别	高数	英语	计算机	思品	总分
高山	男	85	70	90	91	336
金明	女	66	89	92	74	
江水	男	56	73	87	92	
白雪	女	90	88	90	93	

图 4-19　在单元格中输入公式

2. 公式的自动填充

在单元格中输入公式后，若相邻单元格中需要进行同类型计算(如数据列合计)，可以利用公式的自动填充功能。操作步骤如下：

(1) 选择公式所在单元格，移动鼠标到单元格右下角的小黑点处，即填充柄的位置。

(2) 当鼠标指针变成小黑十字时，按住鼠标左键，拖动填充柄经过目标区域。

(3) 到达目标区域后，放开鼠标左键，公式自动填充完毕，如图 4-20 所示。

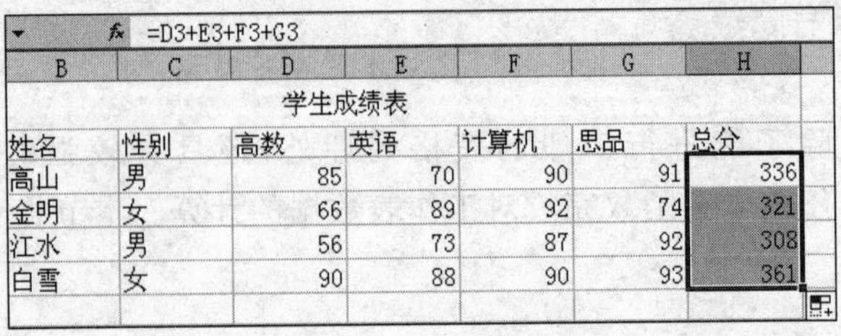
=D3+E3+F3+G3

B	C	D	E	F	G	H
学生成绩表						
姓名	性别	高数	英语	计算机	思品	总分
高山	男	85	70	90	91	336
金明	女	66	89	92	74	321
江水	男	56	73	87	92	308
白雪	女	90	88	90	93	361

图 4-20　公式的自动填充

4.4.2　公式的运算符和运算顺序

1. 运算符的种类

Excel 包含 4 种类型的运算符，即算术运算符、比较运算符、文本运算符和引用运算符。

(1) 算术运算符用于完成基本的数学运算。算术运算符为＋(加)、－(减)、＊(乘)、/(除)、％(百分比)、^(乘方)。

(2) 比较运算符用于对两个数值进行比较，产生的结果为逻辑值 TRUE 或 FALSE。比较运算符为＝(等于)、＞(大于)、＜(小于)、＞＝(大于等于)、＜＝(小于等于)、＜＞(不等于)。

(3) 引用运算符用来将单元格区域进行合并计算。引用运算符包括以下两种。

- 区域引用运算符(冒号)：对两个引用之间的所有区域的单元格进行引用，例如 SUM(B4:F4)。
- 联合引用运算符(逗号)：将多个引用合并为一个引用，例如，SUM(B5:F4,B5:F5)。

2. 运算符的优先级

Excel 中的一个公式可以包含多个运算符，按以下运算符优先级顺序进行运算：()、％、^、＊、/、＋、－、&、＝、＜＞、＜、＞、＞＝、＜＝。

如果公式中包含相同优先级的运算符，按从左到右的顺序进行计算。

常见运算符的优先级规律和我们日常的数学运算规律是相似的，对于一些不常见的运算符的优先级，大家不需要强记，没有把握时可使用()。

4.4.3　自动运算

在【常用】工具栏中有一个【自动求和】按钮 Σ，利用该按钮，可以对工作表中所设定的单元格自动求和。【自动求和】按钮实际上代表了 SUM() 函数，利用该函数可以将一个累加公式转换为一个简捷的函数。例如，将单元格定义为公式＝A1＋A2＋A3＋A4＋A5＋A6＋A7＋A8，通过使用【自动求和】按钮可以将其转换为＝SUM(A1:A8)。

1. 自动求和

用户可以使用【自动求和】按钮输入求和公式，操作步骤如下：

(1) 选定要返回求和结果的单元格。

(2) 单击【常用】工具栏上的【自动求和】按钮 Σ。

(3) 用鼠标选择参加运算的单元格或者单元格区域。

(4) 按 Enter 键或者单击【编辑栏】上的【确认】按钮√。

2. 其他自动运算

Excel 除提供了自动求和的运算外，还提供了求平均值、计数、最大值、最小值等自动运算。其计算方法和计算自动求和的方法类似，只要单击【自动求和】按钮 Σ 旁边的三

角按钮 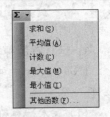，打开【自动求和】扩展菜单（如图 4-21 所示），选择相应的自动运算项即可。

图 4-21 【自动求和】
扩展菜单

4.4.4 公式的相对引用、绝对引用和混合引用

公式中经常要引用某一单元格或单元格区域中的数据，单元格引用使用工作表中的列号和行号，即单元格的地址。单元格引用分 3 种，即相对引用、绝对引用和混合引用。

1. 相对引用

相对引用表示某一单元格相对于当前单元格的相对位置。

例如，在单元格 F3 中输入公式"＝B3＋C3＋D3＋E3"，再对 F4、F5、F6 单元格自动填充将得到"＝B4＋C4＋D4＋E4"、"＝B5＋C5＋D5＋E5"、"＝B6＋C6＋D6＋E6"等值，公式中引用的单元格地址发生了相对位置变化。可以看到，在对 F4、F5、F6 单元格填充公式时，因为单元格的列名称未变（仍然在 F 列），行名称递增（3、4、5、6），所以公式中的单元格的列名称保持不变，行名称递增。

> **注意**：相对地址指当把一个含有单元格地址的公式复制到一个新的位置时或者将一个公式填入一个区域时，公式中的单元格地址会随着位移而改变。规律是，向下复制公式时行坐标增加；向右复制公式时列坐标增加。

2. 绝对引用

绝对引用表示某一单元格在工作表中的绝对位置，也就是在使用自动填充时不希望某单元格地址发生变化，那么该单元格应采用绝对地址。

绝对引用要在行号和列号前加一个"＄"符号，例如，在 F3 单元格中输入"＝B3＋＄C＄3＋＄D＄3＋＄E＄3"，自动填充到 F4、F5、F6 单元格中将得到"＝B4＋＄C＄3＋＄D＄3＋＄E＄3"、"＝B5＋＄C＄3＋＄D＄3＋＄E＄3"、"＝B6＋＄C＄3＋＄D＄3＋＄E＄3"。可以看到，在对 F4、F5、F6 单元格填充公式时，由于公式中的单元格地址 C3、D3、E3 的行号和列号前引用了"＄"符号，所以单元格地址 C3、D3、E3 未发生变化。

3. 混合引用

混合引用是相对地址和绝对地址的混合使用，例如，在 B＄3 中，B 是相对引用，＄3 是绝对引用。

例如，在汽车销售情况表中求历年的销售量与总计销售量的比例。总计销售量存放在 B13 单元格，在单元格 C3 中输入"＝B3/B＄13"，输入公式后按 Enter 键确认，结果将显示在 C3 单元格中，如图 4-22 所示。选择 C3 单元格，使用填充柄将公式向下填充到 C4:C12 单元格，如图 4-23 所示，分母均保持 B＄13，保证了结果的正确性；当然，这时使用＄B＄13 也可以。如果公式分母用相对地址 B13，虽然 C3 单元格结果正确，但 C4:C12 单元格结果全错，显示"♯DIV/0!"（分母为 0），因公式向下填充后分母地址相对改变为 B14、B15…，而不是存放总计销售量的 B13。

C3	▼	fx	=B3/B$13

	A	B	C
1	某汽车市场历年销售情况表		
2	年份	销售量（万辆）	所占比例
3	1996年	10886	0.02901796
4	1997年	25194	
5	1998年	39013	
6	1999年	22758	
7	2000年	28900	
8	2001年	52700	

图 4-22　计算所占比例

C3	▼	fx	=B3/B$13

	A	B	C
1	某汽车市场历年销售情况表		
2	年份	销售量（万辆）	所占比例
3	1996年	10886	0.02901796
4	1997年	25194	0.06715767
5	1998年	39013	0.1039939
6	1999年	22758	0.06066422
7	2000年	28900	0.07703647
8	2001年	52700	0.14047827

图 4-23　用填充柄复制公式

4.4.5　快速切换引用类型

使用功能键 F4 可以在相对引用、绝对引用和混合引用之间切换。每按一下 F4 键可以更改所选单元格的引用方式，例如，所选单元格为 A1（相对列和相对行），分别更改为 $A$1（绝对列和绝对行）、A$1（相对列和绝对行）、$A1（绝对列和相对行）。

具体操作步骤如下：

（1）选中包含公式的单元格。

（2）在【编辑栏】fx _____ 中选择要更改的引用地址。

（3）按 F4 键进行切换。

在此以表 4-1 中的"更改为"说明，如果将包含引用的公式向下和向右复制两个单元格（如图 4-24 所示），引用类型更新的方式。

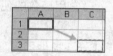

图 4-24　单元格复制

表 4-1　单元格引用

引用（说明）	更　改　为
$A$1（绝对列和绝对行）	$A$1
A$1（相对列和绝对行）	C$1
$A1（绝对列和相对行）	$A3
A1（相对列和相对行）	C3

4.4.6　公式的显示和隐藏

通过前面公式的操作，我们可以知道引用公式的单元格最终显示的是计算的结果，【编辑栏】中显示的是输入的公式。而在有些情况下，我们希望把公式隐藏起来，即不显示输入的公式。

1. 公式的隐藏

隐藏公式的操作步骤如下：

（1）选定要隐藏的公式所在的单元格区域。

（2）选择【格式】|【单元格】命令，弹出【单元格格式】对话框，切换到【保护】选项卡。

（3）选中【隐藏】复选框，单击【确定】按钮。

（4）选择【工具】|【保护】|【保护工作表】命令，对工作表进行保护操作（确定选中【保护工作表及锁定的单元格内容】复选框）。

2. 显示以前隐藏的公式

显示以前隐藏的公式的操作步骤如下：

（1）选择【工具】|【保护】|【撤销工作表保护】命令，取消对工作表的保护。

（2）选取要取消隐藏其公式的单元格区域。

（3）选择【格式】|【单元格】命令，弹出【单元格格式】对话框，切换到【保护】选项卡。

（4）取消选中【隐藏】复选框，单击【确定】按钮。

4.5　Excel 2003 中函数的使用

学习重点

- 函数的组成
- 函数的使用步骤
- 常用函数的使用

Excel 提供了大量的函数，函数是一个预先定义好的内置公式，利用函数可以进行较复杂的计算。

4.5.1　函数简介

1. 什么是函数

Excel 中所提供的函数其实是一些预定义的公式，它们使用一些被称为参数的特定数值按特定的顺序或结构进行计算。用户可以直接使用它们对某个区域内的数值进行一系列运算，例如分析和处理日期值和时间值、确定贷款的支付额、确定单元格中的数据类型、计算平均值、排序显示和运算文本数据等。

在学习 Excel 函数之前，读者需要对函数的结构有必要的了解。在图 4-25 中 SUM 称为函数名称，它决定了函数的功能和用途；函数名称后紧跟左括号；接着是用逗号分隔的参数；最后用一个右括号表示函数结束。如果函数以公式的形式出现，需要在函数名称前面输入等号"＝"。

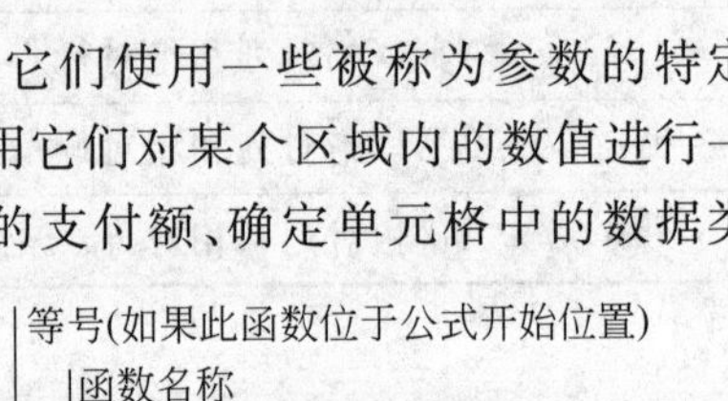

等号(如果此函数位于公式开始位置)
函数名称
参数
=SUM(A10, B5:B10, 50, 37)
各参数之间用逗号分隔
参数用括号括起

图 4-25　函数的结构

在创建包含函数的公式时，【函数参数】对话框（公式选项板）将提供相关的帮助。公式选项板是帮助用户创建或编辑公式的工具，还可提供有关函数及其参数的信息。单击【编辑栏】中的【插入函数】按钮 **fx**，选定函数后就会弹出【函数参数】对话框，如图 4-26 所示。

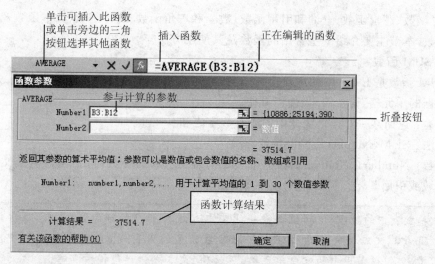

图 4-26 【函数参数】对话框

2. 使用函数的步骤

在 Excel 中使用函数的操作步骤如下：

(1) 单击需要输入函数的单元格，例如单击单元格 C1。

(2) 单击【编辑栏】中的【插入函数】按钮 f_x ，弹出如图 4-27 所示的【插入函数】对话框。

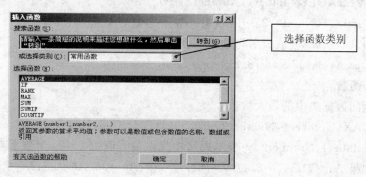

图 4-27 【插入函数】对话框

(3) 在【插入函数】对话框中，单击【或选择类别】下拉列表框找到函数的类别，并在【选择函数】列表框中选择所需的函数。

(4) 在选中所需的函数后，Excel 2003 将打开【函数参数】对话框。用户可以直接在这个对话框中输入函数的参数；或者单击参数栏右侧的折叠按钮暂时缩小对话框，然后用鼠标在工作表中选取参与计算的单元格区域，再单击参数栏右侧的折叠按钮恢复对话框。

(5) 单击【确定】按钮，即可完成函数的输入。

4.5.2 常用函数及使用

Excel 中的函数共有 11 类，分别是数据库函数、日期与时间函数、工程函数、财务函数、信息函数、逻辑函数、查询和引用函数、数学和三角函数、统计函数、文本函数及用户自定义函数,本节主要介绍一些常用的函数及其使用方法。

1. SUM 函数

SUM 函数是 Excel 中使用最多的函数,利用它进行求和运算可以忽略存有文本、空格等数据的单元格,语法简单、使用方便。

用途:返回某一单元格区域中的所有数字之和。

语法:SUM(Number1、Number2、…)

参数:Number1、Number2、…为 1~30 个需要求和的参数(包括逻辑值及文本表达式)、区域或引用。

> **注意**:参数表中的数字、逻辑值及数字的文本表达式可以参与计算,其中,逻辑值被转换为1,文本被转换为数字。如果参数为数组或引用,只有其中的数字将被计算,数组或引用中的空白单元格、逻辑值、文本或错误值将被忽略。

实例:如果 A1=1、A2=2、A3=3,则公式"=SUM(A1:A3)"返回 6;"=SUM("3",2,TRUE)"返回 6,因为"3"被转换成数字 3,而逻辑值 TRUE 被转换成数字 1。

2. AVERAGE 函数

用途:计算所有参数的算术平均值。

语法:AVERAGE(Number1,Number2,…)

参数:Number1、Number2、…表示要计算平均值的 1~30 个参数。

实例:如果 A1:A5 区域命名为分数,其中的数值分别为 100、70、92、47 和 82,则公式"=AVERAGE(A1:A5)"返回 78.2。

3. MAX 函数

用途:返回数据集中的最大数值。

语法:MAX(Number1,Number2,…)

参数:Number1、Number2、…表示要从中找出最大值的 1~30 个数字参数。

实例:如果 A1=71、A2=83、A3=76、A4=49、A5=92、A6=88、A7=96,则公式"=MAX(A1:A7)"返回 96。

4. MIN 函数

用途:返回给定参数表中的最小值。

语法:MIN(Number1,Number2,…)

参数:Number1、Number2、…表示要从中找出最小值的 1~30 个数字参数。

实例:如果 A1=71、A2=83、A3=76、A4=49、A5=92、A6=88、A7=96,则公式"=MIN(A1:A7)"返回 49;而"=MIN(A1:A5,0,−8)"返回−8。

5. COUNT 函数

用途:返回数字参数的个数,可以统计数组或单元格区域中含有数字的单元格个数。

语法:COUNT(Value1,Value2,…)。

参数:Value1、Value2、…表示包含或引用各种类型数据的参数(1~30 个),其中,只有数字类型的数据才能被统计。

实例：如果 A1＝90、A2＝人数、A3＝" "、A4＝54、A5＝36，则公式"＝COUNT(A1：A5)"返回 3。

6. IF 函数

用途：执行逻辑判断，可以根据逻辑表达式的真假返回不同的结果，从而执行数值或公式的条件检测任务。

语法：IF(Logical_test，Value_if_true，Value_if_false)

参数：Logical_test 的计算结果为 TRUE 或 FALSE 的任何数值或表达式；Value_if_true 是 Logical_test 为 TRUE 时函数的返回值，如果 Logical_test 为 TRUE 并且省略了 value_if_true，则返回 TRUE。而且 Value_if_true 可以是一个表达式；Value_if_false 是 logical_test 为 FALSE 时函数的返回值。如果 Logical_test 为 FALSE 并且省略了 value_if_false，则返回 FALSE。value_if_false 也可以是一个表达式。

实例：如果 C2、C3、C4、C5、C6、…单元格中保存百分制成绩，要求 D2、D3、D4、D5、D6、…单元格自动对应显示其 A/B/C/D 等级，可在 D2 单元格输入以下函数：

```
=IF(C2>=85,"A",IF(C2>=70,"B",IF(C2>=60,"C","D")))
```

这是 IF 函数多重嵌套使用的例子，其中，第二个 IF 语句同时也是第一个 IF 语句的参数。同样，第三个 IF 语句是第二个 IF 语句的参数，以此类推。例如，若第一个逻辑判断表达式 C2＞＝85 成立，则 D2 单元格被赋予字符"A"；如果第一个逻辑判断表达式 C2＞＝85 不成立，则计算第二个 IF 语句"IF(C2＞＝70)"；以此类推，直到计算结束。最后一个逻辑判断表达式 C2＞＝60 若成立，结果为"C"，否则说明 C2＜60，结果为"D"。拖动 D2 右下角的填充柄将公式向下填充到各单元格，即可得各成绩对应的等级，如图 4-28 所示。

fx =IF(C2>=85,"A",IF(C2>=70,"B",IF(C2>=60,"C","D")))

C	D	E	F	G	H
成绩	等级				
85	A				
55	D				
74	B				
65	C				
90	A				
34	D				

图 4-28　IF 函数的多重嵌套使用

7. COUNTIF 函数

用途：计算区域中满足给定条件的单元格的个数。

语法：COUNTIF(Range，Criteria)

参数：Range 为需要计算其中满足条件的单元格数目的单元格区域。Criteria 为确定哪些单元格将被计算在内，其形式可以是数字、表达式或文本。

8. SUMIF 函数

用途：根据指定条件对若干单元格、区域或引用求和。

语法：SUMIF(Range，Criteria，Sum_range)

参数：Range 为用于条件判断的单元格区域，Criteria 是由数字、逻辑表达式等组成的判定条件，Sum_range 为需要求和的单元格、区域或引用。

实例：某单位统计工资报表中职称为"中级"的员工工资总额。假设工资总额存放在工作表的 F 列，员工职称存放在工作表的 B 列，则公式为"＝SUMIF(B1:B1000,"中级"，F1:F1000)"，其中，"B1:B1000"为提供逻辑判断依据的单元格区域，"中级"为判断条件，就是仅仅统计 B1:B1000 区域中职称为"中级"的单元格，F1:F1000 为实际求和的单元格区域。

9. ABS 函数

用途：返回某一参数的绝对值。

语法：ABS(Number)

参数：Number 是需要计算其绝对值的一个实数或者一个公式。

实例：如果 A1＝－16，则公式"＝ABS(A1)"返回 16。

10. RANK 函数

用途：返回一个数值在一组数值中的排位。

语法：RANK(Number,Ref,Order)

参数：Number 是需要计算其排位的一个数字；Ref 是包含一组数字的数组或引用（其中的非数值型参数将被忽略）；Order 为一数字，指明排位的方式。如果 Order 为 0 或省略，则按降序排列的数据清单进行排位。如果 Order 不为零，Ref 当作按升序排列的数据清单进行排位。

实例：如果 A1＝78、A2＝45、A3＝90、A4＝12、A5＝85，则在 B1 中输入公式"＝RANK(A1,＄A＄1:＄A＄5)"返回 3(第 3 名)，向下自动填充到 B2～B5，得到 4、1、5、2。注意，这里的 ＄A＄1:＄A＄5 应采用绝对地址。

> **注意**：函数 RANK 对重复数值的排位相同，但重复数的存在将影响后续数值的排位。在一列整数中，若整数 60 出现两次，其排位均为 5(并列)，则 61 的排位为 7(没有排位为 6 的数值)。

例：在课程成绩单表(如图 4-29 所示)中的 E 列分别求出平均成绩，男生人数和男生的平均成绩。

(1) 计算平均成绩。

① 选择 E4 单元格，然后单击【编辑栏】中的【插入函数】按钮 *fx*，弹出【插入函数】对话框。

② 在【选择函数】列表框中选择 AVERAGE 函数，单击【确定】按钮。

③ 打开【函数参数】对话框，使用鼠标选中 C3:C17 区域。

④ 单击【确定】按钮，在 E4 单元格得到平均成绩。

(2) 计算男生人数。

① 选择 E5 单元格，然后单击【编辑栏】中的【插入函数】按钮 *fx*，弹出【插入函数】对话框。

	A	B	C	D	E
1		某课程成绩单			
2	学号	性别	成绩		
3	A1	男	61		
4	A2	男	69	平均成绩	
5	A3	女	79	男生人数	
6	A4	男	88	男生平均成绩	
7	A5	男	70		
8	A6	女	80		
9	A7	男	89		
10	A8	男	75		
11	A9	男	84		
12	A10	女	60		
13	A11	男	93		
14	A12	男	45		
15	A13	女	68		
16	A14	男	85		
17	A15	男	93		

图 4-29　课程成绩单

② 设置【选择类别】为【统计】，在【选择函数】列表框中选择 COUNTIF 函数，单击【确定】按钮。

③ 打开【函数参数】对话框，设置参数如图 4-30 所示。

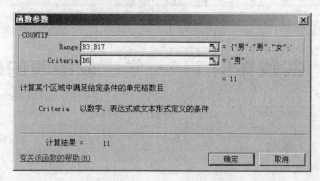

图 4-30　设置函数参数 1

④ 单击【确定】按钮，在 E5 单元格中得到男生人数。

（3）计算男生的平均成绩。

① 选择 E6 单元格，然后单击【编辑栏】中的【插入函数】按钮 *fx*，弹出【插入函数】对话框。

② 设置【选择类别】为【数学与三角函数】，在【选择函数】列表框中选择 SUMIF 函数，单击【确定】按钮。

③ 打开【函数参数】对话框，设置参数如图 4-31 所示。

④ 单击【确定】按钮，在 E6 单元格中得到男生的总成绩。

⑤ 选中 E6 单元格，将光标插入到【编辑栏】公式的最后，在公式后插入"/"，然后选择 E5 单元格，按 Enter 键确认输入，最终结果如图 4-32 所示。

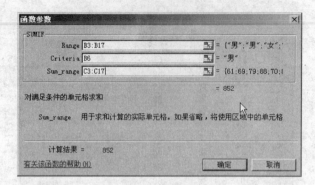

图 4-31 设置函数参数 2

	A	B	C	D	E
1	某课程成绩单				
2	学号	性别	成绩		
3	A1	男	61		
4	A2	男	69	平均成绩	75.93333
5	A3	女	79	男生人数	11
6	A4	男	88	男生平均成绩	77.45455
7	A5	男	70		

E6 ▼ fx =SUMIF(B3:B17,B6,C3:C17)/E5

图 4-32 计算结果

4.6 实践案例 1——学生成绩表的制作

操作重点

- 数据的输入与编辑
- 填充柄的使用
- 条件格式的设置
- 工作表的管理
- 工作表格式的设置
- 常用函数的使用

操作难点

- 嵌套函数的使用
- 单元格绝对地址的引用

4.6.1 任务要求

启动 Excel 2003,建立一个新的工作簿,然后在这个工作簿中输入如图 4-33 所示的 A～F 列数据,并将工作簿以文件名"学生成绩表.xls"保存。其中,总分、平均分、排名和等第（即等级次第）需调用函数自动计算出结果。

	A	B	C	D	E	F	G	H	I	J
1	学生成绩表									
2	学号	姓名	性别	大学英语	高等数学	计算机基础	总分	平均分	排名	等第
3	0801010101	王晶晶	女	70	65	85	220	73.3	9	及格
4	0801010102	李兰	女	90	56	90	236	78.7	6	及格
5	0801010103	朱啸天	男	70	60	80	210	70.0	10	及格
6	0801010104	张一	女	40	75	80	195	65.0	11	及格
7	0801010105	李丽	女	90	80	90	260	86.7	3	良好
8	0801010106	车京	男	60	20	80	160	53.3	14	不及格
9	0801010107	周翔	男	70	80	80	230	76.7	7	及格
10	0801010108	陆雨舟	女	95	88	95	278	92.7	2	优秀
11	0801010109	宗燕	女	80	80	80	240	80.0	5	良好
12	0801010110	徐小萍	女	60	30	80	170	56.7	13	不及格
13	0801010111	葛明	男	80	90	80	250	83.3	4	良好
14	0801010112	高浩天	男	90	100	95	285	95.0	1	优秀
15	0801010113	李婷婷	女	70	0	56	126	42.0	15	不及格
16	0801010114	张田	男	40	65	80	185	61.7	12	及格
17	0801010115	王日出	男	65	80	85	230	76.7	7	及格

图 4-33　"学生成绩表"工作簿

通过本例，读者将掌握如何建立和保存 Excel 工作簿，如何在 Excel 工作表中输入、删除和修改数据，如何使用常用函数统计数据。

4.6.2　操作步骤

准备工作：启动 Excel 2003。

单击【开始】按钮，选择【所有程序】| Microsoft Office | Microsoft Office Excel 2003 命令，启动 Microsoft Office Excel 2003，选择 Sheet1 作为当前编辑的工作表。

1. 数据的输入

（1）用鼠标选择 A1 单元格，切换至中文输入法，输入"学生成绩表"，然后按 Enter 键或移动光标至其他单元格或单击【编辑栏】中的【确认】按钮√。

（2）利用填充柄自动输入序号。

选择 A3 单元格，切换至英文输入法状态，输入"'0801010101"，然后按 Enter 键确认输入。接着选中 A3 单元格，将鼠标指针移至 A3 单元格右下角，当出现╈符号时按住鼠标左键，向下拖动至 A17 单元格。

（3）按照步骤（1）的方法输入其他单元格的数据。

每位学生的总分、平均分、排名和等第由公式得出，不用输入。

2. 输入公式

1）计算总分

选中 G3 单元格，单击【常用】工具栏上的【自动求和】按钮**∑**，按 Enter 键确认输入。

2）计算平均分

选中 H3 单元格，然后单击【编辑栏】上的【插入函数】按钮 f_x，在【插入函数】对话框中选择常用函数 AVERAGE，并单击【确定】按钮。当显示 AVERAGE 函数对话框时，单击 Number1 框右边的折叠按钮折叠对话框,用鼠标选择工作表中的 D3:F3 单元格区域(原默认自动选择 D3:G3 包含了总分,是不正确的),单击被缩小的 AVERAGE 参数对话框右边的折叠按钮,以展开对话框(如图 4-34 所示),再单击【确定】按钮。

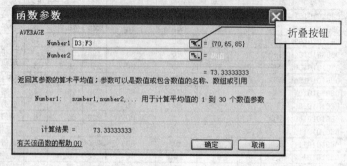

图 4-34　AVERAGE 函数对话框

3)计算排名

选中 I3 单元格,单击【编辑栏】上的【插入函数】按钮 f_x,在【插入函数】对话框中选择【统计函数】类中的 RANK 函数(返回某数字在数字列表中的排位),并单击【确定】按钮。当显示 RANK 函数参数对话框时,鼠标自动插入到 Number 文本框,单击 Number 文本框右边的折叠按钮,用鼠标选择工作表中的 G3 单元格,再单击折叠按钮展开函数对话框,并将鼠标指针插入到 Ref 文本框,单击 Ref 文本框右边的折叠按钮,用鼠标选择工作表中的数据区域 G3:G17,按 F4 键,将其转换为单元格绝对地址引用,再单击折叠按钮展开函数对话框,单击【确定】按钮。

4)计算等第

(1)选中 J3 单元格,单击【编辑栏】上的【插入函数】按钮 f_x,在【插入函数】对话框中选择常用函数 IF,并单击【确定】按钮。

(2)当显示 IF 函数对话框时,在 Logical_test 文本框中输入"H3≥90",在 Value_if_true 文本框中输入"优秀"(双引号可自动出现),将鼠标指针插入到 Value_if_false 文本框中,单击【编辑栏】左侧的名称框中的 IF 函数名称,如图 4-35。

(3)在弹出的 IF 函数对话框中进行相应设置:在 Logical_test 文本框中输入"H3≥80",在 Value_if_true 文本框中输入"良好",将鼠标指针置于 Value_if_false 文本框中,单击名称框中的【IF】函数名称。

(4)在弹出的 IF 函数对话框中进行以下设置:在 Logical_test 文本框中输入"H3≥60",在 Value_if_true 文本框中输入"及格",在 Value_if_ false 文本框中输入"不及格",单击【确定】按钮。

最终,在【编辑栏】中显示的 J3 单元格的公式为"=IF(H3≥90,"优秀",IF(H3≥80,"良好",IF(H3≥60,"及格","不及格")))"。

5)复制公式

选中 G3:J3 单元格,使用填充柄复制公式至 G4:J17 单元格。

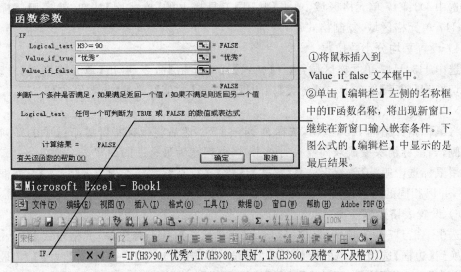

①将鼠标插入到 Value_if_false 文本框中。
②单击【编辑栏】左侧的名称框中的IF函数名称，将出现新窗口，继续在新窗口输入嵌套条件。下图公式的【编辑栏】中显示的是最后结果。

图 4-35　IF 函数的嵌套输入

3. 工作表格式化

1）设置标题格式

选中 A1:J1 单元格区域，单击【格式】工具栏上的【合并及居中】按钮，设置标题字体为楷体、20 号、红色、加粗。

2）设置其余文字格式

选中 A2:J17 单元格区域，设置文字为宋体、12 号，然后单击【格式】工具栏的【居中】按钮。

3）设置成绩格式

选中 D3:F17 单元格区域，选择【格式】|【条件格式】命令，弹出【条件格式】对话框，在【条件1】的第一个下拉列表框中选择【单元格数值】，在第二个下拉列表框中选择【大于或等于】，在第三个文本框中输入"90"，然后单击【格式】按钮，设置字体为【绿色】，并【加粗】；单击【添加】按钮，对【条件2】以相同的方法设置小于 60 分的字体为【红色】并【加粗】，如图 4-36 所示，单击【确定】按钮。

图 4-36　【条件格式】对话框

选中 D3:F17 单元格区域,单击【常用】工具栏上的【格式刷】按钮,然后用鼠标选择 H3:H17 单元格区域,复制格式。

4）设置平均分小数位数

选中 H3:H17 单元格区域,选择【格式】|【单元格】命令,弹出【单元格格式】对话框,然后切换到【数字】选项卡,在【分类】列表框中选择【数值】,设置【小数位数】为"1"。

5）设置列宽、行高

将鼠标指针指向 A 列列标,选择 A 列到 J 列,然后将鼠标指针置于选中的某列名称的右侧,当鼠标箭头变成双向箭头时双击,调整列宽为最合适的列宽。

用鼠标选中第一行,然后选择【格式】|【行】|【行高】命令,在弹出的【行高】对话框中输入 28,并以相同的方法设置其余行的行高为 18。

6）设置表格边框

选中 A2:J17 单元格区域,选择【格式】|【单元格】命令,弹出【单元格格式】对话框,然后切换到【边框】选项卡,选择【线型】为"粗线",单击【外边框】按钮;选择【线型】为"最细单线",单击【内边框】按钮,再单击【确定】按钮。

7）工作表更名

双击 Sheet1 工作表标签,输入"学生成绩表",按 Enter 键。

4. 保存

单击【常用】工具栏上的【保存】按钮,弹出【另存为】对话框,在【保存位置】下拉列表框中选择"D:\Excel 练习"作为保存位置,在【文件名】文本框中输入"学生成绩表",设置保存类型为【Microsoft Office Excel 工作簿】,然后单击【保存】按钮。

4.7　Excel 2003 工作表中的数据分析操作

【学习重点】

- 数据清单的相关概念
- 数据的排序
- 数据的自动筛选
- 数据的高级筛选
- 数据分类汇总
- 建立数据透视表

4.7.1　数据清单

Excel 对数据进行筛选等操作的依据是数据清单,所谓数据清单是包含列标题的一组连续数据行的工作表。从定义可以看出,数据清单是一种有特殊要求的表格,它必须由两部分构成,即表结构和纯数据。

在 Excel 2003 中对数据清单进行查询、排序和汇总等操作时,会自动将数据清单视为数据库,数据清单中的列是数据库中的字段,数据清单中的列标志是数据库中的字段名称,数据清单中的每一行对应数据库中的一个记录。

1. 建立数据清单的规则

表结构是数据清单中的第一行列标题,Excel 将利用这些标题名进行数据的查找、排序和筛选等。纯数据部分则是 Excel 实施管理功能的对象,不允许有非法数据出现。因此,在 Excel 中创建数据清单要遵守一定的规则,例如:

(1) 在同一个数据清单中列标题必须是唯一的。

(2) 列标题和纯数据之间不能用分隔线或空行分开。如果要将数据在外观上分开,可以使用单元格边框线。

(3) 同一列数据的类型、格式等应相同。

(4) 在一个工作表上避免建立多个数据清单,因为数据清单的某些处理功能每次只能在一个数据清单中使用。

(5) 尽量避免将关键数据放到数据清单的左、右两侧,因为这些数据在进行筛选时可能会隐藏。

(6) 在纯数据区中不允许出现空行。

(7) 在工作表的数据清单和其他数据之间至少留出一个空白行或一个空白列。

2. 使用记录单建立数据清单

使用记录单建立数据清单的具体操作步骤如下:

(1) 新建一个工作簿,将 Sheet1 工作表命名为"学生成绩表",并在数据清单的首行依次输入各个字段,如图 4-37 所示。

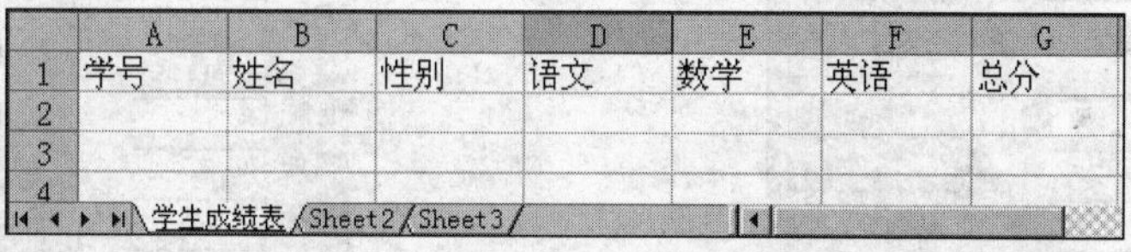

	A	B	C	D	E	F	G
1	学号	姓名	性别	语文	数学	英语	总分
2							
3							
4							

▮ ◀ ▶ ▶▮\学生成绩表 /Sheet2 /Sheet3 /   ◀▮

图 4-37 学生成绩表

(2) 在要加入记录的数据清单中选定任意一个单元格(本例中因为总分是要计算出来的,所以要选中 G2 单元格,在其中输入公式"=SUM(E2:G2)",并将其复制到这一列的其他单元格中)。

(3) 选择 A2:G2 区域中的任何一个单元格,然后选择【数据】|【记录单】命令。

(4) 如果在第一行下面没有数据,则会出现如图 4-38 所示的提示对话框,仔细阅读对话框的内容,然后单击【确定】按钮(本例中已经输入了公式,所以不会出现该对话框)。

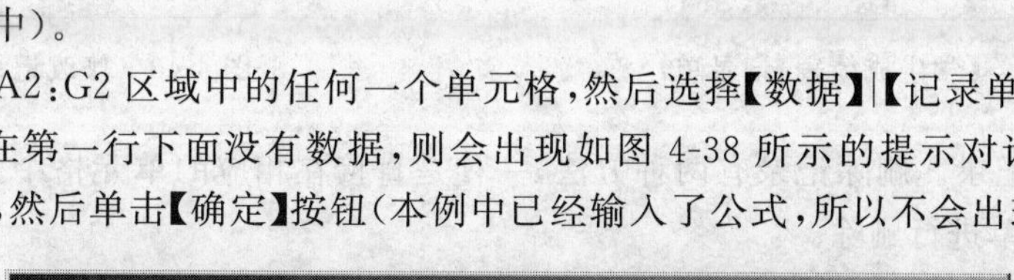

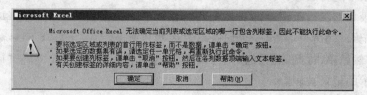

图 4-38 提示对话框

（5）这时屏幕上出现了如图4-39所示的【学生成绩表】记录单,其标题栏上的名字是工作表的名字。在各个字段中输入新记录的值,如果要移动到下一个字段中,按 Tab 键。

（6）在输完所有的记录内容后,按 Enter 键(或单击【新记录】按钮)即可加入一条记录,同时出现等待新建记录的记录单。

（7）重复操作步骤(5)、(6)输入更多的记录。

（8）在输入所有记录后,单击【关闭】按钮,即可看到在数据清单底部加入了新增的记录。

3. 修改数据清单

（1）追加新的记录。追加新记录有两种方法,一种是直接在单元格中输入,另一种是使用记录单。

① 直接在单元格中输入的方法:在要插入记录的行号下方选中某一单元格,然后选择【插入】|【行】命令,插入新的一行,并在该行中输入数据。

② 使用记录单的方法:选择【数据】|【记录单】命令,弹出记录单的对话框,用与新建数据清单相同的方法输入追加的新记录。

（2）修改记录。修改数据清单中的记录有两种方法,一种是直接在相应的单元格中进行修改,另一种是使用记录单进行修改。

使用记录单修改记录的具体操作:单击数据清单中的任意单元格,然后选择【数据】|【记录单】命令,弹出记录单对话框,如图4-40所示。单击【上一条】按钮查找并显示要修改数据的记录,修改该记录的内容。修改完毕后,单击【关闭】按钮,退出记录单对话框。

图 4-39 【学生成绩表】记录单

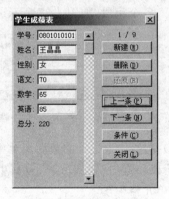

图 4-40 修改记录

（3）删除记录。删除记录有两种方法,一种是直接在相应的单元格中进行删除,另一种是使用记录单进行删除。

使用记录单删除一条记录的具体操作方法:单击数据清单中的任意单元格,然后选择【数据】|【记录单】命令,弹出一个记录单对话框。单击【上一条】或【下一条】按钮查找要删除的记录,然后单击【删除】按钮,则屏幕上弹出一个提示对话框。单击【确定】按钮,在记录单中显示的记录被删除。

4. 使用记录单查找数据

在一张大表中,要找到一条相关记录不是一件容易的事情,这时可以使用记录单找到

这条记录,具体操作步骤如下:

（1）单击记录单中的【条件】按钮,设置查找条件,如图 4-41 所示。

（2）单击【下一条】按钮,向下查找符合条件的记录。如果单击【上一条】按钮,则向上查找符合条件的记录。

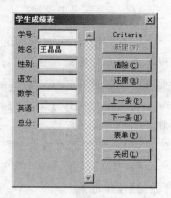

图 4-41 设置查找条件

4.7.2 数据的排序

1. 数据排序规则

Excel 允许对字符、数字等数据按大小顺序进行升序或降序排列,要进行排序的数据称为关键字。

下面介绍不同类型的关键字的排序规则。

- 数值:按数值的大小排序。
- 字母:按字母先后顺序排序。
- 日期:按日期的先后排序。
- 汉字:按汉语拼音的顺序或按笔画顺序排序。
- 逻辑值:升序时 FALSE 排在 TRUE 的前面,降序时相反。
- 空格:总是排在最后。

2. 数据排序步骤

（1）单击要进行排序的数据清单中的任意单元格。

（2）选择【数据】|【排序】命令,弹出【排序】对话框,如图 4-42 所示。

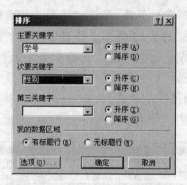

图 4-42 【排序】对话框

（3）在【排序】对话框中选择要排序的关键字,关键字有【主要关键字】、【次要关键字】和【第三关键字】,根据需要选择不同的关键字。

（4）单击【确定】按钮,数据即按要求进行了排序。

> **注意**:当只有一个关键字时,可以选中参与排序的关键字所在列的任何一个单元格,然后单击工具栏上的【升序】按钮 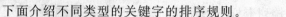 或【降序】按钮 进行自动排序。

3. 自定义排序

在有些情况下,对数据的排序顺序可能非常特殊,既不是按数值大小次序,也不是按汉字的拼音顺序或笔画顺序,而是按照指定的特殊次序,例如对总公司的各个分公司按照要求的顺序进行排序,按产品的种类或规格排序等,这时就需要用到自定义排序。

利用自定义排序方法进行排序,首先应建立自定义序列,其方法可参阅 4.2.5 节中有关自定义序列的内容。建立好自定义序列后,即可对数据进行排序,具体步骤如下:

图 4-43 【排序选项】对话框

(1) 单击数据清单中要进行排序的任意单元格,然后选择【数据】|【排序】命令。

(2) 在【排序】对话框中单击【选项】按钮,弹出【排序选项】对话框,如图 4-43 所示。

(3) 在【自定义排序次序】的下拉列表框中选择前面建立的自定义序列,然后单击【确定】按钮,即可对数据进行自定义排序。

4.7.3 数据的自动筛选

Excel 数据筛选是指仅显示那些满足指定条件的数据行,并隐藏那些不希望显示的行。筛选数据之后,不需要重新排列或移动就可以复制、查找、编辑、设置格式、制作图表和打印。

数据的筛选分为自动筛选和高级筛选两种类型。

自动筛选一般用于简单的条件筛选,筛选时将不满足条件的数据暂时隐藏起来,只显示符合条件的数据。应当注意的是,不能对工作表中的两个数据清单同时使用筛选命令,而且进行筛选的数据清单必须含有列标题。其操作步骤如下:

(1) 单击需要筛选的数据清单中的任一单元格。

(2) 选择【数据】|【筛选】|【自动筛选】命令,这时每个标题的右侧均会出现一个向下的三角按钮 ▼,单击三角按钮,可以打开一个下拉列表,如图 4-44 所示。

序号	职工号	系别	性别	职称	学历	基本工资
1	S004	机电	女	教授	升序排列 降序排列	5000
2	S007	机电	男	副教授	(全部)	4300
3	S011	信息	男	教授	(前 10 个...) 【自定义...】	4500
4	S013	经济	男	讲师	本科	3000
5	S001	信息	男	讲师	硕士	3250
6	S016	信息	女	教授	本科	5500

图 4-44 【筛选】的记录清单

(3) 从需要筛选的列标题下拉列表框中选择所需的项目,筛选后所显示的数据行的行号是蓝色的,数据列中的自动筛选按钮也是蓝色的。

如果要取消对某一列的筛选,单击该列的自动筛选按钮 ▼,从下拉列表框中选择【(全部)】选项即可。

① 自动筛选前 10 个。使用自动筛选下拉列表框中的【(前 10 个…)】选项,也可查找所需的数据。例如,如果要得到基本工资最高的前 10 名教师的信息,传统的方法是按照基本工资递减排序,但如果采用筛选的方法筛选出基本工资最高的前 10 个选项,就可以在不打乱原来数据清单排序的情况下获得这些数据。单击【基本工资】字段旁的自动筛选按钮 ▼,选择【(前 10 个…)】选项后会弹出【自动筛选前 10 个】对话框,如图 4-45 所示。

图 4-45 【自动筛选前 10 个】对话框

② 自定义自动筛选。自动筛选下拉列表框中的【(自定义…)】选项可用来自动筛选数据清单的范围。选择该选项后,屏幕上会出现【自定义自动筛选方式】对话框,如图 4-46 所示。在该对话框中,可以定义两个筛选条件以及它们之间的与、或关系。例如,自动筛选出职称为教授或副教授的记录。

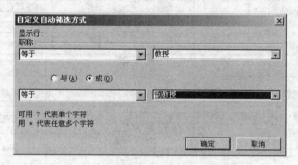

图 4-46 【自定义自动筛选方式】对话框

(4) 取消自动筛选。选择【数据】|【筛选】|【自动筛选】命令,命令前的√符号消失,即取消了自动筛选,数据清单中被隐藏的记录会全部显示。

4.7.4 分类汇总

Excel 2003 可以自动计算列表中的分类汇总和总计值。当插入自动分类汇总时,Excel 将分级显示列表,以便为每个分类汇总显示和隐藏明细数据行。

1. 分类汇总操作步骤

若要插入分类汇总,先将数据清单排序,以便将同类数据的行组合到一起,然后为数据列计算分类汇总。对数据清单进行分类汇总的操作步骤如下:

(1) 先对分类汇总的字段排序(这里对【性别】字段进行排序),排序后同类的记录被排在一起。

(2) 单击数据清单中的任一单元格,选择【数据】|【分类汇总】命令,弹出【分类汇总】对话框(如图 4-47 所示),在【分类汇总】对话框中设置分类汇总选项。这些选项的含义如下。

• 分类字段:选择需要分类的字段,一般来说,该字段应与排序字段相同。

• 汇总方式:选择需要用于计算分类汇总的函数,如求和、求平均值等。

• 选定汇总项:选择与需要汇总计算的数值列相对应的复选框。

图 4-47 【分类汇总】对话框与【基本工资】平均值的汇总结果

- 全部删除：取消分类汇总。

（3）在【分类字段】下拉列表框中选择【性别】，在【汇总方式】下拉列表框中选择【平均值】，在【选定汇总项】列表框中选择【基本工资】。

（4）单击【确定】按钮，得到【性别】的【基本工资】平均值的汇总结果。

Excel 对分类汇总进行分级显示，其分级显示符号允许用户快速隐藏或显示明细数据。编辑明细数据后，分类汇总和总计值将自动重新计算。

2. 隐藏和显示汇总结果

汇总结果可以按需要隐藏或显示，操作步骤如下：

（1）单击表格左侧的 ━ 按钮，即可隐藏相应级别的数据，同时 ━ 按钮变成 ＋ 按钮。

（2）单击 ＋ 按钮，隐藏的数据即可显示出来。

（3）单击一级数据按钮 1，将只显示一级数据，其他的数据被隐藏。

（4）单击二级数据按钮 2，将显示二级数据。依此类推，单击三级数据按钮 3，将显示三级数据。

3. 清除分类汇总

选中分类汇总数据列表中的任一单元格，然后选择【数据】|【分类汇总】命令，弹出【分类汇总】对话框，单击【分类汇总】对话框中的【全部删除】按钮，即可清除分类汇总。

4.7.5　数据透视表

1.什么是数据透视表

数据透视表是交互式报表,可以快速地合并和比较大量数据。如果要分析相关的汇总值,尤其是在合计较大的列表并对每个数字进行多种比较时,可以使用数据透视表。用户可以旋转其行和列以看到源数据的不同汇总,而且可以显示感兴趣区域的明细数据。

在图4-48所示的报表中,左边表格为源数据,右边为根据源数据生成的数据透视表。读者可以很清楚地看到单元格G3中的第三季度高尔夫销售额是如何计算出来的。由于数据透视表是交互式的,因此,可以更改数据的视图以查看更多明细数据或计算不同的汇总额,如计数或平均值。

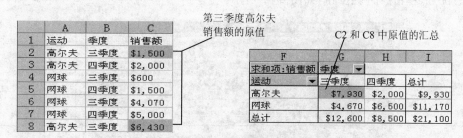

图4-48　源数据与生成的数据透视表

在数据透视表中,源数据中的每列或字段都会成为汇总多行信息的数据透视表字段。在图4-48中,【运动】列成为【运动】字段,高尔夫的每条记录在单个【高尔夫】项中进行汇总,数据字段(如【求和项:销售额】)提供要汇总的值。

2.创建数据透视表

下面利用布局向导创建一个成本费用表的数据透视表,操作步骤如下:

(1)选中数据清单(如图4-49所示)中的任一单元格,选择【数据】|【数据透视表和数据透视图】命令。

	A	B	C	D	E	F
1			成本费用表			
2	月份	负责人	产品名	单件费用	数量	总费用
3	一月	张玲	产品A	230	8	1840
4	一月	李青峰	产品B	55	5	275
5	一月	王杨	产品C	80	6	480
6	二月	李青峰	产品A	300	15	4500
7	二月	张玲	产品A	1600	3	4800
8	二月	李青峰	产品B	70	50	3500
9	三月	王杨	产品C	80	20	1600
10	四月	张玲	产品A	90	30	2700
11	四月	李青峰	产品C	800	14	11200

图4-49　成本费用表

(2)在弹出的【数据透视表和数据透视图向导——3步骤之1】对话框中选择默认选项,单击【下一步】按钮。

（3）在弹出的【数据透视表和数据透视图向导——3步骤之2】对话框中确定数据源区域，将鼠标指针定位至【选定区域】文本框中，选择 Sheet1 工作表中的＄Ａ＄2：＄Ｆ＄11单元格区域（一般情况下，Excel 2003 会帮助用户自动识别区域），如图 4-50 所示，单击【下一步】按钮。

图 4-50　设置数据源区域

（4）在弹出的【数据透视表和数据透视图向导——3步骤之3】对话框中确定数据透视表的位置，单击【布局】按钮，如图 4-51 所示。

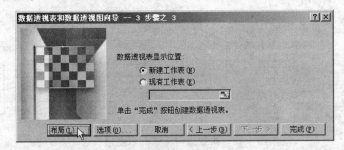

图 4-51　【数据透视表和数据透视图向导——3步骤之3】对话框

（5）在弹出的【数据透视表和数据透视图向导——布局】对话框中把【月份】列拖动到页字段，把【负责人】字段拖动至行区域，并拖动【产品名】字段到列区域，拖动【总费用】字段到数据区域，如图 4-52 所示，然后单击【确定】按钮。

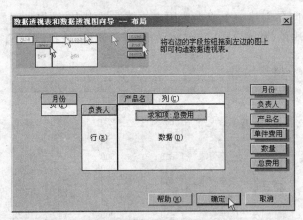

图 4-52　设置图表布局

（6）在【数据透视表和数据透视图向导——3步骤之3】对话框中单击【完成】按钮，创建的数据透视表如图 4-53 所示。

单击数据透视表的行标题和列标题的下拉按钮▼，可以进一步选择在数据透视表中

	A	B	C	D	E
1	月份	(全部)			
2					
3	求和项:总费用	产品名			
4	负责人	产品A	产品B	产品C	总计
5	李青峰		8275	11200	19475
6	王杨			2080	2080
7	张玲	9340			9340
8	总计	9340	8275	13280	30895

Sheet5 / Sheet1 / Sheet3 / Sheet2

图 4-53　创建的数据透视表

显示的数据,还可以修改和添加数据透视表的数据。

4.8　数据的图表化

学习重点

- 图表的类型
- 图表的基本构成
- 图表的建立、编辑和修改
- 将 Excel 图表粘贴到 Word 文档

在 Excel 中,如果只用数据展示信息,会很枯燥,而且观者很难看出数据的变化,通过 Excel 图表功能统计数据,会使数据更加直观。

4.8.1　图表的基本概念

1. 图表的类型

Excel 2003 中文版提供了 14 种图表类型,主要有面积图、柱形图、条形图、折线图、饼图、圆环图、气泡图、雷达图、股价图、曲面图、XY 散点图、圆锥图、圆柱图和棱锥图(每种图表类型的功能请查看图表向导)。用户可以根据需要,选择不同的图表类型表现数据,例如,最适合反映单个数据在所有数据构成的总和中所占比例的图表类型是饼图,最适合反映数据之间量的变化快慢的一种图表类型是折线图。

2. 图表的构成

认识图表的各个组成部分,对于正确地选择图表对象进行设置是非常重要的。Excel 图表由【图表区】、【绘图区】、【图表标题】、【数据系列】、【坐标轴】、【图例】等基本组成部分构成,如图 4-54 所示。此外,图表还包括数据表和三维背景等一般情况下不显示的对象。

- 图表标题:描述图表的名称,默认位置在图表的顶端。
- 坐标轴和坐标轴标题:坐标轴标题是 X 轴和 Y 轴的名称。
- 图例:包含图表中相应的数据系列的名称和数据系列在图中的颜色。
- 绘图区:图表区中的图形表示的范围即以坐标轴为边的长方形区域。

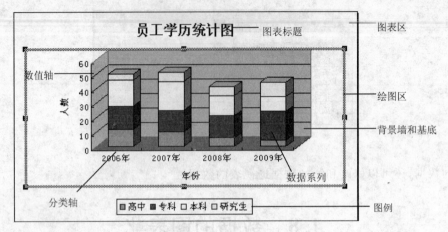

图 4-54 图表的构成

- 数据系列：一个数据系列对应工作表中选定区域的一行或一列数据。
- 网格线：从坐标轴刻度线延伸出来并贯穿整个【绘图区】的线条系列。
- 背景墙和基底：在三维图表中会出现背景墙和基底，它是包围在许多三维图表周围的区域，用于显示图表的维度和边界。

4.8.2　图表的建立

1. 嵌入式图表和独立图表
嵌入式图表和独立图表的创建方法基本相同，主要区别在于它们的存放位置不同。
1）嵌入式图表
嵌入式图表是指图表作为一个对象与其相关的工作表数据存放在同一工作表中。
2）独立图表
独立图表以一个工作表的形式插入在工作簿中。在打印输出时，独立工作表占一个页面。

2. 创建图表
在此以创建一个公司员工学历的柱形图表为例说明图表的创建过程，操作步骤如下：

（1）创建一张员工学历统计表，如图 4-55 所示。

（2）选中 A2：E6 单元格区域，选择【插入】|【图表】命令，弹出【图表向导——4 步骤之 1-图表类型】对话框，在【图表类型】列表框中选择【柱形图】选项，在【子图表类型】列表框中选择【簇状柱形图】选项，如图 4-56 所示。

A	B	C	D	E
员工学历统计表				
	2006年	2007年	2008年	2009年
高中	12	10	6	4
专科	16	15	15	20
本科	18	20	14	10
研究生	4	6	6	10

图 4-55　员工学历统计表

（3）单击【下一步】按钮，弹出【图表向导——4 步骤之 2-图表数据源】对话框，在【系列产生在】选项组中选中【行】单选按钮，表明年份为 X 坐标轴，如图 4-57 所示。

（4）单击【下一步】按钮，弹出【图表向导——4 步骤之 3-图表选项】对话框，切换到

图 4-56　选择图表类型图

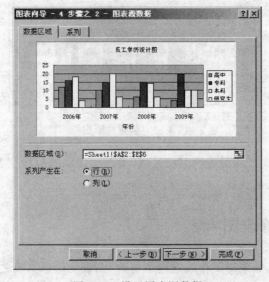

图 4-57　设置图表源数据

【标题】选项卡,在【图表标题】文本框中输入图表标题"员工学历统计图",在【分类(X)轴】文本框中输入"年份",在【数值(Y)轴】文本框中输入"人数",如图 4-58 所示。

(5) 单击【下一步】按钮,弹出【图表向导——4 步骤之 4-图表位置】对话框,选中【作为其中的对象插入】单选按钮。

(6) 单击【完成】按钮,图表将显示在工作表内,如图 4-59 所示。

3. 调整图表的大小和位置

利用图表向导创建图表的大小和位置往往需要调整,具体操作步骤如下:

(1) 选中图表,此时在图表边框上会出现 8 个控制点,将鼠标指针移至控制点上,按下鼠标左键拖动即可调整图表的大小。

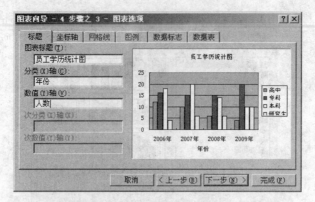

图 4-58　设置图表选项

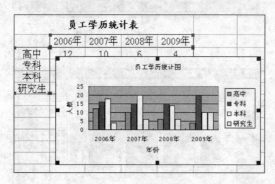

图 4-59　创建柱形图

（2）将鼠标指针放置在图表的空白区域，当鼠标指针的形状变为 ⬚ 时，按下鼠标左键并拖动，即可调整图表的位置。

4.8.3　编辑和修改图表

图表创建完成后，如果对工作表进行了修改，图表的信息将随之变化。用户也可以对图表的【图表类型】、【图表源数据】、【图表选项】和图表位置等进行修改。

在选中了制作的图表以后，菜单栏中的【数据】菜单会变成【图表】。利用【图表】菜单，或者在图表区域右击，在弹出的快捷菜单中可以对图表进行编辑和修改。

1. 更新图表

图表建立后，会随着数据的改变而改变。若在工作表中插入或删除了记录，如何在图表中进行更新呢？操作步骤如下：

（1）在工作表的第 7 行增加一条记录，如图 4-60 所示。

（2）选中图表，然后右击，在弹出的快捷菜单中选择【源数据】命令，弹出【源数据】对话框。

（3）切换到【系列】选项卡，单击【添加】按钮，将

	A	B	C	D	E
1		员工学历统计表			
2		2006年	2007年	2008年	2009年
3	高中	12	10	6	4
4	专科	16	15	15	20
5	本科	18	20	14	10
6	研究生	4	6	6	10
7	博士	2	3	5	7

图 4-60　增加一条新的记录

鼠标指针置于【名称】文本框中,选择需要添加的系列名称所在的单元格 A7,然后将鼠标指针置于【值】文本框中,使用鼠标选择 B7:E7 单元格区域,如图 4-61 所示。

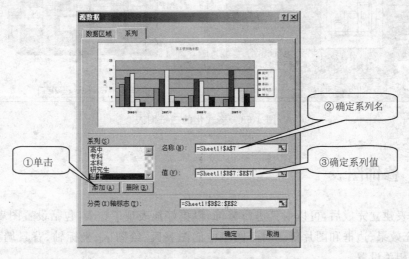

图 4-61　添加源数据

(4) 单击【确定】按钮,名为"博士"的数据系列就添加到图表中了,如图 4-62 所示。

如果要删除图表中的数据,在图表上单击要删除的图表系列,按 Delete 键即可完成。利用【源数据】对话框的【系列】选项卡中的【删除】按钮也可以删除图表数据。

2. 更改图表选项

选中图表,然后右击,在弹出的快捷菜单中选择【图表选项】命令,弹出【图表选项】对话框。通过此对话框,可以修改图表的标题、设置坐标轴、设置网格线、设置图例、添加系列数据标志等。

例如,将图例的位置放置在图表底部的操作为,切换到【图例】选项卡,选择【位置】为【底部】单选按钮,然后单击【确定】按钮。

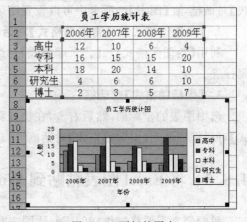

图 4-62　更新的图表

3. 修改图表的类型

三维图表的视觉效果要优于二维图形,更换图表类型的操作步骤如下:

(1) 右击图表中的空白处,在弹出的快捷菜单中选择【图表类型】命令,弹出【图表类型】对话框,然后在【图表类型】列表框中选择【柱形图】,在【子图表类型】中选择【三维堆积柱形图】,单击【确定】按钮,将图形转换为三维图表。

(2) 右击图表的空白区,在弹出的快捷菜单中选择【设置三维视图格式】命令,弹出【设置三维视图格式】对话框,单击【默认值】按钮,得到的图表效果如图 4-63 所示。

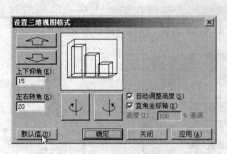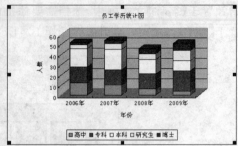

图 4-63　格式化的三维图表

4.8.4　修饰图表

在图表建立完成后,可以对其进行修饰,以更好地表现工作表,包括设置图表的颜色、图案、填充效果、边框和图片等。对于图表中的图表区、绘图区、坐标轴、背景墙和基底等可以进行相关设置。

1.【图表区格式】对话框

选中图表的图表区,然后右击,在快捷菜单中选择【图表区格式】命令,弹出【图表区格式】对话框,在【图案】选项卡中可以设置图表区的边框和填充颜色。

2.【绘图区格式】和【背景墙格式】对话框

利用【绘图区格式】和【背景墙格式】对话框,可以设置绘图区和背景墙的图案、字体和属性等。

3.【坐标轴格式】对话框

选中图表的坐标轴,然后右击,在快捷菜单中选择【坐标轴格式】命令,弹出【坐标轴格式】对话框。利用【坐标轴格式】对话框可以设置坐标轴的图案、刻度、数字、字体、对齐等。

4.8.5　将 Excel 图表粘贴到 Word 文档

我们经常需要将制作好的 Excel 图表作为图片复制到 Word 文档中,具体操作步骤如下:

(1) 在 Excel 中选择需要复制的图表,按 Ctrl+C 快捷键。

(2) 切换到 Word 应用程序窗口,将光标移动到插入图表的位置,然后选择【编辑】|【选择性粘贴】命令,弹出【选择性粘贴】对话框,如图 4-64 所示。

(3) 在该对话框中选中【粘贴】单选按钮,在【形式】列表框中选择【图片(增强型图元文件)】选项,然后单击【确定】按钮。

注意:Windows 应用程序支持 OLE(对象链接与嵌入技术)。所谓粘贴,就是对象嵌入,粘贴链接也就是对象链接。此处是把 Excel 图表转换成图像嵌入到 Word 文档中,若选中【粘贴链接】单选按钮,则只能链接【Microsoft Office Excel 图表对象】。

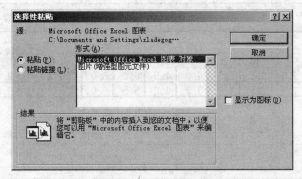

图 4-64 【选择性粘贴】对话框

4.8.6 使用 Excel 图表"添加趋势线"的方法快速实现数据拟合

在科研或统计工作中,人们经常需要从一组测定的数据(例如,n 个点 $(x_i, y_i)(i=1, 2, \cdots, n)$)求得自变量 x 和因变量 y 的一个近似的解析表达式 $y=f(x)$,这就是由给定的 n 个点求数据拟合方程的问题,该拟合方程可以近似反映数据的一般趋势。数据拟合多使用最小二乘原理或多项式法,拟合数据运算量大,特别是数据较多时相当烦琐。而使用 Excel 图表向导中的"添加趋势线"方法则可以快速求出相当精确的数据拟合方程,它是一个很方便的数据拟合工具。

实现数据拟合的操作步骤如下:

(1) 在 Excel 工作表中分两行输入 n 个点的 (x_i, y_i) 数据,如图 4-65(a)所示。

(2) 将光标置于工作表内的任意单元格上,用鼠标单击【常用】工具栏上的【图表向导】按钮,或选择【插入】|【图表】命令,弹出【图表向导】对话框,在【图表类型】列表框中选择【XY 散点图】,在【子图表类型】选择框中选择【散点图。比较成对的数值】,然后单击【下一步】按钮。

(3) 在弹出的对话框中的数据区域中输入 A1:L2(或者单击【数据区域】输入框右侧的折叠按钮,用鼠标直接在工作表中选择 A1:L2 区域,然后单击折叠按钮返回【图表向导】),选择系列产生在【行】,单击【下一步】按钮,根据提示和需要输入有关内容,并单击【下一步】按钮。在弹出的【图表位置】对话框中选中【作为其中的对象插入】单选按钮,单击【完成】按钮,就会生成一张散点图,如图 4-65(b)所示。

(4) 选择【图表】|【添加趋势线】命令,弹出【添加趋势线】对话框,切换到【类型】选项卡,在【趋势预测/回归分析类型】选项组中选择【线性】类型,再切换到【选项】选项卡,选中【显示公式】复选框,单击【确定】按钮,显示直线趋势线,趋势线旁边的公式就是所求的数据拟合线性方程($y=0.8428x+0.3699$);若要更精确,可在【趋势预测/回归分析类型】选项组中选择【多项式】类型,阶数根据需要可选择 2 阶或更高阶,再在【选项】选项卡中选中【显示公式】复选框,单击【确定】按钮,显示多项式曲线趋势线,趋势线上的公式就是所求的数据拟合线性方程,图 4-65(c)所示为 3 阶多项式 $y=0.0002x^3-0.07x^2+1.6554x-1.5935$)。

	A	B	C	D	E	F	G	H	I	J	K	L
1	x	2.0	2.5	3.5	4.0	4.5	5.0	6.0	7.0	8.0	9.0	10.0
2	y	1.3	2.5	3.0	3.8	4.2	5.5	6.0	6.5	7.0	8.0	8.1

(a)

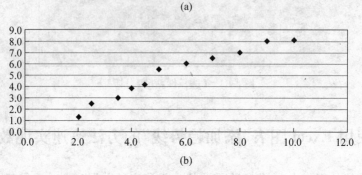

(b)

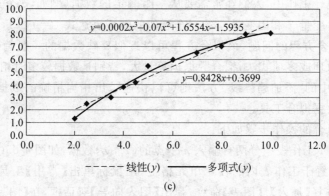

(c)

图 4-65 用"添加趋势线"方法快速实现数据拟合

4.9 实践案例 2——人均收入情况表及其图表的建立

操作重点

- 数据格式的设置
- 公式函数的统计计算
- 工作表的格式设置
- 图表的创建及修改

操作难点

- 公式与函数的灵活应用
- 设置图表源数据

• 图表中控件的添加

4.9.1 任务要求

本例素材使用"收入调查表"工作表,对该工作表进行格式设置,效果如图 4-66 所示。根据"收入调查表"中的数据统计,生成年收入分析表(如图 4-67 所示)及相应图表(如图 4-68 所示)。

收入调查表

序号	单位	姓名	性别	出生日期	2007年月收入	2008年月收入
1	甲工厂	陆俊	男	1974年9月18日	￥1,800.00	￥1,900.00
2	甲工厂	张霞	女	1973年9月8日	￥2,000.00	￥2,000.00
3	乙公司	马萍	女	1971年8月30日	￥1,400.00	￥1,760.00
4	丙学校	王建国	男	1983年8月23日	￥2,000.00	￥1,058.00
5	甲工厂	何云飞	女	1970年8月10日	￥2,000.00	￥1,900.00
6	乙公司	赵淑娟	女	1980年8月2日	￥1,456.00	￥1,815.00
7	丙学校	陆雨舟	女	1978年7月22日	￥1,508.00	￥1,957.00
8	丙学校	宗燕	女	1967年7月13日	￥1,472.00	￥1,904.00
9	乙公司	徐小萍	女	1982年7月6日	￥1,440.00	￥1,786.00
10	乙公司	葛明	男	1972年8月5日	￥1,415.00	￥1,747.00
11	丙学校	高浩天	男	1971年8月23日	￥1,438.00	￥1,860.00
12	甲工厂	李婷婷	男	1958年8月11日	￥1,150.00	￥2,500.00
13	乙公司	殷琴	女	1975年7月27日	￥1,506.00	￥1,865.00
14	甲工厂	孙国庆	男	1964年7月10日	￥1,080.00	￥1,700.00
15	丙学校	王健	男	1972年8月21日	￥1,516.00	￥1,795.00
16	乙公司	王一平	男	1977年8月21日	￥1,480.00	￥1,854.00
17	丙学校	赵亚欣	女	1969年9月7日	￥1,560.00	￥1,840.00
18	丙学校	韦荣	男	1977年9月29日	￥1,688.00	￥1,058.00
19	甲工厂	杨初	男	1968年10月15日	￥1,130.00	￥1,980.00
20	乙公司	曹莹	女	1974年10月30日	￥1,503.00	￥1,719.00

图 4-66 格式化的"收入调查表"

年份	甲工厂	乙公司	丙学校
2007年	18320.00	17485.71	19169.14
2008年	23960.00	21507.43	19666.29

图 4-67 收入分析表

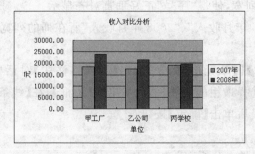 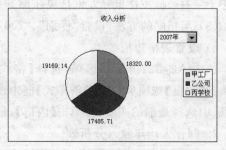

图 4-68 直方图与饼图

读者通过本例,进一步巩固表格的格式化设置,以及公式和函数的使用方法,掌握图表的创建和编辑,学习在图表中添加控件的方法。

4.9.2 操作步骤

准备工作:打开"第4章\sample\实践案例2"中的"收入调查表. xls"工作簿,选择"收入调查表"作为当前编辑的工作表。

1. 格式化工作表

1) 设置表格标题格式

(1) 选中 A1:G1 单元格区域,选择【格式】|【单元格】命令,弹出【单元格格式】对话框。切换到【对齐】选项卡,设置水平对齐为【居中】、垂直对齐【居中】,并选中【合并单元格】复选框;切换到【字体】选项卡,设置字体为【黑体】、字形为【加粗】、字号为"24",然后单击【确定】按钮。

(2) 选中 A2:G2 单元格区域,设置字体为【宋体】、字形为【加粗】、字号为"12",并设置水平对齐方式为【居中】、垂直对齐方式为【居中】。

(3) 选中"序号"单元格 A2,再按住 Ctrl 键不放,选择"性别"单元格 D2、"2007 年月收入"和"2008 年月收入"单元格 F2、G2,然后选择【格式】|【单元格】命令,弹出【单元格格式】对话框,在【对齐】选项卡中选中【自动换行】复选框,单击【确定】按钮。

2) 设置日期、数值格式

(1) 选中"出生日期"单元格区域 E3:E22,选择【格式】|【单元格】命令,弹出【单元格格式】对话框。在【数字】选项卡中进行设置,在此选择分类为【日期】、类型为【2001 年 3 月 14 日】,然后单击【确定】按钮。

(2) 选中"年月收入"单元格区域 F3:G22,选择【格式】|【单元格】命令,弹出【单元格格式】对话框。在【数字】选项卡中进行设置,在此选择分类为【货币】、小数点后为"2"、货币符号为"¥",然后单击【确定】按钮。

3) 设置行高、列宽

(1) 选中第 1 行中的任一单元格,选择【格式】|【行】|【行高】命令,在【行高】对话框中设置行高为"60"。

(2) 将鼠标指针移至 A 列标头的右边线,当鼠标指针变成一个左、右方向各带箭头的实心十字✛时,按住鼠标左键拖曳压缩其列宽,使得"序号"正好垂直对齐显示。

(3) 用相同的方法,设置"性别"、"2007 年月收入"、"2008 年月收入"所在列的列宽。

4) 设置表格边框

选中 A2:G22 单元格区域,选择【格式】|【单元格】命令,弹出【单元格格式】对话框。切换到【边框】选项卡,在【线条样式】框中选择最粗的实线,然后单击【外边框】,在【线条样式】框中选择最细的实线,再单击【内部】,最后单击【确定】按钮。

2. 制作人均年收入分析表

双击 Sheet2 工作表标签,将其更名为"收入分析表"。

1）输入数据

（1）在 A1 单元格中输入"年份"，在 B1 至 D1 单元格中分别输入"甲工厂"、"乙公司"、"丙学校"，在 A2、A3 单元格中分别输入"2007 年"、"2008 年"。

（2）为 A1:D3 单元格设置边框，选择【格式】|【单元格】命令，弹出【单元格格式】对话框。切换到【边框】选项卡，在【线条样式】框中选择最细的实线，然后单击【外边框】，再单击【内部】，最后单击【确定】按钮。

（3）选中 A1:D3 单元格区域，单击【格式】工具栏上的【居中】按钮 ≡，设置单元格的水平对齐方式为【居中】，并适当调整各列的列宽。

2）输入公式

（1）选择 B2 单元格，计算甲工厂职工的 2007 年月收入的总和：单击【编辑栏】中的【插入函数】按钮 ƒx，弹出【插入函数】对话框，设置【选择类别】为【数学与三角函数】，选择函数为"SUMIF"，单击【确定】按钮。当显示 SUMIF 函数对话框时，将鼠标指针置于 Range 文本框中，此时单击"收入调查表"标签，显示出收入调查表数据，选择【单位】列数据 B2:B22 单元格区域；将鼠标指针置于 Criteria 文本框中，并单击"收入调查表"标签，选择 B 列中的任一甲工厂所在的单元格（例如 A3 单元格）；将鼠标指针置于 Sum_range 文本框中，并单击"收入调查表"标签，选择"2007 年月收入"列数据 F3:F22 单元格区域，如图 4-69 所示，最后单击【确定】按钮，在 B2 单元格中得到甲工厂职工的 2007 年月收入的总和。

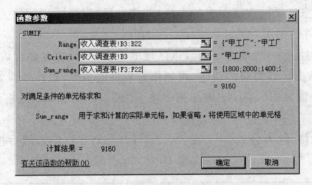

图 4-69　设置 SUMIF 函数参数

（2）选择 B2 单元格，将鼠标指针置于【编辑栏】中显示的公式末尾，输入除号"/"，然后单击【编辑栏】中的【插入函数】按钮 ƒx，弹出【插入函数】对话框，设置【选择类别】为【统计】，选择函数为 COUNTIF，单击【确定】按钮（以下应用该函数统计甲工厂职工人数，以计算月平均收入）。当显示 COUNTIF 函数对话框时，将鼠标指针置于 Range 文本框中，此时单击"收入调查表"标签，显示出收入调查表数据，选择"单位"列数据 B2:B22 单元格区域；将鼠标指针置于 Criteria 文本框中，并单击"收入调查表"标签，选择 B 列中的任一"甲工厂"所在的单元格（例如 A3 单元格），单击【确定】按钮。在 B2 单元格中返回的结果为甲工厂职工的 2007 年月平均收入。再次选择 B2 单元格，在【编辑栏】公式末尾增加输入"＊12"，并按 Enter 键确认，B2 单元格中得到甲工厂职工的 2007 年年平均收入。

（3）用相同的方法,输入甲工厂 2008 年平均收入公式以及乙公司和丙学校 2007 年、2008 年平均年收入公式。

（4）选中 B2:D3 单元格区域,选择【格式】|【单元格】命令,弹出【单元格格式】对话框。然后在【数字】选项卡中进行设置,在此选择分类为【数值】、小数位数为"2",单击【确定】按钮。

3. 制作图形分析

单击"收入分析表"工作表标签,再依据此表制作分析图表。

1）制作直方图

（1）选择单元格区域 A1:D3,然后选择【插入】|【图表】命令,弹出【图表向导——4 步骤 1-图表类型】对话框。选择【图表类型】列表框中的【柱形图】、【子图表类型】中的【簇状柱形图】,单击【下一步】按钮,弹出【图表向导——4 步骤 2-图表源数据】对话框。

（2）在【图表向导——4 步骤 2-图表源数据】对话框中,选择系列产生在【行】,单击【下一步】按钮,弹出【图表向导——4 步骤 3-图表选项】对话框。在【图表标题】栏中输入"收入对比分析",在【分类(X)轴】栏中输入"单位",在【数值(Y)轴】栏中输入"元",单击【下一步】按钮。

（3）打开【图表向导——4 步骤 4-图表位置】对话框,默认选择【将图表作为其中的对象插入】项,单击【完成】按钮,图表嵌入到当前工作表中。

（4）单击图表空白处,即选定图表,此时图表边框上出现了 8 个小方块,然后将鼠标指针移至方块上,拖曳鼠标改变图表的大小,并拖曳鼠标移动图表至适当的位置。

2）制作带控件的饼图

饼图一般只能显示一行或者一列数据区域的构成比例,如有多行数据记录,要求方便地指定显示某行数据区域对应的饼图,可制作带控件的饼图,操作步骤如下:

（1）设置图表源数据。在 G1 单元格中输入"1",在 G1:J1 单元格分别输入"年份"、"甲工厂"、"乙公司"、"丙学校"。

选中 G3 单元格,输入公式"=INDEX(A2:D3,$G$1,1)",然后按 Enter 键,G3 中即显示"2007 年"。

> **注意**:INDEX(array,row_num,column_num)函数返回 array 数组中的元素值,此元素由行序号 row_num 和列序号 column_num 的索引值给定。本例中的数组为 A2:D3,行序号索引值由$G$1通过组合框控件选定,现为 1,列序号索引值此处为 1,因此返回 A2 的值。

选中 G3 单元格,使用填充柄复制公式至单元格 H3:J3,结果在 H3:J3 中返回 B2:D2 的值,如图 4-70 所示。

G3		▼	f_x	=INDEX(A2:D3,$G$1,1)				
	A	B	C	D	E	F	G	H	I	J
1	年份	甲工厂	乙公司	丙学校			年份	甲工厂	乙公司	丙学校
2	2007年	18320	17485.71	19169.14			2007年	18320.00	17485.71	19169.14
3	2008年	23960	21507.43	19666.29						

图 4-70　设置图表源数据

（2）创建饼图。选中 G2：J3 单元格区域，选择【插入】|【图表】命令，弹出【图表向导——4 步骤 1-图表类型】对话框，然后选择【图表类型】为【饼图】，设置图表标题为"收入分析"，在本工作表中插入一个饼图。

（3）添加组合框。图表中的组合框可用来选择要显示创建图表的源数据，操作步骤为，选择【视图】|【工具栏】|【窗体】命令，调出【窗体】工具栏，单击该工具栏中的【组合框】按钮，如图 4-71 所示。然后使用鼠标在图表中的合适位置拖曳出一个组合框，并在组合框中右击，在弹出的快捷菜单中选择【设置控件格式】命令。

打开【对象格式】对话框，切换到【控制】选项卡，设置参数如图 4-72 所示，单击【确定】按钮。

图 4-71　选择【组合框】按钮

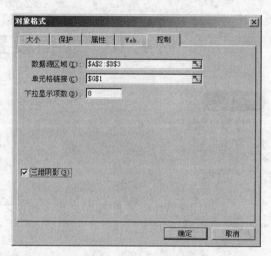

图 4-72　设置控制参数

将 G1 单元格的内容修改为"1"，此时，单击【组合框】右侧的下三角按钮，将在弹出的下拉列表框中显示出年度数，如图 4-73 所示。在弹出的下拉列表框中选择【2008 年】，即可显示 2008 年各单位的收入对比饼图。

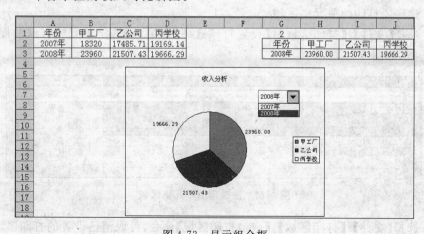

图 4-73　显示组合框

（4）编辑图表。选定图表,选择【图表】|【图表选项】命令,弹出【图表选项】对话框。然后切换到【数据标志】选项卡,选中【值】复选框并单击【确定】按钮,此时,图中显示出各单位人均年收入的数值。

在图表中,单击任一数值标志并右击,在快捷菜单中选择【数据标志格式】命令,弹出【数据标志格式】对话框,设置字号为 10 号,在【数字】选项卡中设置保留两位小数位数。

在【图表】工具栏的下拉列表中选择【绘图区】,利用鼠标拖曳,适当改变饼图的大小。

4. 保存

单击【常用】工具栏上的【保存】按钮。

4.10　页面设置与打印

学习重点

- 打印区域设置
- 页面设置
- 打印

Excel 的打印和 Word 中的打印有很多相似之处,但是对于 Excel 可以先设置打印区域,再打印。

4.10.1　打印区域的设置

在工作表中可以定义打印区域,定义打印区域后 Excel 将只打印该打印区域。设置打印区域的操作步骤如下:

（1）选定要打印的单元格区域。

（2）选择【文件】|【打印区域】|【设置打印区域】命令,被选定单元格区域的周围会出现虚线边框,如图 4-74 所示。

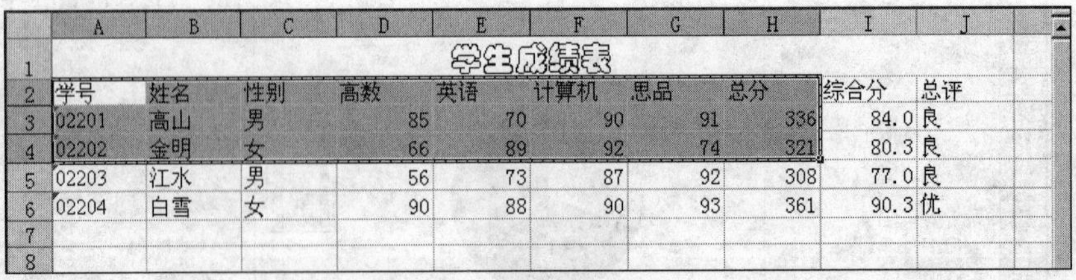

	A	B	C	D	E	F	G	H	I	J
1					学生成绩表					
2	学号	姓名	性别	高数	英语	计算机	思品	总分	综合分	总评
3	02201	高山	男	85	70	90	91	336	84.0	良
4	02202	金明	女	66	89	92	74	321	80.3	良
5	02203	江水	男	56	73	87	92	308	77.0	良
6	02204	白雪	女	90	88	90	93	361	90.3	优
7										
8										

图 4-74　被选定的单元格区域

（3）选择【文件】|【打印区域】|【取消打印区域】命令,可取消已设置的打印区域。

4.10.2 设置分页

Excel 提供了自动分页功能,但为了使工作表的打印效果更好,用户可以根据工作表中的内容对工作表进行分页。操作步骤如下:

(1) 在工作表中选定需要插入分页符的位置,在要插入水平或垂直分页符的位置的下面或右面选中一行或一列。

(2) 选择【插入】|【分页符】命令,在选定位置将出现一条长虚线,即插入了一个分页符,如图 4-75 所示。

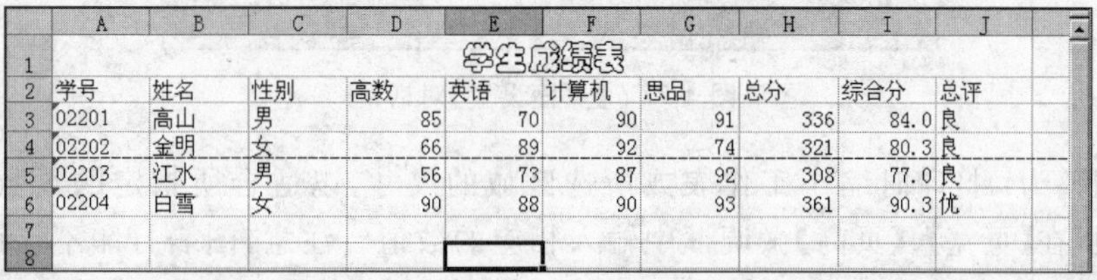

图 4-75　插入分页符后的工作表

(3) 如果想删除插入的分页符,可以选择分页符下的行,然后选择【插入】|【删除分页符】命令。

选择【视图】|【分页预览】命令,打开分页预览视图,在该视图中分页符以蓝色线条表示,用户可以用鼠标调整当前工作表的分页符,以调整打印区域的大小。在图 4-76 中,原垂直分页符在虚线处,用鼠标将分页符线条向右拖动 1 列,使打印区域包含全部工作表。

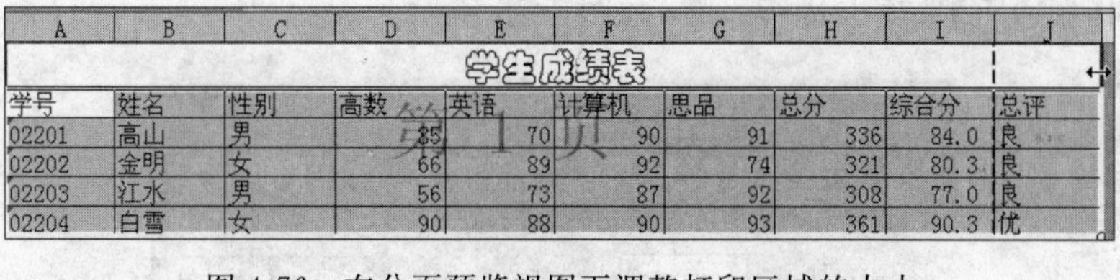

图 4-76　在分页预览视图下调整打印区域的大小

4.10.3 页面设置

如果要打印一份美观大方的工作表,除了要设置好工作表格式以外,还需要设置好打印格式,这些设置可以从【页面设置】对话框中选定。

1. 设置页面

选择【文件】|【页面设置】命令,弹出【页面设置】对话框,如图 4-77 所示。

下面介绍参数及其含义。

- 方向:可设置打印方向为纵向或横向,当列数超过行数时,最好选择横向。
- 缩放比例:选中此项,并在微调框中输入缩放比例,工作表将按照缩放的比例打印。

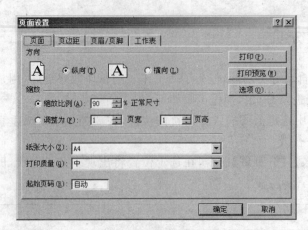

图 4-77 【页面设置】对话框

- 调整为：打印时缩小工作表或所选区域的尺寸，以适合所指定的页数。选中此项，在【页宽】、【页高】微调框中输入相应的数值。注意，图表打印不能设置【调整为】。
- 纸张大小：选择打印所用的纸张。
- 打印质量：打印质量以 DPI 为单位，表示每英寸打印的点数。点数越高，打印质量越好。
- 起始页码：在【起始页码】文本框中输入打印工作表的第一页的页码，随后打印页码递增。若设置为【自动】，起始页码为 1。

2. 设置页边距

切换到【页边距】选项卡进行设置，如图 4-78 所示。

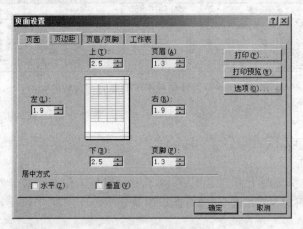

图 4-78　设置页边距

- 在【上】、【下】、【左】、【右】微调框中分别调整数据到页边之间的距离，并可在预览框中查看结果。
- 在【页眉】和【页脚】微调框中输入数值以调整它们与上、下边之间的距离，这个距离应小于数据的页边距,以免页眉和页脚被数据覆盖。

- 在【居中方式】选项组中选中【垂直】或【水平】复选框,或二者都选中,可使数据在页边距之内居中。

注意:单击【打印预览】按钮,或直接在【常用】工具栏中单击【打印预览】按钮,打开打印预览视图,在该视图下可用鼠标直接调整页边距,如图 4-79 所示。

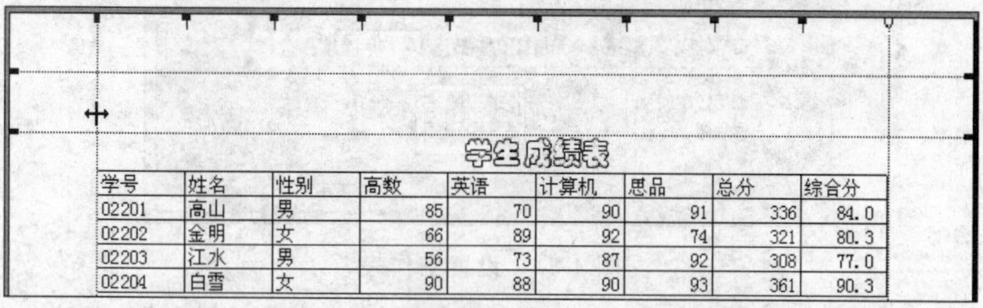

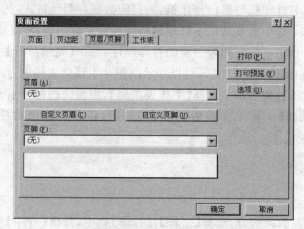

图 4-79   在打印预览视图下用鼠标直接调整页边距

3. 设置页眉和页脚

切换到【页眉/页脚】选项卡进行设置,如图 4-80 所示。

图 4-80   【页眉/页脚】选项卡

在此对话框中,可以给打印页面添加页眉和页脚。一般用页眉标注工作表的标题,用页脚标注工作表的页码。

在【页眉】或【页脚】下拉列表框中单击所需的页眉或页脚,如果都不合适,可以单击【自定义页眉】按钮或【自定义页脚】按钮为文档创建自定义的页眉或页脚。

4. 设置工作表

切换到【工作表】选项卡进行设置,如图 4-81 所示。

- 打印区域:单击此文本框,可直接输入打印区域,或单击【打印区域】文本框右侧的折叠按钮缩小【页面设置】对话框,然后直接用鼠标选择要打印的工作表区域。
- 打印标题:利用【打印标题】右侧的按钮选定行标题和列标题区域,为每页设置

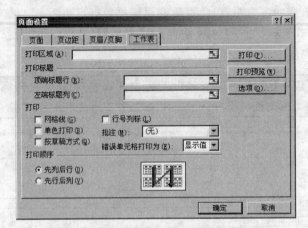

图 4-81　设置工作表

相同的行标题或列标题。

- 打印：【打印】选项组中包含了一组复选框。
- 网格线：决定是否在工作表中打印水平或垂直的单元格网格线。
- 单色打印：若打印机为黑白打印机，而打印数据有彩色格式，选用此项。
- 按草稿方式：选中此复选框不打印网格线和大多数图表，可以减少打印时间。
- 打印顺序：如果要控制超过一页的打印顺序，选中【先列后行】或【先行后列】单选按钮。在选中该单选按钮后，可以在示例图片中预览文档的方向。
- 批注：在此下拉列表框中选择【工作表末尾】，将在文档的最后另起一页来打印批注。如果选择【如同工作表中的显示】选项，将在文档中批注显示的地方打印批注。

4.10.4　打印

如果对打印预览效果满意，选择【文件】|【打印】命令，弹出【打印】对话框进行相应设置。由于此对话框的设置方法和 Word 中的设置方法极其类似，在此不再赘述。

4.11　数据的保护

学习重点

- 工作簿的保护
- 工作表的保护
- 单元格的保护
- 撤销保护的方法

Excel 可以有效地对工作簿中的数据进行保护,如设置密码,不允许无关人员访问;也可以保护某些工作表或工作表中某些单元格的数据,防止无关人员非法修改;还可以把工作簿、工作表、工作表某行(列)以及单元格中的重要公式隐藏起来。

4.11.1 保护工作簿

任何人都可以自由访问并修改未经保护的工作簿。

工作簿的保护包含两个方面:一是保护工作簿,防止他人非法访问;二是禁止他人对工作簿或工作簿中的工作表进行非法操作。

1. 限制访问工作簿

限制访问工作簿的具体操作步骤如下:

(1)打开要保护的工作簿,选择【文件】|【另存为】命令,弹出【另存为】对话框。

(2)单击【另存为】对话框中的【工具】,在出现的下拉菜单中选择【常规选项】命令,弹出【保存选项】对话框,如图 4-82 所示。

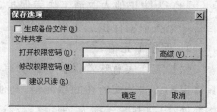

图 4-82 【保存选项】对话框

(3)在【保存选项】对话框的【打开权限密码】文本框中输入密码,单击【确定】按钮后,要求用户再输入一次密码,以便确认。

(4)单击【确定】按钮,返回【另存为】对话框,再单击【保存】按钮即可。

在打开设置了密码的工作簿时,将弹出【密码】对话框,只有正确地输入密码才能打开工作簿。注意,密码是区分大、小写字的。

2. 限制修改工作簿

限制修改工作簿的方法和上述限制访问工作簿的方法基本一致,只是步骤(3)时在【修改权限密码】文本框中输入密码。

在下次打开工作簿时,将弹出【密码】对话框,只有输入正确的修改权限密码才能对该工作簿进行修改操作。

3. 修改或取消密码

修改或取消密码的具体操作步骤如下:

(1)打开【保存选项】对话框。

(2)如果要更改密码,输入新密码并单击【确定】按钮。

(3)如果要取消密码,按 Delete 键,删除打开权限密码。

(4)单击【确定】按钮。

4. 对工作簿中工作表和窗口的保护

如果不允许对工作簿中的工作表进行移动、删除、插入、隐藏、取消隐藏、重新命名或禁止对工作簿窗口的移动、缩放、隐藏、取消隐藏等操作,可以做以下设置:

(1)选择【工具】|【保护】|【保护工作簿】命令。

(2)在弹出的【保护工作簿】对话框中选中【结构】复选框,表示保护工作簿的结构,工作簿中的工作表将不能进行移动、删除、插入等操作。

（3）如果选中【窗口】复选框，则每次打开工作簿时保持窗口的位置和大小固定，即工作簿的窗口不能移动、缩放、隐藏、取消隐藏。

（4）输入密码，可以防止他人取消工作簿保护（取消这种保护，可以选择【工具】|【保护】|【撤销工作簿保护】命令），然后单击【确定】按钮。

4.11.2 保护工作表和单元格

1. 保护工作表

除了保护整个工作簿以外，还可以保护工作簿中指定的工作表，具体操作步骤如下：

（1）使要保护的工作表成为当前工作表。

（2）选择【工具】|【保护】|【保护工作表】命令，弹出【保护工作表】对话框。

（3）为防止他人取消工作表保护，可以输入密码，然后单击【确定】按钮。

如果要取消保护工作表，选择【工具】|【保护】|【撤销工作簿保护】命令即可。

2. 保护单元格

保护工作表意味着保护它的所有单元格。然而，有时并不需要保护所有的单元格，而只需保护重要公式所在的单元格，其他单元格允许修改。一般情况下，Excel使所有单元格都处在保护状态，称为"锁定"，当然，这种锁定只有在实施上述"保护工作表"操作后才生效。为了解除某些单元格的锁定，使其能够被修改，可以执行以下操作：

（1）首先使工作表处于非保护状态，选定工作表的所有单元格区域，打开【单元格格式】对话框，然后切换到【保护】选项卡，选中【锁定】复选框，单击【确定】按钮。

（2）选定需要取消锁定的单元格区域，再次打开【单元格格式】对话框，切换到【保护】选项卡，取消选中【锁定】复选框，然后单击【确定】按钮。

（3）打开【保护工作表】对话框，选中【保护工作表及锁定的单元格内容】复选框，可以在下面的文本框中输入密码；在【允许此工作表的所有用户进行】列表框中只选中【选定未锁定的单元格】复选框，然后单击【确定】按钮，则取消锁定的单元格区域就是可以进行修改的单元格区域，其余单元格为保护单元格。

由于保护工作表意味着保护工作表中的所有单元格，所以，如果用户要取消对单元格的锁定，取消对工作表的保护即可。

4.11.3 隐藏工作簿和工作表

对于工作簿和工作表，除了设置上述密码保护外，还可以赋予隐藏特性，使之可以使用，但其内容不可见，从而得到一定程度的保护。

1. 隐藏和取消隐藏工作簿

1）隐藏工作簿

打开要隐藏的工作簿，选择【窗口】|【隐藏】命令，然后按住 Shift 键，选择【文件】|【全部关闭】命令（也可以直接退出 Excel）。这样，下次打开该文件时，会以隐藏方式打开，用

户可以引用其数据，但不可见。

2）取消工作簿的隐藏

打开要取消隐藏的工作簿，选择【窗口】|【取消隐藏】命令，弹出【取消隐藏】对话框，然后单击要取消隐藏的工作簿文件，单击【确定】按钮。

2. 隐藏和取消隐藏工作表

1）隐藏工作表

使要隐藏的工作表成为当前工作表，然后选择【格式】|【工作表】|【隐藏】命令，再单击【保存】按钮。

隐藏工作表后，屏幕上不再出现该工作表，但用户可以引用该工作表中的数据。若对工作簿实施了结构保护，就不能隐藏其中的工作表了。

2）取消工作表的隐藏

选择【格式】|【工作表】|【取消隐藏】命令，弹出【取消隐藏】对话框，单击该对话框中要取消隐藏的工作表名，然后单击【确定】按钮。

3. 隐藏和取消隐藏单元格的内容

隐藏单元格内容是指使单元格的内容不在数据编辑区中显示，例如，在对存有重要公式的单元格进行隐藏后，只能在单元格中看到公式的计算结果，在数据编辑区中看不到公式本身。

1）隐藏单元格内容

选定要隐藏的单元格区域，打开【单元格格式】对话框，切换到【保护】选项卡，然后在该选项卡中取消选中【锁定】复选框，选中【隐藏】复选框，单击【确定】按钮。接着选择【工具】|【保护】|【保护工作表】命令，使隐藏特性起作用。实际上，单元格区域被隐藏后，数据编辑区中为空白，不再显示单元格的内容。

2）取消单元格的隐藏

首先取消工作表的保护，然后选择要取消隐藏的单元格区域，打开【单元格格式】对话框，切换到【保护】选项卡，在该选项卡中取消选中【隐藏】复选框，最后单击【确定】按钮。

4.12　实践案例 3——销售情况记录表的管理与分析

操作重点

- 将数据库文件转换为 Excel 工作簿的方法
- 数据的排序
- 数据的筛选和分类汇总
- 工作表的管理

操作难点

- 自定义序列排序

- 数据透视表
- 工作表的保护

4.12.1　任务要求

将"销售记录.DBF"文件转换为 Excel 格式文件,分类汇总各部门的"销售"、"利润"合计,要求部门按照"销售一部"、"销售二部"、"销售三部"的顺序排列,部门相同时按"销售额"从大到小排序,如图 4-83 所示。然后利用数据透视表及公式功能,计算销售人员的奖金,如图 4-84 所示,最后将数据透视表打印输出。

	A	B	C	D	E
1	姓名	部门	地区	销售	利润
2	李三	销售一部	北京	100	38
3	王一平	销售一部	北京	100	38
4	王一平	销售一部	上海	90	35
5	张浩	销售一部	北京	89	33
6	梅兰	销售一部	北京	85	30
7	赵青	销售一部	上海	80	27
8	李三	销售一部	南京	75	28
9	赵青	销售一部	天津	70	24
10	梅兰	销售一部	南京	65	23
11	张浩	销售一部	天津	60	20
12	销售一部 汇总			814	296
13	邓超	销售二部	天津	125	51
14	邓超	销售二部	北京	124	52
15	陈小虎	销售二部	北京	120	50
16	朱茵	销售二部	上海	110	37
17	陈小虎	销售二部	天津	100	43
18	朱茵	销售二部	南京	100	35
19	殷红	销售二部	天津	70	21
20	殷红	销售二部	北京	70	22
21	冯刚	销售二部	北京	50	18
22	冯刚	销售二部	南京	45	16
23	销售二部 汇总			914	345
24	刘广志	销售三部	北京	130	42
25	刘广志	销售三部	南京	110	34
26	杜林	销售三部	上海	95	36
27	杜林	销售三部	北京	90	34
28	王雷	销售三部	北京	90	36
29	王雷	销售三部	天津	85	34
30	销售三部 汇总			600	216
31	总计			2328	857

图 4-83　分类汇总工作表

通过本例,读者能够进一步巩固分析数据清单的方法,并掌握工作表的复制、保护等相关设置。

4.12.2　操作步骤

1. 将"销售记录.DBF"文件转换为 Excel 格式文件

(1) 选择【数据】|【导入外部数据】|【导入数据】命令,弹出【选取数据源】对话框,如图 4-85 所示。在【查找范围】下拉列表框中选择素材文件夹,在【文件类型】下拉列表框中选择类型为【DBase 文件】,选择"销售记录.dbf"文件,然后单击【打开】按钮,弹出【导入数

姓名 ▼	数据 ▼	北京	南京	上海	天津	总计	奖金（万元）
陈小虎	求和项:销售	120			100	220	4.84
	求和项:利润	50			43	93	
邓超	求和项:销售	124			125	249	5.478
	求和项:利润	52			51	103	
杜林	求和项:销售	90		95		185	3.7
	求和项:利润	34		36		70	
冯刚	求和项:销售	50	45			95	1.9
	求和项:利润	18	16			34	
李三	求和项:销售	100	75			175	3.5
	求和项:利润	38	28			66	
刘广志	求和项:销售	130	110			240	4.8
	求和项:利润	42	34			76	
梅兰	求和项:销售	85	65			150	3
	求和项:利润	30	23			53	
王雷	求和项:销售	90			85	175	3.5
	求和项:利润	36			34	70	
王一平	求和项:销售	100		90		190	3.8
	求和项:利润	38		35		73	
殷红	求和项:销售	70			70	140	2.8
	求和项:利润	22			21	43	
张浩	求和项:销售	89			60	149	2.98
	求和项:利润	33			20	53	
赵青	求和项:销售			80	70	150	3
	求和项:利润			27	24	51	
朱茵	求和项:销售		100	110		210	4.2
	求和项:利润		35	37		72	

图 4-84　数据透视表

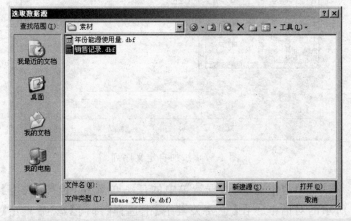

图 4-85　选取数据源

据】对话框，选择默认选项，单击【确定】按钮。

（2）选择【文件】|【另存为】命令，弹出【另存为】对话框，在【保存类型】下拉列表框中选择【Microsoft Excel 工作簿】，然后单击【保存】按钮。

2．复制并保护工作簿

（1）选中"销售记录"工作表标签，按住 Ctrl 键，拖动选中的工作表到达新的位置，然后松开鼠标，便复制了一张与原来工作表内容完全相同的"销售记录（2）"工作表。

（2）双击"销售记录（2）"工作表标签，输入"销售汇总表"，然后按 Enter 键确定输入。

（3）用相同的方法再复制一张工作表，并将其更名为"销售员销售"。

（4）选择原工作表"销售记录"，然后选择【工具】|【保护】|【保护工作表】命令，弹出【保护工作表】对话框，如图 4-86 所示，输入密码并再次输入确认后保护生效。

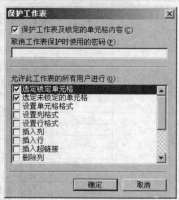

3. 分类汇总各部门的"销售"、"利润"合计

选择"销售汇总表"作为当前的工作表。

1）排序

要求部门按照"销售一部"、"销售二部"、"销售三部"的顺序排列，部门相同时按"销售额"从大到小排序。

（1）自定义序列。选择【工具】|【选项】命令，弹出【选项】对话框，切换到【自定义序列】对话框，在【输入序列】列表框中输入 3 行文字，即"销售一部"、"销售二部"、"销售三部"，然后单击【添加】按钮，如图 4-87 所示，最后单击【确定】按钮。

图 4-86 【保护工作表】对话框

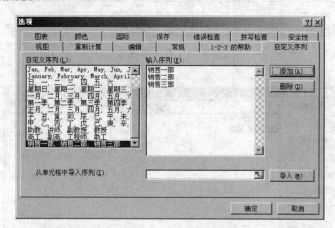

图 4-87 添加自定义序列

（2）排序。选中"销售汇总表"数据清单中的任一单元格，选择【数据】|【排序】命令，弹出如图 4-88 所示的对话框。在【主要关键字】中选择【部门】，然后单击【选项】按钮，在弹出的【选项】对话框中设置【自定义排序次序】为"销售一部"、"销售二部"、"销售三部"；在【次要关键字】中选择【销售】，并设置为【降序】，然后单击【确定】按钮。

2）分类汇总

选择【数据】|【分类汇总】命令，弹出如图 4-89 所示的对话框，在【分类字段】中选择【部门】，设置【汇总方式】为【求和】，选定【汇总项】为【销售】、【利润】，然后单击【确定】按钮。

4. 利用数据透视表功能计算销售人员的奖金

1）数据透视表

选择"销售员销售"工作表，选定数据清单中的任一单元格，然后选择【数据】|【数据透视表】命令，根据操作向导建立数据透视表。在图 4-90 中，将"姓名"拖放到"行"上，将"地

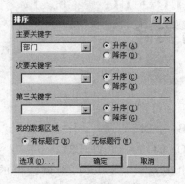

图 4-88 【排序】对话框

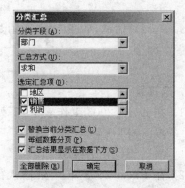

图 4-89 【分类汇总】对话框

区"拖放到列上,将"销售"、"利润"分别拖放到数据区中。接着将新生成的数据透视表更名为"奖金计算表"。

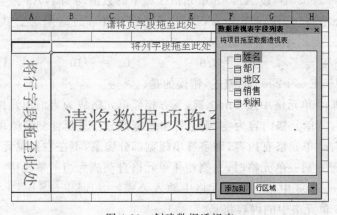

图 4-90 创建数据透视表

2) 计算奖金

选择"奖金计算表"作为当前工作表,在 H4 单元格中输入文字"奖金(万元)",在 H5 单元格中输入公式"＝IF(G6/G5＞0.4,G5＊0.02＊1.1,G5＊0.02)"。

表示当利润/销售额大于 40％时,奖金为销售额的 2％再上调 10％,否则奖金为销售额的 2％。

利用单元格公式的复制功能,生成 H7、H9、H11 等单元格的公式。

3) 设置格式

(1) 隐藏单元格的第 1 行和最后两个合计行。选择第 1 行,按住 Ctrl 键选择最后两个合计行,然后选择【格式】|【行】|【隐藏】命令。

(2) 参考图 4-84 设置边框及对齐方式。选择 A4:H30 单元格区域,单击【常用】工具栏上的【边框】按钮 旁边的小三角按钮 ，打开扩展按钮菜单,选择 按钮;然后单击【格式】工具栏上的【居中】按钮 ，设置单元格内容水平居中。

(3) 清除背景网格。选择【工具】|【选项】命令,弹出【选项】对话框,切换到【视图】选项卡,取消选中【窗口选项】中的【网格线】复选框,单击【确定】按钮。

4.13　思考与实践

1. 选择题

(1) 在 Excel 2003 工作表中,下列输入数据属于字符型的是(　　)。

    A. =C2+5   B. =Bl+5

    C. =SUM(A1:B2)   D. COUNT(A1,B2)

(2) 在 Excel 2003 单元格输入的过程中,若出现错误 #value!,则该错误的含义为(　　)。

    A. 除零错误   B. 使用了不正确的参数和运算符

    C. 使用了不正确的数字   D. 引用了非法单元

(3) 在 Excel 2003 中,设 A1:A8 单元格区域中的数值均为 1,A9 为空白单元格,A10 单元格中为一个字符串,则函数 =AVERAGE(A1:A10) 的结果与公式(　　)的结果相同。

    A. =8/8   B. =8/9   C. =8/10   D. =9/10

(4) 以下关于 Excel 2003 的叙述,错误的是(　　)。

    A. 在某个单元格中按 Enter 键,下方相邻单元格成为当前单元格

    B. 若右侧单元格内容为空,则字符串超宽部分一直延伸到右侧单元格

    C. 若右侧单元格有内容,则字符串超宽部分隐藏,不在右侧单元格显示

    D. 在删除某一单元格时,右侧相邻单元格自动成为当前单元格

(5) 在 Excel 2003 中,在 B5 单元格中输入公式 =$B$1+$B$3,复制后放入 C5 单元格中,则 C5 单元格中的内容将是(　　)。

    A. B1 和 C3 单元格的值之和   B. C1 和 B3 单元格的值之和

    C. B1 和 B3 单元格的值之和   D. C1 和 C3 单元格的值之和

(6) 在 Excel 2003 中,设 A1 单元格的内容为 10,B2 单元格的内容为 20,在 C2 单元格中输入"B2-A1",按 Enter 键后,C2 单元格的内容是(　　)。

    A. 10   B. -10

    C. B2-A1   D. ######

2. 填空题

(1) 当需要引用其他工作表的单元格内容时,必须在工作表名称和单元格名称之间插入符号_____。

(2) 活动单元格右下角的小黑点称为_____。

(3) 在默认状态下,所有文本在单元格中均_____对齐,所有数字在单元格中均_____对齐。

(4) Excel 管理的文档称为_____(扩展名为.xls),最多可以包含 255 张工作表,工作表由 65 536 行、256 列组成,每一个行、列交叉处即为_____。

(5) 若在 F3 单元格中输入"5/20",则该单元格的显示结果为_____。

(6) Excel 的公式以________开头。

3. 上机操作题

(1) 新建一个工作表,按图 4-91 所示输入数据,并以文件名“工资统计表.xls”保存。

工资表.xls

	A	B	C	D	E	F	G	H	I	J
1	某部门人员工资表									
2	姓名	职称	基本工资	绩效奖金	工龄工资	交通补贴	应发工资	所得税	养老保险	实发工资
3	王一平	助工	1500	100	100	100	1800			
4	陆雨舟	工程师	2000	200	200	100	2500			
5	宗燕	工程师	2200	200	250	100	2750			
6	徐小萍	副高	2800	300	450	100	3650			
7	赵亚欣	高工	3600	500	500	100	4700			
8	高浩天	助工	1400	100	50	100	1650			
9	李婷婷	副高	2600	250	450	100	3400			
10	殷琴	工程师	2100	200	250	100	2650			
11	孙国庆	助工	1400	100	50	100	1650			
12	王健	助工	1600	100	100	100	1900			
13	葛明	高工	3800	500	500	100	4900			
14	赵淑娟	助工	1350	100	50	100	1600			

Sheet1 / Sheet2 / Sheet3

图 4-91　工资表

(2) 在“工资统计表.xls”中进行以下操作,效果如图 4-92 所示。

工资表.xls

	A	B	C	D	E	F	G	H	I	J
1	某部门人员工资表									
2	姓名	职称	基本工资	绩效奖金	工龄工资	交通补贴	应发工资	所得税	养老保险	实发工资
3	王一平	助工	1500	100	100	100	1800			
4	陆雨舟	工程师	2000	200	200	100	2500			
5	宗燕	工程师	2200	200	250	100	2750			
6	徐小萍	副高	2800	300	450	100	3650			
7	赵亚欣	高工	3600	500	500	100	4700			
8	高浩天	助工	1400	100	50	100	1650			
9	李婷婷	副高	2600	250	450	100	3400			
10	殷琴	工程师	2100	200	250	100	2650			
11	孙国庆	助工	1400	100	50	100	1650			
12	王健	助工	1600	100	100	100	1900			
13	葛明	高工	3800	500	500	100	4900			
14	赵淑娟	助工	1350	100	50	100	1600			

工资表 / Sheet2 / Sheet3

图 4-92　格式化后的工资表

① 将 A1:J1 单元格区域合并及居中,设置表标题文字为楷体、18 号、加粗。

② 设置 A2:J14 单元格区域中文字的格式为宋体、12 号,且居中显示。

③ 为 A2:J14 单元格区域设置边框,外边框为粗实线,内边框为细实线。

④ 将 Sheet1 工作表重命名为“工资表”。

(3) 对以上所建立的“工资表”进行以下操作。

① 计算出每个员工的应发工资、所得税、养老保险和实发工资。应发工资=基本工资+绩效工资+工龄工资+交通补贴,所得税=(应发工资−1600)*10%,养老保险=应发工资*15%,实发工资=应发工资−所得税−养老保险。

② 将“工资表”在“工资统计表.xls”工作簿内复制两份,并将复制的工作表分别改名为“分析表”和“汇总表”。

③ 将"汇总表"中的数据按照职称分类汇总,计算出应发工资的平均值。

(4) 对"工资统计表.xls"工作簿中的数据进行统计分析。

① 将"分析表"中的数据进行排序,要求职称按照【高工】、【副高】、【工程师】、【助工】的顺序排序,职称相同时按【实发工资】从大到小排序。

② 在"工资表"中使用自动筛选功能筛选出【基本工资】大于 3000 元的员工信息。

③ 在"分析表"中使用高级筛选功能筛选出【助工】或【实发工资】大于 3000 元的员工信息,条件放在 A16 开始的单元格区域,结果放在 A20 开始的单元格区域。

(5) 对"工资表.xls"工作簿的"汇总表"进行页面设置。

① 设置"汇总表"页眉为"工资汇总表"(居中、楷体、10 号),设置页脚为页码和总页数(居中)、打印日期(居右)。

② 设置打印纸张为 A4 纸,打印方向为【横向】。

③ 设置上、下页边距为 2.5,左、右页边距为 2.0。

④ 设置表中的顶端标题行在每页均能输出。

(6) 创建图表。

① 选择 Sheet2 工作表,按图 4-93 所示输入数据,并将工作表重命名为"职称情况表"。

图 4-93　职称情况表

② 利用 COUNTIF 函数计算出每种职称的人数。

③ 使用公式求出"比例"列数据。

④ 利用表中的数据建立如图 4-94 所示的图表。

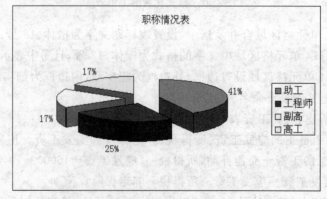

图 4-94　分离型饼图

第 **5** 章 演示文稿制作软件 PowerPoint 2003 的使用

PowerPoint 2003 简称 PPT,它是 Office 2003 系列软件中的又一重要组件,也是目前社会上非常流行的幻灯片制作软件,可以用来方便地创建演示文稿。由于其图、文、声、形并茂的表现方式和简单、易行的操作环境,PowerPoint 已经成为学术交流、产品展示、工作汇报、网络会议和个人求职等场合不可缺少的工具。网络、多媒体和幻灯片的有机结合是 PowerPoint 2003 的突出体现。

本章将详细介绍 PowerPoint 2003 的基本操作和使用方法。通过本章的学习,读者应掌握以下内容:

- PowerPoint 2003 的基本功能、启动和退出
- 演示文稿的创建、打开、保存和保护等基本操作
- 幻灯片中的编辑技术,包括幻灯片版式设置、幻灯片背景设置、幻灯片设计模板的应用、幻灯片中各类对象的插入、幻灯片的动画设置
- 管理幻灯片,包括幻灯片的新建、复制、移动、删除,超链接的建立与编辑,动作按钮的使用
- 控制幻灯片放映
- 打包演示文稿

5.1 PowerPoint 2003 概述

学习重点

- 演示文稿和幻灯片的关系
- PowerPoint 2003 的启动和退出
- PowerPoint 2003 的窗口组成
- PowerPoint 2003 的视图方式

5.1.1 演示文稿的基本概念

在 PowerPoint 中,演示文稿和幻灯片两个概念是有一些差别的,利用 PowerPoint 做

出来的东西称为演示文稿,它是一个独立的文件。而演示文稿中的每一页称为幻灯片,每张幻灯片都是演示文稿中既相互独立又相互联系的内容。

PowerPoint 是以制作电子幻灯片为核心,将文字、图形、图像、表格、声音及动画等多媒体元素组合在一起,并且能够通过显示器、投影仪或网络联机会议,使用户所要表达的信息淋漓尽致地表现出来。

PowerPoint 2003 在以前版本的基础上,功能有了较大的改进和更新,使得通过 Web 对演示文稿的共享和协作更加简单,允许用户向处于不同地域的人们进行演示并与其合作。此外,它还改进了使用图表、绘图、文本、动画效果和输出的方式,从而使演示文稿的编制和演示更加容易,极大地增强了其用途。

5.1.2　PowerPoint 2003 的启动和退出

PowerPoint 2003 常见的启动和退出方法与 Word 2003 等应用程序相似。

1. 启动

用户可通过以下 3 种方法之一启动 PowerPoint 2003。

(1) 单击【开始】按钮,选择【所有程序】| Microsoft Office | Microsoft Office PowerPoint 2003 命令。

(2) 双击桌面上的 PowerPoint 2003 图标。

(3) 双击 PowerPoint 演示文稿图标。

2. 退出

1) 关闭当前演示文稿文档

若只是关闭当前文档,而不退出 PowerPoint 应用程序,可以用以下方法:

(1) 选择【文件】|【关闭】命令。

(2) 单击菜单栏最右侧的【关闭窗口】按钮✕。

2) 直接退出 PowerPoint 应用程序

(1) 单击标题栏最右端的【关闭】按钮✕。

(2) 选择【文件】|【退出】命令。

(3) 当 PowerPoint 应用程序窗口作为当前活动窗口时,按 Alt+F4 快捷键。

(4) 双击标题栏左端的控制菜单图标 。

(5) 单击控制菜单,选择【关闭】命令。

5.1.3　PowerPoint 2003 的窗口组成

启动 PowerPoint 2003 后,屏幕上出现如图 5-1 所示的 PowerPoint 2003 窗口,它由标题栏、菜单栏、工具栏、大纲窗格、幻灯片窗格、备注窗格、视图切换按钮以及状态栏等部分组成。下面对该窗口中的各个部分分别予以介绍。

1. 标题栏

标题栏位于 PowerPoint 2003 窗口的最上面,用于显示当前所使用程序的名称和演

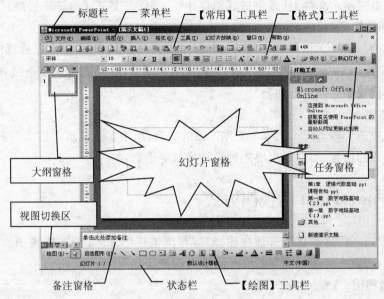

图 5-1　PowerPoint 2003 窗口

示文稿的名称等信息。与 Word 2003 类似，在标题栏的最左端有一个控制菜单按钮▣，单击它可以打开一个下拉菜单，菜单中提供了一些控制 PowerPoint 2003 窗口变化的命令。另外，使用标题栏右端的 ▬、▢、✕ 按钮，可以最小化、最大化/还原或者关闭程序窗口。

2. 菜单栏

PowerPoint 2003 菜单栏由【文件】、【编辑】、【视图】、【插入】、【格式】、【工具】、【幻灯片放映】、【窗口】和【帮助】9 个菜单组成。每个菜单都有自己的一组子菜单，各子菜单对应相应的功能。

3. 工具栏

PowerPoint 2003 的工作界面中默认显示 3 个工具栏，【常用】工具栏和【格式】工具栏显示在菜单栏之下，【绘图】工具栏显示在窗口底部的状态栏之上。

与 Word 2003 一样，用户可以通过选择【视图】|【工具栏】命令，随时显示或隐藏某个工具栏。还可以通过选择【工具】|【自定义】命令，弹出【自定义】对话框，设置添加工作界面中没有的工具栏和工具按钮。

4. 工作区

PowerPoint 2003 窗口的中间部分是工作区，它是窗口中最重要的部分，所有幻灯片的制作都在这个区域完成。工作区由 3 个部分组成，即大纲窗格、幻灯片窗格和备注窗格。当窗格中的内容显示不下时，在窗格的下方或右方会出现滚动条。

5. 任务窗格

PowerPoint 2003 的任务窗格位于工作区界面右侧，用来显示制作演示文稿时经常用到的命令。用户通过任务窗格能够迅速访问与特定任务相关的命令，而无须使用菜单和工具栏。单击任务窗格顶部的下拉三角按钮，可以选择不同的任务窗格来编辑和管理幻灯片,如【新建演示文稿】任务窗格、【幻灯片版式】任务窗格、【幻灯片切换】任务窗格等。

6. 视图切换区

视图切换区位于工作区的左下角,包含 3 个视图切换按钮,即【普通视图】按钮回、【幻灯片浏览视图】按钮品、【幻灯片放映视图】按钮豆。通过使用这 3 个按钮,用户可以方便地在不同视图之间进行切换。

7. 状态栏

状态栏位于 PowerPoint 2003 工作界面的底部,用来显示演示文稿当前的状态,如当前插入点所在的位置、幻灯片所应用的设计模板等信息。

5.1.4　PowerPoint 的视图方式

PowerPoint 2003 提供了普通视图、幻灯片浏览视图、幻灯片放映视图和备注视图 4 种视图方式。其中,普通视图和幻灯片浏览视图最为常用。

1. 普通视图

普通视图是 PowerPoint 2003 的默认视图,幻灯片的制作就是在此视图方式下进行的。在普通视图下,用户能够同时看到演示文稿的大纲、当前幻灯片的内容和备注。在该视图中有 3 个工作区域,即大纲窗格、幻灯片窗格和备注窗格。

1) 大纲窗格

大纲窗格位于幻灯片窗格的左侧,其主要任务是负责插入、复制、删除、移动整张幻灯片。

大纲窗格中包含两个选项卡,分别为【大纲】选项卡和【幻灯片】选项卡。

- 【大纲】选项卡:单击【大纲】选项卡标签,屏幕将切换到大纲窗格。在大纲窗格中只显示演示文稿的文本,不显示任何图形,在此窗格中可以快速地输入、编辑和重新组织幻灯片中的文本。
- 【幻灯片】选项卡:单击【幻灯片】选项卡标签,屏幕将切换到幻灯片窗格。在幻灯片窗格中将显示出按顺序排列的各张幻灯片的编号和缩略图,单击幻灯片图标,可以进行切换。除此之外,在编号下面还有一个【播放动画】按钮☆,单击它可以观看当前幻灯片的播放效果。

2) 幻灯片窗格

幻灯片窗格位于窗口的正中间,在此窗格中以较大视图显示演示文稿中每张幻灯片的外观。用户在制作幻灯片时,通常在此窗格中为幻灯片插入文本、图片、表格、图表、文本框、电影、声音、超链接和动画等。

单击【常用】工具栏中的【显示比例】按钮 100% 右侧的下拉按钮 ▼,设置显示比例,可以调整幻灯片的大小。

3) 备注窗格

备注窗格位于幻灯片窗格下方,其主要任务是为演讲者演讲时提供提示信息。选择【视图】|【普通】命令或单击视图切换按钮回均可切换到普通视图。

2. 幻灯片浏览视图

选择【视图】|【幻灯片浏览】命令或单击视图切换按钮 ，可以切换到幻灯片浏览视图。

在幻灯片浏览视图下，幻灯片以缩略图显示，并且按顺序整齐地排列在幻灯片浏览窗口中。在此视图下，用户可以方便地查看演示文稿的整体效果，还可以对演示文稿中的幻灯片进行各种操作，如添加、删除和移动等，但在该视图中不能改变幻灯片的内容。

使用图 5-2 所示的【幻灯片浏览】工具栏，还可以为每张幻灯片设置切换方式。因此，在幻灯片浏览视图中，经常对演示文稿的整体进行修改或编排。

图 5-2 【幻灯片浏览】工具栏

同样，在【常用】工具栏的【显示比例】下拉列表中改变显示比例，可以调整窗口中一次能显示的幻灯片的张数。

3. 幻灯片放映视图

选择【视图】|【幻灯片放映】命令或单击视图切换按钮 🖵，或按 F5 键，可以切换到幻灯片放映视图播放幻灯片。

在创建演示文稿的任何时候，都可以将演示文稿以放映幻灯片的形式进行播放。在放映时，窗口转换为演示功能，每张幻灯片按顺序在屏幕上显示，单击或按 Enter 键显示下一张，也可以用键盘上的上、下、左、右方向键来回显示各张幻灯片。在播放过程中按Esc 键或放映完所有幻灯片后，演示文稿恢复原视图状态。

4. 备注视图

选择【视图】|【备注页】命令，可以切换到备注视图。

备注视图用于查看或编辑用户在备注窗格中为每一张幻灯片添加的备注。在此视图下，幻灯片和它的备注页同时显示在窗口中。备注页中的内容是演示者对每一张幻灯片的注释或提示，仅供查阅，不会在演示幻灯片时显示。

5.2 演示文稿的基本操作

学习重点

- 创建空演示文稿
- 根据设计模板创建演示文稿
- 使用内容提示向导创建演示文稿
- 打开演示文稿
- 保存演示文稿
- 保护演示文稿

5.2.1 演示文稿的制作流程

本节主要介绍演示文稿的创建、打开和保存。在介绍演示文稿的创建之前,用户首先要明确演示文稿的制作思路。一般来说,创建一份完整的演示文稿需要完成以下几个步骤。

(1) 准备素材:主要准备演示文稿所需要的文本、图片、声音、动画等文件。

(2) 确定方案:对演示文稿的整个构架进行设计。

(3) 初步制作:将文本、图片等对象输入或插入到相应的幻灯片中。

(4) 装饰处理:设置幻灯片中相应对象的要素(包括字体、大小、动画等),对幻灯片进行装饰、美化处理。

(5) 预演播放:设置播放过程中的一些要素,然后播放查看效果,满意后正式输出播放。

为了说明演示文稿的制作思路,以图 5-3 表示演示文稿的一般制作过程。

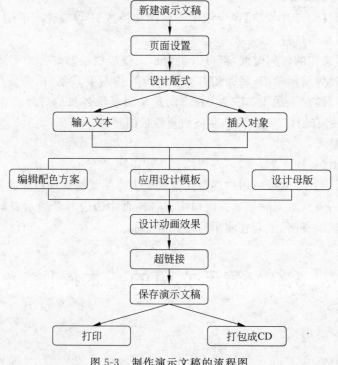

图 5-3 制作演示文稿的流程图

5.2.2 创建演示文稿

制作演示文稿的第一步就是创建演示文稿,在 PowerPoint 2003 中创建演示文稿的方法很多,在这里介绍最常用的几种方法。

1. 创建空演示文稿

通常情况下,在启动中文版 PowerPoint 2003 时,系统会自动创建一个名为"演示文稿 1"的空白文稿,标题栏上显示"Microsoft PowerPoint-[演示文稿 1]"。除此之外,用户还可以使用【常用】工具栏中的【新建】按钮或者通过选择【文件】|【新建】命令创建空演示文稿。

1)利用菜单创建新演示文稿

(1)选择【文件】|【新建】命令,在窗口右侧将出现【新建演示文稿】任务窗格。

(2)在【新建演示文稿】任务窗格中单击【空演示文稿】链接,即可创建一个只包含一张幻灯片的空白演示文稿,同时任务窗格变为【幻灯片版式】任务窗格。

2)利用【常用】工具栏中的按钮创建新演示文稿

单击【常用】工具栏中的【新建】按钮 ,即可快速创建一个空白演示文稿。

空白演示文稿是界面最简单的演示文稿,没有设计模板、配色方案及动画效果等,在空白的幻灯片上只有版式。

2. 根据设计模板创建演示文稿

由于空白演示文稿没有任何格式,对于初学者来说,给制作增加了难度,建议用户使用模板创建演示文稿,这样既快捷又美观。在系统中提供了多种设计模板,设计模板预先规定了每张幻灯片的背景、文字样式、布局和颜色,方便用户创建精美的演示文稿,可以在新建演示文稿的同时应用这些设计模板。

根据设计模板创建演示文稿的具体操作步骤如下:

(1)选择【文件】|【新建】命令,打开【新建演示文稿】任务窗格。

(2)单击【新建演示文稿】任务窗格中的【根据设计模板】链接。

(3)打开【幻灯片设计】任务窗格,该任务窗格中提供了【可供使用】、【最近使用过的】、【在此演示文稿中使用】3 个选项区,用户可以通过拖动滚动条在选项区中进行选择,找到合适的模板后,单击模板缩略图右方的下拉按钮,在下拉菜单中选择要进行的操作,如图 5-4 所示。

3. 使用内容提示向导创建演示文稿

以上两种方法均是一次制作一张幻灯片,而使用内容提示向导可以一次制作一套完整的演示文稿。内容提示向导包括各种不同主题的演示文稿示范,例如,公司会议、活动计划、推销策略等。根据内容提示向导创建出的演示文稿除了将模板的风格、样式等规定好了之外,还利用所选择的演示文稿的类型建立一套完整的演示文稿,提供了此文稿的建议内容和设计方案。如果用户需要创建一些比较正式的演示文稿,可以使用内容提示向导来创建。

图 5-4 【幻灯片设计】任务窗格

使用内容提示向导创建演示文稿的具体操作步骤如下：

（1）选择【文件】|【新建】命令，打开【新建演示文稿】任务窗格。

（2）单击【根据内容提示向导】链接，弹出【内容提示向导】对话框。

（3）单击【下一步】按钮，弹出如图 5-5 所示的对话框，在【选择将使用的演示文稿类型】选项区中选择一种类型，例如选择【常规】分类中的【通用】选项，单击【下一步】按钮。

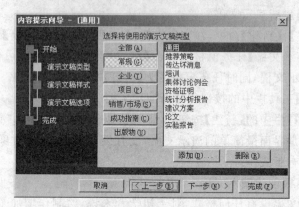

图 5-5　演示文稿类型

（4）在弹出的对话框中选择演示文稿的输出类型，如图 5-6 所示。

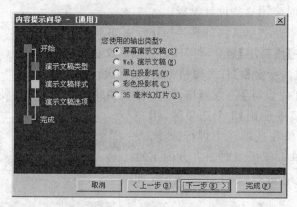

图 5-6　演示文稿样式

下面介绍【内容提示向导】对话框中的单选按钮的含义。

- 屏幕演示文稿：指直接在计算机屏幕上播放演示文稿，该选项是默认选项。
- Web 演示文稿：将演示文稿发送到 Web 服务器中，以 Web 页的形式供网络中的用户浏览。
- 黑白投影机：将演示文稿打印成黑白幻灯片，通过黑白投影机播放出来。
- 彩色投影机：将演示文稿打印成彩色幻灯片，通过彩色投影机播放。
- 35 毫米幻灯片：将演示文稿制作成 35 毫米的幻灯片。

（5）单击【下一步】按钮，弹出如图 5-7 所示的对话框。在【演示文稿标题】文本框中输入标题文本，如"职业生涯设计"，在【页脚】文本框中输入页脚中要显示的内容。

（6）单击【下一步】按钮，进入如图 5-8 所示的对话框，单击【完成】按钮，即可初步完

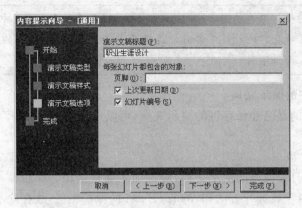

图 5-7　演示文稿选项

成一套演示文稿的创建。当然,用户需要对初步完成的演示文稿根据实际情况进行修改。

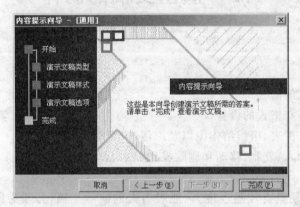

图 5-8　演示文稿创建完成的对话框

5.2.3　打开已有的演示文稿

若磁盘中存在已经制作好的演示文稿,可以在 PowerPoint 2003 中将其打开。由于打开演示文稿的方法与在 Word 和 Excel 中打开文件的方法类似,故在此不再赘述。

5.2.4　保存和保护演示文稿

1. 保存新建演示文稿

(1) 单击【常用】工具栏中的【保存】按钮,或者选择【文件】|【保存】命令,弹出【另存为】对话框。

(2) 在【保存位置】右侧的下拉列表中选择保存文件的文件夹。

(3) 在【文件名】文本框中输入文件名。

(4) 单击【保存】按钮。

> **注意**：演示文稿还可以保存为其他类型的文件。在【另存为】对话框中单击【保存类型】右侧的下拉列表，可选择将演示文稿保存为以放映方式打开的 PPS、Web 页，或其他不同格式的图片。

2. 保存已存在的演示文稿

如果当前编辑的是已经保存过的演示文稿，可以选择【文件】|【保存】或【文件】|【另存为】命令进行保存。

3. 保护演示文稿

为了防止他人打开或修改演示文稿，应该加入保密措施。保护演示文稿分限制打开和限制修改两种，由于其操作方法和 Word、Excel 的保护相似，故在此不再赘述。

5.3 演示文稿的制作

学习重点

- 页面设置
- 幻灯片版式的修改
- 文本的输入与格式的设置
- 图形、表格、图表、组织结构图以及影像、声音等对象的插入
- 幻灯片的插入、复制、移动和删除操作

如果要制作一份具有较强表现力、能吸引人的演示文稿，必须为幻灯片添加各种内容。PowerPoint 2003 丰富了幻灯片的组成部分，引入了文本、图形、表格、图表，以及影像、声音等类型的对象。通过在幻灯片中插入对象，可以给幻灯片设置不同形式的效果，从而使演示文稿更加生动、精彩。

5.3.1 页面设置

页面设置是编辑演示文稿的重要环节，就像人们日常写信、做报告一样，首先要选择纸张类型、文字在纸中的位置、纸的放置方向等。

1. 页面设置方法

(1) 选择【文件】|【页面设置】命令，弹出【页面设置】对话框，如图 5-9 所示。

(2) 在该对话框中可以设置幻灯片大小、幻灯片放置方向，以及备注、讲义和大纲放置的方向。其中【幻灯片大小】默认为【在屏幕上显示】，幻灯片放置方向用默认的【横向】。

(3) 单击【确定】按钮。

2. 制作宽荧幕效果的演示文稿

制作类似于电影的宽荧幕效果的具体操作步骤如下：

(1) 选择【文件】|【页面设置】命令，弹出【页面设置】对话框。

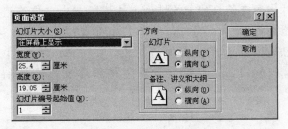

图 5-9 【页面设置】对话框

（2）在【页面设置】对话框中将【幻灯片大小】设置为【自定义】。

（3）将【宽度】和【高度】按图 5-10 所示设置（即 16∶9）。

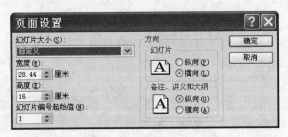

图 5-10 设置宽荧幕幻灯片大小

（4）单击【确定】按钮，得到宽荧幕效果的演示文稿。

5.3.2 版式的应用

1. 版式的概念

在创建了空白演示文稿之后，在界面中只显示一张幻灯片（如图 5-11 所示），在这张幻灯片中显示有两个虚线框，其中，文字标志有【单击此处添加标题】和【单击此处添加副标题】两项。这种只能够添加标题内容的幻灯片称为"标题幻灯片"，一般情况下，标题版式只应用在第一张幻灯片中。

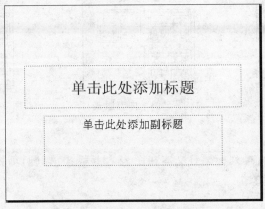

图 5-11 标题幻灯片

"版式"指幻灯片内容在幻灯片上的排列方式。版式由占位符组成,占位符是一种带有虚线或阴影线边缘的框,绝大部分幻灯片版式中都有这种框。在这些框中可以放置标题及正文,或者图表、表格、形状和剪贴画等对象。在 PowerPoint 中,占位符和文本框起着至关重要的作用,PowerPoint 必须在含有占位符和文本框的幻灯片中插入和编辑内容。

2. 版式的分类

除了标题版式这种特殊的版式以外,在 PowerPoint 2003 中还提供了许多版式,它们分门别类地排列在【幻灯片版式】任务窗格中,共包括 4 类幻灯片版式,即文字版式、内容版式、文字和内容版式和其他版式。用户可根据需要单击某一种版式将其应用到当前的幻灯片中。

1) 文字版式

文字版式包含标题版式、只有标题版式、标题和文本版式等,应用了这些版式就可以在幻灯片中输入文字信息,如图 5-12 所示。

2) 内容版式

内容版式包含空白版式、内容版式、标题和内容版式等。其中,空白版式中没有任何占位符,需要用户自行添加文本框来输入和编辑文字信息。应用了这些版式,在占位符中会出现一个插入对象面板,选择其中的对象,就可以在幻灯片中插入图片、图表、表格、组织结构图等,如图 5-13 所示。

3) 文字和内容版式

文字和内容版式中包含标题,文字与内容版式以及标题和文本在内容之上等,应用了这些版式既可在占位符中输入文字,又可插入图片、图表、表格、组织结构图等对象,如图 5-14 所示。

图 5-12 文字版式

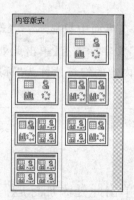

图 5-13 内容版式

图 5-14 文字和内容版式

4) 其他版式

其他版式包括垂直排列标题且文本在图表之上版式;标题,剪贴画与竖排文字版式;标题,文本与图表版式等。

3. 修改版式

(1) 选择要修改版式的幻灯片作为当前幻灯片。

新编计算机应用基础教程(第 2 版)

（2）选择【格式】|【幻灯片版式】命令，打开【幻灯片版式】任务窗格。

（3）通过拖动滚动条在选项区中进行选择，找到合适的版式后，单击版式缩略图右方的下拉按钮，在下拉菜单中选择要进行的操作。例如单击【标题和文本】缩略图右侧的下拉按钮，选择【应用于选定幻灯片】命令（如图 5-15 所示），或者直接单击该缩略图。

图 5-15 应用版式

5.3.3 文字的输入与格式的设置

在 PowerPoint 2003 中，用户既可以在普通视图和幻灯片视图中输入和编辑文本，也可以在大纲视图中输入和编辑文本。

1. 输入文本

在新建演示文稿中选择幻灯片版式时，只要不选择【空白】版式，在每一张幻灯片上都会有一些虚线方框。在方框中有【单击此处添加标题】、【单击此处添加文本】等字样，它们是幻灯片各种对象的占位符。单击这些占位符便可以在对应的虚线框中添加相应的内容。

如果选择的是【空白】版式或想要在幻灯片的空白处输入文本，可以选择【插入】|【文本框】中的【横排】或【竖排】命令，或者单击【绘图】工具栏中的【文本框】按钮 或【竖排文本框】按钮 ，在幻灯片中插入文本框，之后便可以输入文本了。

> **注意**：在占位符虚线框中输入的文本，会自动显示在左边的大纲窗格对应的幻灯片中；用户也可以在大纲窗格对应的幻灯片中输入和编辑文本，幻灯片窗格占位符虚线框中的文本将同步改变。但在自行插入的"文本框"中输入的文本不能在左边的大纲窗格对应的幻灯片中显示。

2. 设置文本格式

在演示文稿中输入标题、正文之后，其文字、段落的格式按模板所指定的格式自动设置。为了使幻灯片更加美观和便于阅读，用户可以重新设定文本和段落的格式。

在 PowerPoint 2003 中设置文本格式的方法与 Word 2003 类似，具体操作步骤如下：

（1）选定要设置格式的文本。

（2）选择【格式】|【字体】命令，弹出【字体】对话框，在其中可以选择中/西文字体、字形、字号以及一些特殊效果等。

同样，在【格式】工具栏中也提供了相关的工具按钮，可以使用户方便地设置文本格式。

3. 设置段落格式

段落是带有一个回车符的文本。在 PowerPoint 2003 中，用户可以改变段落的对齐方式、设置段落缩进、调整段间距和行间距等。

1）设置段落的对齐方式

（1）选定要设置对齐方式的段落。

（2）选择【格式】|【对齐方式】命令，在打开的子菜单中共有 5 种对齐方式，即【左对齐】、【居中】、【右对齐】、【两端对齐】、【分散对齐】，用户可以从中任选一种。

2）设置段落缩进

PowerPoint 2003 的段落缩进与 Word 2003 稍有区别，提供了首行缩进、悬挂缩进和左缩进 3 种缩进方式，且只能使用标尺来设置段落缩进。用户可以按以下方法设置段落缩进：

（1）选择【视图】|【标尺】命令，显示如图 5-16 所示的水平标尺。

图 5-16　水平标尺

（2）将鼠标指针置于要缩进的段落中，或者同时选定多个段落，用鼠标拖曳水平标尺上的缩进标记，便可调整段落的缩进位置。

3）设置段间距和行距

为了使幻灯片更加清晰，可以按以下步骤适当调整段间距或行间距：

（1）将鼠标指针定位于要改变间距的段落中，或者同时选定多个段落。

（2）选择【格式】|【行距】命令，弹出如图 5-17 所示的【行距】对话框。

（3）在【行距】选项区设置段落中每行之间的距离，在【段前】和【段后】选项区设置当前段落与前、后段落之间的距离。

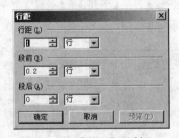

图 5-17　【行距】对话框

（4）单击【确定】按钮。

另外，用户可在【格式】工具栏最右侧单击【工具栏选项】按钮，选择【添加或删除按钮】|【格式】|【增加段落间距】和【减少段落间距】命令，将【增加段落间距】按钮和【减少段落间距】按钮加入到工具栏，以方便地使用工具栏按钮调整段落间距。

5.3.4　艺术字、图片、图表、组织结构图和表格的插入

在演示文稿中插入各种图片及相关对象是美化幻灯片的一种常用方法。

1. 插入图片

将图片插入到幻灯片的方法很多，这里介绍两种。

方法 1：通过【插入对象】面板。

（1）选择【格式】|【幻灯片版式】命令，打开【幻灯片版式】任务窗格。

（2）在【幻灯片版式】任务窗格中选择带剪贴画的内容版式,例如单击【标题与内容】版式,在幻灯片上应用这种版式,如图 5-18 所示。

在内容占位符中包括一个【插入对象】面板,该面板中包括【插入表格】、【插入图表】、【插入剪贴画】、【插入图片】、【插入组织结构图或其他图示】、【插入媒体剪辑】等按钮。

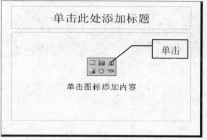

（3）单击占位符中的【插入剪贴画】按钮，弹出【选择图片】对话框。

（4）选定要插入的图片。

（5）单击【确定】按钮。

图 5-18 【标题和内容】版式

方法 2：通过菜单命令插入剪贴画。

（1）单击【绘图】工具栏上的【插入剪贴画】按钮，打开【剪贴画】任务窗格。

（2）单击【管理剪辑】超链接,打开【收藏夹-Microsoft 剪辑管理器】窗口。

（3）从【收藏集列表】下的文件夹中找到所需要的图片。

（4）将图片复制到幻灯片中。

以上介绍的是插入剪贴画的方法。插入图片的方法和插入剪贴画的方法类似,单击【绘图】工具栏中的【插入图片】按钮，或选择【插入】|【图片】|【来自文件】命令,或单击包含图片对象的占位符中的【插入图片】按钮都可以插入图片。

2. 插入艺术字

将演示文稿的标题或文字设置成艺术字,不仅能表达文字信息,还可以丰富演示文稿的艺术效果。

选择【插入】|【图片】|【艺术字】命令或在【绘图】工具栏中单击【艺术字】按钮，都可以向幻灯片中插入艺术字。

PowerPoint 2003 中艺术字的插入和编辑与 Word 2003 相同,故在此不再赘述。

3. 插入组织结构图

在介绍某个机构或部门的结构关系、层次关系时,经常要采用一类能形象地表达结构、层次关系的图形,这类图形被称为组织结构图。在 PowerPoint 2003 中,可以方便地创建组织结构图,操作步骤如下：

（1）选择【插入】|【图片】|【组织结构图】命令,在当前幻灯片中会出现一个组织结构图模块,同时【组织结构图】工具栏被打开,如图 5-19 所示。

（2）单击文本占位符,输入所需要的文本。

（3）选定组织结构图中的某个对象,单击【组织结构】工具栏中的【插入形状】下拉按钮,可在图中添加新的分支,如图 5-20 所示。

注意：【下属】是指将新的对象放置在下一层并将其连接到所选对象上；【同事】是指将新的对象放置在所选对象的旁边并连接到同一个上级对象上；【助手】是指将新的对象放置在所选对象之下。

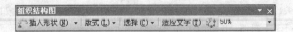

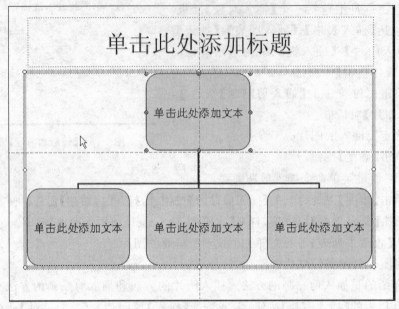

图 5-19　【组织结构图】工具栏和组织结构图模块

（4）若要添加预设的设计方案，单击【组织结构图】工具栏中的【自动套用格式】按钮，然后从弹出的【组织结构图样式库】对话框中选择一种样式。

（5）完成后单击【确定】按钮。

如果要修改组织结构图的总体结构，只需在【组织结构图】工具栏中单击【版式】下拉按钮，然后选择所需的结构即可，如图 5-21 所示。

用户也可以在带组织结构图的幻灯片版式中，单击占位符中的【插入组织结构图和其他图示】按钮，或者单击【绘图】工具栏中的按钮，来插入组织结构图。具体操作方法如下：

（1）单击【绘图】工具栏中的【插入组织结构图和其他图示】按钮，或者在带组织结构图的幻灯片版式中单击占位符中的按钮，弹出【图示库】对话框。

（2）在【图示库】对话框中选择【组织结构图】选项，如图 5-22 所示。

图 5-20　在组织结构图中插入对象　图 5-21　选择组织结构图的版式　图 5-22　【图示库】对话框

（3）单击【确定】按钮。

4. 插入图表

图表是表达数据的一种良好的方式。将数据以图表的形式在幻灯片中表达,可以使数据的含义更加形象、直观,并能使用户通过图表直接了解数据间的关系和变化趋势。

在 PowerPoint 2003 中创建图表的主要操作步骤如下:

（1）选择【插入】|【图表】命令,或者单击【常用】工具栏中的【插入图表】按钮,或者在带图表的幻灯片版式中单击占位符中的【插入图表】按钮,打开如图 5-23 所示的数据表。数据表是包含在图表中提供数据信息的表格。

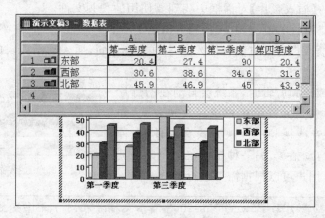

图 5-23　图表与数据表

（2）在数据表中输入实际数据,或者导入数据。当数据表中的数据被修改时,图表会相应地随之发生变化。

① 输入数据:单击某个单元格,然后输入所需的文本或数值。

② 导入数据:单击要导入数据的起始单元格,然后选择【编辑】|【导入文件】命令,在弹出的对话框中选中要导入的文件,按导入向导进行具体操作。

在数据表的编辑状态下,【常用】工具栏上会增加图表的控制按钮,如图 5-24 所示,菜单栏中也会出现新的菜单项。利用这些新增菜单和工具按钮可以对图表进行编辑。

图 5-24　【常用】工具栏中的图表控制按钮

5. 插入表格

插入表格的操作步骤如下:

（1）选择【插入】|【表格】命令,或者在带有表格的幻灯片版式中单击【插入表格】按钮,弹出【插入表格】对话框。

（2）在该对话框中输入要插入表格的行数和列数。

（3）单击【确定】按钮,在幻灯片中插入表格。

5.3.5 影片和声音的插入

在幻灯片中还可以插入音频、视频、动画等多媒体对象，以增强演示文稿的播放效果。PowerPoint 2003 中提供了一些在幻灯片放映时可以播放的声音和影片，用户也可以插入本地磁盘上保存的声音和影片。

1. 利用菜单命令插入影片和声音

（1）选择【插入】|【影片和声音】|【文件中的影片】命令。

（2）在弹出的【插入影片】对话框中找到要使用的视频文件。

（3）选定要使用的视频，单击【确定】按钮。

在幻灯片中插入声音的方法与插入影片的方法相同，插入动画剪辑的方法与插入图片的方法相同。

在添加声音或视频剪辑时，系统会自动在幻灯片中插入一个相应图标，并提示用户选择放映方式，如图 5-25 所示。声音或视频的放映方式有两种，一种是在放映过程中自动播放，另一种是仅在用户单击其图标时进行播放，用户可以根据需要进行选择。

图 5-25　选择播放影片方式

> **注意**：应该始终将影片与 PowerPoint 2003 演示文稿放在同一文件夹中。如果以后将 PowerPoint 2003 演示文稿移到其他计算机上，也要把影片复制过去。保持影片与演示文稿在同一文件夹中可以确保链接仍然可用。并且在移动后要对新计算机上的影片进行测试，以确定其仍然可用。如有必要，可以重新插入影片。

2. 通过媒体剪辑插入影片和声音

媒体剪辑是一种多媒体文件，包含图片、影片和声音。通过媒体剪辑插入影片和声音的操作步骤如下：

（1）将幻灯片的版式选择为带剪贴画的内容版式。

（2）单击占位符中的【插入媒体剪辑】按钮 ，弹出【媒体剪辑】对话框。

（3）选中要插入的对象，单击【确定】按钮。

插入媒体剪辑后，将鼠标指针移到影片或声音图标上，当指针变成十字箭头 时，拖动鼠标可以移动影片或声音的位置；单击图标，图标周围会出现一些尺寸控制点，将指针移到这些控制点上，拖动鼠标可以改变图标的大小。在选定影片或声音图标后按 Delete 键，可删除该影片或声音。

3. 插入 Flash 动画

有时需要添加一些 Flash 动画（.swf 文件）使幻灯片更加生动、美观和具有说服力。PowerPoint 中没有提供直接插入 Flash 动画的功能，但通过【控件工具箱】中的工具可以插入 Flash 动画，操作步骤如下：

（1）选择【视图】|【工具栏】|【控件工具箱】命令，打开【控件工具箱】工具栏，如图 5-26(a)所示。

（2）单击【其他控件】按钮 ▧，从下拉列表中选择 Shockwave Flash Object 选项，鼠标指针会变成"＋"形状，在幻灯片编辑区中单击并拖动绘制 Flash 动画播放区域，如图 5-26（b）所示。

（3）单击【控件工具箱】上的【属性】按钮 ▧，弹出【属性】对话框。

（4）在【属性】对话框的 Movie 栏中输入 .swf 文件的路径及名称，如图 5-26（c）所示。

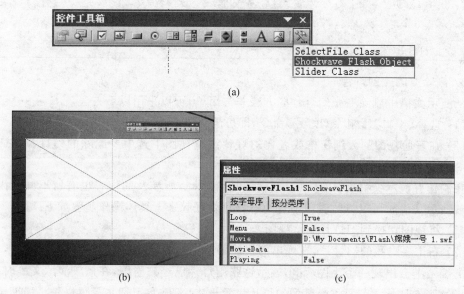

图 5-26　在幻灯片中插入 Flash 动画

（5）关闭【属性】对话框，单击放映幻灯片按钮 ▣，观看幻灯片中的 Flash 动画。

5.3.6　调整演示文稿的布局

演示文稿的结构是否合理，直接关系到幻灯片播放的效果，重新组织演示文稿中的幻灯片包括选定、插入、移动、复制和删除幻灯片等操作。

1. 选定幻灯片

在对幻灯片进行编辑前，一般要先选定幻灯片。选定单张幻灯片有以下 3 种方式：

（1）在普通视图的大纲窗格的【大纲】选项卡中单击幻灯片的图标。

（2）在普通视图的大纲窗格的【幻灯片】选项卡中单击幻灯片的缩略图。

（3）在幻灯片浏览视图中单击幻灯片的缩略图。

如果要选定连续的多张幻灯片，则先选定第一张幻灯片，然后按住 Shift 键，再单击最后一张幻灯片，则两张幻灯片之间的所有幻灯片将被选中。如果要选定不连续的多张幻灯片，则按住 Ctrl 键，依次单击要选择的幻灯片。

2. 插入新幻灯片

若演示文稿中幻灯片的数量不够，可以按以下步骤插入新的幻灯片：

（1）在普通视图下的【幻灯片】选项卡中单击定位插入点或者在幻灯片浏览视图下定

位插入点。

（2）选择【插入】|【新幻灯片】命令或在【常用】工具栏中单击【新幻灯片】按钮
┋新幻灯片(N)。

（3）在【幻灯片版式】任务窗格中单击选择所需的版式。

> **注意**：用户还可以利用【幻灯片版式】任务窗格插入新幻灯片，方法是将指针指向某种版式，单击下拉按钮打开下拉列表，然后从中选择【插入新幻灯片】，插入的新幻灯片会应用所选择的幻灯片版式。

3. 删除或隐藏幻灯片

从演示文稿中删除一张幻灯片的方法非常简单，可以采用以下方法。

（1）选择【编辑】|【删除幻灯片】命令，即可删除当前选中的幻灯片。

（2）在普通视图的大纲窗格或者在幻灯片浏览视图下选中要删除的幻灯片，然后按
Delete 键。

在制作好演示文稿后，由于观众或播放场合不同，所涉及的内容也有所不同。因此，在播放演示文稿时可以将暂时用不着的幻灯片隐藏起来。具体操作步骤如下：

（1）将视图切换到幻灯片浏览视图。

（2）右击要隐藏的幻灯片，在弹出的快捷菜单中选择【隐藏幻灯片】命令。此时，该幻灯片的编号上会出现一个小图标，表示这张幻灯片已经被隐藏，在播放演示文稿时将不再显示这张幻灯片。若要将隐藏的幻灯片显示出来，只需将上述步骤再操作一遍即可。

4. 复制幻灯片

（1）在同一演示文稿中复制幻灯片。具体操作步骤如下：

① 选定想要复制的幻灯片。

② 选择【编辑】|【复制】命令，或单击【常用】工具栏中的【复制】按钮。

③ 将插入点定位到要复制到的位置。

④ 选择【编辑】|【粘贴】命令，即可复制选定的幻灯片。

另外，选择【插入】|【幻灯片副本】命令，实际上也是对当前幻灯片进行复制。

（2）将其他演示文稿的幻灯片复制到正在编辑的演示文稿中。具体操作步骤如下：

① 在演示文稿中单击定位插入点。

② 选择【插入】|【幻灯片(从文件)】命令，弹出【幻灯片搜索器】对话框。

③ 在【文件】文本框中输入要复制幻灯片所在的演示文稿的路径和名称，或单击【浏览】按钮查找演示文稿的位置，查看演示文稿中的幻灯片，如图 5-27 所示。

④ 在【选定幻灯片】区域中选择要复制的幻灯片，然后单击【插入】按钮，即可完成复制操作。如果要复制整个演示文稿，单击【全部插入】按钮即可。

5. 移动幻灯片

移动幻灯片最简单的方法是先选定要移动的幻灯片（在普通视图下的大纲窗格中或在幻灯片浏览视图下选定），然后将其拖动到所需位置。在拖动过程中，指针会随着鼠标的移动而移动，用于提示移动的位置。

图 5-27 【幻灯片搜索器】对话框

利用【编辑】菜单中的【剪切】和【粘贴】命令或【常用】工具栏上的【剪切】和【粘贴】按钮，也可以完成幻灯片的移动，其操作方法和在 Word 2003 中移动文本的方法相同。

在同一个演示文稿中，在拖动幻灯片的同时按住 Ctrl 键可以快速复制幻灯片。

注意：幻灯片的复制、移动、删除和插入在幻灯片浏览视图中操作是最为直观的。

5.4　预设格式的修饰

学习重点

- 设计模板的应用
- 幻灯片背景和配色方案的设置
- 母版的使用
- 页眉和页脚的设置

在演示文稿的内容输入完毕之后，我们要考虑它的外观设计，要制作一套精美的演示文稿，首先需要统一幻灯片的外观，因此，需要用一些手段对幻灯片的外观加以设置。PowerPoint 2003 为用户提供了大量的预设格式，应用这些预设格式，用户可以轻松地制作出具有专业水准的演示文稿。

5.4.1　设计模板

1. 应用统一的设计模板

所谓应用统一的设计模板是指演示文稿中的所有幻灯片都应用同一个设计模板。其操作步骤如下：

（1）选择【格式】|【幻灯片设计】命令，打开【幻灯片设计】任务窗格。

（2）将鼠标指针置于模板的缩略图上，在缩略图的四周会出现边框，且出现下拉按钮。单击要应用模板的缩略图右侧的下拉按钮，打开下拉菜单，选择【应用于所有幻灯片】命令或者直接单击模板的缩略图，整套演示文稿都会应用统一的设计模板样式。在下拉菜单中包含了 3 个菜单项，即【应用于所有幻灯片】、【应用于选定幻灯片】和【显示大型预览】。

- 应用于所有幻灯片：将该设计模板应用在整套演示文稿的每张幻灯片中。
- 应用于选定幻灯片：将该设计模板应用在选中的一张或几张幻灯片中。
- 显示大型预览：放大显示设计模板列表框中的设计模板。

2. 应用多个设计模板

在一套演示文稿中不仅可以应用统一的设计模板，还可以应用多个设计模板。具体操作步骤如下：

（1）选中一张或多张要应用设计模板的幻灯片，单击模板缩略图右侧的下拉按钮，打开下拉菜单，选择【应用于选定幻灯片】命令，即可将该模板应用于选中的幻灯片。

（2）选中其他一张或多张幻灯片，然后选择另外一种模板样式。

> **注意**：在应用了多个设计模板后，新插入的幻灯片会自动应用与其相邻的前一张幻灯片应用的模板样式。

5.4.2 配色方案

配色方案指一组可以应用到所有幻灯片、备注页或讲义的颜色方案，它由幻灯片设计中应用于标题文本、正文、背景、线条、阴影、填充、强调和超链接的 8 种颜色组成。在每一个演示文稿设计模板上都套用了一种不同的配色方案，PowerPoint 2003 提供了一些已经定义好的标准配色方案，用户可以直接使用，也可以创建自己的配色方案。

1. 应用标准的配色方案

应用标准配色方案的具体操作步骤如下：

（1）选定要应用配色方案的幻灯片。

（2）选择【格式】|【幻灯片设计】命令，打开【幻灯片设计】任务窗格。

（3）单击任务窗格中的【配色方案】链接，将在任务窗格下方显示一个【应用配色方案】列表（如图 5-28（a）所示），从列表中选择一种配色方案，系统将自动应用其到所选的幻灯片。

2. 自定义配色方案

如果用户觉得标准配色方案不符合要求，也可以自定义配色方案，操作步骤如下：

（1）选定要应用配色方案的幻灯片。

（2）单击【幻灯片设计】任务窗格中的【配色方案】链接，再单击【编辑配色方案】链接，弹出【编辑配色方案】对话框，如图 5-28（b）所示。

（3）在【配色方案颜色】选项区中选择要更改的配色方案，例如【填充】，然后单击【更改颜色】按钮，弹出【填充颜色】对话框。

（4）在【填充颜色】对话框中，用户可以调出需要的颜色，完成后单击【确定】按钮，返

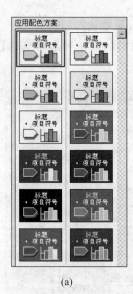

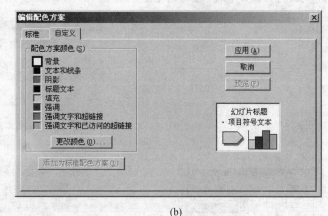

(a)   (b)

图 5-28 【应用配色方案】列表和【编辑配色方案】对话框

回到【编辑配色方案】对话框,继续进行其他配色方案的更改。

（5）如果要将配色方案保存,单击【添加为标准配色方案】按钮。

（6）单击【预览】按钮,可以预览修改后的配色方案效果;单击【应用】按钮,可以将此方案应用到所选的幻灯片中。

3. 使用另一个演示文稿的配色方案

有的时候,用户会希望在一个演示文稿中应用另外一个演示文稿的配色方案,可以按以下步骤操作:

（1）将两个演示文稿都打开,然后选择【窗口】|【全部重排】命令。

（2）将两个演示文稿的普通视图的大纲窗格均切换到【幻灯片】选项卡。

（3）在【幻灯片】选项卡中选择包含要使用配色方案的幻灯片。

（4）双击【常用】工具栏中的【格式刷】按钮 ✎。

（5）在第 2 个演示文稿的【幻灯片】选项卡中单击要应用该配色方案的每张幻灯片。

（6）按 Esc 键退出格式刷状态。

5.4.3　设置背景

幻灯片的外观在很大程度上是由用户所设置的背景决定的。在 PowerPoint 2003 中,用户除了可以使用设计模板和配色方案设置背景外,也可以自行设置背景,为背景选择不同的颜色纹理,或者用某张图片作为背景。

设置幻灯片背景和填充效果的具体操作步骤如下:

（1）选定要设置背景颜色的幻灯片。

（2）选择【格式】|【背景】命令,弹出【背景】对话框,如图 5-29 所示。

（3）在【背景填充】选项组的下拉列表中选择所需的背景颜色,如果用户对系统提供的颜色不满意,可以选择【其他颜色】选项,打开【颜色】对话框,从中选择颜色。

(4)如果不希望背景是单一的颜色,可在【背景填充】选项组的下拉列表中选择【填充效果】选项,打开【填充效果】对话框进行设置,如图 5-30 所示。

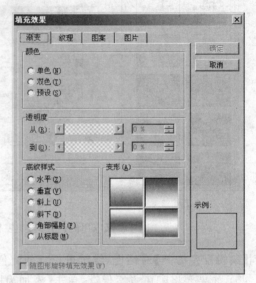

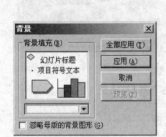

图 5-29　【背景】对话框　　　　　　　　图 5-30　【填充效果】对话框

- 【渐变】选项卡:用于为幻灯片的背景选择颜色和底纹样式,并且用户可以在【变形】选项组中预览变形效果。
- 【纹理】选项卡:用于将不同材质的纹理作为背景。
- 【图案】选项卡:用于选择并设置所选图案的前景颜色和背景颜色。
- 【图片】选项卡:用于选择图片作为背景。

(5)设置完成后单击【确定】按钮,返回到【背景】对话框。

(6)单击【应用】按钮,将背景设置应用到所选幻灯片;单击【全部应用】按钮,将背景设置应用到当前演示文稿的每一张幻灯片中。

5.4.4　母版的使用

应用模板指应用 PowerPoint 2003 中自带的模板样式,用户不能重新编辑模板中的线条、字体、背景等内容。配色方案只能配合应用设计模板改变对象的颜色设置,背景也只能给空演示文稿添加背景图案或改变设计模板中的背景图案。如果想改变设计模板中的字体、字形、背景布局,需要通过修改幻灯片的母版来完成。

在 PowerPoint 中,演示文稿的母版包括幻灯片母版、标题母版、讲义母版和备注母版。

1. 幻灯片母版

幻灯片母版是一张记录了演示文稿中所有幻灯片布局信息的特殊幻灯片,它控制了幻灯片中文本的字体、字号和颜色,以及幻灯片的背景设计和配色方案等特征。幻灯片母版包含文本占位符和页脚占位符。如果要修改多张幻灯片外观,不必对每张幻灯片进行修改,只需通过更改幻灯片母版的格式来改变所有基于该母版的演示文稿中的幻灯片。

幻灯片母版中可更改的元素包括背景图片、各元素的位置、标题的字号和字形等,其具体操作步骤如下:

(1) 选择【视图】|【母版】|【幻灯片母版】命令,结果如图 5-31 所示。

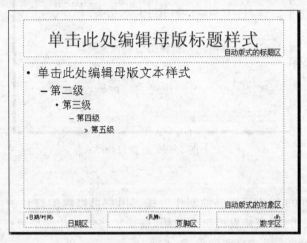

图 5-31　幻灯片母版

(2) 单击【自动版式的标题区】,对标题进行设置。

(3) 单击需要更改的占位符,按需要改变它的位置、大小和格式。

(4) 在母版上设置每张幻灯片都要设置的内容,如日期、页脚、背景等。

(5) 设置好母版后,单击【幻灯片母版视图】工具栏中的【关闭母版视图】按钮,即可切换到普通视图,则刚才的设置被自动应用到演示文稿的所有幻灯片中。

> **注意**:母版上的文本只用于样式,实际的文本(如标题和列表)应在普通视图下的幻灯片窗格中输入。

2. 标题母版

标题母版是存储设计模板中标题幻灯片样式信息的幻灯片,包括占位符的大小和位置、背景设计和配色方案。在打开幻灯片母版时,左边的窗格中通常有一对通过一个灰色方括号连接在一起的缩略图,它们就是幻灯片母版和标题母版。幻灯片母版始终显示在标题母版的上面,单击第二个缩略图进入标题母版的编辑状态,如图 5-32 所示。如果左边的窗格中只有幻灯片母版缩略图,可以单击【幻灯片母版】工具栏中的【插入新标题母版】按钮,此时在左边的窗格中会增加一张标题母版的缩略图。

标题母版中包含了应用到标题幻灯片的样式,这些样式包括背景设计、颜色、标题和副标题文本以及版式。单击相应的占位符,可以对标题母版进行设置。

尽管标题母版和幻灯片母版的默认标题显示相同的文本内容,但这两个母版是不同的,它们影响不同的幻灯片。标题母版只包含应用到标题幻灯片的样式,而幻灯片母版的样式会应用到除标题幻灯片以外的所有幻灯片。

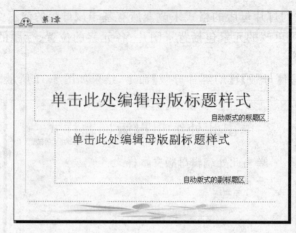

图 5-32   标题母版

3. 讲义母版

PowerPoint 2003 提供了讲义的制作方式。用户可以将幻灯片的内容以多张幻灯片一页的方式打印成讲义,直接发给听众使用,避免了将幻灯片缩小再打印。讲义母版主要用于控制幻灯片以讲义形式打印的格式。

选择【视图】|【母版】|【讲义母版】命令,可以打开讲义母版视图。

在讲义母版视图中单击占位符可增设页码、页眉和页脚等,用户也可在【讲义母版视图】工具栏中设置一页中打印幻灯片的张数。

4. 备注母版

备注的主要功能是进一步补充幻灯片的内容,它可以单独被打印出来。通常情况下,其内容一般比较简练。演讲者可以在播放幻灯片之前事先将补充的内容输入到备注中,备注母版主要用来控制备注使用的空间以及设置备注幻灯片的格式。

备注页是用来打印的,所以备注母版的设置大多和打印页面有关。

选择【视图】|【母版】|【备注母版】命令,可以打开备注母版视图。

备注母版的页面共有 6 个设置区,即页眉区、日期区、幻灯片缩略图区、备注文本区、页脚区和数字区。在下方的备注文本区中,用户可以像在幻灯片母版中那样设置格式、更改项目符号,也可以在空白处插入文本和图片等。

5.4.5   演示文稿中的页眉和页脚

在幻灯片中可以添加页眉和页脚信息,例如添加页码、时间、公司名称等。

为幻灯片添加页眉和页脚的具体操作步骤如下:

(1) 选择【视图】|【页眉和页脚】命令,弹出【页眉和页脚】对话框,切换到【幻灯片】选项卡,如图 5-33 所示。

(2) 在【幻灯片】选项卡中选中【日期和时间】复选框,其下有两种日期和时间的更改样式,即【自动更新】和【固定】。若选中【自动更新】单选按钮,可在下拉列表框中选择日期、时间的样式,这样以后每次打开演示文稿时,都会按照打开的时间自动更新。若选中

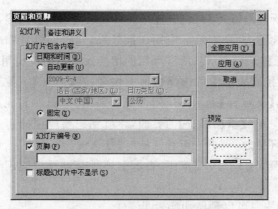

图 5-33　【页眉和页脚】对话框

【固定】单选按钮,则需要输入日期和时间,无论何时打开该演示文稿,日期和时间都不变。

（3）选中【幻灯片编号】复选框,会给该演示文稿中的所有幻灯片添加页码。

（4）选中【页脚】复选框,可以在下面的文本框中添加文字,该文字将在所有幻灯片页脚中显示。

（5）若选中【标题幻灯片中不显示】复选框,标题幻灯片中的页眉和页脚将被隐藏。

（6）单击【全部应用】按钮,即将页眉和页脚应用在所有幻灯片中;单击【应用】按钮,只将页眉和页脚应用在当前选定的幻灯片中。

5.5　演示文稿的效果设置

学习重点

- 幻灯片动画效果的设置
- 幻灯片切换方式的设置
- 超链接的创建、删除和编辑
- 动作按钮的设置

5.5.1　幻灯片切换方式的设置

在放映演示文稿时,演示文稿中的幻灯片是一张一张放映的,后一张幻灯片出现,前一张幻灯片消失的过程称为幻灯片切换,PowerPoint 允许用户为幻灯片切换应用一些效果,以提高演示文稿的观赏性。应用了切换效果的幻灯片缩略图的左边会显示图标 。

为幻灯片设置切换方式的具体操作步骤如下:

（1）选中要设置切换效果的幻灯片。

（2）选择【幻灯片放映】|【幻灯片切换】命令,打开【幻灯片切换】任务窗格,如图 5-34所示。

（3）在【应用于所选幻灯片】列表中选择翻页效果,例如选择【横向棋盘式】选项;如果选择了其中的【无切换】选项,表示不应用切换效果,这时幻灯片缩略图左边将不显示图标;如果选择了【随机】选项,表示从所有可用的切换效果中随机应用一种。

（4）在【速度】下拉列表框中可选择切换的快慢,在【声音】下拉列表框中可选择切换时的声音效果,其中,【无声音】表示不应用声音效果;若要添加其他声音,可选择【其他声音】选项,这时将打开一个【添加声音】的界面,导航到想要应用的声音文件即可应用该声音。一般不选中【循环播放,到下一声音开始时】复选框。

（5）单击【应用于所有幻灯片】按钮,表示上述所有设置将应用于该演示文稿中的所有幻灯片。

（6）单击【播放】按钮可以预览切换效果。

图 5-34 【幻灯片切换】任务窗格

图 5-35 【幻灯片设计】任务窗格

5.5.2 幻灯片动画效果的设置

在演示文稿中添加适当的动画效果,可以使整个幻灯片看起来更加生动,从而更好地吸引观众的注意。使用 PowerPoint 2003 可以为每张幻灯片添加动画效果,以增强幻灯片的感染力。

1. 使用动画方案创建动画效果

添加动画最简单的方法是使用预设的动画方案。动画方案是软件提供给用户的一种效果序列,用户可以通过简单的操作将它应用到某个幻灯片或整个放映中。它是初级用户设置动画最简单、快捷的手段。

使用 PowerPoint 2003 提供的动画方案创建动画效果的操作步骤如下:

（1）选定要设置动画的幻灯片。

（2）选择【幻灯片放映】|【动画方案】命令,任务窗格自动变成【幻灯片设计】任务窗格,如图 5-35 所示。

（3）在【应用于所选幻灯片】列表框中选择一种动画方案，则此方案将被应用于选定幻灯片。若选中【自动预览】复选框，该幻灯片会立即将动画效果显示出来。

（4）单击【应用于所有幻灯片】按钮，该方案被应用于所有幻灯片。

（5）单击【播放】按钮，可以播放当前选定幻灯片的动画效果。

如果动画方案不再需要而要删除，可以执行以下操作：

（1）选定要删除动画效果的幻灯片。

（2）选择【幻灯片放映】|【动画方案】命令，调出【幻灯片设计】任务窗格。

（3）在动画方案列表中单击【无动画】选项。

> **注意**：动画方案是为默认的文本占位符之内的文本设计的，对另外添加的文本框不起作用。文本框的动画设置需要使用自定义动画。

2. 使用自定义动画创建动画效果

若要对动画方案进行特定的修改，可以自定义动画，具体操作步骤如下：

（1）选定幻灯片中要添加动画的对象。

（2）选择【幻灯片放映】|【自定义动画】命令，打开【自定义动画】任务窗格。

（3）单击【添加效果】下拉按钮 ，在弹出的快捷菜单中，用户可以设置与所选对象的【进入】、【强调】、【退出】和【动作路径】相应的动画效果。

① 如果希望使对象通过某种效果进入幻灯片放映演示文稿，可指向 ，然后选择一种效果。

② 如果要向对象添加效果，可指向 ，再选择一种效果。

③ 如果要向对象添加效果，以使其在某一时刻离开幻灯片，可指向 ，再选择一种效果。

④ 如果要使对象沿一个路径运动，可指向 ，再选择一个路径或绘制一个路径。

幻灯片中的各个对象都有可能赋予动画，并且一个对象还可能赋予多种动画效果，这时，各对象的所有动画项目会显示在自定义动画列表中，并按应用的顺序从上到下排列，同时所有动画项目在【幻灯片编辑区】窗格中相应对象的旁边被自动标注上编号（该编号在放映时不会显示），该编号对应于自定义动画列表中的次序。

（4）设置好以后，在动画列表框中会显示该动画的播放序号、播放方式和效果，如图 5-36 所示。

（5）若要更改某个对象的动画效果，则在动画列表中选定该动作后，单击【更改】按钮。若要更改自定义动画次序，则在选定该对象后，单击向上或向下重新排序按钮。

（6）如果要删除某个对象的动画效果，则在动画列表中选定该动作，然后单击【删除】按钮即可。

3. 修改动画

在自定义动画列表中选定要修改的动画项目，然后单击该动画项目右侧的下拉按钮，将弹出如图 5-37 所示的菜单。

1）指定动画的开始时间

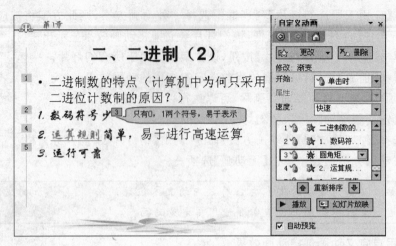

图 5-36 应用动画效果

（1）如果要以单击幻灯片的方式启动该动画，可选择 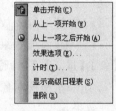【单击开始】命令。

（2）如果要在自定义动画列表中的前一动画启动的同时启动该动画，可选择【从上一项开始】命令。

（3）如果要在播放完自定义动画列表中的前一动画之后立即启动该动画，可选择 ⊙【从上一项之后开始】命令。

图 5-37 修改动画菜单项

2）动画效果

在图 5-37 中选择【效果选项】命令，将弹出如图 5-38 的对话框。

3）动画计时

在图 5-37 中选择【计时】命令，将弹出如图 5-39 的对话框，可用来设置动画的计时。

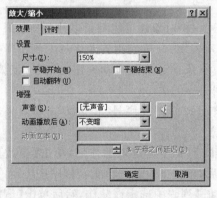

图 5-38 【效果】选项卡

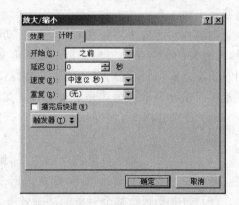

图 5-39 【计时】选项卡

5.5.3　超链接和动作按钮

超链接（或超级链接）是一种通用的信息跳转技术，从本质上讲，它是从一个对象（超链接源）到另一个对象（超链接目标）的连接，当用鼠标指向"超链接源"时，鼠标指针会变成"手"形 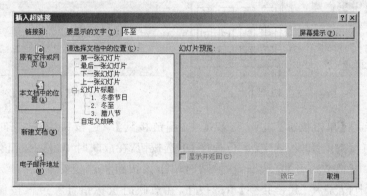，当单击"超链接源"时，将跳转到并打开"超链接目标"。

在 PowerPoint 中，"超链接源"可以是演示文稿的一张幻灯片中的各种对象（例如文本、图形、图像等），"超链接目标"可以是本演示文稿中的一张幻灯片，也可以是演示文稿之外的其他文件（可以是任何类型的文件）。

1. 创建超链接

（1）在普通视图中，选定用于创建超链接的文本或对象，例如添加一张名为"冬季节日"的幻灯片，其中包含"冬至"、"腊八节"两个小标题，为了在单击"腊八节"文本时跳转到名为"腊八节"的幻灯片，在幻灯片中选定"腊八节"文本。

（2）选择【插入】|【超链接】命令，或者右击选中的文本，在快捷菜单中选择【超链接】命令，弹出【插入超链接】对话框。

（3）这里的【链接目标】是本演示文稿中的一张幻灯片，因此单击【链接到：】列表框中的【本文档中的位置】，此时界面如图 5-40 所示。

图 5-40 【插入超链接】对话框

（4）在【请选择文档中的位置】列表框中选定第 2 张幻灯片，即"3.腊八节"。

（5）单击【确定】按钮。

此时，赋予了超链接的文本将自动用下划线显示，并且自动采用配色方案中定义的超链接的颜色，如果是图片、形状等其他对象赋予了超链接，则不会自动附加下划线等格式。

注意：超链接不是在创建时激活，而是在放映演示文稿时激活。切换到幻灯片放映视图，当将鼠标指向"腊八节"超链接时（超链接源），鼠标指针将变成手形 ，表示可以单击并跳转到"超链接目标"，此时单击将跳过第 2 张幻灯片，而直接跳转到名为"腊八节"的幻灯片。

若要更改超链接的目标或删除超链接，可先选定已创建了超链接的对象，然后右击，在快捷菜单中选择【编辑超链接】或【删除超链接】命令，对超链接进行编辑或删除。

2. 设置动作按钮

在幻灯片上添加动作按钮，可以使演示文稿在放映时能方便地在各幻灯片之间进行切换，使播放更加灵活。添加动作按钮的具体操作步骤如下：

（1）选定要添加动作按钮的幻灯片。

（2）选择【幻灯片放映】|【动作按钮】命令，在图 5-41 所示的子菜单中选择所需的按钮，这时鼠标指针变成了"＋"形状。

（3）在幻灯片的适当位置单击并拖动鼠标，即可将选定的按钮添加到幻灯片中，释放鼠标，屏幕上会显示如图 5-42 所示的【动作设置】对话框。

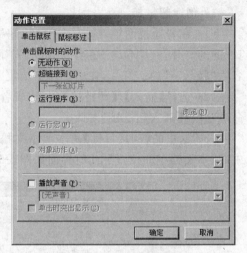

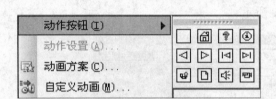

图 5-41　【动作按钮】子菜单　　　　　　图 5-42　【动作设置】对话框

（4）切换到【单击鼠标】选项卡，若选中【超链接到】单选按钮，在放映时单击该按钮将切换到所链接的对象；若选中【运行程序】单选按钮，在放映时单击该按钮会自动启动一个程序；若选中【播放声音】复选框，在放映时单击该按钮将伴随着出现声音。切换到【鼠标移过】选项卡，若选中【超链接到】单选按钮，在放映时鼠标指针移过该按钮将切换到所链接的对象；若选中【运行程序】单选按钮，在放映时鼠标指针移过该按钮会自动启动一个程序。

（5）单击【确定】按钮，完成设置。

5.6　实践案例——"锦绣山河"演示文稿的制作

操作重点

- 新建演示文稿、新建幻灯片
- 应用设计模板
- 幻灯片版式的设置
- 背景的设置
- 图片对象、日期/时间和页码的插入
- 幻灯片切换及动画设置
- 超链接

- 动画的设置
- 幻灯片母版的使用

5.6.1 任务要求

使用 PowerPoint 2003 制作一个演示文稿,题材为"锦绣山河——中国十大名胜",具体要求如下:

(1) 建立一个空白演示文稿,名称为"锦绣山河.ppt"。

(2) 制作具有 12 张幻灯片的演示文稿,分别介绍中国的十大名胜,如图 5-43 所示。

图 5-43　演示文稿的效果图

(3) 使用模板、母版、配色方案和背景等对幻灯片进行美化。

(4) 为第 2 张幻灯片建立超链接。

(5) 设置动画效果。

通过本例,要求学生掌握制作演示文稿的一般方法。

5.6.2 操作步骤

本例所需素材在本书的素材电子文档"第 5 章\sample\实践案例"文件夹下。

1. 新建空演示文稿

(1) 单击【开始】按钮,选择【所有程序】| Microsoft Office | Microsoft Office PowerPoint 2003 命令,启动 PowerPoint 2003,建立一个空白演示文稿。

(2) 单击【常用】工具栏中的【保存】按钮■,弹出【另存为】对话框,设置文件名为"锦绣山河"、文件类型为【演示文稿(＊.ppt)】。

2．制作第 1 张幻灯片

（1）单击标题栏，输入"锦绣山河"，然后单击副标题栏，输入"——中国十大名胜"。

（2）设置字体。选中标题文字或标题所在的占位符，选择【格式】|【字体】命令，在弹出的【字体】对话框中设置字体格式为华文行楷、66 号、红色。用同样的方法设置副标题的字体格式为华文行楷、32 号。

（3）将光标插入到副标题中，单击【格式】工具栏中的【右对齐】按钮▆。

3．制作第 2 张幻灯片

（1）单击【格式】工具栏中的▆新幻灯片(N)▆按钮，或选择【插入】|【新幻灯片】命令，在第 1 张幻灯片之后插入一张新幻灯片。

（2）选择【格式】|【幻灯片版式】命令，在窗口右侧打开【幻灯片版式】任务窗格，在【应用幻灯片版式】列表框中单击【文字版式】中的【标题和两栏文本】缩略图。

（3）按图 5-44 所示的样式输入文字，并设置两栏文本的字体为华文行楷。

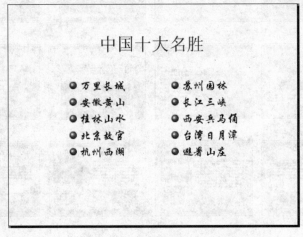

图 5-44　第 2 张幻灯片的效果图

（4）修改项目符号。

① 选中左栏文字，选择【格式】|【项目符号和编号】命令，弹出【项目符号和编号】对话框，然后单击该对话框中的【图片】按钮，弹出【图片项目符号】对话框，在列表中选中要修改的项目符号，如图 5-45 所示，再单击【确定】按钮返回【项目符号和编号】对话框，并单击【确定】按钮。

② 将左栏文字选中，单击【常用】工具栏中的【格式刷】按钮▆，鼠标指针的形状变为▆，使用鼠标选择右栏文本，此时右栏文本的项目符号也设置为图片项目符号。

4．制作第 3 张幻灯片

（1）单击【格式】工具栏中的▆新幻灯片(N)▆按钮，或选择【插入】|【新幻灯片】命令，在第 2 张幻灯片之后插入一张新幻灯片。

（2）在【幻灯片版式】任务窗格中选择【标题和文本】缩略图。

（3）单击标题栏，输入"长城"。

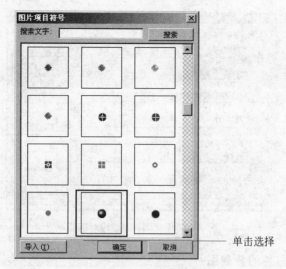

单击选择

图 5-45 【图片项目符号】对话框

（4）单击文本栏，输入介绍长城的文字，内容如下：

长城是中国伟大的军事建筑，它规模浩大、工程艰巨，被誉为"古代人类建筑史上的一大奇迹"。长城始建于公元前 5 世纪春秋战国时代，公元前 3 世纪秦始皇统一中国，派遣蒙恬率领 30 万大军北逐匈奴后，把原来分段修筑的长城连接起来，并且继续修建。其后历代不断维修扩建，到公元 17 世纪中叶明代末年，前后修筑了两千多年。1987 年 12 月长城被列入《世界遗产名录》。

（5）设置文本栏中文字的格式。

字体：楷体，字号：20，字形：加粗，颜色：蓝色，并单击【格式】工具栏中的【项目符号】按钮三，去掉系统默认的项目符号。

然后将光标置于文本栏中文字的第一行，使用水平标尺上的【首行缩进】按钮▽调整首行缩进。

（6）在文字的下方插入名为 picture3.jpg 的图片。选择【插入】|【图片】|【来自文件】命令，在弹出的【插入图片】对话框中选择所要的图片文件，单击【插入】按钮，并按图 5-43调整图片的大小、位置。

5．制作第 4 张至第 12 张幻灯片

其样式如图 5-43 所示，所需素材在本书的素材电子文档"第 5 章\sample\实践案例"文件夹下，文字材料在 text.doc 文件中，图片分别为 picture4.jpg、picture5.jpg、…、picture12_1.jpg、picture12_2.jpg、picture12_3.jpg，制作方法同步骤 4。

6．设置【应用设计模板】，插入页码、日期

（1）选择【格式】|【幻灯片设计】命令，打开【幻灯片设计】任务窗格，在【应用设计模板】列表框的【可供使用】模板项目中单击"万里长城.pot"模板缩略图。

（2）插入页码、日期。选择【视图】|【页眉和页脚】命令，弹出【页眉和页脚】对话框，按图 5-46 所示的内容进行设置，为幻灯片增加自动更新日期功能和幻灯片编号功能。然后单击【全部应用】按钮，设置的内容将应用到所有的幻灯片中。

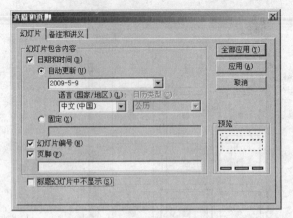

图 5-46 【页眉和页脚】对话框

7. 设置首页幻灯片的背景图片

（1）选中第 1 张幻灯片，选择【格式】|【背景】命令，弹出【背景】对话框。

（2）单击【背景填充】下拉按钮，在下拉菜单中选择【填充效果】命令，弹出【填充效果】对话框，切换到【图片】选项卡。

（3）单击【选择图片】按钮，弹出【选择图片】对话框，选择图片素材"picture7.jpg"，单击【插入】按钮，返回【背景】对话框。

（4）单击【应用】按钮，将所选图片作为首张幻灯片的背景图片。

8. 应用幻灯片母版功能

使用幻灯片母版可以为所有幻灯片的标题设置统一格式，并加入统一的动作按钮。操作步骤如下：

（1）选择【视图】|【母版】|【幻灯片母版】命令，进入到幻灯片母版视图。

（2）单击【单击此处编辑母版标题样式】占位符，设置字体为华文行楷、字号为 66 号、颜色为红色。

（3）插入动作按钮。选择【幻灯片放映】|【动作按钮】命令，打开【动作按钮】子菜单，单击【后退或前一项】按钮◁，在幻灯片右下角的适当位置单击插入【后退或前一项】按钮，并打开【动作设置】对话框，然后单击【确定】按钮。

用相同的方法在幻灯片右下角位置插入【上一张】动作按钮、【前进或下一项】动作按钮▷，并调整一下动作按钮的位置和大小，如图 5-47 所示。

将插入的 3 个动作按钮同时选中（按住 Ctrl 键选择），按 Ctrl＋C 快捷键复制，然后单击左侧窗格中的第 2 张缩略图（标题母版），按 Ctrl＋V 快捷键粘贴，将动作按钮粘贴到幻灯片标题母版中的右下角位置。

（4）单击【幻灯片母版视图】工具栏中的【关闭母版视图】按钮，退出母版视图，回到普通视

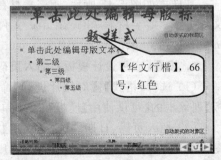

图 5-47 幻灯片母版视图

图中。

可以发现,每一张幻灯片的右下角有了 3 个动作按钮。

9. 使用【自定义动画功能】对第 4 张幻灯片预设动画

(1)选中第 4 张幻灯片,选择【幻灯片放映】|【自定义动画】命令,打开【自定义动画】任务窗格。

(2)选中幻灯片左边的文本框,单击【自定义动画】任务窗格中的【添加效果】按钮,在打开的菜单中选择【进入】|【其他效果】命令。

(3)弹出【添加进入效果】对话框,从中选择【飞入】选项,然后单击【确定】按钮。

(4)在【自定义动画】任务窗格中选择刚设置的动画效果 ，将【方向】更改为【自左侧】,将速度更改为【中速】,如图 5-48 所示。

(5)用相同的方法设置图片的自定义动画效果,即鼠标单击时水平旋转、慢速。

10. 为第 2 张幻灯片建立超链接

(1)选中第 2 张幻灯片中的"万里长城"文本,然后右击,在弹出的快捷菜单中选择【超链接】命令。

(2)弹出【插入超链接】对话框,单击【链接到】中的【本文档中的位置】,选择"长城"幻灯片。

(3)单击【确定】按钮,即为第 2 张幻灯片中的"万里长城"创建了超链接。

(4)用相同的方法为第 2 张幻灯片中的其他 9 个名胜设置超链接。

11. 设置幻灯片的切换方式

选择【幻灯片放映】|【幻灯片切换】命令,打开【幻灯片切换】任务窗格,在【应用于所选幻灯片】列表框中选择速度为【慢速】,单击【应用于所有幻灯片】按钮,如图 5-49 所示,这样就为演示文稿的每张幻灯片都设置了幻灯片"随机"切换效果。

图 5-48　修改自定义动画

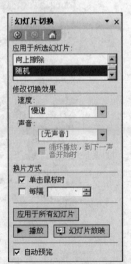

图 5-49　设置幻灯片切换效果

12. 保存幻灯片

单击【常用】工具栏中的【保存】按钮 ![保存图标]，对演示文稿进行覆盖保存。

5.7 演示文稿的演示与打印

学习重点

- 幻灯片放映方式的设置
- 自定义放映的设置
- 放映幻灯片的方法
- 幻灯片的打印设置
- 演示文稿的打包
- 将幻灯片发布为网页

5.7.1 幻灯片放映方式的设置

1. 设置放映方式

在放映幻灯片时可以选择不同的方式放映，其具体操作步骤如下：

（1）打开需要放映的演示文稿。

（2）选择【幻灯片放映】|【设置放映方式】命令，弹出【设置放映方式】对话框，如图 5-50 所示。

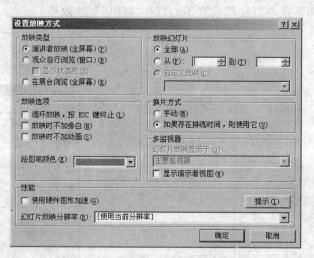

图 5-50 【设置放映方式】对话框

（3）在【放映类型】选项组中选择适当的放映类型。

- 演讲者放映：以全屏幕方式放映幻灯片，这是最常用的方式。

- 观众自行浏览：以窗口方式放映幻灯片，演示文稿会出现在小型窗口内，并提供放映时移动、编辑、复制和打印幻灯片的命令。在此模式下,用户可以利用滚动条或 Page Up 键和 Page Down 键浏览所需的幻灯片。

- 在展台浏览:以全屏幕方式在展台上放映,选择此选项可以自动放映演示文稿,在放映过程中,除了保留鼠标指针用于选择屏幕对象外,其余功能都无效,按 Esc 键可以终止放映。

(4) 在【放映选项】选项组中选择是否进行循环放映,是否加入旁白和动画等。循环放映一般用于在展台上自动、重复地放映演示文稿。

(5) 在【放映幻灯片】选项组中选择放映幻灯片的范围,可以选择全部、部分或自定义放映。

(6) 在【换片方式】选项组中选中【手动】单选按钮,则可以通过单击实现幻灯片之间的切换;选中【如果存在排练时间,则使用它】单选按钮,则根据设置的排练时间进行切换。

(7) 设置完成后,单击【确定】按钮即可。

2. 定时放映

由于在展台自动放映的演示文稿,需要预先对其进行排练,通过排练设置幻灯片放映时的时间间隔,使演示文稿按预先设置好的时间和速度进行放映。设置排练时间的操作步骤如下:

(1) 选择【幻灯片放映】|【排练计时】命令,打开如图 5-51 所示的【预演】工具栏。

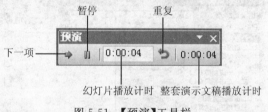

图 5-51 【预演】工具栏

下面介绍该工具栏中各按钮的作用。

- 【下一项】按钮 ➡:单击该按钮可以切换到下一张幻灯片。
- 【暂停】按钮 ⅠⅠ:单击该按钮可以暂停排练计时。
- 【幻灯片播放计时】文本框:显示和设置当前幻灯片播放的时间。
- 【重复】按钮 ↺:单击该按钮可以重新对当前幻灯片排练计时。
- 【整套演示文稿播放计时】区域:显示整套演示文稿播放的总时间。

(2) 在【预演】工具栏中,幻灯片播放时间和整套演示文稿播放时间正在发生变化,表示已经处于计时状态。

(3) 在一张幻灯片播放结束时,单击【下一项】按钮 ➡,切换到第 2 张幻灯片,幻灯片播放时间重新计时,演示文稿播放时间继续计时。

(4) 在整套演示文稿播放完成后,会出现如图 5-52 所示的消息框。单击【是】按钮,表示接受预演所作的时间安排,单击【否】按钮,表示取消此次排练。

(5) 在保存幻灯片计时后将返回到幻灯片浏览视图中,用户可以看到每张幻灯片缩略图的下面都有排练计时的时间。

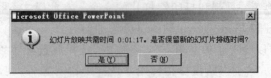

图 5-52　预演时间消息框

3. 自定义放映

由于放映演示文稿的场合和观众不同,如果只希望放映演示文稿中的部分幻灯片,可以通过自定义放映来实现。使用自定义放映,不仅能选择性地放映演示文稿中的部分幻灯片,还可以根据需要调整幻灯片的放映顺序,而不改变原演示文稿。

创建自定义放映的步骤如下:

(1) 打开要创建自定义放映的演示文稿。

(2) 选择【幻灯片放映】|【自定义放映】命令,弹出【自定义放映】对话框,如图 5-53 所示。

(3) 单击【新建】按钮,弹出如图 5-54 所示的【定义自定义放映】对话框。

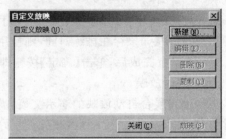

图 5-53　【自定义放映】对话框

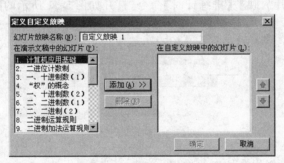

图 5-54　【定义自定义放映】对话框

(4) 在【幻灯片放映名称】文本框中输入自定义放映的名称(默认为"自定义放映 1")。

(5) 在对话框左侧的列表框中选择要自定义放映的幻灯片,然后单击【添加】按钮。

(6) 若想改变自定义放映中幻灯片的顺序,可先选定要改变顺序的幻灯片,然后单击【上移】按钮　或【下移】按钮　,改变其放映顺序。

(7) 单击【确定】按钮,返回【自定义放映】对话框。可以选中自定义放映名称并单击【放映】按钮来预览自定义放映;可以单击【新建】按钮创建新的自定义放映;也可以单击【编辑】或者【删除】按钮编辑或删除已有的自定义放映;还可以单击【复制】按钮复制一个现有的自定义放映,将其作为建立新的自定义放映的起点。

5.7.2　放映幻灯片

在制作和设置幻灯片放映后,即可在屏幕上进行放映演示。在 PowerPoint 2003 中有以下几种启动幻灯片放映的方法：

- 单击视图切换按钮栏中的【从当前幻灯片开始幻灯片放映】按钮 ⬚ 。
- 选择【幻灯片放映】|【观看放映】命令。
- 选择【视图】|【幻灯片放映】命令。
- 直接按 F5 键。

注意：在启动放映幻灯片的方法中，只有单击视图切换按钮栏中的【从当前幻灯片开始幻灯片放映】按钮 ⬚ ，演示文稿才会从当前选定的幻灯片开始放映，其他放映方式都是默认从第一张幻灯片开始放映。

1. 放映时幻灯片的切换控制

如果在【设置放映方式】对话框中选择的是人工切换方式，那么在放映过程中演讲者需通过鼠标或键盘来控制幻灯片的放映。

下面介绍幻灯片放映时的鼠标和键盘控制方法。

（1）转到下一张幻灯片：单击或按空格键、Enter 键。

（2）转到上一张幻灯片：在放映屏幕上右击，在弹出的快捷菜单中选择【上一张】命令，或按 Backspace 键。

（3）转到指定的幻灯片：在放映中直接输入幻灯片编号，然后按 Enter 键，或右击幻灯片，在弹出的快捷菜单中选择【定位至幻灯片】命令，在其子菜单中选择所需的幻灯片，如图 5-55 所示。

（4）观看以前查看过的幻灯片：右击，在弹出的快捷菜单中选择【上次查看过的】命令。

（5）退出放映：右击，在弹出的快捷菜单中选择【结束放映】命令或按 Esc 键。

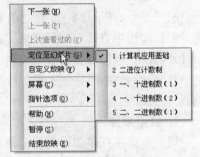

图 5-55　定位至指定幻灯片

2. 进行自定义放映

如前所述，用户可以将自定义放映功能想象成同一个演示文稿相对不同观众而言的各种版本——无须分别创建文件。

选择【幻灯片放映】|【设置放映方式】命令，弹出【设置放映方式】对话框（如图 5-50 所示），在【放映幻灯片】选项组中选中【自定义放映】单选按钮，在【自定义放映】下拉列表中选中希望使用的自定义放映名称，单击【确定】按钮，将该对话框关闭，然后单击【幻灯片放映】按钮运行该放映。

如果演示文稿定义了多种自定义放映方式，可在标题页使用若干动作按钮，定义动作设置为通过超链接选择某种自定义放映方式的放映。

3. 在幻灯片上书写或绘图

在放映时可在幻灯片上书写或添加标注，具体操作步骤如下：

（1）在幻灯片的放映屏幕上右击，在弹出的快捷菜单中选择【指针选项】（如图 5-56 所示），然后在【指针选项】子菜单中选择相应的选项，即可用鼠标在幻灯片上进行书写或绘图。

（2）在幻灯片的放映屏幕上右击，在弹出的快捷菜单中选择【指针选项】|【墨迹颜色】命令，然后在【墨迹颜色】子菜单中选择一种需要的颜色，即可更改绘图笔的颜色。

（3）在幻灯片的放映屏幕上右击，在弹出的快捷菜单中选择【指针选项】|【橡皮擦】命令，此时鼠标指针的形状变为，可以擦除绘制的注释。

（4）在结束放映时，将弹出对话框，询问是否保留墨迹注释。单击【保留】按钮，可以将绘制的墨迹注释保存到演示文稿中；单击【放弃】按钮，墨迹注释将不保存到演示文稿中。

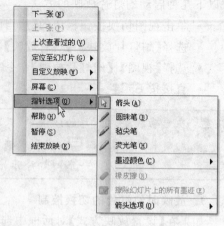

图 5-56　【指针选项】子菜单

5.7.3　演示文稿的打印

利用 PowerPoint 2003 建立的演示文件，除了可以在计算机上做电子演示外，还可以将它们打印出来直接印刷成资料。用户可以选择以彩色或黑白方式打印整份演示文稿、幻灯片、大纲、演讲者备注和观众讲义。如果能在幻灯片放映前将一些简要的资料打印并发给观众，演示的效果会更好。PowerPoint 2003 中演示文稿的打印方式和 Word 2003 类似。

1．打印预览

用户可以在打印演示文稿前使用【打印预览】命令进行浏览，以免打印出错。操作步骤如下：

（1）选择【文件】|【打印预览】命令，或单击【常用】工具栏中的【打印预览】按钮，进入打印预览模式。

（2）根据需要选择【打印内容】下拉列表中的选项，可以分别以幻灯片、讲义、备注页及大纲视图效果进行预览。

（3）单击【关闭】按钮，退出打印预览状态。

若预览后没有问题，就可以直接进行打印了。

2．打印输出

（1）选择【文件】|【打印】命令，弹出【打印】对话框，如图 5-57 所示。

（2）在【打印范围】选项组中选择打印全部或部分幻灯片。

（3）在【打印内容】下拉列表中选择【幻灯片】、【讲义】、【大纲视图】、【备注页】等不同内容。如果选择【讲义】选项，还可以在【讲义】选项区中设置每页讲义中打印的幻灯片数量及方向。

（4）单击【确定】按钮，开始打印。

图 5-57 【打印】对话框

5.7.4 演示文稿的打包

使用 PowerPoint 2003 中的【打包成 CD】功能可以在没有安装 PowerPoint 2003 应用程序的计算机上播放演示文稿。在打包过程中，PowerPoint 2003 将 Microsoft Office PowerPoint Viewer 播放器和演示文稿集成在一起，只需要运行一个由打包功能生成的批处理文件就可以播放幻灯片了。

将演示文稿打包的具体操作步骤如下：

（1）选择【文件】|【打包成 CD】命令，弹出【打包成 CD】对话框，如图 5-58 所示。

（2）在【将 CD 命名为】文本框中为将要刻录的光盘指定名字。

（3）如果除了当前演示文稿外，还有多个文件需要打包，则单击【添加文件】按钮，在弹出的【添加文件】对话框中选择要打包的演示文稿，然后单击【添加】按钮。

（4）默认情况下，在打包后创建的文件夹中包含了链接文件和 PowerPoint 播放器。若要更改设置，可单击【选项】按钮，在弹出的【选项】对话框中进行设置，如图 5-59 所示。

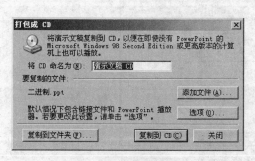

图 5-58 【打包成 CD】对话框

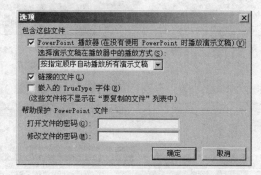

图 5-59 【选项】对话框

- 选中【PowerPoint 播放器】复选框，可以在没有安装 PowerPoint 的计算机上正确地播放演示文稿。
- 选中【链接的文件】复选框，表示将链接文件一起打包。
- 选中【嵌入的 TrueType 字体】复选框，可以将字体一起打包，将字体打包的作用是可以在没有安装某些字体的计算机上正确地显示幻灯片中用到的字体。

在【帮助保护 PowerPoint 文件】选项组中设置密码，防止他人打开或修改演示文稿。

（5）设置完毕后单击【确定】按钮，返回到【打包成 CD】对话框。

（6）如果当前没有刻录机或只想把文件打包到某个文件夹，单击【复制到文件夹】按钮，弹出【复制到文件夹】对话框，如图 5-60 所示。

图 5-60 【复制到文件夹】对话框

（7）单击【浏览】按钮，从弹出的对话框中选择要保存演示文稿的位置。

（8）设置完毕后单击【确定】按钮，系统将自动按要求打包。

5.7.5 将演示文稿另存为网页

将演示文稿转换为网页的具体操作步骤如下：

（1）选择【文件】|【另存为网页】命令，弹出【另存为】对话框。

（2）在【另存为】对话框中，可以在【保存类型】下拉列表框中选择【单个文件网页】选择，在【文件名】文本框中输入文件名称，例如"二进制"。

（3）单击【保存】按钮，将该演示文稿保存为 Web 页。

（4）另外，还可以在【保存类型】下拉列表框中选择【网页】选项，设置文件名称为"二进制 1"，然后单击【保存】按钮，将该演示文稿保存为 Web 页。生成的两种格式的 Web 页如图 5-61 所示。

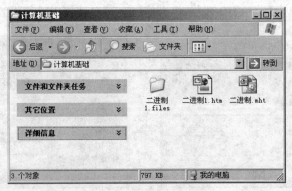

图 5-61 生成的两种格式的 Web 页

注意：生成"单个文件网页"格式的 Web 页，不会另出现网页文件夹；而生成"网页"格式的 Web 页，会出现附带的同名网页文件夹。

5.8 思考与实践

1. 选择题

(1) 在 PowerPoint 2003 中，下列关于大纲视图的描述错误的是(　　)。

　　A. 在大纲视图中可以显示幻灯片缩略图

　　B. 在大纲视图中可以显示图表

　　C. 在大纲视图中可以显示全部的幻灯片编号

　　D. 在大纲视图中可以显示演示文稿的文本内容

(2) 在 PowerPoint 2003 的幻灯片浏览视图下，不能完成的操作是(　　)。

　　A. 删除幻灯片　　　　　　　　　　B. 编辑幻灯片

　　C. 复制幻灯片　　　　　　　　　　D. 调整幻灯片位置

(3) 在 PowerPoint 2003 中，关于在幻灯片中插入声音的描述正确的是(　　)。

　　A. 放映到该幻灯片时会自动播放

　　B. 放映到该幻灯片时不会自动播放，必须单击声音标记才会播放

　　C. 放映到该幻灯片时不会自动播放，必须双击声音标记才会播放

　　D. 放映到该幻灯片时是否自动播放，取决于插入声音时对播放方式的设置

(4) 在 PowerPoint 2003 中，有关幻灯片母版中的页眉和页脚，下列说法错误的是(　　)。

　　A. 在打印演示文稿的幻灯片时，页眉和页脚的内容也可打印出来

　　B. 典型的页眉和页脚内容是日期、时间以及幻灯片编号

　　C. 不能设置页眉和页脚的文本格式

　　D. 页眉和页脚是加在演示文稿中的注释性内容

(5) 在 PowerPoint 2003 中，若要打开【幻灯片配色方案】对话框，应选择的菜单是(　　)。

　　A. 工具　　　　　　B. 视图　　　　　　C. 格式　　　　　　D. 编辑

(6) 在 PowerPoint 2003 中，放映幻灯片有多种方法，在默认状态下，以下(　　)可以不从第一张幻灯片开始放映。

　　A. 选择【视图】菜单中的【幻灯片放映】命令

　　B. 单击视图切换按钮栏上的【幻灯片放映】按钮

　　C. 选择【幻灯片放映】菜单中的【观看放映】命令

　　D. 在资源管理器中右击演示文稿，在弹出的快捷菜单中选择【显示】命令

(7) 下列有关 PowerPoint 2003 及其功能的叙述，错误的是(　　)。

　　A. 在演示文稿中可以插入影片

B. 在演示文稿中可以插入声音,但不可以录制旁白

C. 在设置放映方式时,可以选择循环播放方式

D. 演示文稿可以按讲义方式打印

2. 填空题

(1) 在 PowerPoint 2003 窗口的工作区中,如果要再次打开同一个演示文稿,则该演示文稿只能以_____方式打开。

(2) PowerPoint 2003 演示文稿的普通视图包含 3 个窗格,即大纲窗格、幻灯片窗格和_____窗格。

(3) 在 PowerPoint 2003 中,将插入点定位到要移动的某一段落中,然后单击_____工具栏中的【上移】或【下移】按钮,可使该光标所在的段落上移或下移。

(4) 在 PowerPoint 2003 中,如果要向演示文稿的每一张幻灯片中添加相同的对象,应编辑_____。

(5) 创建新幻灯片时出现的虚线框称为_____。

3. 上机操作题

(1) 分别根据设计模板、内容提示向导新建演示文稿。

(2) 新建一个演示文稿,然后进行以下操作。

① 插入新幻灯片,为其应用版式,并对占位符进行复制、移动、删除等操作。

② 为其应用设计模板,并修改配色方案、应用背景。

③ 在普通视图的幻灯片窗格中管理幻灯片,为幻灯片设计切换效果。

④ 通过【视图】菜单在普通视图、幻灯片浏览视图、幻灯片放映视图之间进行切换。

⑤ 通过【视图】菜单显示和关闭【任务窗格】,并在【任务窗格】提供的多个任务界面之间进行切换。

⑥ 在幻灯片中创建一个表格。

⑦ 在幻灯片中创建艺术字。

⑧ 在幻灯片中创建一个线条类自选图形,并编辑顶点。

⑨ 在幻灯片中创建一个连接符,并使用该连接符连接两个基本形状。

⑩ 在幻灯片中创建一个椭圆,为椭圆添加文本并格式化文本,改变椭圆的线型、填充、阴影、三维效果。

- 创建 3 个基本形状,进行变换、对齐、分布、叠放等操作。
- 创建一个组织结构图,用该组织结构图简要描述自己所在学校的组织机构。
- 在幻灯片中插入剪贴画并编辑。
- 在幻灯片中插入图像、音频、视频。
- 在一张幻灯片上创建 3 个基本形状,然后分别为 3 个基本形状赋予动画显示,并观看动画效果。

(3) 创建一个具有 3 张幻灯片的演示文稿,然后进行以下操作。

① 创建一个从第 1 张幻灯片跳转到第 3 张幻灯片的超链接。

② 在放映演示文稿时使用画笔在幻灯片上进行书写。

(4) 设计和编辑一个为新生介绍学校情况的演示文稿,内容包括学校概况、学校组织机构、学生风貌等。

第 6 章 网页制作软件 FrontPage 2003 的使用

FrontPage 2003 是微软公司推出的一款集网页设计、制作、发布和管理于一体的软件，由于它具有良好的易用性，被认为是优秀的网页初学者使用的工具。使用它不仅可以处理文字，还可以处理图像、动画、声音等多媒体信息，在网页上插入各种组件，能够在网页中产生各种动态效果。另外，FrontPage 2003 还为站点的创建和管理提供了强大的支持。

本章将介绍如何使用 FrontPage 2003 创建和发布 Web 网页。通过本章的学习，读者应掌握以下内容：

- 网页的基本概念、网站开发的一般流程
- FrontPage 2003 的基本操作方法和 HTML 的基本知识
- 创建和打开站点的方法
- 各种网页对象（文本、组件、表单等）的编辑、设置与使用方法
- 图像的编辑方法
- 表格的基本操作
- 常用超链接的创建方法
- 网页属性和框架网页属性的设置
- 网站的发布与设置

6.1 网站制作的一般步骤

学习重点
- 网站的概念
- 网站制作的一般步骤

6.1.1 网站的概念

简单地说，网站是由许多相关网页有机结合所组成的一个信息服务中心。网站是由多个网页组成的，但不是网页的简单罗列组合，而是用超链接方式组成的既有鲜明风格又

有完善内容的有机整体。在因特网上，信息是通过一个个网页呈现出来的。所谓网页就是用户在浏览器上看到的内容，网站设计者把提供的内容和服务制作成许多网页，并通过组织规划让网页互相连接，然后把所有相关的文件都存放到一个 Web 服务器上，只要是连入 Internet 的用户都可以使用浏览器访问到这些信息，这样一个完整的结构就称为"网站"，也称为"站点"。

6.1.2 网站制作的一般步骤

建立一个网站就像盖一幢大楼一样，它是一个系统工程，有自己特定的工作流程，用户只有遵循这个步骤，按部就班地一步步操作，才能设计出满意的网站。

1. 确定网站主题

网站主题就是用户建立的网站所要包含的主要内容，一个网站必须要有一个明确的主题。

2. 搜集素材

在明确了网站主题以后，用户就要围绕主题开始搜集素材了。素材既可以从图书、报纸、光盘、多媒体上得来，也可以从互联网上搜集，然后把搜集的材料去粗取精、去伪存真，作为自己制作网页的素材。

3. 规划站点

网站规划包含的内容很多，例如网站的结构、栏目的设置、网站的风格、颜色搭配、版面布局、文字与图片的运用等。

4. 选择合适的制作工具

网页制作涉及的工具比较多，目前大多数网民选用的都是"所见即所得"的编辑工具，例如 Dreamweaver、FrontPage 等。

5. 制作网页

在制作网页时，一定要按照先大后小、先简单后复杂的原则。所谓先大后小，就是说在制作网页时，先把大的结构设计好，然后逐步完善小的结构设计；所谓先简单后复杂，就是先设计出简单的内容，然后设计复杂的内容，以便出现问题时便于修改。另外，用户要注意多灵活运用模板，这样可以大大提高制作效率。

6. 测试与发布

站点制作完成以后，一定要在本地计算机上对整个站点进行测试，因为在站点或者网页中可能会存在许多问题。在网站测试成功以后，就可以发布网站了。

7. 宣传网站

网页在做好以后，还要不断地进行宣传，这样才能吸引人们的访问，提高网站的访问率和知名度。

8. 维护与更新

日常维护和阶段性内容的更新是一项非常重要的工作，包括定期或不定期地更新内容、发布公告，删除不符合规定的数据记录，发现并修正 BUG，以及必要的时候进行网站改版等。

新编计算机应用基础教程（第2版）

6.2 FrontPage 2003 概述

学习重点

- FrontPage 2003 的基本功能
- FrontPage 2003 的启动和退出
- FrontPage 2003 的窗口组成

FrontPage 系列自问世以来,一直被公认为是迄今为止最为优秀的网页设计软件之一。在 21 世纪初,微软公司推出了 Office 的升级版本 Office 2003。在 Office 2003 套装组件中,网页制作软件 FrontPage 2003 已不再是其中的一个组件,而是被分离出来,成为与 Office 2003 相并列的 Office System 成员之一。

6.2.1 FrontPage 2003 的功能

1. 设计网站

FrontPage 2003 新增了网站设计功能,改进了设计环境,具有新的布局和设计工具、模板以及经过改进的主题,可以帮助用户实现自己的网站创意,而无须了解过多的 HTML 知识。

1)支持设计时的图层、图像

FrontPage 2003 包含设计时对图层的支持,可以更完整地控制图层的创建、布局和样式,使得图像编辑更容易,新的界面和行为可以更好地控制设计视图中图像的显示和保存。

2)布局表格和单元格

使用布局表格和单元格,可以创建具有专业外观的网页布局。布局表格用于为网页创建框架,布局单元格是该框架内的区域,可以包括文本、图像、Web 组件等其他元素。

3)改进的工作环境和设计区域

FrontPage 2003 将 Web 组件集中到一个工具栏中,而且提供了整个站点的全景视图,另外,更大的设计环境减少了页面的滚动次数,使用户操作起来非常方便。

4)动态 Web 模板

FrontPage 2003 增强了动态模板工具,可以帮助用户创建多个模板。在每个可编辑区域,用户都可以通过更新模板内容来改变全局,然后将其快速地应用到站点中。

2. 增强的代码工具

通过 FrontPage 2003 强大的代码工具可以更容易地创建 HTML 和交互式脚本语言。

1)代码编写工具

在网页的拆分视图中可以同时显示代码视图和设计视图,当在拆分视图中更新设计视图时,代码视图也将随之更新。通过使用"快速标记选择器"和"快速标记编辑器"可以帮助用户轻松地编写代码,而且使用 Microsoft Intellisense 技术可以简化代码编写工作,同时降低了代码编写的出错率。

2)交互式脚本工具

FrontPage 2003 为在代码视图中编写 JavaScript 和 VBScript 脚本提供智能感知功能。通过将 Microsoft Windows SharePoint Services 和 Windows Server 2003 链接到 FrontPage 2003,可以修改和显示一系列从数据源获得的活动数据。

3. 扩展功能

除了上述功能以外,FrontPage 2003 还具有远程网站视图和多形式链接远程站点功能。

1)远程网站视图

新的远程网站视图支持站点间文件和目录的同步,简化了以往的发布方式,帮助用户将整个网站和单独的文件或文件夹发布到任意位置,同时还可以显示本地网站和远程网站中的文件。

2)多形式链接远程站点

FrontPage 2003 允许在创建 XML 数据驱动的网站时,直接在 FrontPage 设计视图中处理 XML 数据,它支持多种站点链接方式,例如 FrontPage 2003 服务器扩展或 FTP、DAV 以及文件系统等。

6.2.2　FrontPage 2003 的启动和退出

1. 启动 FrontPage

方法 1:单击【开始】按钮,选择【所有程序】| Microsoft Office | Microsoft Office FrontPage 2003 命令,启动 FrontPage 应用程序,并新建一个名为"new_page_1.htm"的网页。

方法 2:双击桌面上的 FrontPage 快捷方式图标⬚。

2. 关闭网页并退出

在退出 FrontPage 之前,应将文件保存。若文件尚未保存,FrontPage 会在关闭窗口前提示保存文件。

1)关闭当前网页

方法 1:选择【文件】|【关闭】命令。

方法 2:单击菜单栏最右侧的【关闭窗口】按钮⬚。

2)直接退出 FrontPage 应用程序

方法 1:单击标题栏最右边的【关闭】按钮⬚。

方法 2:选择【文件】|【退出】命令。

方法 3:当 FrontPage 应用程序窗口作为当前活动窗口时,按 Alt+F4 快捷键。

方法 4:单击 FrontPage 窗口左上角的⬚图标,从弹出的菜单中单击【关闭】命令(或直接双击图标⬚)。

6.2.3　FrontPage 2003 的窗口组成

FrontPage 启动后，即打开 FrontPage 应用程序窗口，如图 6-1 所示。

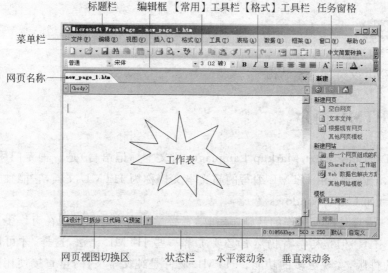

图 6-1　FrontPage 2003 应用程序窗口

(1) 标题栏：显示应用程序类型和当前编写的网页的名称，标题栏位于窗口的最上方。

(2) 菜单栏：FrontPage 2003 中包含的所有命令都可以在菜单栏中找到。

(3)【常用】工具栏：提供了最常用命令的快捷按钮，如新建文档、打开、保存、复制、剪切等。

(4)【格式】工具栏：提供了最常用设置格式命令的快捷按钮，如设置文字的字体、字号、位置等。

(5) 编辑区：FrontPage 2003 中进行页面设计和编辑的主要工作场所。

(6) 网页视图切换区：可在设计视图、拆分视图、代码视图和预览视图中进行切换，以不同的方式查看网页。

- 设计视图：网页视图中默认的视图方式，在这种视图下用户可以设计和编辑网页。
- 拆分视图：拆分视图将工作模式分成两部分，一部分是 HTML 程序代码，另一部分是网页的编辑区域，这种格式可以使用户能够同时浏览代码视图和设计视图。
- 代码视图：在代码视图中可以显示当前网页的 HTML 源文件，可以将用户在设计视图中执行的操作自动转化为 HTML 代码。
- 预览视图：预览视图可以让用户检查网页在提交之前的效果，如果用户对预览的效果不满意，可以随时更改。

(7) 任务窗格：显示 FrontPage 2003 正在完成的任务，一般位于窗口的右侧。

(8) 状态栏：状态栏位于窗口的底部。其中，`0:01@56Kbps` 表示在某一特定网络传输速率下加载当前网页所需要的时间，`503 x 250` 表示当前网页的大小，`默认` 表示当前网页的创作模式。

6.3　HTML 语言

学习重点

- HTML 简介
- HTML 文件的基本结构

6.3.1　HTML 简介

　　HTML(Hyper Text Markup Language,超文本标记语言)是一种专门用于 Web 网页制作的标记语言。用 HTML 编写的超文本文档称为 HTML 文档,它能独立于各种操作系统平台(如 Unix、Windows 等)。

　　HTML 语言是网页制作的基础,是初学者必学的内容。虽然现在有许多所见即所得的网页制作工具,但是初学者仍然有必要了解一些 HTML 语法,这样,才可以更精确地控制页面的排版,实现更多的功能。HTML 文件是纯文本文件,可直接使用普通的文本编辑器(如记事本)来编辑代码。将用 HTML 编写的文件保存成扩展名为 .htm 或者 .html 的文件,浏览器通过解释执行 HTML 编码。

6.3.2　HTML 文件的基本结构

1. 标记符

　　标记符是 HTML 的基本元素。在 HTML 中,所有的标记符都用尖括号括起来。关于标记的约定如下:

　　(1) 超文本标记用带尖括弧"<"和">"表示,例如,<HTML>表示 HTML 标记符。

　　(2) 超文本标记一般是成对出现,用带斜杠的元素表示结束,例如,<html>…</html>、<head>…</head>、<body>…</body>等。但有些标记只有起始标记没有结束标记,例如,
,它在网页中表示引入一个换行动作;还有些标记可以省略,例如,段落的结束标记</P>就可以省略。

　　(3) 超文本标记忽略大小写,例如,<HTML>和<html>是等效的,但其中实体内容的名称要区分大小写,如"&NAME"和"&name"表示不同的实体。

　　(4) 一个标记元素可写在多行,参数位置不受限制。

2. HTML 文件的基本结构

　　可以将 HTML 文档分成两部分:首部信息和正文主体。其具体结构如下:

```
<HTML>
<HEAD>
```

```
        头部信息
    </HEAD>
    <BODY>
        文档主体,正文部分
    </BODY>
</HTML>
```

其中,<HTML>在最外层,表示这对标记间的内容是 HTML 文档。<HEAD>之间是文档的头部信息,用于描述浏览器所需要的信息,主要含有网页标题、解码方式等信息,若不需要头部信息可省略此标记;<BODY>标记一般不省略,表示正文内容的开始,含有网页中的各种元素,如段落文字、表格、图像、颜色等信息。

6.3.3　一个简单的 HTML 文件

为了便于直观地认识 HTML,下面用 HTML 代码来编写一个简单的网页。启动 Windows 记事本,输入以下 HTML 代码:

```
<HTML>
    <HEAD>
        <TITLE>
            这是网页的标题
        </TITLE>
    </HEAD>
    <BODY>
        这是网页的正文
    </BODY>
</HTML>
```

将这个文件以文件名 FP、扩展名.htm 或.html 保存。然后双击 FP.htm(或 FP.html),Windows 将使用 IE 浏览器打开该文件,显示如图 6-2 所示的结果。

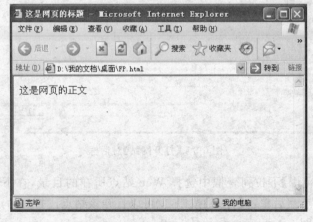

图 6-2　HTML 语言示例网页

6.4 站 点

学习重点
- 打开网页
- 打开站点
- 新建站点
- 导入素材

6.4.1 打开站点和网页

1. 打开网页

打开网页的操作比较简单,和在 Word、Excel 中打开文件比较类似,具体操作步骤如下:

(1) 选择【文件】|【打开】命令,或单击【常用】工具栏上的【打开】按钮,弹出【打开文件】对话框。

(2) 在【打开文件】对话框的【查找范围】下拉列表框中选择要打开文件所在的位置,在【文件类型】下拉列表框中选择 Web 页,然后单击所要打开的网页,最后单击【打开】按钮。

2. 打开站点

(1) 选择【文件】|【打开网站】命令,或单击【常用】工具栏上的【打开】按钮旁边的三角按钮 ▾ 选择【打开网站】命令,将弹出【打开网站】对话框,如图 6-3 所示。

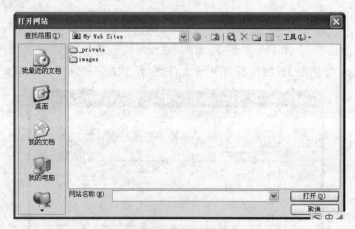

图 6-3 【打开网站】对话框

(2) 在【查找范围】下拉列表框中选择 Web 站点所在的目录,在下方的 Web 站点列表中选择一个站点,然后单击【打开】按钮,就可以打开该站点。打开站点后将显示该站点中所有的文件,如图 6-4 所示。

图 6-4　显示站点中所有的文件

6.4.2　新建站点和导入素材

1. 新建站点

（1）选择【文件】|【新建】命令，在打开的【新建】任务窗格中单击【由一个网页组成的网站】链接，弹出【网站模板】对话框，如图 6-5 所示。

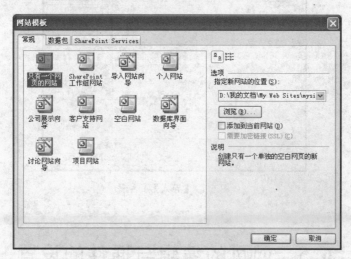

图 6-5　【网站模板】对话框

（2）单击【网站模板】对话框右侧的【浏览】按钮，指定新网站的位置。

（3）在【网站模板】对话框左侧的列表中选择新站点的模板或向导，单击【确定】按钮。

此时会在指定的路径文件夹下生成一个含有 index.htm（主页）的站点，双击该文件即可在编辑区中对主页进行编辑，如图 6-6 所示。

> 注意：新建站点也可以单击【常用】工具栏上的【新建】按钮　旁边的三角按钮　，在下
> 　　　拉菜单中选择【网页】命令，然后在弹出的【网站模板】对话框中进行设置。

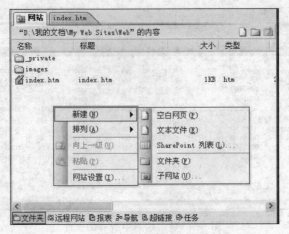

图 6-6 生成新的站点

2. 导入素材

选择【文件】|【导入】命令,弹出【导入】对话框,如图 6-7 所示。允许用户导入的素材主要有文件、文件夹以及来自网站的对象,单击相应按钮即可完成素材的导入。

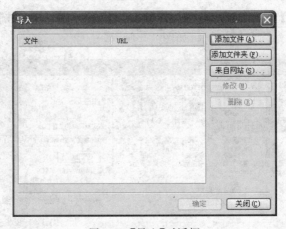

图 6-7 【导入】对话框

6.5 网页的编辑与插件的设置

学习重点

- 新建网页、保存网页
- 文本的编辑与设置、网页格式的设置
- 插入对象(水平线、日期和时间)
- 插入组件及使用组件(计数器、字幕、悬停按钮等)
- 插入表单及设置表单

—————— 新编计算机应用基础教程(第 2 版)

6.5.1 新建网页

(1) 选择【文件】|【新建】命令,在程序的右侧将弹出【新建】任务窗格,如图 6-8 所示。

(2) 在【新建网页】选项区中单击以下超链接之一。

空白网页:单击可新建一个空白网页。

根据现有网页新建:单击可根据已创建的动态网页模板创建网页。

其他网页模板:单击可根据 FrontPage 2003 提供的模板创建网页。

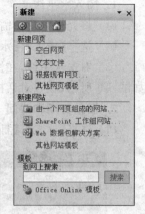

图 6-8 【新建】任务窗格

> 注意:单击【常用】工具栏上的【新建】按钮,将直接新建一个空白网页;单击【常用】工具栏上的【新建】按钮旁边的三角按钮▾,选择【网页】命令,将弹出【网页模板】对话框,可根据 FrontPage 2003 提供的模板创建网页。

6.5.2 文本的编辑与格式设置

1. 文本的编辑

常用的文本编辑操作有选择、移动、剪切、复制、粘贴、删除、查找和替换等。

(1) 选择文本。使用菜单选择文本的方法只有一种,即选择【编辑】|【全选】命令,使用此方法可以选择编辑区域中的所有内容。

若要选择一行,可以将光标定位于要选定行的左侧,当光标变为向右指的箭头时,单击即可。

(2) 移动文本。将光标移至要选择文本的段落的左侧,拖动光标,选择要移动的文本。然后按下鼠标左键,将其拖动至目的地,松开鼠标左键即可。

移动文本还可以利用【剪切】与【粘贴】命令完成。

(3) 删除文本。选择需要删除的文本,然后按键盘上的 Delete 键(或选择【剪切】命令)。

2. 字体格式的设置

(1) 选择需要进行格式设置的文本,然后选择【格式】|【字体】命令,弹出【字体】对话框。

(2) 在【字体】选项卡中选择合适的字体、字形和大小等,在【效果】选项组中对文字设置不同的效果,在【字符间距】选项卡中设置字符间距等。

> 注意:用户也可使用【格式】工具栏上的字体设置按钮来设置字体格式。

3. 段落格式的设置

(1) 选择需要进行格式设置的文本,然后选择【格式】|【段落】命令,弹出【段落】对话框。

（2）在【段落】对话框中设置文本的对齐方式、缩进方式和行间距等。

6.5.3　插入对象及组件

1. 插入水平线

（1）将光标定位在需要插入水平线的位置。

（2）选择【插入】|【水平线】命令，即可在当前插入点位置插入一条水平线。

（3）右击水平线，在快捷菜单中选择【水平线属性】命令，弹出【水平线属性】对话框，如图 6-9 所示，在该对话框中可以对水平线进行相应的属性设置。

2. 插入日期和时间

（1）选择【插入】|【日期和时间】命令，弹出【日期和时间】对话框，如图 6-10 所示。

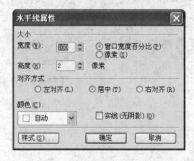

图 6-9　【水平线属性】对话框

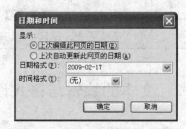

图 6-10　【日期和时间】对话框

（2）在【日期和时间】对话框中选择显示方式，并在【日期格式】和【时间格式】下拉列表框中设置日期和时间的格式，最后单击【确定】按钮完成操作。

3. 插入计数器

（1）将光标定位在需要插入计数器的位置。

（2）选择【插入】|【Web 组件】命令，弹出【插入 Web 组件】对话框，在该对话框左侧的【组件类型】列表框中选择【计数器】选项，如图 6-11 所示。

图 6-11　【插入 Web 组件】对话框（1）

（3）单击【完成】按钮，此时会弹出【计数器属性】对话框，如图 6-12 所示，选择合适的计数器样式，单击【确定】按钮。

4. 插入字幕

（1）将光标定位在需要插入字幕的位置。

（2）选择【插入】|【Web 组件】命令，弹出【插入 Web 组件】对话框。在该对话框左侧的【组件类型】列表框中选择【动态效果】选项，然后在右侧的列表框中选择【字幕】选项，如图 6-13 所示。

（3）单击【完成】按钮，此时会弹出【字幕属性】对话框，如图 6-14 所示。

在【文本】框中输入要在字幕中显示的文本信息，然后设置字幕的以下属性。

- 方向：用于设置文字字幕滚动的方向。
- 速度：用于设置文本滚动的速度。
- 表现方式：用于设置字幕的表现方式，即"滚动条"、"幻灯片"和"交替"。

图 6-12 【计数器属性】对话框

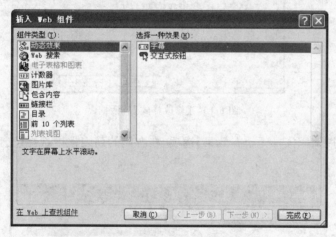

图 6-13 【插入 Web 组件】对话框（2）

- 大小：用于指定字幕的高度与宽度，可以以像素或百分比为单位。
- 重复：用于设置字幕运行的次数。
- 背景色：用于改变字幕的背景颜色。

（4）单击【字幕属性】对话框中的【样式】按钮，此时会弹出如图 6-15 所示的【修改样式】对话框。在该对话框中单击【修改】按钮，可以对字体、段落、边框等进行设置。

（5）完成所有设置后，单击【确定】按钮即可插入字幕。

5. 插入交互式按钮

（1）将光标定位在需要插入交互式按钮的位置。

（2）选择【插入】|【Web 组件】命令，弹出【插入 Web 组件】对话框。在该对话框左侧

图 6-14 【字幕属性】对话框

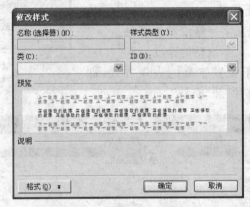

图 6-15 【修改样式】对话框

的【组件类型】列表框中选择【动态效果】选项,在右侧的列表框中选择【交互式按钮】选项,如图 6-16 所示。

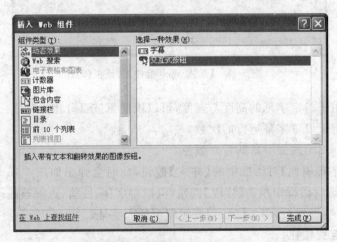

图 6-16 【插入 Web 组件】对话框(3)

———————————— 新编计算机应用基础教程(第 2 版)

（3）单击【完成】按钮，弹出【交互式按钮】对话框，如图 6-17 所示。

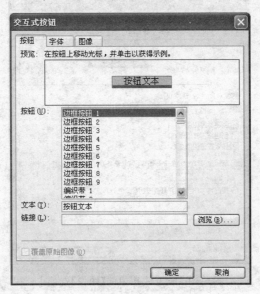

图 6-17 【交互式按钮】对话框

（4）在【按钮】选项卡的【按钮】列表框中选择一种按钮样式，在【文本】右侧的文本框中输入该按钮上的文字，在【链接】右侧的文本框中输入该按钮对应的链接，或者单击【浏览】按钮，选择该链接对应的 URL 地址。

（5）切换到【字体】选项卡，设置该文本的字体、字形、字号等属性，如图 6-18 所示。

图 6-18 交互式按钮的【字体】选项卡

（6）切换到【图像】选项卡，进行按钮图片的设置，如图 6-19 所示。

（7）完成所有设置后，单击【确定】按钮即可插入交互式按钮。

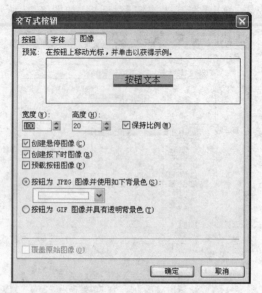

图 6-19 交互式按钮的【图像】选项卡

6.5.4 网页的修饰

1. 设置网页标题和背景音乐

（1）将光标定位在当前网页的任何位置，然后右击，在快捷菜单中选择【网页属性】命令，此时会弹出【网页属性】对话框，如图 6-20 所示。

（2）若要为当前网页设置标题，在【常规】选项卡的【标题】选项区右侧的文本框中输入标题名称。

（3）若要为当前网页设置背景音乐，在【常规】选项卡的【位置】选项区中单击【浏览】按钮，在弹出的【背景音乐】对话框中选择合适的音乐，然后单击【打开】按钮。

（4）设置完毕后，单击【确定】按钮即可。

2. 设置背景

（1）将光标定位在当前网页的任何位置。

（2）选择【格式】|【背景】命令，或将图 6-20 所示的【网页属性】对话框切换到如图 6-21 所示的【格式】选项卡。

（3）若要为当前网页设置背景图片，并将背景图片设置为水印效果，可选中【背景图片】和【使其成为水印】两个复选框，并单击【浏览】按钮，弹出【选择背景图片】对话框，在其中选择需要的背景图片并单击【打开】按钮。

（4）设置完毕后，单击【确定】按钮。

> **提示：** 使用【格式】选项卡还可以更改当前网页的背景颜色或当前网页中文本的颜色和超链接文本的颜色。

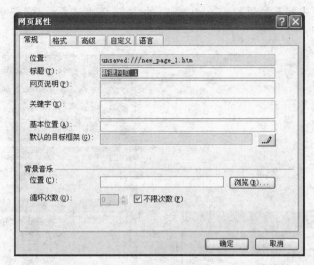

图 6-20　【常规】选项卡

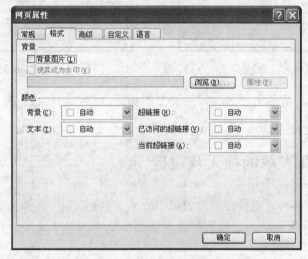

图 6-21　【格式】选项卡

3. 过渡效果

(1) 打开需要增加网页过渡效果的网页。

(2) 选择【格式】|【网页过渡】命令,弹出【网页过渡】对话框,如图 6-22 所示。

(3) 在【事件】下拉列表框中选择一种触发过渡效果的事件。

(4) 在【周期(秒)】文本框中输入过渡效果所持续的时间。

(5) 在【过渡效果】列表框中选择一种网页过渡效果。

(6) 设置完毕后单击【确定】按钮,则当前网页的过渡效果就设置好了。

4. 主题

(1) 打开需要应用主题的网页。

（2）选择【格式】|【主题】命令，在窗口的右侧会弹出【主题】任务窗格，如图 6-23 所示。

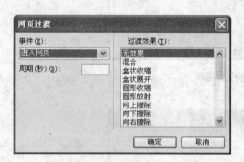

图 6-22 【网页过渡】对话框

图 6-23 【主题】任务窗格

（3）单击选择合适的主题，此时，网页上的标题、内容等对象的格式和颜色都会随着主题发生相应的变化。

6.5.5 表格和表单的插入及设置

表格是一种能够有效地描述信息的组织方式。在网页中，表格主要用来组织和控制页面布局。在 FrontPage 中，表格的创建方法类似于本书第 3.7 节介绍的 Word 中表格的创建方法，在此不再赘述。

表单用于表现特殊的信息，使用户和网站进行交互，下面介绍表单的插入和设置方法。

1. 插入表单

选择【插入】|【表单】命令，此时将弹出一个子菜单，该子菜单中列出了 FrontPage 2003 中表单的所有类型，如图 6-24 所示，在其中选择要插入的表单类型，即可在网页中插入一个表单。

2. 设置表单

在需要设置的表单上右击，然后在快捷菜单中选择【表单属性】命令，此时会弹出【表单属性】对话框，如图 6-25 所示。

单击【表单属性】对话框中的【选项】按钮，弹出【保存表单结果】对话框，可设置保存表单结果，如图 6-26 所示。

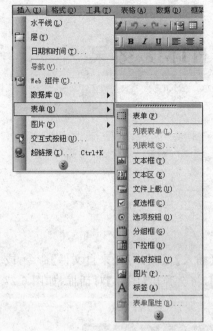

图 6-24 插入表单与表单元素

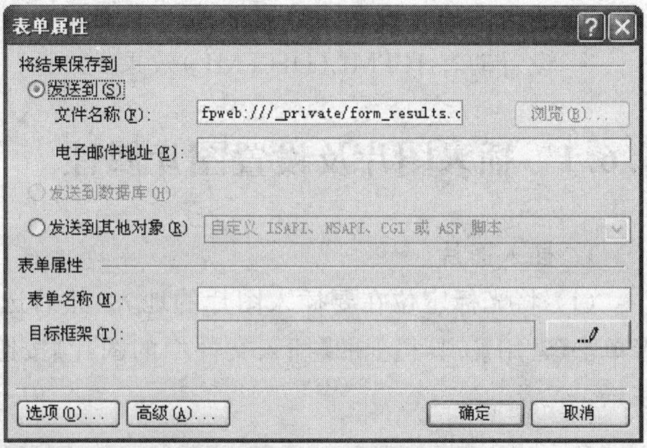

图 6-25 【表单属性】对话框

图 6-26 【保存表单结果】对话框

6.5.6 保存网页

1. 保存

选择【文件】|【保存】命令或单击【常用】工具栏中的【保存】按钮 。

2. 另存为

选择【文件】|【另存为】命令，将会弹出【另存为】对话框，在该对话框中可以选择保存

位置、保存类型，输入文件名并单击【保存】按钮即可。

6.6 图片操作及动态 HTML 效果

学习重点

- 插入图片及设置图片属性
- 设置动态 HTML(DHTML)效果

6.6.1 插入图片及设置图片属性

1. 插入图片

（1）将光标定位在要插入图片的地方，然后选择【插入】|【图片】|【来自文件】命令，或者单击【常用】工具栏上的【插入文件中的图片】按钮，将会弹出【图片】对话框，如图 6-27 所示。

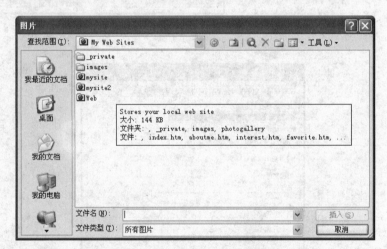

图 6-27 【图片】对话框

（2）选择需要的图片，单击【插入】按钮，即可将图片插入到页面中。

2. 修改图片属性

选中图片，然后选择【格式】|【属性】命令，或者在图片上双击，此时会弹出【图片属性】对话框，如图 6-28 所示。在该对话框中可以完成环绕方式、布局和大小的设置。

6.6.2 设置动态 HTML 效果

（1）选择【视图】|【工具栏】|【DHTML 效果】命令，打开【DHTML 效果】工具栏，如图 6-29 所示。

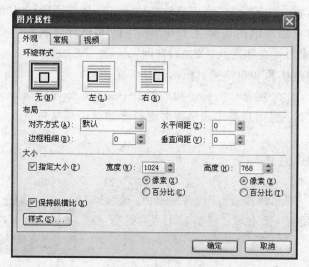

图 6-28 【图片属性】对话框

图 6-29 【DHTML 效果】工具栏

（2）选中需要设置动态 HTML 效果的元素，在【DHTML 效果】工具栏左侧的【在】下拉列表框中选择一种事件。例如选择【单击】事件，此时中间的【应用】下拉列表框由灰色变成白色，表示可以进行进一步的设置。

（3）在【应用】下拉列表框中选择一种效果，例如选择【飞出】效果，此时右侧的下拉列表框由灰色变成白色，表示可以进行具体效果的设置。

（4）在【效果】下拉列表框中选择一种效果设置，例如选择【逐字到右上部】，此时已完成了动态 HTML 的效果设置。

提示：在动态 HTML 效果设置完毕后，对象的下方会显示一个蓝色的矩形。

6.7　创建超链接

学习重点

- 超链接的含义
- 如何创建超链接
- 书签的定义与使用
- 超链接的管理和维护

超链接是网页核心技术之一,利用超链接技术可以轻松地跳到其他网页或者站点,而不论这个网页或站点是本地的还是在 Internet 上的其他计算机中。正是因为有了超链接,万维网才真正成为一个四通八达的"蜘蛛网"。

超链接都由超链接源和超链接目标两部分组成。

(1)超链接源:用来定义作为超链接的网页中的文本或图片,又称为"超链接"。

(2)超链接目标:当用户单击超链接时会打开的页面或文件。

6.7.1　书签超链接

当"超链接源"和"超链接目标"均在网页内部时,如果要采用书签超链接,需先将"超链接目标"设置为"书签"。

1. 创建书签

(1)切换到网页视图,将光标放在要创建书签的位置,或者选择要分配书签的文本或图像等。

(2)选择【插入】|【书签】命令,将弹出如图 6-30 所示的【书签】对话框。

(3)在【书签名称】文本框中输入书签的名称。

(4)单击【确定】按钮。

图 6-30　【书签】对话框

> **提示**:若一个空白区域被标为书签,则该书签将显示 ；若文本被标为书签,则该文本的下方将会显示一条虚横线。

2. 创建到书签的链接

在书签创建好了以后,便可以建立超链接链接到某一个书签。具体操作步骤如下:

(1)选择要定义超链接的文本或图像。

(2)单击【常用】工具栏上的【插入超链接】按钮 ,或在选定的对象上右击,在快捷菜单中选择【超链接】命令,弹出【插入超链接】对话框。

(3)在【插入超链接】对话框的左侧单击【本文档中的位置】,此时将以列表形式给出本网页中所有的书签,如图 6-31 所示。

(4)在【请选择文档中的位置】列表中选择需要链接的书签。

(5)单击【确定】按钮。

3. 访问和删除书签

(1)选择【插入】|【书签】命令,弹出【书签】对话框,如图 6-30 所示。

(2)在【书签】对话框中将会列出本网页中所有的书签名称,选择需要访问的书签,单击【转到】按钮,用户就可以将网页跳转到书签的位置。

(3)若要删除书签,在【书签】对话框中选择需要删除的书签,然后单击【清除】按钮即可。

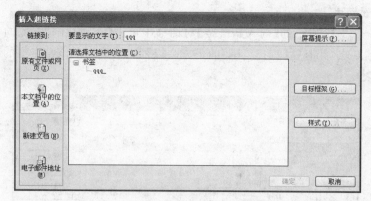

图 6-31　创建到书签的超链接

6.7.2　其他超链接

选择需要定义超链接的对象,然后右击,在弹出的快捷菜单中选择【超链接】命令,或选择【插入】|【超链接】命令,此时会弹出【插入超链接】对话框,如图 6-32 所示。

图 6-32　【插入超链接】对话框

1．链接到 Web 页

(1)在如图 6-32 所示的【插入超链接】对话框中单击【浏览 Web】按钮 ，此时在 Internet Explorer(IE 浏览器)中会新建一个空白网页。

(2)在浏览器中寻找要作为超链接目标的站点。

(3)返回 FrontPage 2003,该站点的 URL 会自动添加到【插入超链接】对话框的【地址】下拉列表框中。

(4)设置完毕后,单击【确定】按钮即可。

> **注意**:如果知道目标站点准确的 URL 地址,也可以直接在【地址】下拉列表框中输入站点地址,例如"http://www.163.com"。

2. 链接到网页

(1) 在如图 6-32 所示的【插入超链接】对话框中单击【查找范围】右侧的下拉按钮，找到网页所在的站点，此时在【查找范围】的下方会以列表形式列出该站点中的所有文件，如图 6-33 所示。

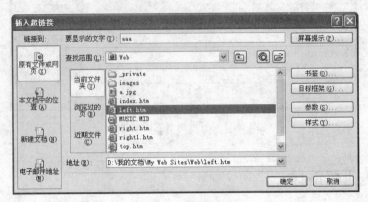

图 6-33　链接到网页

(2) 单击选中需要链接的网页，然后单击【确定】按钮。

3. 链接到邮箱

(1) 在如图 6-32 所示的【插入超链接】对话框中单击【电子邮件地址】，此时会弹出如图 6-34 所示的对话框。

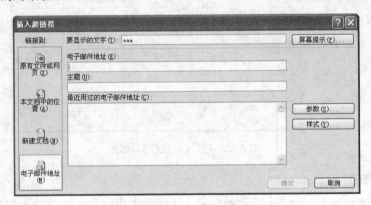

图 6-34　链接到邮箱

(2) 在【电子邮件地址】下方的文本框中输入链接的目标邮箱地址，例如"gogodezla@163.com"。

(3) 设置完毕后，单击【确定】按钮即可。

> **注意**：设置邮箱的超链接也可在如图 6-32 所示的对话框中的【地址】文本框中的邮箱地址前加入"mailto:"，例如"mailto:gogodezla@163.com"。

4. 链接到文件

在如图 6-32 所示的【插入超链接】对话框中单击【查找范围】，找到要链接的文件并选

新编计算机应用基础教程(第 2 版)

中,然后单击【确定】按钮即可。

5. 链接到目标框架

（1）在如图 6-32 所示的【插入超链接】对话框中单击【目标框架】按钮。

（2）此时会弹出【目标框架】对话框，位于该对话框左侧的【当前框架网页】栏中显示了当前框架网页的外观，如图 6-35 所示。

（3）在该对话框左侧的【当前框架网页】栏中单击某个框架即可将其设置为目标框架，例如单击上框架，如图 6-36 所示。

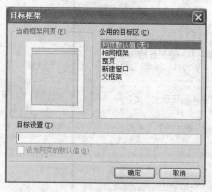

图 6-35　【目标框架】对话框　　　　图 6-36　选定目标框架

> **提示：**用户也可以在【公用的目标区】列表中选择一个相应的选项将其设置为目标框架。

（4）单击【确定】按钮，即可完成设置。

6.8　实践案例 1——新建"FrontPage 特点"网页

操作重点

- 不同应用程序间的数据转换
- 字幕的设置
- 插入水平线
- 书签的定义及超链接的实现

操作难点

- 书签的定义
- 同一网页中超链接的实现

6.8.1　任务要求

本例所用到的文件均在本书的素材电子文档"第 6 章\sample\实践案例 1"文件夹

下，为了便于操作，请将该文件夹复制到 D 盘根目录下，即"D:\实践案例 1"。

启动 FrontPage 2003，建立一个新的空白网页。然后将"FrontPage 特点.doc"文件中的文字复制到新建的空白网页中，并对该网页进行一系列排版与格式设置，最终效果如图 6-37 所示，再将该网页以文件名"FrontPage 特点.htm"保存。

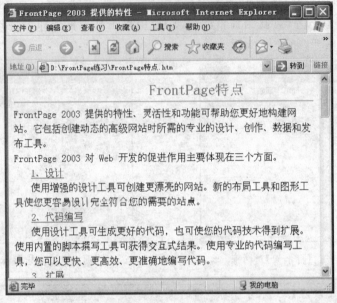

图 6-37 "FrontPage 特点.htm"网页

通过本例，读者将掌握如何建立和保存 FrontPage 网页，如何在 FrontPage 网页中进行字幕设置，如何插入水平线，如何使用书签，如何实现超链接、插入图片等。

6.8.2 操作步骤

准备工作：启动 FrontPage 2003。单击【开始】按钮，选择【所有程序】| Microsoft Office | Microsoft Office FrontPage 2003 命令，启动 FrontPage 2003，此时程序会自动创建一个名称为"new_page_1.htm"的网页。

1. 网页内容的准备

（1）打开"FrontPage 特点.doc"，选择【编辑】|【全选】命令，选中所有的文字并复制。

（2）在"new_page_1.htm"网页文件的编辑区中右击，在快捷菜单中选择【粘贴】命令，或按 Ctrl+V 快捷键将文字粘贴到当前网页中。

2. 字幕的设置

（1）在"new_page_1.htm"网页中选中标题"FrontPage 特点"。

（2）选择【插入】|【Web 组件】命令，弹出【插入 Web 组件】对话框，选择【动态效果】下的【字幕】。

（3）单击【完成】按钮，此时会弹出【字幕属性】对话框。在【字幕属性】对话框中进行下列设置：方向为左，延迟速度为 60，表现方式为"交替"。

（4）设置完毕后，单击【确定】按钮。

（5）选中标题，在【常用】工具栏中将字体颜色设置为红色，将大小设置为 18 磅。

设置成功后对网页进行预览，标题效果如图 6-38 所示。

```
new_page_1.htm*
                        FrontPage特点
FrontPage 2003 提供的特性、灵活性和功能可帮助您更好地构建网站。它包括创建动态的高级网站时所需
的专业的设计、创作、数据和发布工具。
FrontPage 2003 对 Web 开发的促进作用主要体现在三个方面。
```

图 6-38　设置字幕效果

3. 插入水平线

（1）将光标定位到第一段文字的段首，即定位到"FrontPage 2003 提供的特性、灵活性和功能可……"文字之前。

（2）选择【插入】|【水平线】命令，即可在标题和正文之间插入一条水平线。

设置成功后对网页进行预览，效果如图 6-39 所示。

图 6-39　插入水平线后的效果

4. 定义书签

（1）选中项目编号文字"设计更漂亮的站点"。

（2）选择【插入】|【书签】命令，然后在弹出的【书签】对话框中输入书签的名称"设计"。

（3）单击【确定】按钮，即可完成第一个书签的定义。

（4）重复步骤（1）～（3），为项目编号文字"更快捷、更简便地生成代码"和"扩展您的网站的功能和覆盖范围"定义书签，名称为"代码编写"和"扩展"。

5. 定义超链接

（1）选中段落文字"1、设计"。

（2）在选中的文字上右击，然后在弹出的快捷菜单中选择【超链接】命令。

（3）此时会弹出【插入超链接】对话框，单击【本文档中的位置】，在对话框的右侧将显示本文档中的书签，如图 6-40 所示。

（4）选中【设计】书签，单击【确定】按钮，即可完成超链接的设置。

（5）重复步骤（1）～（4），为段落文字"2、代码编写"和"3、扩展"定义超链接，分别指向本文档中的同名书签。

6. 插入图片

（1）将光标定位在文章的末尾。

（2）选择【插入】|【图片】|【来自文件】命令，弹出【图片】对话框。

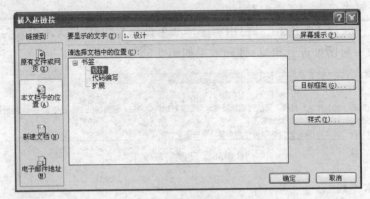

图 6-40 【插入超链接】对话框

(3) 将【查找范围】设置为"D:\FrontPage 练习",然后选择图片"FP. GIF",单击【插入】按钮。

7. 保存

单击【常用】工具栏上的【保存】按钮,弹出【另存为】对话框,在【保存位置】下拉列表框中选择"D:\教学案例 1"作为保存位置,在【文件名】文本框中输入"FrontPage 特点",设置保存类型为"网页",然后单击【保存】按钮。

6.9　框　架　网　页

学习重点

• 框架网页的创建与保存
• 框架网页的属性设置
• 框架网页的调整与修饰
• 为超链接制定目标框架

框架网页是一种特殊的网页,可以将浏览器视窗分为多个不同的窗口,而每个窗口又可以看作一个网页容器,用于显示不同的网页。

6.9.1　新建框架网页

(1) 选择【文件】|【新建】命令,在窗口的右侧将弹出【新建】任务窗格,如图 6-41所示。

(2) 在该任务窗格的【新建网页】选项区中单击【其他网页模板】。

(3) 此时会弹出【网页模板】对话框,切换到【框架网页】选项卡,如图 6-42 所示。

(4) 在该对话框中选择合适的框架网页模板,例如选择"标题",并单击【确定】按钮,在网页中会出现如图 6-43 所示的框架网页。

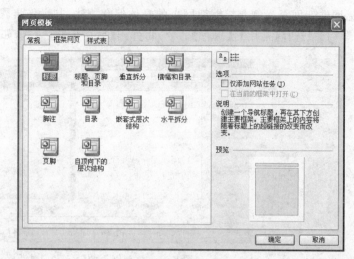

图 6-41 【新建】任务窗格　　　　　　　　　图 6-42 【框架网页】选项卡

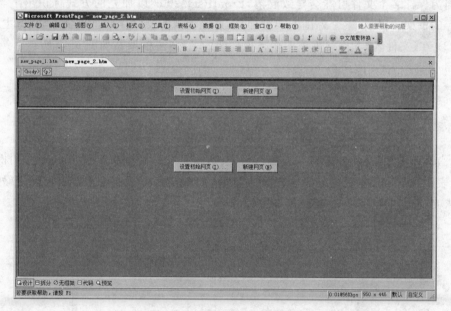

图 6-43　新建的标题框架网页

在框架网页的每一个框架窗口中均有【设置初始网页】和【新建网页】两个按钮。

· 【设置初始网页】按钮：在相应的框架中显示某个已经编辑好的网页文件。

· 【新建网页】按钮：在相应的框架区域会出现一个空白区域，用户可在其中自行编辑网页内容。

6.9.2　保存框架网页

一个框架包含有多个子框架，主框架和子框架均需分别保存。下面以上节中创建的

标题框架网页为例介绍框架网页的具体保存方法,其操作步骤如下:

(1) 选择【常用】|【保存】命令,将弹出【另存为】对话框,如图 6-44 所示。

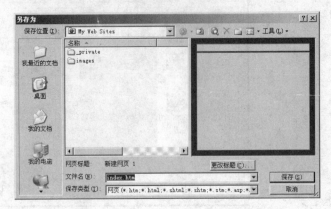

图 6-44　框架网页的【另存为】对话框

因为保存多个文件可能会导致混淆,FrontPage 2003 以加亮的方式标识出了当前需要保存的框架。目前,整个外围框架被加亮,这表示当前要保存的是整个框架,即主框架。

(2) 在【文件名】下拉列表框中输入该框架的名称"主框架",如图 6-45 所示。

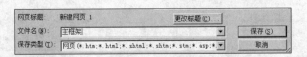

图 6-45　输入整体框架网页的名称

(3) 单击【保存】按钮,【另存为】对话框会再次弹出。此时框架预览区上方的框架被加亮,表明当前需要保存的是上方的标题框架,如图 6-46 所示。在【文件名】下拉列表框中输入当前标题框架的文件名,例如"Top.htm"。

图 6-46　标题区域被高亮显示

(4) 单击【保存】按钮,此时会弹出第 3 个【另存为】对话框,如图 6-47 所示。在该对话框中,框架预览区右侧的框架高亮显示,表明当前需要保存的是右侧的框架。在【文件名】下拉列表框中输入当前框架的文件名,例如"Main.htm",并单击【保存】按钮。

提示：关于框架网页的保存有以下规律，若一个网页是含有 n 个框架的网页，在保存完毕后，会有 n+1 个页面。选择"新建网页"的子框架需单独命名保存，选择"设置初始网页"的子框架无须单独命名保存。

图 6-47 内容区域被高亮显示

6.9.3 调整网页的框架结构

虽然在新建框架网页时，用户已选定了一种框架网页模板，但在建立框架网页后仍然可以重新调整框架结构。

1. 调整框架的大小

将鼠标指针定位在某个框架网页中，然后右击，在快捷菜单中选择【框架属性】命令，此时会弹出【框架属性】对话框，如图 6-48 所示。

1）框架大小

框架大小包括宽度和行高。在【宽度】和【行高】下拉列表框中可以选择"像素"、"百分比"或"相对"选项，然后在相应的数值框中输入数值即可。

2）可调整性

该选项用来设置在浏览器中浏览该网页时是否可以调整该框架的大小。

3）边距

边距属性用来定义框架中的内容和框架边界的空白距离，包括宽度和高度。

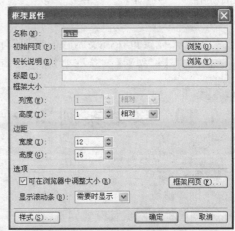

图 6-48 【框架属性】对话框

4）间距

框架间距属性用于设置相连框架边框之间的间距大小，以像素为单位。

在如图 6-48 所示的【框架属性】对话框中单击【框架网页】按钮，将弹出【网页属性】对话框，如图 6-49 所示。在该对话框中选择【框架】选项卡，可以设置框架的间距。

5）滚动条

该选项用于设置框架窗口中是否显示滚动条。

2. 拆分框架

（1）将光标定位在需要拆分的框架窗口内，选择【框架】|【拆分框架】命令，将弹出【拆分框架】对话框，如图6-50所示。

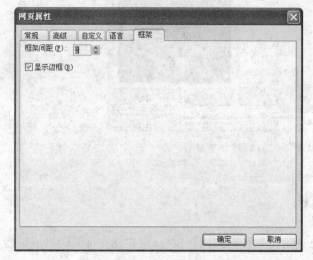

图6-49 【网页属性】对话框

图6-50 【拆分框架】对话框

（2）选中【拆分成列】或【拆分成行】单选按钮，然后单击【确定】按钮，即可完成所选框架的拆分。

3. 删除框架

（1）将光标定位在需要删除的框架窗口内。

（2）选择【框架】|【删除框架】命令，即可删除所选框架网页。

6.10 实践案例2——"唐诗赏析"网站的制作

操作重点

- 打开站点
- 创建框架网页及设置网页
- 插入字幕及设置字幕
- 创建表格及设置表格
- 创建超链接及设置目标框架
- 插入图片及设置图片
- 框架网页的保存

- 框架网页的标题设置
- 超链接目标框架的设置
- 框架网页的保存

6.10.1　任务要求

本例所用到的文件均在本书的素材电子文档"第 6 章\sample\实践案例 2"文件夹下，为便于操作，请将该文件夹复制到 D 盘根目录下，即"D:\实践案例 2"。

（1）打开网站 Web1，在该站点下创建一个具有"横幅和目录"的框架网页，并将 right.htm 设置为右框架初始网页，设置上框架和左框架均为新建网页。

（2）设置左框架宽度为 200 像素，上框架高度为 80 像素。

（3）将框架网页标题设置为"唐诗赏析"。

（4）在上框架网页中插入字幕"唐诗赏析"，方向向右，延迟速度为 40，重复 5 次，字体格式为华文行楷、红色、24pt。

（5）在左框架中插入 4 行 1 列的表格，然后在表格中依次输入"春思"、"佳人"、"老将行"、"回乡偶书"，要求表格的边框粗细为 2、对齐方式为居中、高度为 300 像素。

（6）在左框架中为文字"春思"、"佳人"、"老将行"、"回乡偶书"建立超链接，分别指向"春思.htm"、"佳人.htm"、"老将行.htm"、"回乡偶书.htm"，目标框架均为右框架。

（7）在左框架表格的下方插入图片 ts300.gif，并将图片宽度设置为 150 像素，高度设置为 50 像素。

（8）设置右框架网页的背景图片为 0002.gif。

（9）将制作好的框架网页以文件名 index.htm 保存，上框架网页以文件名 top.htm 保存，左框架网页以文件名 left.htm 保存，其他修改的网页以原文件名保存，所有网页均存放在 Web1 网站中。

按照上述要求，网页的最终效果如图 6-51 所示。

6.10.2　操作步骤

准备工作：启动 FrontPage 2003。单击【开始】按钮，然后选择【所有程序】|Microsoft Office|Microsoft Office FrontPage 2003 命令，启动 Microsoft Office FrontPage 2003。

1. 打开网站、新建框架网页

（1）选择【文件】|【打开网站】命令，在弹出的【打开网站】对话框中将【查找范围】设置为"D:\实践案例 2"，如图 6-52 所示。

（2）在文件列表中选择站点"Web1"，然后单击【打开】按钮，即可在 FrontPage 中打开 Web1 站点。

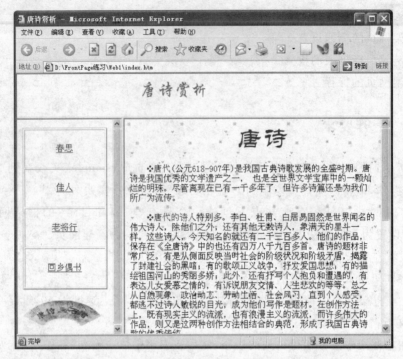

图 6-51　"唐诗赏析"网站

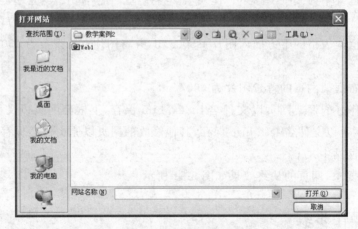

图 6-52　【打开网站】对话框

（3）选择【文件】|【新建】命令，在程序右侧窗口中会打开【新建】任务窗格，单击【其他网页模板】，将弹出【网页模板】对话框，如图 6-53 所示。

（4）在【框架网页】选项卡中选择【横幅和目录】，单击【确定】按钮。

（5）在新建的【横幅和目录】框架网页的上框架和左框架中单击【新建网页】按钮；在右框架中单击【设置初始网页】按钮，在弹出的【插入超链接】对话框的网站列表框中选择"right.htm"，并单击【确定】按钮。

———— 新编计算机应用基础教程（第 2 版）

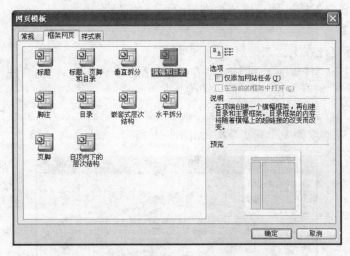

图 6-53 【网页模板】对话框

2. 设置框架大小

（1）在左框架中右击，在快捷菜单中选择【框架属性】命令，此时会弹出【框架属性】对话框，将框架宽度设置为 300 像素。

（2）在上框架中右击，在快捷菜单中选择【框架属性】命令，此时会弹出【框架属性】对话框，将框架高度设置为 80 像素。

3. 设置框架网页标题

（1）在任意框架中右击，在快捷菜单中选择【框架属性】命令，此时会弹出【框架属性】对话框。

（2）单击【框架网页】按钮，此时会弹出【网页属性】对话框。

（3）在该对话框的【常规】选项卡的【标题】文本框中输入网页标题，如图 6-54 所示。

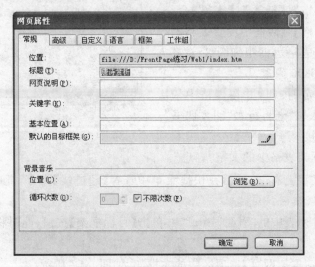

图 6-54 设置框架网页标题

（4）单击【确定】按钮，即可完成框架网页标题的设置。

4. 插入字幕

（1）将光标定位在上框架网页中。

（2）选择【插入】|【Web 组件】命令，在弹出的【插入 Web 组件】对话框中选择【动态效果】下的【字幕】。

（3）单击【完成】按钮，在弹出的【字幕属性】对话框中输入文本"唐诗赏析"。然后设置方向为右，延迟速度为 40，重复 5 次，如图 6-55 所示。

图 6-55　【字幕属性】对话框

（4）单击【样式】按钮，在弹出的【修改样式】对话框中单击【格式】按钮，选择【字体】命令，如图 6-56 所示，将字体格式设置为华文行楷、红色、24pt。

（5）单击【确定】按钮。

5. 插入表格及设置表格

（1）将光标定位在左框架网页中。

（2）选择【表格】|【插入】|【表格】命令，在弹出的【插入表格】对话框中设置表格的行数为 4、列数为 1、表格边框粗细为 2、对齐方式为居中、高度为 300 像素。

（3）单击【确定】按钮，并在表格中依次输入"春思"、"佳人"、"老将行"、"回乡偶书"。

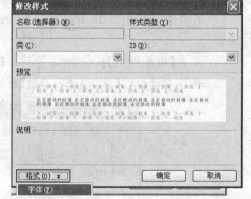

图 6-56　【修改样式】对话框

6. 建立超链接

（1）选中左框架表格中的文字"春思"。

（2）在选中文字上右击，然后在快捷菜单中选择【超链接】命令，此时将弹出【插入超链接】对话框。

（3）选中文件列表中的"春思.htm"，并单击【目标框架】按钮，此时将弹出【目标框架】对话框。

（4）单击【当前框架网页】选项区中的右框架，如图 6-57 所示。

（5）单击【确定】按钮。

同样,对表格中的"佳人"、"老将行"、"回乡偶书"建立超链接,设置【目标框架】为右框架,打开对应名称的网页。

7. 插入图片及设置图片

(1) 将光标定位在左框架网页表格的下方。

(2) 选择【插入】|【图片】|【来自文件】命令,在弹出的【图片】对话框中选择需要插入的图片 ts300. gif,并单击【插入】按钮将图片插入到表格的下方。

(3) 在图片上右击,然后在快捷菜单中选择【图片属性】命令,此时将弹出【图片属性】对话框。

图 6-57 【目标框架】对话框

(4) 在【外观】选项卡中取消选中【保持纵横比】复选框,并将图片的宽度设置为 150 像素,高度设置为 50 像素。

(5) 单击【确定】按钮。

8. 设置网页背景

(1) 将光标定位在右框架网页中,然后右击,在快捷菜单中选择【网页属性】命令,弹出【网页属性】对话框。

(2) 在【格式】选项卡中选中【背景图片】复选框,然后单击【浏览】按钮,将弹出【插入背景图片】对话框。

(3) 在文件列表中选择需要插入的背景图片 0002. gif,单击【打开】按钮。

(4) 单击【确定】按钮。

9. 保存

(1) 选择【文件】|【保存】命令,将会弹出【另存为】对话框,如图 6-58 所示。

图 6-58 【另存为】对话框

（2）此时，框架预览区中的上框架被高亮显示，表示此时需要保存的是上框架网页，输入文件名"top. htm"。

（3）单击【保存】按钮，将会弹出另一个【另存为】对话框，观察框架预览区的高亮显示部分，分别输入文件名"left. htm"和"index. htm"，然后单击【保存】按钮。

6.11　网站的发布

学习重点

- IIS 的功能
- Web 服务器的安装
- Web 服务器的配置
- 发布网站

Web 服务器是存储网页并响应浏览器请求的计算机，也称为 HTTP 服务器，其存储的文件的 URL 以"http://"开头。IIS 是 Internet Information Server（互联网信息服务）的缩写，它是 Windows XP 系统自带的一种 Web 服务器软件，用于网页发布、文件传输等。在 Windows XP 系统中，默认情况下系统初始安装时都不会安装 IIS，因此，当需要将本机构成 Web 服务器，以便能向网络发布自己的网站时，需要将 IIS 组件添加到系统中。Windows XP 的 IIS 是为开发 Web 服务的家庭用户或办公用户设计的简易 Web 服务器软件，仅能同时为 10 个客户端连接提供服务，并且没有充分利用服务器版本的全部功能。本节仅介绍 Web 服务器配置的概念，在局域网内各计算机使用 IE 浏览器输入 IP 地址浏览网站的实现。如需在 Internet 上使用域名（即网址，如 http://www. xxx. com）访问网站，尚需申请域名，安装和设置 DNS 域名系统服务器建立域名和 IP 地址的映射表，安装和设置 DHCP 动态主机配置服务器等，限于篇幅，在此不再介绍。

6.11.1　Web 服务器的安装

（1）依次单击【开始】|【设置】|【控制面板】，在打开的【控制面板】窗口中双击【添加或删除程序】图标，然后在【添加或删除程序】对话框中单击【添加/删除 Windows 组件】图标，此时会弹出【Windows 组件向导】对话框，如图 6-59 所示。

（2）选中【Internet 信息服务（IIS）】复选框，按照提示插入 Windows 系统光盘，进行相应操作即可安装 IIS。

（3）IIS 在安装完成后，将会回到如图 6-59 所示的对话框，此时【Internet 信息服务（IIS）】复选框已选中，单击【详细信息】按钮选中所有选项，然后单击【确定】按钮。

（4）安装完毕后应测试 IIS 是否安装成功。打开 IE 浏览器，在浏览器中输入"http://localhost/iisHelp/"，然后按 Enter 键。若安装成功，将会出现如图 6-60 所示的 IIS 5.1 联机文档界面，查看有关 IIS 的详细信息即可。

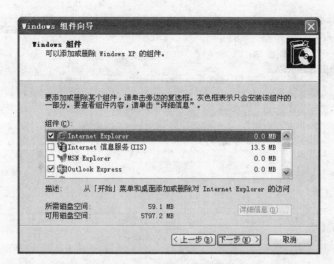

图 6-59 Windows 组件向导

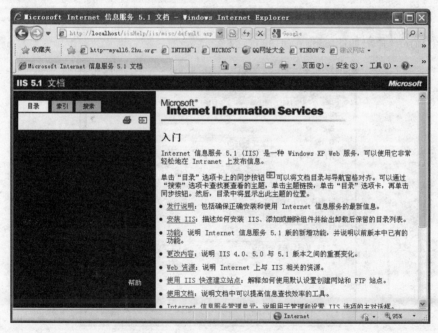

图 6-60 IIS 联机文档界面

6.11.2 Web 服务器的设置

依次单击【开始】|【设置】|【控制面板】，然后双击【管理工具】|【Internet 信息服务】图标，可以打开 Internet 信息服务管理器，如图 6-61 所示。

1. 默认网站的属性配置

在 Internet 信息服务管理器中选择【网站】|【默认网站】，然后右击，在快捷菜单中选

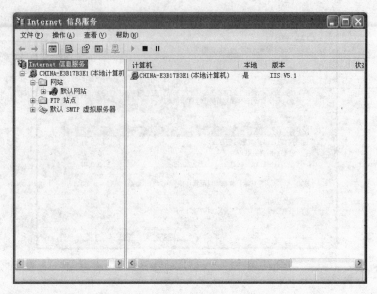

图 6-61   Internet 信息服务管理器

择【属性】命令，弹出如图 6-62 所示的对话框。

图 6-62   【默认网站 属性】对话框

在【网站】选项卡中可以进行网站标识、连接等属性的设置。

1）Web 站点标识

- 【描述】文本框：设置服务器的名称，该名称出现在 Internet 服务器的属性视图中，默认为"默认网站"。
- 【IP 地址】下拉列表框：设置本服务器的 IP 地址。若设置为【全部未分配】，则表示 Web 服务器会连接本地计算机的所有 IP 地址。
- 【TCP 端口】文本框：设置正在运行服务的端口，默认端口为"80"。

新编计算机应用基础教程（第 2 版）

2）连接

• 【连接超时】文本框：设置连接可持续时间，单位为秒。

• 【保持 HTTP 连接】复选框：选中该选项可加快网站对用户的响应速度。

2. 默认网站的主目录配置

在图 7-68 所示的对话框中单击【主目录】标签，切换到【主目录】选项卡，如图 6-63 所示。

图 6-63 【主目录】选项卡

主目录的配置包括网站主目录位置、访问权限及内容控制、应用程序设置。网站主目录的默认位置是 C:\Inetpub\wwwroot，通过【本地路径】右端的【浏览】按钮可以选择待发布网站所在的目录。

3. 设置【文档】

首先选中【启用默认文档】，然后增加需要的默认文档名并相应调整搜索顺序即可。如果"网站主目录"中的主页文件为 index. htm，若【文档】列表中不存在该文件名，则应添加 index. htm 文件作为默认文档。

4. 完成属性设置

其他项目均不用修改，直接单击【确定】按钮即可完成"默认网站"的属性设置和网站发布的准备工作。

5. 使用 IE 浏览器测试 IIS 的安装情况

（1）通过本机（现已成为 Web 服务器）浏览本机的网站。启动本机 IE 浏览器，在地址栏中输入本机的 IP 地址（或 localhost、127.0.0.1），即可进入本机网站设置的首页 index. htm。

（2）在局域网内的其他计算机上启动 IE 浏览器，然后在地址栏中输入本计算机（现为 Web 服务器）的 IP 地址，将在其他计算机显示本网站的首页 index. htm，说明 IIS 安装成功。

6. 为子网站建立和配置虚拟目录

如果默认网站主目录的下一级目录的子网站需要发布，或将其他任何目录下的网站作为子网站发布,需要建立和配置"虚拟目录"。

(1) 在图 6-61 所示的 Internet 信息服务管理器中右击【默认网站】结点,在快捷菜单中选择【新建】|【虚拟目录】命令,将会弹出如图 6-64 所示的【虚拟目录创建向导】对话框。

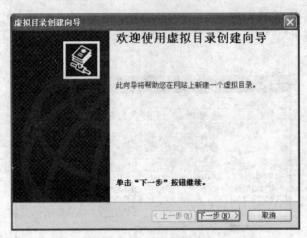

图 6-64　【虚拟目录创建向导】对话框

(2) 单击【下一步】按钮,此时会按照【虚拟目录创建向导】的步骤,弹出【虚拟目录别名】界面,在该界面中输入"wzxn"作为子网站的别名,如图 6-65 所示。

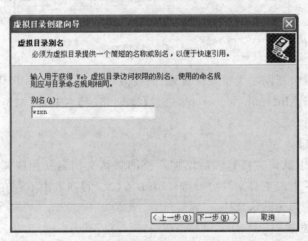

图 6-65　【虚拟目录别名】界面

(3) 单击【下一步】按钮,弹出【网站内容目录】界面,在该界面中单击【浏览】按钮选择用户要发布的子网站的实际目录,如图 6-66 所示。

(4) 单击【下一步】按钮,弹出【访问权限】界面,在【允许下列权限】选区中可以为该目录设置相应的权限,一般只选择前两项,如图 6-67 所示。

(5) 单击【下一步】按钮,弹出【完成虚拟目录创建向导】界面,单击【完成】按钮,则一个虚拟目录就创建完成了。

(6) 在本计算机上打开 IE 浏览器,然后在地址栏中输入"localhost/wzxn",或者在局

　　　　　新编计算机应用基础教程(第 2 版)

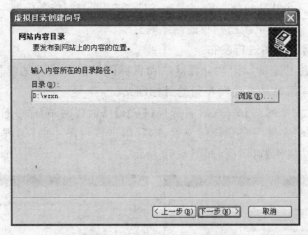

图 6-66 【网站内容目录】界面

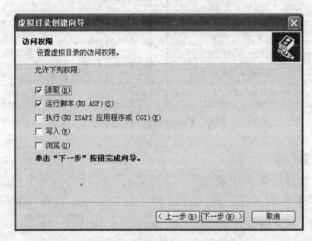

图 6-67 【访问权限】界面

域网的其他计算机的 IE 浏览器上输入本机的 IP 地址,接着输入"/wzxn",即可显示本机
上该子网站的首页。

6.11.3 发布网站

1. 发布网站概述

发布网站,就是将组成该网站的所有文件和文件夹从一个源位置复制到特殊的目标
位置。在 FrontPage 中,在下列情况下需要发布网站。

(1)需要让访问者访问已创建的网站时:一般情况下首先要创建好网站文件和文件
夹,做好让网站访问者在因特网或局域网上查看网站的准备,然后将创建好的网站发布到
网站访问者可以使用 Web 浏览器查看的地方,例如上述 IIS 设置的默认网站主目录。

(2)需要制作网站的备份副本时:用户可能经常需要制作网站的副本,将其保存到硬盘

或网络驱动器上的某个特殊位置。FrontPage 的发布功能是制作备份副本的便捷方法。

（3）需要使用新内容更新已发布的网站时。

2. 使用远程网站视图进行发布

FrontPage 使用特定的术语区分源网站和目标网站。本地网站就是在 FrontPage 中打开的源网站，远程网站是指要发布到的目标网站。

选择【文件】|【发布网站】命令（或者选择【视图】|【远程网站】命令打开远程网站视图，使用远程网站视图将文件发布到任何位置，然后单击该视图中的【远程网站属性】按钮），将会弹出【远程网站属性】对话框，如图 6-68 所示。

图 6-68　【远程网站属性】对话框

1）【远程网站】选项卡

该选项卡用来选择远程 Web 服务器的类型，如图 6-68 所示，其中包括 4 种服务器类型。

- FrontPage 或 SharePoint Services：用于向 Internet 发布 Web 网站，表示网络上的远程 Web 服务器支持 FrontPage Server Extensions 或 SharePoint Services，该选项是默认选项。远程网站位置的地址形式为“http://”。
- WebDAV：表示远程服务器支持分布式创作和版本控制。远程网站位置的地址形式为“http://”。
- FTP：用于创建 FTP 站点，表示远程 Web 服务器支持文件传输协议。远程网站位置的地址形式为“ftp://”。
- 文件系统：一般用于小型局域网访问中，将本地计算机上的文件夹用作远程网站。远程网站位置为本地计算机文件夹地址，如 IIS 网站主目录指定的地址。

根据需要选择远程网站的发布类型，在【远程网站位置】下拉列表框中输入服务器的位置，或者单击【浏览】按钮，在弹出的【新的发布位置】对话框中选择网络服务器的位置。

2）【优化 HTML】选项卡

该选项卡用来配置网站的 HTML 属性，如图 6-68 所示。

当网页上存在很多冗余信息或者某些主机服务器可能不支持的特殊效果时，为了让页面在客户端更好地显示，可以在发布网页时通过对这些信息和一些相关内容的过滤来优化 HTML 页面。

3）【发布】选项卡

该选项卡用来配置发布选项，其中包括 3 个选项，即只发布更改过的网页、发布所有网页并覆盖发布目标上的已有网页、包含子网站。

设置好 3 个选项卡以后，单击【确定】按钮关闭【远程网站属性】对话框，回到远程网站视图。通过远程网站视图，可以选择执行双向发布，即在本地到远程、远程到本地之间移动文件，或者更新已发布的网站。

远程网站视图同时在本地和远程网站窗格中显示带有说明性文本的图标，以指示文件的发布状态。

最后，单击界面右下角的【发布网站】按钮进行发布，发布完成后显示"最新发布状态：成功"，并显示完成时间，如图 6-69 所示。

图 6-69　通过远程网站视图发布网站

6.12　实践案例 3——学生个人求职网站的建立与发布

操作重点

• 站点的新建与发布
• 创建框架网页及设置网页

- 创建表格及设置表格
- 插入水平线
- 创建超链接及设置目标框架
- 框架网页的保存

操作难点

- 超链接目标框架的设置
- 框架网页的保存

6.12.1　任务要求

本实例所用到的文件均在本书的素材电子文档"第 6 章\sample\实践案例 3"文件夹下，为便于操作，先在 D 盘根目录下新建一个文件夹"mysite"，并将"个人简历.doc"文件复制到该文件夹下。

（1）新建一个空白网站，并指定该网站的位置为"D:\mysite"。

（2）在站点中新建一个标题式框架网页，框架网页的内容均为"新建网页"，并将框架网页标题设置为"尚美的个人求职网站"，不显示边框。

（3）将上框架网页的高度设为 200 像素、主题设为"春天"。

（4）在上框架网页中输入标题"尚美的个人求职网站"，设置为宋体、36 磅、居中显示，并在标题的下方插入两条水平线。

（5）在两条水平线之间插入一个一行四列的表格，表格的边框粗细为 0，表格的指定宽度为 100％，单元格衬距为 10，单元格间距为 10。

（6）在 4 个单元格中分别输入"求职意向"、"教育经历"、"工作业绩"、"自我评价"，文字居中显示，14 磅。

（7）将"个人简历.doc"文档中的"个人简介"部分复制到下框架网页中。

（8）新建 4 个空白网页，将"个人简历.doc"文档中的"求职意向"、"教育经历"、"工作业绩"、"自我评价"4 个部分分别复制到 4 个网页中。

（9）保存 4 个网页，分别命名为"求职意向.htm"、"教育经历.htm"、"工作业绩.htm"、"自我评价.htm"。

（10）为上框架网页表格中的文字"求职意向"、"教育经历"、"工作业绩"、"自我评价"设置超链接，分别指向同名网页，目标框架均为下框架。

（11）将制作好的框架网页以文件名 index.htm 保存，将上框架以文件名 top.htm 保存、下框架网页以文件名 bottom.htm 保存、其他修改的网页以原文件名保存，所有网页均存放在 mysite 中。

（12）将 mysite 站点发布到本地硬盘"E:\qzwz"。

按照上述要求，网页的最终效果如图 6-70 所示。

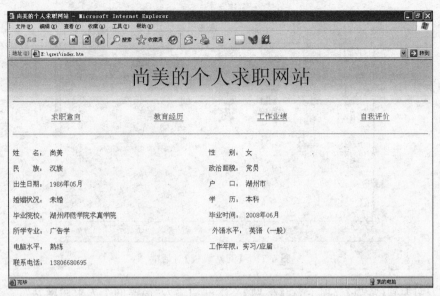

图 6-70　尚美的个人求职网站

6.12.2　操作步骤

准备工作如下：

（1）在 D 盘根目录下新建一个文件夹"mysite"，并将本书的素材电子文档"第 6 章\
sample\实践案例 3"文件夹中的"个人简历.doc"文件复制到该文件夹中。

（2）启动 FrontPage 2003。单击【开始】按钮，选择【所有程序】|Microsoft Office|
Microsoft Office FrontPage 2003 命令，启动 FrontPage 2003。

1．新建网站

（1）选择【文件】|【新建】命令，在程序的右侧将打开【新建】任务窗格。

（2）单击【新建网站】选项区中的【由一个网页组成的网站】链接，将弹出【网站模板】
对话框。

（3）单击【常规】选项卡中的【空白网站】选项，并指定新网站的位置为"D：\mysite"，
如图 6-71 所示。

（4）单击【确定】按钮，空白站点 mysite 就建好了。

2．新建框架网页并设置网页属性

（1）选择【文件】|【新建】命令，在程序的右侧将打开【新建】任务窗格。

（2）在【新建网页】选项区中单击【其他网页模板】链接，然后将弹出的【网页模板】对
话框切换到【框架网页】选项卡，选中【标题】，单击【确定】按钮。

（3）在新建的框架网页的两个框架中分别单击【新建网页】按钮。

（4）右击，在快捷菜单中选择【框架属性】命令，将弹出【框架属性】对话框。

（5）单击【框架网页】按钮，弹出【网页属性】对话框。

图 6-71 【网站模板】对话框

(6) 切换到【常规】选项卡,在【标题】文本框中输入"尚美的个人求职网站"。

(7) 切换到【框架】选项卡,取消选中【显示边框】复选框。

(8) 单击【确定】按钮,完成设置。

3. 设置框架大小

(1) 在上框架中右击,然后在弹出的快捷菜单中选择【框架属性】命令,此时将弹出【框架属性】对话框。

(2) 在【框架大小】选项区中将【高度】设置为 200 像素。

(3) 单击【确定】按钮,完成设置。

4. 设置标题格式并插入水平线

(1) 将光标定位在上框架中,输入标题文字"尚美的个人求职网站"。

(2) 选中文字,然后选择【格式】|【字体】命令,在弹出的【字体】对话框中将字体设置为宋体、36 磅,并单击【确定】按钮完成设置。

(3) 选中文字,单击【格式】工具栏中的【居中】按钮。

(4) 将光标定位在标题文字的下方,选择【插入】|【水平线】命令,即可在标题文字下方插入一条水平线。

(5) 按键盘上的 Enter 键插入一空行,然后再次选择【插入】|【水平线】命令,即可插入第二条水平线。

5. 插入表格及设置表格

(1) 将光标定位在两条水平线之间,选择【表格】|【插入】|【表格】命令,此时将弹出【插入表格】对话框。

(2) 在【表格大小】选项组中将【行数】设为 1,将【列数】设为 4。

(3) 在【布局】选项组中将【单元格衬距】设为 10,将【单元格间距】设为 10,设置【指定宽度】为 100%。

(4) 在【边框】选项组中将【粗细】设为 0。

（5）单击【确定】按钮，完成设置。

6. 设置表格文字

（1）在 4 个单元格中分别输入文字"求职意向"、"教育经历"、"工作业绩"、"自我评价"。

（2）选中表格中的所有文字，然后单击【格式】工具栏中的【居中】按钮 ≡ 。

（3）选中表格中的所有文字，然后选择【格式】|【字体】命令，在弹出的【字体】对话框中将字体大小设置 14 磅，并单击【确定】按钮完成设置。

7. 编辑下框架内容

（1）双击打开站点中的 Word 文档"个人简历.doc"。

（2）选中"个人简历.doc"中的"个人简介"部分（不含标题），然后右击，在弹出的快捷菜单中选择【复制】命令。

（3）将光标定位在网页下框架的开始部分，然后右击，在弹出的快捷菜单中选择【粘贴】命令，将"个人简介"部分粘贴到下框架中。

8. 新建 4 个网页并保存

（1）选择【文件】|【新建】命令，在程序的右侧将打开【新建】任务窗格。

（2）在【新建网页】选项区中单击【空白网页】链接，此时会新建一个空白网页。

（3）选中"个人简历.doc"中的"求职意向"部分（不含标题），然后右击，在弹出的快捷菜单中选择【复制】命令。

（4）将光标定位在新建空白网页的开始部分，然后右击，在弹出的快捷菜单中选择【粘贴】命令，将"个人简介"部分粘贴到新建网页中。

（5）选择【文件】|【保存】命令，在弹出的【另存为】对话框中将【保存位置】设为"D:\mysite"，将【文件名】设为"求职意向.htm"，单击【确定】按钮，完成对第一个空白网页的保存。

（6）重复上述步骤（1）～（5），将"个人简历.doc"中的"教育经历"、"工作业绩"、"自我评价"部分分别粘贴到新建的 3 个网页中，并分别以文件名"教育经历.htm"、"工作业绩.htm"、"自我评价.htm"保存。

9. 设置超链接及目标框架

（1）依次关闭"求职意向.htm"、"教育经历.htm"、"工作业绩.htm"、"自我评价.htm"4 个网页。

（2）选中框架网页的上框架表格中的文字"求职意向"，然后右击，在弹出的快捷菜单中选择【超链接】命令，此时将弹出【插入超链接】对话框。

（3）选中"求职意向.htm"文件，单击【目标框架】按钮，将弹出【目标框架】对话框。

（4）单击【当前框架网页】预览区的下框架，然后单击【确定】按钮完成目标框架的设置。

（5）单击【确定】完成超链接设置。

（6）重复上述步骤（1）～（5），分别为上框架表格中的文字"教育经历"、"工作业绩"、"自我评价"设置超链接。

10. 保存框架网页

(1) 在框架网页中选择【文件】|【保存】命令,然后在弹出的【另存为】对话框中将【保存位置】设为"D:\mysite"。

(2) 观察框架预览区中的高亮显示区域,若上框架部分高亮显示,表示当前需要保存的是上框架网页,将【文件名】设为"top.htm"。

(3) 单击【确定】按钮,将弹出另一个【另存为】对话框,重复步骤(2),分别将下框架网页、框架网页以文件名"bottom.htm"、"index.htm"保存。

11. 发布站点

(1) 在本地硬盘 E 盘下新建一个文件夹"qzwz"。

(2) 选择【文件】|【发布网站】命令,此时将弹出【远程网站属性】对话框。

(3) 在【远程网站】选项卡中将【远程 Web 服务器类型】设为【文件系统】,并将【远程网站位置】设为"E:\qzwz"。

(4) 在【优化 HTML】选项卡中选中【在发布时通过删除下列元素来优化 HTML】复选框,并选中【所有 HTML 注释】复选框。

(5) 单击【确定】按钮,此时将弹出如图 6-72 所示的对话框。

图 6-72　创建网站询问对话框

(6) 单击【是】按钮,此时打开的界面如图 6-73 所示。

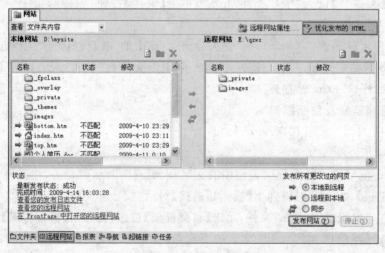

图 6-73　发布网站界面

(7) 单击界面右下角的【发布网站】按钮,完成网站的发布。

6.13 思考与实践

1. 选择题

(1) 网页文件的扩展名为(　　)。

    A. .doc   B. .htm   C. .xls   D. .mpg

(2) 在 FrontPage 2003 中,书签是指(　　)。

    A. 插入的符号   B. 网页的共享边框

    C. 被标记的位置   D. 网页的主题

(3) 一个有两个框架的网页保存后有(　　)个文件。

    A. 3   B. 4   C. 5   D. 6

(4) 关于 HTML 文件中的超链接,(　　)说法是错误的。

    A. 可以链接到一个特定的网址

    B. 可以链接到一个 E-mail

    C. 可以链接到一个文件

    D. 不能链接到当前网页中的一个特定位置

(5) 使用 FrontPage 2003 创建网页,(　　)说法是错误的。

    A. 可以直接编写 HTML 文本

    B. 必须直接编写 HTML 文本

    C. 使用 FrontPage 2003 提供的不需要编写 HTML 的工具

    D. 直接引用他人的网页并加以修改、编辑

(6) 在 FrontPage 2003 中,可以设置(　　),使表格各单元格的背景色不一样。

    A. 单元格属性   B. 表格属性

    C. 网页属性   D. 框架属性

(7) 超文本标记语言称为(　　)。

    A. VB   B. HTML

    C. Basic   D. ASCII

(8) 在 FrontPage 中,下列关于创建表格的说法(　　)是错误的。

    A. 可以在表格中加入文字、图像,不可以加入动画

    B. 表格可以作为网页布局的基本框架

    C. 可以在表格中套用表格,以实现更复杂的布局

    D. 表格的单元还可以拆分或合并

(9) 下列有关创建网页的说法中错误的是(　　)。

    A. 可以创建空白网页

    B. 不可以创建带有特定布局的网页

    C. 可以为特定功能创建网页,例如目录、搜索表单等

    D. 可以使用多种框架格式之一创建框架网页

(10) 在 FrontPage 2003 中,下列(　　)不是框架属性。

    A. 框架大小   B. 框架边距

    C. 框架间距   D. 框架内的背景图像

(11) 在 FrontPage 2003 中,若要在页面切换时产生网页特效,通常采用(　　)。

    A. 字幕   B. 交互式按钮

    C. 横幅广告管理器   D. 网页过渡

(12) 在 FrontPage 2003 中,若要在浏览器的不同区域同时显示几个网页,通常采用(　　)。

    A. 表格   B. 框架   C. 表单   D. 单元格

(13) 在 FrontPage 2003 中,设置背景音乐应该在(　　)中设置。

    A. 背景   B. 网页属性   C. 【插入】菜单   D. 主题

(14) FrontPage 2003 不能实现的功能是(　　)。

    A. 网站的发布   B. 网站的维护   C. 网站的下载   D. 网站的创建

(15) 下列关于网页的说法错误的是(　　)。

    A. 网页可以包含多种媒体   B. 网页可以实现一定的交互功能

    C. 网页就是网站   D. 网页中有超链接

2. 填空题

(1) FrontPage 2003 是一个"所见即所得"的_____软件。

(2) 在 FrontPage 2003 中,站点默认的主页文件名为_____。

(3) 在 FrontPage 2003 中,框架的拆分包括拆分为列和_____。

(4) 在 FrontPage 2003 中,可以通过对站点运用_____为站点指定统一的风格。

(5) 链接可以是同一页面的,也可以是页面和页面之间的。在同一个页面的不同位置实现超链接,必须将目标端点位置设置为_____来实现。

(6) 在使用表格进行网页排版时,为了隐藏表格的边框线,把属性中的边线宽度都设置为_____。

(7) 建立框架网页后,框架网页的每一个框架窗口中都会有两个按钮,分别是设置初始网页按钮和_____按钮。

(8) 在 FrontPage 2003 的_____视图方式下,用户可以查看当前网页在浏览器中的显示效果。

(9) 在 Web 组件中,可以通过使用_____来反映站点或网页被访问的次数。

(10) 网站的基本信息组成单位是_____。

3. 上机操作题

操作题素材保存在本书的素材电子文档"第 7 章\exercise\操作题"文件夹下。

(1) 参照样张 1(如图 6-74 所示),按下列要求制作网页。

① 新建一个空白网页,并在网页中插入一个 5 行 4 列的表格。

② 设置表格的对齐方式为居中,表格的宽度和高度分别为 450 像素和 350 像素,单元格边距和间距均为 1,边框粗细为 1,边框颜色为银白色。

③ 将表格第 1 行的所有单元格进行合并,输入文字"花卉赏析",并设置字号为

18 磅。

④ 将表格中的所有单元格设置为水平对齐时方式为居中,垂直对齐时方式为相对垂直居中。

⑤ 在第 2 行的 4 个单元格中分别插入图片文件 10.jpg、11.jpg、12.jpg、13.jpg;在第 4 行的 4 个单元格中分别插入图片文件 50.jpg、51.jpg、52.jpg、53.jpg。

⑥ 参照样张,在表格的第 3 行输入文本"吊钟海棠、风铃花、广玉兰、红花油茶";在表格的第 5 行输入文本"马利筋、山桐子、洋蒲桃、栀子花"。

⑦ 将表格中的所有文字(标题除外)设置字体为宋体,字号为 12 磅,颜色为绿色。

⑧ 将网页标题设置为"花卉赏析",并将网页以文件名 flower.htm 保存在 D 盘。

(2) 参照样张 2(如图 6-74 所示),按下列要求完善网页。

① 打开站点 Web6,编辑网页 Index.htm,设置上框架高度为 120 像素,并将图片 banner.jpg 作为上框架网页的背景图片。

② 新建右框架网页,将文本文件 Nanjng.txt 中的所有文字添加到该网页中,并在文字下方插入图片 Zs.jpg。

③ 在左框架网页中为文字"美食特产"和"民俗风情"创建超链接,分别指向网页 Techan.htm 和 Minsu.htm,目标框架为"新建窗口"。

④ 设置右框架网页中图片的 DHTML 效果为当鼠标悬停时图片交换为 Xw.jpg。

⑤ 设置左框架网页的背景颜色为银白色,背景音乐为 Music.mid,循环播放。

⑥ 为左框架网页中的文字"旅游景点"建立超链接,指向电子邮件地址"college@163.com"。

⑦ 将制作好的右框架网页以 Main.htm 保存,其他所有网页以原文件名保存,文件均存放于 Web6 站点中。

样张1

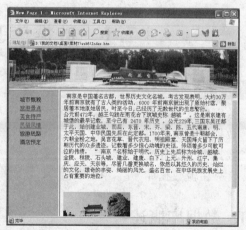

样张2

图 6-74 样张

第 **7** 章 数据库制作软件 Access 2003 的使用

Access 是微软公司推出的基于 Windows 的桌面关系数据库管理系统(RDBMS),它是 Office 系列应用软件之一,提供了表、查询、窗体、报表、页、宏、模块 7 种用来建立数据库系统的对象;提供了多种向导、生成器、模板,把数据存储、数据查询、界面设计、报表生成等操作规范化;为建立功能完善的数据库管理系统提供了方便,也使得普通用户不用编写代码就可以完成大部分数据管理任务。

本章将详细介绍 Access 2003 的基本操作和使用方法。通过本章的学习,读者应掌握以下内容:

- 数据库的基础知识
- 数据库的设计与创建
- 数据库表的创建与使用
- 查询的创建与使用
- 结构化查询语句 SQL 的简单应用

7.1 数据库基础知识

学习重点

- 数据库技术的发展
- 数据库系统的组成
- 数据模型的分类
- 常见主流数据库

7.1.1 数据库概述

现在数据库已是每一项业务的基础。数据库被应用于维护商业内部记录,在万维网上为客户显示数据,以及支持很多其他的商业处理。数据库同样出现在很多科学研究的核心中,天文学家、地理学家以及其他很多科学家搜集的数据也是用数据库表示的。数据库也用在企业、行政部门的信息管理中。因此,数据库技术已成为当今计算机信息系统的核心技术,是计算机技术和应用发展的基础。

1. 数据库技术的发展

随着计算机硬件和软件的发展,计算机数据管理方法至今大致经历了 4 个阶段,即人工管理阶段、文件系统阶段、数据库系统阶段和高级数据库阶段。

1) 人工管理阶段

在人工管理阶段(20 世纪 50 年代中期以前),计算机主要用于科学计算,其他工作还没有展开。在该阶段,外部存储器只有磁带、卡片和纸带等,还没有磁盘等字节存取/存储设备;软件只有汇编语言,没有操作系统和管理数据的软件,尚无数据管理方面的软件;数据处理的方式基本上是批处理。

2) 文件系统阶段

从 20 世纪 50 年代后期到 60 年代中期,计算机不仅用于科学计算,还大量应用于信息管理,大量的数据存储、检索和维护成为紧迫的需求。在硬件方面,有了磁盘、磁鼓等直接存储设备;在软件方面,出现了高级语言和操作系统,且操作系统中有了专门管理数据的软件,一般称之为文件系统;在处理方式方面,不仅有批处理,还有联机实时处理。

3) 数据库系统阶段

在 20 世纪 60 年代后期,计算机硬件、软件有了进一步的发展。在该阶段,计算机应用于管理的规模更加庞大,数据量急剧增加;硬件方面出现了大容量磁盘,使计算机联机存取大量数据成为可能;硬件价格下降,软件价格上升,使开发和维护系统软件的成本增加。另外,文件系统的数据管理方法已无法适应开发应用系统的需要,为解决多用户、多个应用程序共享数据的需求,出现了统一管理数据的专门软件系统,即数据库管理系统。用数据库系统管理数据比文件系统具有明显的优势,从文件系统到数据库系统,标志着数据管理技术的飞跃。

4) 高级数据库阶段

20 世纪 70 年代,层次、网状、关系三大数据库系统奠定了数据库技术的概念、原理和方法。从 20 世纪 80 年代以来,数据库技术在商业领域的巨大成功刺激了其他领域对数据库技术需求的迅速增长。这些新的领域为数据库应用开辟了新的天地,另外,在应用中提出的一些新的数据管理的需求也直接推动了数据库技术的研究和发展,尤其是面向对象数据库系统。另外,数据库技术不断与其他计算机分支结合,向高一级的数据库技术发展。例如,数据库技术与分布处理技术相结合,出现了分布式数据库系统;数据库技术与并行处理技术相结合,出现了并行数据库系统。

2. 数据库系统的组成

数据库系统 DBS(Data Base System,DBS),通常由数据库、软件、硬件和相关人员组成,如图 7-1 所示。数据库系统是为适应数据处理的需要而发展起来的一种较为理想的数据处理的核心机构,是一个为存储、维护和应用系统提供数据的软件系统,是存储介质、处理对

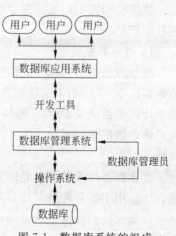

图 7-1　数据库系统的组成

象和管理系统的集合体。

（1）数据库（Data Base，DB）：指长期存储在计算机内的，有组织、可共享的数据集合。数据库中的数据按一定的数学模型组织、描述和存储，具有较小的冗余，较高的数据独立性和易扩展性，并可为各种用户共享。

（2）硬件：构成计算机系统的各种物理设备，包括存储所需的外部设备，硬件的配置应满足整个数据库系统的需要。

（3）软件：包括操作系统、数据库管理系统及应用程序。数据库管理系统（Data Base Management System，DBMS）是数据库系统的核心软件，是在操作系统的支持下工作、解决如何科学地组织和存储数据、如何高效地获取和维护数据的系统软件。其主要功能包括数据定义功能、数据操纵功能、数据库的运行管理和数据库的建立与维护。

（4）相关人员：数据库系统中的相关人员主要有4类。

第1类为系统分析员和数据库设计人员，系统分析员负责应用系统的需求分析和规范说明，他们和用户及数据库管理员一起确定系统的硬件配置，并参与数据库系统的概要设计；数据库设计人员负责数据库中数据的确定、数据库各级模式的设计。

第2类为应用程序员，负责编写使用数据库的应用程序，这些应用程序可对数据进行检索、建立、删除或修改。

第3类为最终用户，他们利用系统的接口或查询语言访问数据库。

第4类为数据库管理员（Data Base Administrator，DBA），负责数据库的总体信息控制。DBA的职责是依据具体数据库中的信息内容和结构，决定数据库的存储结构和存取策略，定义数据库的安全性要求和完整性约束条件，监控数据库的使用和运行，负责数据库的性能改进、重组和重构，以提高系统的性能。

3. 数据模型

数据（Data）是描述事物的符号记录，模型（Model）是现实世界的抽象。数据模型（Data Model）是数据特征的抽象，是数据库管理的教学形式框架，是数据库系统中用于提供信息表示和操作手段的形式构架。数据模型包括数据库数据的结构部分、操作部分及约束条件。

数据模型按不同的应用层次分成3种类型，分别是概念数据模型、逻辑数据模型、物理数据模型。

1）概念数据模型

概念数据模型简称概念模型（Conceptual Data Model），它是面向用户、面向现实世界的数据模型，主要用来描述世界的概念化结构，它使数据库的设计人员在设计的初始阶段摆脱计算机系统及DBMS的具体技术问题，集中精力分析数据以及数据之间的联系等，与具体的数据管理系统无关。概念数据模型必须换成逻辑数据模型，才能在DBMS中实现。

概念模型用于信息世界的建模，一方面应该具有较强的语义表达能力，能够方便直接地表达应用中的各种语义知识，另一方面还应该简单、清晰、易于用户理解。

在概念数据模型中最常用的模型是E-R模型、扩充的E-R模型、面向对象模型及谓词模型。

2）逻辑数据模型

逻辑数据模型简称逻辑模型（Logical Data Model），它是用户从数据库中所看到的模型，是具体的 DBMS 所支持的数据模型，例如网状数据模型（Network Data Model）、层次数据模型（Hierarchical Data Model）、关系数据模型（Relational Data Model）、面向对象模型（Object Oriented Model）等。此模型既要面向用户，又要面向系统，主要用于数据库管理系统（DBMS）的实现。

其中，前两类模型称为非关系模型。非关系模型的数据库系统在 20 世纪 70 年代至80 年代初非常流行，在数据库系统产品中占据了主导地位，在数据库系统的初期起了重要的作用。在关系模型发展之后，非关系模型迅速衰退。在我国，早就不见了非关系模型；但在美国等一些国家，由于早期开发的应用系统实际上是基于层次数据库或网状数据库系统的，因此目前仍有层次数据库和网状数据库系统在继续使用。

面向对象数据库是近年才出现的数据模型，是目前数据库技术的研究方向；关系模型是目前使用最广泛的数据模型，占据数据库的主导地位。

3）物理数据模型

物理数据模型简称物理模型（Physical Data Model），它是面向计算机物理表示的模型，描述了数据在存储介质上的组织结构，它不仅与具体的 DBMS 有关，还与操作系统和硬件有关。每一种逻辑数据模型在实现时都有其对应的物理数据模型。DBMS 为了保证其独立性和可移植性，大部分物理数据模型的实现工作由系统自动完成，而设计者只设计索引、聚集等特殊结构。

7.1.2 常见数据库软件概述

1. DB2

DB2 是 IBM 著名的关系型数据库产品，DB2 系统在企业级的应用中十分广泛。截止到 2003 年，全球财富 500 强（Fortune 500）中有 415 家使用 DB2，全球财富 100 强（Fortune100）中有 96 家使用 DB2，用户遍布各个行业。2004 年，IBM 的 DB2 获得相关专利 239 项，而 Oracle 仅为 99 项。DB2 目前支持从 PC 到 Unix，从中、小型机到大型机，从 IBM 到非 IBM（HP 及 SUN Unix 系统等）的各种操作平台。

作为关系数据库领域的开拓者和领航人，IBM 在 1977 年完成了 System R 系统的原型，1980 年开始提供集成的数据库服务器——System/38，随后是 SQL/DS for VSE 和VM，其初始版本与 System R 研究原型密切相关。

DB2 for MVSV1 在 1983 年推出，该版本的目标是提供这一新方案所承诺的简单性、数据不相关性和用户生产率。1988 年 DB2 for MVS 提供了强大的在线事务处理（OLTP）支持，1989 年和 1993 年分别以远程工作单元和分布式工作单元实现了分布式数据库支持。最近推出的 DB2 Universal Database 6.1 则是通用数据库的典范，是第一个具有网上功能的多媒体关系数据库管理系统，支持包括 Linux 在内的一系列平台。

2. Oracle

Oracle 的前身为 SDL,由 Larry Ellison 和另外两个编程人员在 1977 年创办,他们开发了自己的拳头产品,在市场上大量销售。1979 年,Oracle(甲骨文)公司引入了第一个商用 SQL 关系数据库管理系统。Oracle 公司是最早开发关系数据库的厂商之一,其产品支持最广泛的操作系统平台。目前,Oracle 关系数据库产品的市场占有率名列前茅。

Oracle 公司是目前全球最大的数据库软件公司,也是近年来业务增长极为迅速的软件提供与服务商。2007 年 7 月 12 日,Oracle 公司在美国纽约宣布推出数据库 Oracle 11g,Oracle 11g 有 400 多项功能,经过了 1500 万个小时的测试,开发工作量达到了 3.6 万人/月。它在安全、XML DB、备份等方面得到了很大提升。2013 年 6 月 26 日,Oracle 公司发布了最新推出的世界首款面向云设计的数据库最新版本——Oracle DataBase 12C。

3. SQL Server

Microsoft SQL Server 是微软公司开发的大型关系型数据库系统。SQL Server 的功能比较全面,效率高,可以作为中型企业或单位的数据库平台。SQL Server 可以和 Windows 操作系统紧密集成,不论是应用程序的开发速度还是系统事务处理的运行速度,都能得到较大的提升。对于在 Windows 平台上开发的各种企业级信息管理系统来说,不论是 C/S(客户机/服务器)架构还是 B/S(浏览器/服务器)架构,SQL Server 都是一个很好的选择。SQL Server 的缺点是只能在 Windows 系统下运行。2012 年 3 月,微软推出了 SQL Server 2012 版本。

4. Access 数据库

Access 是微软公司于 1994 年推出的微机数据库管理系统,具有界面友好、易学易用、开发简单、接口灵活等特点,是典型的新一代桌面关系型数据库管理系统。它结合了 Microsoft Jet Database Engine 和图形用户界面两项特点,是 Microsoft Office 的成员之一。Access 能够存取 Access/Jet、Microsoft SQL Server、Oracle,或者任何 ODBC 兼容数据库的资料。Access 界面友好,而且易学易用,作为 Office 套件的一部分,可以与 Office 集成,实现无缝连接。Access 提供了表(Table)、查询(Query)、窗体(Form)、报表(Report)、宏(Macro)、模块(Module)等用来建立数据库系统的对象;提供了多种向导、生成器、模板,把数据存储、数据查询、界面设计、报表生成等操作规范化。

Access 是入门级小型桌面数据库,性能和安全性都一般,可供个人管理或小型网站之用。Access 不是数据库语言,只是一个数据库程序。目前,Access 的较常用版本为 Access 2003,其主要特点如下:

(1) 完善地管理各种数据库对象,具有强大的数据组织、用户管理、安全检查等功能。

(2) 强大的数据处理功能,在一个工作组级别的网络环境中,使用 Access 开发的多用户数据库管理系统具有传统的 XBASE(DBASE、FoxBASE 的统称)数据库系统无法实现的客户服务器(Client/Server)结构和相应的数据库安全机制,Access 具备很多先进的大型数据库管理系统所具备的特征,例如事务处理、出错回滚能力等。

（3）可以方便地生成各种数据对象，利用存储的数据建立窗体和报表，可视性好。

（4）作为 Office 套件的一部分，可以与 Office 集成，实现无缝连接。

（5）能够利用 Web 检索和发布数据，实现与 Internet 的连接。

Access 主要适用于中、小型应用系统，或作为客户机/服务器系统中的客户端数据库。

7.2　Access 数据库的创建

学习重点

- Access 2003 的启动与退出
- Access 2003 数据库文件的创建与保存
- Access 2003 的窗口组成
- Access 2003 的对象介绍

7.2.1　设计 Access 数据库

要想设计 Access 关系数据库，首先应根据用户的需求，对数据管理系统进行分析、研究和规划，然后再根据数据库系统的设计规范创建数据库，否则将直接影响系统的性能。

一个成功的数据库设计方案应该将用户的需求充分融入其中，数据库的设计一般按照以下几个步骤进行：

（1）确定创建数据库所要完成的任务和目的。

（2）确定创建数据库中所需要的表。

（3）确定表中需要的字段。

（4）明确有唯一值的主键字段。

（5）确定表之间的关系。

（6）输入数据并创建其他数据库对象。

7.2.2　创建"图书管理"数据库

在 Access 2003 中，可以使用直接创建空数据库的方法创建数据库。数据库是一个载体，只有建立了数据库，才能向其中添加所需的表（如图 7-2 所示）、查询、窗体、报表等对象。这里首先介绍如何使用直接创建空数据库的方法来创建"图书管理"数据库，具体建库、建表的操作见后续章节。

其操作步骤如下：

（1）启动 Access 2003。

（2）单击【数据库】工具栏上的【新建】按钮，打开【新建文件】任务窗格。

（3）单击【空数据库】链接。

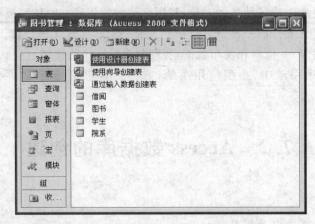

图 7-2　向"图书管理"数据库中添加表

（4）弹出【文件新建数据库】对话框，在【保存位置】下拉列表中选择数据库文件的保存位置（如 D:\database），输入数据库文件名（如"图书管理"），然后单击【创建】按钮，进入数据库窗口。

（5）单击左侧对象列表中的相应对象，分别建立所需要的表、查询及报表等，以完成整个数据库的建立。

7.2.3　Access 2003 的启动和退出

1. Access 2003 的启动

（1）单击【开始】按钮，选择【所有程序】| Microsoft Office| Microsoft Office Access 2003 命令，启动 Access 2003 应用程序，然后单击右侧的【新建文件】任务窗格中的【空数据库】，弹出【文件新建数据库】对话框（如图 7-3 所示），选择保存位置，输入新建数据库的文件名，并单击【确定】按钮。

（2）双击桌面上的 Access 快捷图标🔍。

（3）双击打开已有的 Access 文件。

> **注意**：与 Word、Excel 不同，Access 的数据库文件是先保存再编辑的。即 Access 在新建数据库时要先选择建立的数据文件类型，保存设置后才能打开新的数据库文件，然后完成相应对象的编辑和保存，数据库文件无须再次保存。

2. Access 的保存

Access 数据库的保存是在数据库文件最初建立的时候完成的，之后建立任何数据库对象，只需保存对象本身即可（如图 7-4 所示），而无须再存数据库文件。

> **注意**：关闭所有数据库对象，打开"文件"菜单，可以发现这里的"保存"和"另存为"命令都是反灰显示的，即不可用，如图 7-5 所示。

新编计算机应用基础教程（第 2 版）

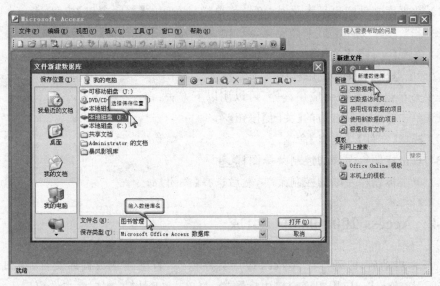

图 7-3　新建空数据库

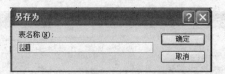

图 7-4　数据库表的保存

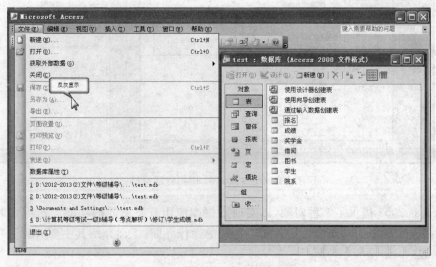

图 7-5　数据库文件的保存选项

3. 关闭文件并退出

1) 关闭当前数据库

若只是关闭当前数据库,而不是退出 Access 应用程序,可以用以下方法:

(1) 数据库文件窗口最大化时,单击菜单栏最右侧的【关闭窗口】按钮⊠。

(2) 若数据库文件窗口未最大化,单击数据库窗口最右侧的【关闭窗口】按钮⊠。

(3) 选择【文件】|【关闭】命令。

2) 直接退出 Access 应用程序

若要直接退出 Access 应用程序,可以用以下方法:

(1) 单击标题栏最右边的【关闭】按钮⊠。

(2) 选择【文件】|【退出】命令。

(3) 双击标题栏左端的控制菜单图标🔎。

(4) 单击标题栏左端的控制菜单,然后选择【关闭】命令。

7.2.4 Access 2003 的窗口组成

Access 启动后,即可打开 Access 应用程序窗口,若已建立数据库文件,窗口组成如图 7-6 所示。Access 应用程序窗口由标题栏、菜单栏、工具栏、数据库文件窗口等组成,其中,标题栏、菜单栏、工具栏等与 Word、Excel 中的类似。

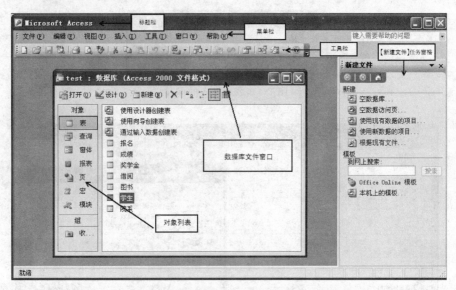

图 7-6 Access 2003 应用程序窗口

Access 2003 提供了 7 种对象,以实现数据库应用开发所需的功能。在操作时,用户只要单击左窗格中的对象即可进入相应功能的操作界面,下面介绍其主要对象及功能。

1. 表

表是数据库中用来储存数据的最基本的对象,它是整个数据库系统的数据源,也是数据库其他对象的基础。Access 中的表是二维表状的结构,由若干行和列组成。

2. 查询

查询是数据库系统中的一个十分重要的对象,用于在一个或多个数据表中查找某些特定的数据,完成数据的检索和汇总功能,供用户查看,在查询时还可以对相关数据进行更改和分析。没有查询,就没有应用系统对数据的处理能力。

3. 窗体

窗体是 Access 中用户和应用程序交互的主要界面,用户对数据的任何操作都可以通过窗体来完成。

4. 报表

报表是以打印的表格展现用户数据的一种有效方式,可以在报表设计视图中控制每个要打印元素的大小、位置和显示方式,使报表按照用户所需的方式显示和打印。

5. 页

随着因特网在世界范围的迅速普及,Web 页已成为越来越重要的信息发布手段,Access 为用户制作 Web 页提供了便利。

6. 宏

宏是 Access 中功能强大的对象之一,虽然前面介绍的 5 种对象都具有强大的功能,但它们彼此之间不能相互驱动。如果要将这些对象有机地组合起来,只有通过 Access 提供的宏和模块这两种对象来实现。

宏是一种特殊的代码,没有控制转移功能,也不能直接操纵变量,但能将各对象有机地组合起来,帮助用户实现各种操作集合,使系统成为一个可以良好运行的软件。

7. 模块

模块是 Access 中实现数据库复杂管理功能的有效工具,由 Visual Basic 编制的过程和函数组成。模块提供了更加独立的动作流程,并且允许捕捉错误,而宏无法实现这些功能。使用 Visual Basic 可以编制各种对象的属性、方法,从而实现细致的操作和复杂的控制功能。

7.3   Access 数据库表的创建

学习重点

- 表的创建
- 表结构的定义(字段名称、数据类型、字段属性、主键)
- 表间关系的建立

7.3.1   数据库表概述

表是 Access 数据库中存储数据的唯一数据库对象,它不仅是数据库中最基本的操作对象,还是整个数据库系统的数据源。

在 Access 中,表是数据库中其他对象的操作依据,也制约着其他数据库对象的设计及使用,表的合理性和完整性是一个数据库系统设计好坏的关键。

Access 中的表是二维表,每个表都有自己的表名、表结构和数据行,且每个表都有自己的主键,表和表之间存在一定的关系。

创建表是一个多步骤的过程,在通常情况下,创建表的整个过程由以下步骤完成:

(1) 定义表结构或向含有数据的表中添加字段名。

(2) 指定主键来唯一标识记录。

(3) 导入或输入数据。

(4) 定义表之间的关系,以便将不同表中的数据综合在一起。

7.3.2 表的视图

视图是 Access 数据库对象的外观表现形式,不同的视图具有不同的功能和作用范围。表主要有两种视图,即设计视图和数据表视图。

1. 设计视图

设计视图用于创建和修改表的结构,为用户提供了方便的可视化定义表的方法。用户只要按照提示,将表中每个字段的信息进行描述(如字段名、数据类型等),甚至指定字段数据的默认值、有效性规则,系统就会自动生成一个符合用户要求的表,而无须输入 SQL 语句。

2. 数据表视图

数据表视图以行、列形式显示表,用于处理数据。在数据表视图中,可以查看、输入、修改或删除表中的数据,还可以对数据进行筛选、排序、打印或将数据导出为其他格式的文件(如 Excel 格式的文件)。

表的设计视图和表的数据表视图可以通过 Access 工具栏上的视图切换按钮或 Access 的【视图】菜单中的命令切换。

7.3.3 创建 Access 表

Access 2003 提供了 5 种创建表的方法,即数据表视图、设计视图、表向导、导入表和链接表。用户可根据现有的数据情况和自己的习惯进行选择,这里重点介绍两种常用的创建表的方法,即导入表和设计视图。

1. 使用导入表的方法创建表

Access 2003 数据库在建立时,用户可能已经有了一部分数据保存在其他文件中。为了充分有效地利用这些数据,Access 提供了数据导入功能,可以从另外一个 Access 数据库或其他程序所建立的数据文件中导入数据,从而生成表并将数据保存到表中。

如果已经在 Excel 中建立了“图书管理”数据库中的“图书”表,如图 7-7 所示。

可以采用导入表的方式将已有的 Excel 工作表数据导入到数据库中,具体操作步骤如下:

(1) 在如图 7-8 所示的数据库窗口中,单击【对象】下的【表】选项,然后单击工具栏上的【新建】按钮,弹出【新建表】对话框,选择【导入表】选项,单击【确定】按钮。

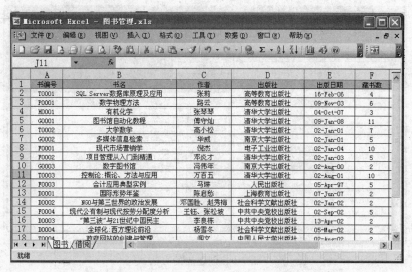

图 7-7 "图书管理"的 Excel 表格

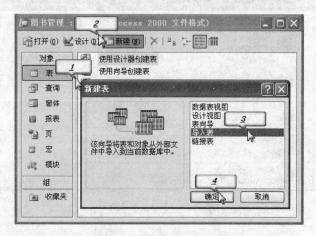

图 7-8 【新建表】对话框

新建表对象的方法还可以如图 7-9 所示,即通过单击【对象】下的【表】选项,然后单击右侧窗口中的【1 使用设计器创建表】、【2 使用向导创建表】、【3 通过输入数据创建表】,也可通过【文件】菜单选择【获取外部数据】中的【4 导入】、【5 链接表】。

(2) 采用以上两种导入方法均可打开"导入"对话框,如图 7-10 所示。从【文件类型】中选择 Microsoft Excel(＊.xls),从【查找范围】中选择存有"图书管理.xls"的文件夹,单击选择该文件,然后单击【导入】按钮,进入如图 7-11 所示的【导入数据表向导】对话框。

(3) 单击选择"图书"表,然后单击【下一步】按钮,进入下一个【导入数据表向导】对话框,如图 7-12 所示。

(4) 选中【第一行包含列标题】复选框,然后单击【下一步】按钮,进入如图 7-13 所示的【导入数据表向导】对话框,以选择保存位置。保留默认的数据保存位置【新表中】,单击【下一步】按钮,进入下一个【导入数据表向导】对话框。

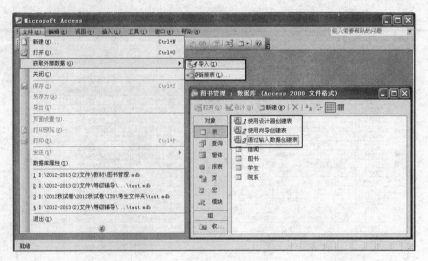

图 7-9 创建表的方法

图 7-10 【导入】对话框

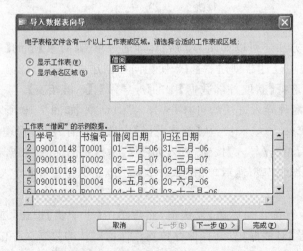

图 7-11 导入数据表向导（工作表或区域）

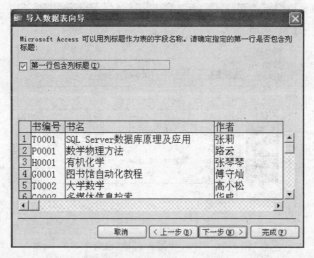

图 7-12　导入数据表向导(列标题)

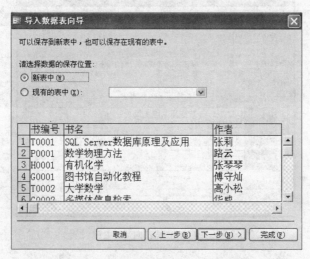

图 7-13　导入数据表向导(保存位置)

　　(5) 如图 7-14 所示,保留默认的导入全部字段,并设置各字段的属性,包括字段名、类型、索引以及是否导入当前字段。然后单击【下一步】按钮,进入下一个【导入数据表向导】对话框。

　　(6) 如图 7-15 所示,选中【我自己选择主键】单选按钮,此时默认将第 1 个字段"书编号"作为主键,若需修改,则单击右侧的下拉菜单按钮进行选择,然后单击【下一步】按钮,进入下一个【导入数据表向导】对话框。

> **注意**：此处只能为表设置单个字段作为关键字,若表中有多字段的组合关键字,可在此
> 选中【不要主键】单选按钮,将主键的设置放在设计视图中完成。

　　(7) 如图 7-16 所示,保留默认的导入到"图书"表,单击【完成】按钮,进入如图 7-17 所

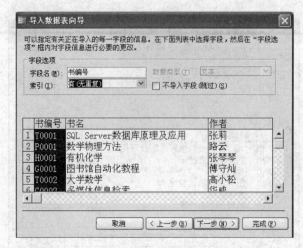

图 7-14　导入数据表向导(设置字段)

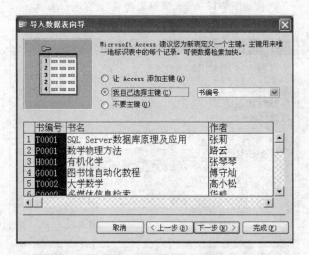

图 7-15　导入数据表向导(主键设置)

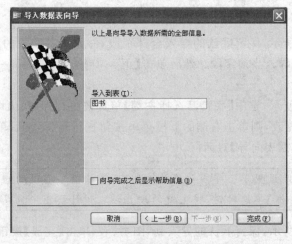

图 7-16　导入数据表向导(导入位置)

　　　　　　　　　　　新编计算机应用基础教程(第 2 版)

示的【导入数据表向导】对话框(导入完成)。该对话框中的文字提示已经将"图书管理
.xls"的"图书"工作表中的数据成功导入到新建空数据库的"图书"表中了。

(8) 单击【确定】按钮,进入如图 7-18 所示的数据库窗口。从中可以看出,数据库中
添加了一个"图书"表。双击"图书"表,进入如图 7-19 所示的以数据表视图方式显示的图
书表,可以看到表中的数据,可以与图 7-7 中的 Excel 数据进行比较。

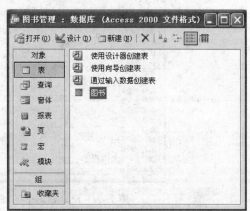

图 7-17　导入数据表向导(导入完成)　　　　图 7-18　数据库窗口(添加了"图书"表)

图 7-19　数据表视图中的"图书"表

用户也可以单击【设计】按钮,从中可以看到"图书"表的结构,如图 7-20 所示。在导
入数据时,Access 会根据数据在 Excel 中的格式自动匹配新表的结构,但只匹配字段名称
和数据类型,而字段属性可根据需要调整设计。调整完成后,单击图 7-20 右上角的【关
闭】按钮,保存对"图书"表的设计更改,返回图 7-18 所示的数据库窗口。

2. 在设计视图中创建表

在设计视图中创建表是最"正规"的方法。如果采用导入或者输入数据的方法创建
表,数据类型和字段属性的定义可能不完全满足用户的要求,而设计视图则可以明确地反
映出设计者的设计意图。

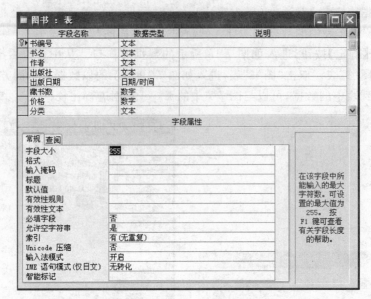

图 7-20　设计视图中的"图书"表（自动匹配的表结构）

在 Access 2003 中,使用设计视图可以创建一个表。同时,使用设计视图也是修改表结构的唯一方法。设计视图操作灵活,功能强大。

下面以创建"学生"表为例,介绍如何使用设计视图创建表。

操作步骤如下:

(1) 在图 7-8 所示的数据库窗口中单击【对象】下的【表】选项,然后双击【使用设计器创建表】,进入如图 7-21 的表设计视图窗口。

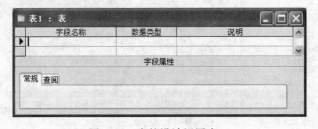

图 7-21　表的设计视图窗口

该窗口由 3 列组成,即字段名称、数据类型和说明,同时在窗口的下部可以设置字段的详细属性,不同类型的字段可以设置的字段属性不同。

(2) 根据图 7-22 中"学生"表的数据,逐一定义每个字段的名称、数据类型、字段大小等相关属性(具体定义方法参考 7.3.4 节)。

(3) "学生"表的结构定义如图 7-23 所示。

(4) 单击图 7-23 右上角的【关闭】按钮,保存对表的设计更改,在【另存为】对话框中输入"学生"表,单击【确定】按钮,返回数据库窗口。

(5) 新创建的表已被加入到数据库中,不过此时的"学生"表还只是一个只有结构没有数据的空表。用户可以直接在数据表视图中输入数据,即双击打开"学生"表,在对应字

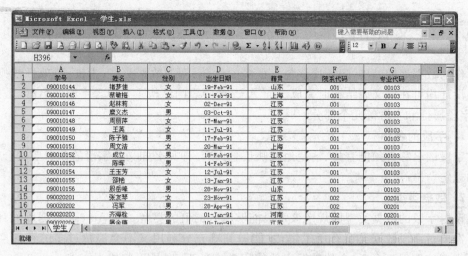

图 7-22 "学生"表的 Excel 表格

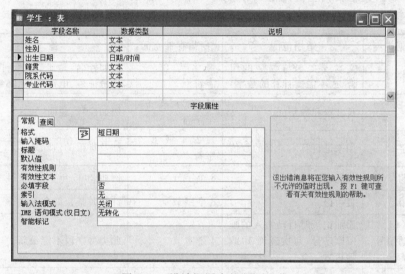

图 7-23 设计视图中的"学生"表

段输入数据即可。当然,也可以使用导入表的方法将存储在 Excel 工作表中的数据导入到定义好结构的数据库表中。

(6)若使用导入表的方法将数据导入到定义好结构的"学生"表中,具体步骤与上述使用导入表方法创建"图书"表基本相同。只是在图 7-13 中选中【现有的表中】单选按钮,然后在其下拉列表中选择"学生"表,单击【下一步】按钮,进入下一个对话框,单击【完成】按钮即可完成向"学生"表导入数据。

注意:将数据导入到定义好结构的表中时,要求对应的字段名称相同、数据类型相符,但数据的列数可以少于定义好结构的列数,且字段顺序可以不同。

7.3.4 定义表结构

作为数据库的基础,表还应该包含很多的设计,例如数据类型、主键、有效性规则等。这些设计均可在定义表结构时完成。而 Access 中表的结构主要包含字段的名称、数据类型、字段属性和主键等几个部分。

1. 字段的名称

字段的名称必须能直接、清楚地反映信息内容,即见名知义。字段的命名要符合标识符的规定。

2. 数据类型

设置字段的数据类型即规定该字段能够输入的值的类型。在 Access 数据库设计中,用户需要对字段数据类型有所了解,才能做到既充分利用又不会浪费过多的存储空间。如果类型选取得不合适,会使数据库的使用效率低下,容易引起错误。Access 2003 可使用的 10 种数据类型及相应使用范围和所需存储空间如表 7-1 所示。

表 7-1 字段的数据类型

序号	数据类型	适用范围	所需存储空间	备注
1	文本	文本或文本与数字的组合,或不需要计算的数字	最多为 255 个字符	例如姓名、地址、学号、图书编号、身份证号、电话号码、邮编
2	备注	长文本和数字	最多为 65 536 个字符	例如注释、说明
3	数字	用来进行算术计算的数值	1、2、4 或 8 个字符	涉及货币的值除外
4	日期/时间	日期或时间	8 个字节	例如 2005 年 6 月 26 日
5	货币	货币值	8 个字节	计算时禁止四舍五入
6	自动编号	添加记录时自动插入的唯一顺序号(每次递增 1)或随机数	4 个字节	此类型字段不能更新
7	是/否	只可能是两个值中的一个	1 位	例如是/否、真/假、开/关
8	OLE 对象	使用 OLE 协议在其他程序中创建的 OLE 对象	最多为 1GB(受磁盘空间限制)	例如 Word 文档、Excel 电子表格、图片、声音或其他二进制数据
9	超链接	用于超链接	最多为 64 000 个字符	某个文件的路径或 URL
10	查询向导	用于创建这样的字段,它允许用户使用组合框选择来自其他表中或值列表中的值	对应于查阅字段的主键大小相同的存储空间,一般为 4 个字节	在数据类型列表中选择此选项,将会启动查询向导进行定义。严格地说,它不是一种数据类型,而是一种字段属性

在设计视图中输入字段名称后,单击"数据类型"列,可以看到下拉列表中有 10 种数据类型可供选择。其中,数字类型和文本类型是使用最多的两种数据类型。表 7-2 列出了数字类型的取值范围。

表 7-2 Access 数字类型的取值范围

序 号	数 字 类 型	取 值 范 围
1	字节	一个单字节整数，0～255
2	整数	一个两字节整数，−32 768～32 767
3	长整型	一个四字节整数，−2 147 483 648～2 147 483 647
4	单精度型	一个四字节浮点数，−3.4E38～3.4E38
5	双精度型	一个八字节浮点数，−1.8E308～1.8E308

3. 字段属性

字段属性是一组特性，通过这些特性可以进一步控制数据在字段中的存储、输入或显示方式，可用的属性取决于字段的数据类型。

字段分常规属性和查阅属性两大类。其中，常规属性用于对已指定数据类型的字段作进一步的说明，如字段大小、默认值、有效性规则、有效性文本和必填字段等；查阅属性用于改变数据输入的方式，如将字段的显示由文本框改为列表框或组合框。

1）字段大小

字段大小属性用于定义一个字段占用多大的存储空间，即规定用户在该字段中所能输入的最大数值或最大字符数。该属性只适用于数据类型为"数字"和"文本"的字段。

在 Access 2003 中，无论汉字、字母还是数字均用两个字节表示，称一个字符；日期型、货币型、是/否型、OLE 对象占用固定长度的空间；数字型可进一步指定字段的取值范围及是否有小数；对于"文本"类型，其字段大小的默认值为 50，取值范围是 1～255，用户可根据需要输入相应的整数，以决定文本字段最多可存储的字符数，如姓名（如考虑少数民族和外国留学生）最长可以为 8 个汉字，其字段大小就为 8。

2）格式

各种不同的数据类型有不同的格式要求。例如数字和货币类型可设置常规数字、货币、欧元、固定、标准、百分比、科学记数，其中，"固定"指小数位数不变，如图 7-24 所示；对于日期/时间字段，可设置常规、长、中、短日期等格式，如图 7-25 所示；是/否字段可设置取值形式，如图 7-26 所示。

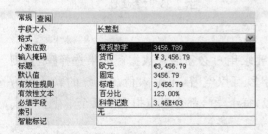

图 7-24 "数字"类型格式的设置

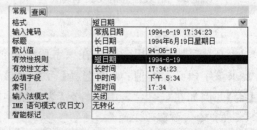

图 7-25 "日期/时间"类型格式的设置

3）默认值

在数据库中，经常会出现某些字段的数据内容相同或大部分相同的情况，这时"默认

图 7-26 "是/否"类型格式的设置

值"就显得非常有用了。例如,对于"学生"表中的"院系代码"字段,"文学院"的代码是"001",则所有文学院的学生的此项均为 001,因此就可以在该字段的默认值属性框中输入"001"。这样,以后每生成一条新的记录,系统就会将该默认值插入到相应的字段中,大大减少了重复输入的工作量。

4)有效性规则和有效性文本

有效性规则和有效性文本属性允许用户通过设置有效性规则属性来指定数据输入的要求,防止将非法的数据输入到表中。当输入的数据不符合有效性规则的设置时,可以使用有效性文本属性指定将显示给用户的提示消息。如现在的身份证号有 15 位的和 18 位的,则可在"身份证号"字段下的【有效性规则】和【有效性文本】对应进行如图 7-27 所示的设置。

除了可以设置字段的有效性规则外,还可以设置记录的有效性规则。如在"学生"表中要求学生的"学号"和"姓名"不能相同,选择【视图】菜单中的【属性】命令,弹出【表属性】对话框进行相应设置,如图 7-28 所示。

图 7-27 有效性规则及文本的设置

图 7-28 "表属性"对话框

5)必填字段

必填字段属性用于确定在该字段中是否要求用户必须输入数据。如果选择【是】,则要求该字段必须有值;如果选择【否】,则该字段可以空着,不输入值。系统的默认值为【否】。例如在"学生"表中,"姓名"为必填字段,每个学号都会对应指定给某个学生。

6)输入掩码

掩码用于强制实现某种输入格式,方便数据的输入。如"出生日期"作为"日期/时间"型,其格式如图 7-25 所示,有多种选择,因此要确保用户能够按照指定的格式正确输入,需要有掩码的设置。

具体操作:选择"出生日期"字段,在"字段属性"中的"输入掩码"一行,单击右侧的按钮,打开"输入掩码向导"(如图 7-29 所示)。选择相应的掩码格式,单击【下一步】按钮,进一步确认掩码格式(如图 7-30 所示)。

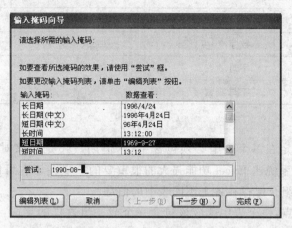

图 7-29　输入掩码向导(1)

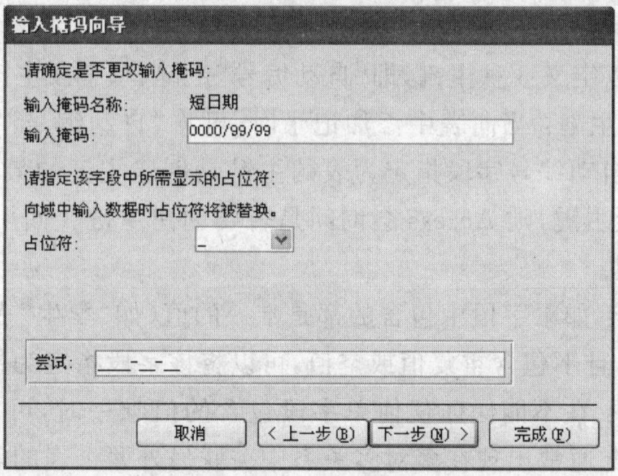

图 7-30　输入掩码向导(2)

单击【完成】按钮,实现对掩码的格式设置,其字段属性如图 7-31 所示。

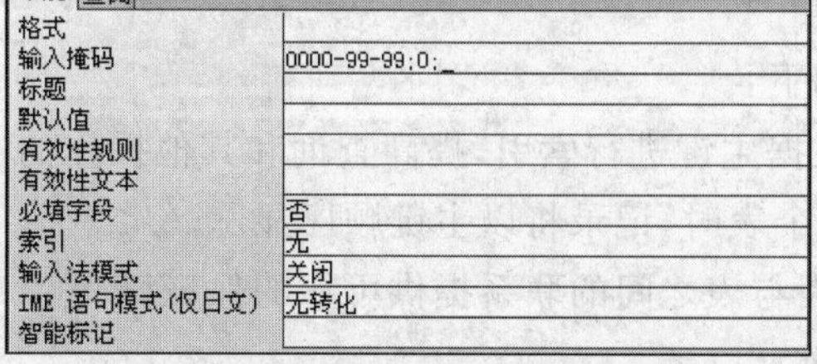

图 7-31　"字段属性"之"输入掩码"

其中所列数字的含义如表 7-3 所示。不允许为空即要求用户必须输入,需要在掩码中的对应位置设置相应字符,见表 7-3 的左侧,否则见表的右侧。

表 7-3   掩码字符的设置规定

用户必须输入		可输可不输	
符　　号	输　　入	符　　号	输　　入
0	数字 0~9	9、#	数字或空格
L	字母 A~Z	?	字母 A~Z
A	字母或数字	a	字母或数字

4. 定义主键

Access 没有规定在每个表中必须包含主键,但用户还是应该对每个表指定一个主键。Access 数据库系统比 Excel 功能强大的很重要的一点在于它可以使用查询、窗体和报表快速地查找并组合保存在各个不同表中的信息。

为了做到这一点,每个表中都应该包含一个或一组这样的字段:这些字段是表中所存储的每一条记录的唯一标识,称为表的主键。在指定表的主键之后,Access 将阻止在主键字段中输入重复值或空值。

1) Access 的 3 种主键

在 Access 中可以定义 3 种主键,即"自动编号"主键、单字段主键以及多字段主键。

(1)"自动编号"主键:当向表中添加记录时,可将"自动编号"字段设置为自动输入连续数字的编号,将自动编号字段指定为表的主键是创建主键的最简单方法。如果在保存新建表之前未设置主键,则 Access 会询问是否要创建主键。如果回答"是",Access 将创建"自动编号"主键。

(2)单字段主键:如果字段中包含的都是唯一的值(如"学生"表中的"学号"、"图书"表中的"图书编号"),且不包含重复值或空值,可以将该字段指定为主键。

(3)多字段主键:在不能保证任何单字段包含的值唯一时,可以将两个或多个字段指定为主键,这种情况通常出现在多对多关系中关联另外两个表的表中。例如,"借阅"表与"学生"表和"图书"表都有关系,因此它的主键包含"学号"和"书编号"两个字段。一个学生能够借阅多本书,一本书也能够被多个学生借阅,但同一时间同一本书只能被一个学生所借阅,因此将"学号"和"书编号"两个字段组合生成主键。

2) 定义主键的优点

定义主键的优点如下:

(1) Access 可以根据主键进行索引,提高查询和其他操作的速度。

(2) 当用户打开一个表时,记录将以主键顺序显示。

(3) 指定主键,为表与表之间的联系提供可靠的保证。

3) 设置或更改主键

在一个表的表设计视图中,选中将要定义为主键的一个或多个字段。若要选择一个字段,则单击所需字段的"行选定器"(位于字段名称左边的那一列,当光标指向该列时,光标将变成实心向右箭头)。若要选择多个字段,按住 Ctrl 键,然后对每个所需字段单击其"行选定器"。如果多个字段是连续的,利用鼠标左键在"行选定器"中拖曳选择多个连续字段即可,如图 7-32 所示。

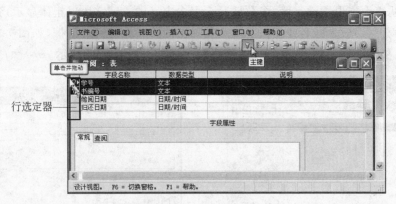

图 7-32 设置主键

选好主键后,单击工具栏上的【主键】按钮,这时,一个钥匙符号就会出现在所选字段名的左边,说明主键已经定义好,之后保存即可。

若想更改主键的设置,方法非常简单。在设计视图中单击工具栏上的【主键】按钮,撤销原主键,此时字段左侧的钥匙消失,重新按上述设定主键的步骤进行设置即可更改。

4)删除主键

在设计视图中打开相应的表,若表中已定义主键,则单击工具栏上的【主键】按钮即可取消设置。删除主键不会删除指定为主键的任何字段,它只是简单地从表中删除主键的特性。在某些情况下,可能需要暂时删除主键。例如,将记录导入表时可能会有一些重复的记录或空值记录,在消除重复记录或删除空值记录之前都应该删除主键。

> **注意**:如果主键用在某个关系中,用户在删除主键之前,必须删除这个关系,否则,
> Access 将会提示不能删除该主键。

7.3.5　定义表间关系

用户围绕一个主题在 Access 数据库中创建了所需的各种数据表后,必须告诉 Access 这些数据表之间的关系,以便今后更好地将数据整合使用。为了能够实现这一点,首先应在表建立以后定义表间关系,然后才能创建后续的查询、窗体及报表等对象,根据需要同时显示来自多个表的信息。

关系可以协调各个表中的字段,它是通过匹配各个表中的主键字段的数据来完成的。主键字段通常是两个表中名称相同的字段,Access 数据库只有通过各个表中主键之间的关系才能高效率地完成各种数据库的应用功能。

如果用户在表中设置了一个关系,当用多个表的字段建立多表查询时,Access 能够自动识别它,即表建立的关系优先于查询建立的关系。

如果要创建关系,首先打开数据库文件,关闭所有打开的表。单击工具栏上的【关系】按钮 ,进入【关系】窗口。若该数据库还未定义过关系,则会自动弹出【显示表】对话框,

如图 7-33 所示,选择要定义关系的表。

接着从表中拖曳主键字段(多数情况下表中定义的主键字段以粗体显示)到其他表的主关键字段上(一般是同名或相似字段),在弹出的【编辑关系】对话框(如图 7-34 所示)中选中【实施参照完整性】复选框,单击【创建】按钮完成,如图 7-35 所示。

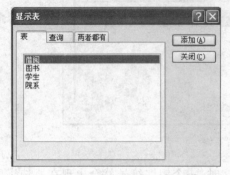

图 7-33 【显示表】对话框

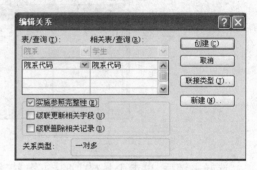

图 7-34 【编辑关系】对话框

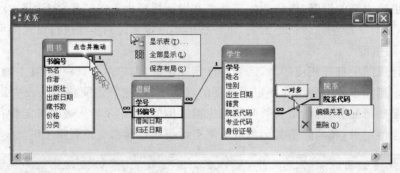

图 7-35 【关系】窗口

建立好各表间的关系后,关闭【关系】窗口时,Access 将弹出询问是否保存关系布局的窗口,单击【是】按钮保存刚才设置的关系即可。

在 Access 中创建关系的种类取决于相关字段是如何定义的:

(1) 如果两个表中的相关字段只有一个是主键,则定义一对多的关系。

(2) 如果两个表中的相关字段都是主键,则定义一对一的关系。

(3) 如果两个表与第 3 个表均为一对多的关系,即第 3 个表的主键包含两个字段,分别是前两个表的外键,则前两表间为多对多的关系。

在【关系】窗口中,若要继续添加表,可以在右键快捷菜单中选择【显示表】命令,打开【显示表】对话框;若要编辑或删除现有关系,则选中两表之间的关系,在右键快捷菜单中选择【编辑关系】或【删除】命令。如选择【删除】命令,会弹出如图 7-36所示的提示对话框,若单击【是】按钮,系统将在【关系】窗口中删除连接线,表示该关系已不存在。

图 7-36 删除关系对话框

新编计算机应用基础教程(第 2 版)

7.4 实践案例 1——学生信息管理系统中表的建立

操作重点
- 数据库的建立
- 数据库表结构的设计
- 表间关系的建立
- 数据库表的建立

操作难点
- 数据库表结构的设计
- 表间关系的建立

7.4.1 任务要求

本例扩充了前两个章节所建的"图书管理"系统,要求建立"学生信息管理"系统及其中的所有相关表格(如图 7-37～图 7-43 所示),包括表中的字段属性及表间关系的设置。

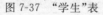

图 7-37 "学生"表

图 7-38 "报名"表

通过本例,读者能够进一步掌握数据表及表间关系(如图 7-44 所示)设计与建立的方法,掌握数据库中表的创建和编辑,学习表间关系的建立方法。

7.4.2 操作步骤

1. 数据库中各表结构的说明

"学生信息管理"数据库中有 7 个表,其表结构分别见表 7-4～表 7-10。

书编号	书名	作者	出版社	出版日期	藏书数	价格	分类
T0001	SQL Server数据库原理及	张莉	高等教育出版社	2006-2-16	4	36	T
F0001	数学物理方法	路云	高等教育出版社	2003-11-9	6	28.5	P
H0001	有机化学	张琴琴	清华大学出版社	2007-10-4	3	18.5	H
G0001	图书馆自动化教程	傅守灿	清华大学出版社	2008-1-9	11	22	G
T0002	大学数学	高小松	清华大学出版社	2001-1-2	7	24	T
G0002	多媒体信息检索	华威	南京大学出版社	2001-1-2	5	20	G
F0001	现代市场营销学	倪杰	电子工业出版社	2004-1-2	10	23	F
F0002	项目管理从入门到精通	邓炎才	清华大学出版社	2003-1-2	5	22	F
G0003	数字图书馆	冯伟年	南京大学出版社	2000-8-2	2	40.5	G
T0003	控制论:概论、方法与应用	万百五	清华大学出版社	2001-8-2	10	4.1	T
F0003	会计应用典型实例	马琳	人民出版社	1997-4-5	5	16.5	F
D0001	国际形势年鉴	陈启愁	上海教育出版社	2007-6-7	2	16.5	D
D0002	NGO与第三世界的政治发展	邓国胜、赵秀梅	社会科学文献出版社	2002-1-2	2	25	D
F0004	现代公有制与现代按劳分	王钰、张松坡	中共中央党校出版社	2002-9-2	5	34	F
D0003	"第三波"与21世纪中国民	李良栋	中共中央党校出版社	2002-4-13	2	55	D
D0004	全球化:西方理论前沿	杨雪冬	社会科学文献出版社	2002-3-5	2	32	D
T0004	政府网站的创建与管理	闻文	中国人民大学出版社	2002-8-2	2	22	T
D0005	政府全面质量管理:实践	董静	中国人民大学出版社	2002-8-2	5	29.5	D
D0006	牵手亚太:我的总理生涯	保罗·基廷	世界知识出版社	2006-10-5	6	29	D
D0007	电子政务导论	徐晓林	武汉出版社	2006-10-5	3	95	D
A0001	硬道理:南方谈话回溯	黄宏	山东人民出版社	2006-10-5	4	21	A

记录: 22 共有记录数: 22

图 7-39 "图书"表

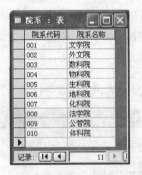

图 7-40 "院系"表

图 7-41 "借阅"表

学号	奖励类别	奖励金额
090010150	朱敬文	2000
090020202	朱敬文	2000
090020227	朱敬文	2000
090030115	朱敬文	2000
090040112	朱敬文	2000
090050213	朱敬文	2000
090060308	朱敬文	2000
090070407	朱敬文	2000
090080501	朱敬文	2000
090010120	朱敬文	2000
090080518	朱敬文	2000
090100708	朱敬文	2000
090020235	校长奖	6000
090030102	校长奖	6000

记录: 20

图 7-42 "奖学金"表

图 7-43 "成绩"表

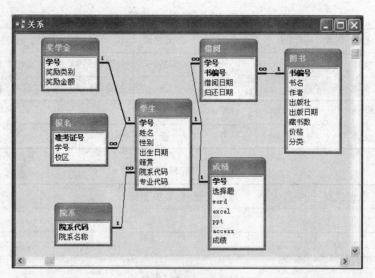

图 7-44 "学生信息管理"数据库中的表间关系

表 7-4 "学生"表结构

字段名称	数据类型	字段大小	是否主键	必填字段	其 他 属 性
学号	文本	9	是	是	
姓名	文本	8	否	是	不能与学号相同
性别	文本	2	否	否	可以从"男"、"女"值列表中选择(利用【查询向导】实现)
出生日期	日期/时间	短日期	否	否	输入掩码:0000-99-99;0;_
籍贯	文本	10	否	否	
院系代码	文本	3	否	否	外键,来自"院系"表中的院系代码
专业代码	文本	5	否	否	

表 7-5 "图书"表结构

字段名称	数据类型	字段大小	是否主键	必填字段	其 他 属 性
书编号	文本	5	是	是	
书名	文本	20	否	否	
作者	文本	8	否	否	
出版社	文本	20	否	否	
出版日期	日期/时间	短日期	否	否	输入掩码:0000-99-99;0;_
藏书数	数字	长整型	否	否	
价格	数字	双精度型	否	否	
分类	文本	1	否	否	

表 7-6　"借阅"表结构

字段名称	数据类型	字段大小	是否主键	必填字段	其 他 属 性
学号	文本	9	是	是	主键(外键),来自"学生"表中的学号
书编号	文本	5		是	主键(外键),来自"图书"表中的书编号
借阅日期	文本	短日期	否	否	
归还日期	文本	短日期	否	否	

表 7-7　"院系"表结构

字段名称	数据类型	字段大小	是否主键	必填字段	其 他 属 性
院系代码	文本	3	是	是	
院系名称	文本	20	否	否	

表 7-8　"成绩"表结构

字段名称	数据类型	字段大小	是否主键	必填字段	其 他 属 性
学号	文本	9	是	是	
选择题	数字	整型	否	否	有效性规则:>=0 And <=40
word	数字	整型	否	否	有效性规则:>=0 And <=20
excel	数字	整型	否	否	有效性规则:>=0 And <=20
ppt	数字	整型	否	否	有效性规则:>=0 And <=10
access	数字	整型	否	否	有效性规则:>=0 And <=10

表 7-9　"奖学金"表结构

字段名称	数据类型	字段大小	是否主键	必填字段	其 他 属 性
学号	文本	9	是	是	
奖励类别	文本	8	否	否	
奖励金额	数字	长整型	否	否	

表 7-10　"报名"表结构

字段名称	数据类型	字段大小	是否主键	必填字段	其 他 属 性
准考证号	文本	10	是	是	
学号	文本	9	否	否	外键,来自"学生"表中的学号
校区	文本	1	否	否	

　　对于表 7-4 所示的"学生"表结构的说明如下。

　　(1) 学号: 学号必须唯一且不能为空值。即在"学生"表中唯一能够标识学生身份的"学号"字段不允许为空,否则无法区分。假设有两个学生同名,但由于他们的学号不同,所以不会混淆。作为一个学校的学生，每个人都必须有唯一标识的编号，虽然不同的学校编号的方法可能不一，但在同一学校内"学号"字段的长度应该是统一的。

（2）姓名：学生姓名可能重复，但是必须有姓名（两个或两个字符以上），不能为空值。考虑到少数民族和外国留学生的取名，"姓名"字段最长为8个字符（汉字）。

（3）性别：男或女，可以利用【查阅向导】来实现。在表设计视图中选中"性别"字段，然后将下方的【字段属性】对话框切换到【查阅】选项卡（如图7-45所示）进行设置，其中，在"行来源"中设置"男";"女"（中间是分号，标点符号均为英文状态下），设置结果如图7-46所示。

图7-45 "字段"属性中的【查阅】选项卡设置

图7-46 "查阅"属性设置结果

（4）出生日期：选择"日期/时间"类型，设置格式为短日期型，即"2013-5-1"，为了控制输入的格式，可输入掩码。

（5）籍贯：学生本人的籍贯。

（6）院系代码：该字段值应该来源于"院系"表，即只有"院系"表中有的才能够填写；或者为空，表示暂时未定。

（7）专业代码：学生所在专业的代码。

对于表7-5所示的"图书"表结构的说明略。

一个学生可借阅多本图书，一本图书也可被多个学生借阅，但对于同一本书、同一个时间段来说，只能够被一个学生借阅，因此在"借阅"表中应该是学号、书编号作为联合主键。对于表7-6所示的"借阅"表结构的说明如下。

（1）学号：表示借阅图书的学生，不允许为空值，应来自于"学生"表中所列的学生信息。

（2）书编号：表示学生借阅的图书，不允许为空值，应来自于"图书"表中所列的图书信息。

（3）借阅日期、归还日期：均应为"日期/时间"型，格式设置同"出生日期"，可在【字段属性】对话框中设置"归还日期"的时间应晚于"借阅日期"。

对于表7-7所示的"院系"表结构的说明略。

学生在此项考试中的考试成绩记录为单项得分,对于每一部分的最高得分都有限定,当然成绩至少为 0。因此,为了防止输入过程中成绩超出单项最高分,可以在如表 7-8 所示的"成绩"表结构定义时设置有效性规则和相应的提示文本,如图 7-47 所示。

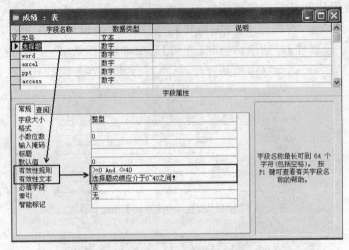

图 7-47　设置有效性规则及文本

当在表中输入超出有效性范围的数据时,会弹出如图 7-48 所示的相应提示文本,只有输入有效数据,才能继续下一步操作。

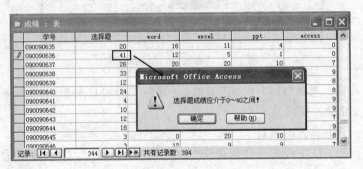

图 7-48　设置有效性规则和文本的结果

对于表 7-9 所示的"奖学金"表结构和表 7-10 所示的"报名"表结构的说明略。

2. 数据库的创建

结合前面两章的学习,大家知道在建表之前应先建库。因此,首先单击【开始】按钮,选择【所有程序】|Microsoft Office|Microsoft Office Access 2003 命令,打开 Access 程序。

单击【新建文件】任务窗格中的【空数据库】链接,在【文件新建数据库】对话框中选择存放文件的位置并输入数据库文件名,然后单击【创建】按钮,完成"学生信息管理"数据库的创建,如图 7-49 所示。

3. 数据库中表的创建

在"学生信息管理"数据库中需要建立 7 个数据表,如图 7-50 所示,其创建的方法有 5种,即数据表视图、设计视图、表向导、导入表和链接表。

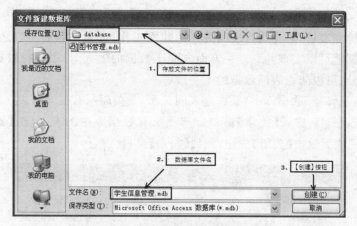

图 7-49　【文件新建数据库】对话框

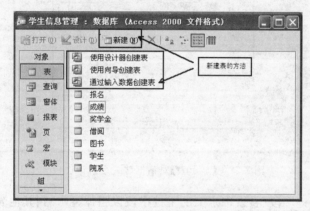

图 7-50　"学生信息管理"数据库("表"对象窗口)

　　结合对 7 个表的结构设计,通过"使用设计器创建表"的方式,将表中字段的名称、数据类型、字段属性及主关键字进行设置,然后单击【保存】按钮,输入数据库表的文件名即可。例如,"借阅"表的设计视图窗口如图 7-51 所示。

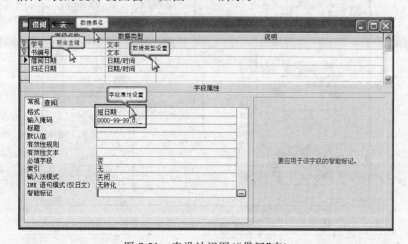

图 7-51　表设计视图("借阅"表)

第 7 章　数据库制作软件 Access 2003 的使用 ————————— 351

4. 数据库中表间关系的建立

在各表创建完成后,可先进行表间关系的建立工作,因为一旦表与表之间有了联系,表中的公共数据就可以实现共享。一方面方便了数据的输入,可以在源数据列表中进行选择;另一方面也可以防止表间数据的不一致。

在"学生信息管理"数据库中,要建立表间关系,先关闭所有打开的表。然后单击工具栏上的【关系】按钮 ,进入【关系】窗口。选择所有数据库中的表,单击【添加】按钮,如图 7-52 所示,完成后单击【关闭】按钮,回到【关系】窗口。

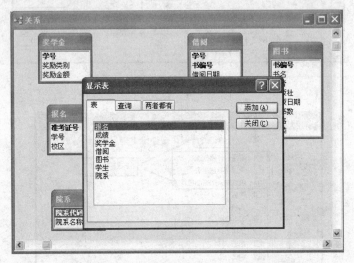

图 7-52 【显示表】对话框(【关系】窗口中)

从表中拖曳主键字段(各表中定义的主键字段以粗体显示)到其他表中的主关键字段上,在弹出的【编辑关系】对话框中选中【实施参照完整性】复选框,单击【创建】按钮完成。建立好各表间的关系(如图 7-53 所示)之后,保存并关闭【关系】窗口即可。

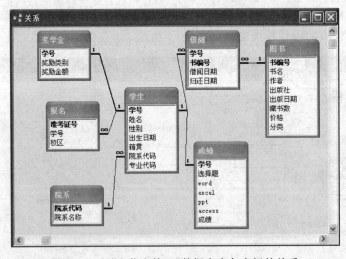

图 7-53 "学生信息管理"数据库中各表间的关系

　新编计算机应用基础教程(第 2 版)

5. 表中数据的输入

在数据库中完成表结构的设计以及表间关系的建立后,即可向表中输入相应数据以完成后续操作。由于建立了表间关系,实施了参照完成性,在输入数据时,如果出现了不一致的情况,系统会出现相应的提示,如图 7-54 所示。

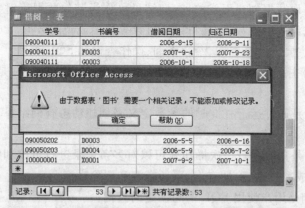

图 7-54 表间"实施参照完整性"结果示意图

另外,数据输入完成后也可在数据表视图中看到表间数据的关联显示,如图 7-55 所示。

图 7-55 表间数据的关联显示

7.5 查询的创建与使用

学习重点

- 查询的类型
- 简单选择查询的创建
- 汇总选择查询的创建
- 熟悉 SQL 语句的组成

7.5.1　查询的类型

查询是专门用来进行数据检索以及数据加工的一种重要的数据对象。查询是通过从一个或多个表中提取数据创建而成的,查询结果可作为其他数据库对象数据的来源。使用查询不仅可以重组表中的数据,还可以通过计算再生成新的数据。

在 Access 中主要有选择查询、参数查询、操作查询和 SQL 查询。

(1) 选择查询主要用于浏览、检索、统计数据库中的数据。它是比较常用的一类查询。

(2) 参数查询是通过运行查询时的参数定义来创建动态查询结果,以便更多、更方便地查找有用的信息。

(3) 操作查询是只要进行一次操作就可以对多条记录进行更改和移动。操作查询共有 4 种类型,即生成表查询、追加查询、更新查询和删除查询。

(4) SQL 查询是用户使用 SQL 语句创建的查询。

在下面的章节中着重介绍选择查询的设计方法,对于其余的查询方法,有兴趣的读者可参考有关书籍,这里就不做介绍了。

7.5.2　创建选择查询

创建选择查询的方法有多种,下面具体介绍两种方法,即在查询设计视图中创建和使用查询向导创建。

1. 在查询设计视图中创建选择查询

在查询设计视图中可以通过指定输入表/查询、字段名称、条件等属性来创建选择查询。

1) 单表查询

在简单的查询中,数据可以只来自一个表。例如在"学生"表中,创建选择查询"江苏籍男学生名单"。

具体操作步骤如下:

(1) 打开要建立查询的"图书管理"数据库,在数据库窗口中单击【对象】下的【查询】选项,然后双击【在设计视图中创建查询】选项,进入【选择查询】窗口,同时弹出【显示表】对话框。

(2) 在【显示表】对话框中选择"学生"表,然后单击【添加】按钮,确认将"学生"表添加到查询窗口后,单击【关闭】按钮,此时,只剩下【选择查询】窗口,即查询设计视图。

(3) 在查询设计视图中,可以只添加要查看其数据、对其设置条件、分组、更新或排序的字段。首先,确保包含要添加字段的表或查询的字段列表显示在查询设计视图窗口的上半部分;然后从字段列表中选定一个或多个字段,并将其拖至窗口下半部分的查询设计网格中(也可直接双击所选字段)。这里选择的字段为"学号"、"姓名"、"性别"、"出生日期"和"籍贯"。

（4）设置查询条件。单击要设置条件的字段列的"条件"单元格，直接输入或使用"表达式生成器"来输入条件表达式。如果要在同一字段或其他字段中输入另一条件，可移动光标至相应的"条件"单元格，然后输入条件表达式。例如，在"性别"字段的条件单元格中输入"男"，表明要查询的是男学生的相关信息；在"籍贯"字段的条件单元格中输入"江苏"，表明要查询的是江苏籍学生的相关信息。将这两个条件设在同一行，表明查询的是江苏籍男学生的相关信息。若两个条件设在不同行，即其中一个设在"条件"行，另一个设在"或"行，则表明查询的是江苏籍或男学生的相关信息。同时，单击两个字段的"显示"行，使其不选中（即没有勾选），表明在查询结果中不显示"性别"和"籍贯"字段，如图 7-56 所示。

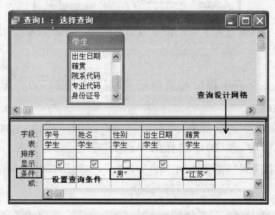

图 7-56　在查询设计视图中创建单表选择查询

（5）进行有关的查询设置之后，若要查看查询结果，可单击工具栏上的【视图】按钮▦或【运行】按钮，结果如图 7-57 所示。

此外，还可以查看该查询的 SQL 语言描述，方法是从【视图】菜单中选择【SQL 视图】命令，图 7-58 所示为 SQL 语言窗口，用户不需要了解 SQL 语句就可以生成正确无误的 SQL 语句。

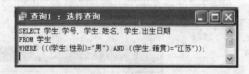

图 7-57　选择查询结果　　　　　　　图 7-58　"江苏籍男学生名单"查询的 SQL 语句

（6）单击该窗口中的【关闭】按钮，将弹出【是否保存对查询设计的更改】对话框，单击【是】按钮，会弹出【另存为】对话框，在【查询名称】文本框中输入该查询的名称"江苏籍男学生名单"，然后单击【确定】按钮保存。

注意：本次查询未涉及的表不要添加到查询设计视图中，因为表建立的关系优先于查询建立的关系。如在上述查询中多添加了“借阅”表，则查询结果如图 7-59 所示。

江苏籍男学生名单 ：选择查询

学号	姓名	出生日期
090020202	冯军	1991-4-28
090020202	冯军	1991-4-28
090020206	彭卓	1991-10-3
090020206	彭卓	1991-10-3
090020216	王海云	1991-6-14
090030107	周永峰	1992-1-11
090030107	周永峰	1992-1-11
090030118	张亮亮	1991-11-17
090030118	张亮亮	1991-11-17
090030119	吴俊通	1991-10-10

记录：1 共有记录数：22

图 7-59 “江苏籍男学生名单”的查询结果(多选了不需要的“借阅”表)

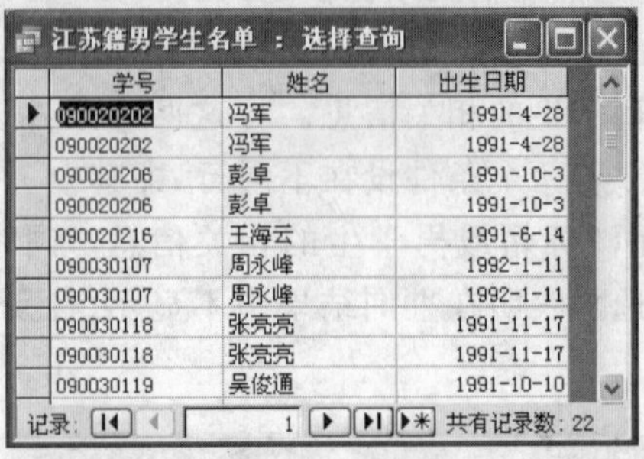

2）多表查询

使用查询可以从多个表中提取相关信息，实现综合查询，如查询“文学院”学生的借书情况。操作步骤如下：

(1) 与上述“江苏籍男学生名单”查询的第(1)～(3)步类似，只是在(2)中要将 4 个表都添加到查询设计视图中，在(3)中选择的字段为“学号”、“姓名”、“性别”、“书名”、“借阅日期”、“归还日期”、“院系名称”，分别来自“学生”表、“图书”表、“借阅”表、“院系”表，如图 7-60 所示。

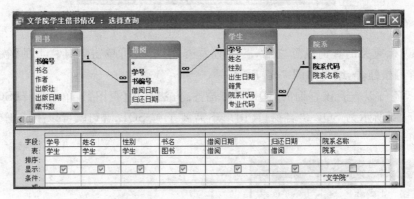

图 7-60 “文学院学生借书情况”的查询设计视图

(2) 在“院系名称”字段的“条件”单元格中输入“文学院”，然后单击工具栏上的【视图】按钮或【运行】按钮，查询结果如图 7-61 所示。

文学院学生借书情况 ：选择查询

学号	姓名	性别	书名	借阅日期	归还日期
090010148	周丽萍	女	SQL Server数据库原理及应用	2006-3-1	2006-3-31
090010148	周丽萍	女	大学数学	2007-2-2	2007-3-6
090010149	王英	女	NGO与第三世界的政治发展	2006-3-6	2006-4-2
090010149	王英	女	全球化：西方理论前沿	2006-5-6	2006-6-20
090010149	王英	女	数学物理方法	2006-10-4	2006-11-3

记录：6 共有记录数：6

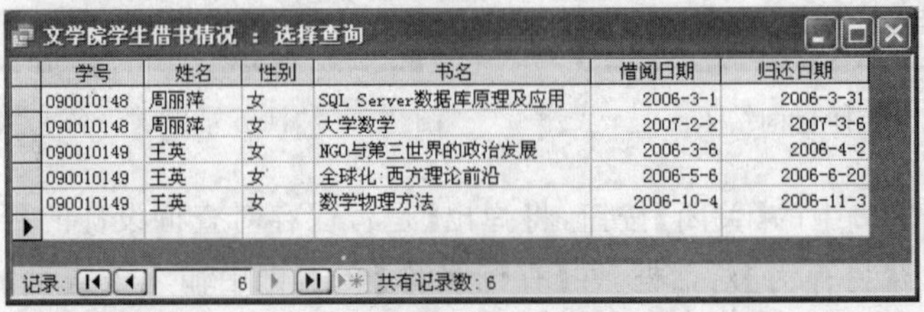

图 7-61 “文学院学生借书情况”的查询结果

（3）单击该窗口中的【关闭】按钮，将弹出【是否保存对查询设计的更改】对话框，单击【是】按钮，会弹出【另存为】对话框，在【查询名称】文本框中输入该查询的名称"文学院学生借书情况"，最后单击【确定】按钮保存。

该查询对应的 SQL 视图中的 SQL 语句如图 7-62 所示。

图 7-62 "文学院学生借书情况"的 SQL 语句

3）设置查询条件

"条件"是指在查询中用来限制检索记录的条件表达式，它是算术运算符、逻辑运算符、常量、字段值和函数等的组合。通过条件可以过滤掉很多不需要的数据。

在查询中可以指定多个条件，在多个"条件"或"或"单元格中输入条件表达式时，Access 将使用 AND 或 OR 运算符进行组合。如果条件表达式是在同一行的不同单元格中，Access 将使用 AND 运算符，表示将返回匹配所有单元格中条件的记录；如果条件表达式是在不同行中，Access 将使用 OR 运算符，表示匹配任何一个单元格中条件的记录都将返回。用户也可以直接在条件表达式中使用 AND 或 OR 运算符。

例如，以查询"江苏籍钱姓学生的情况"为例，要查询江苏籍姓钱的同学，在查询设计视图中输入的条件如图 7-63 所示。因为条件表达式是在同一"条件"行中，Access 以 AND 连接同一行上的条件。

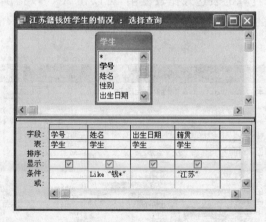

图 7-63 "江苏籍钱姓学生的情况"查询设计视图

该查询相应的 SQL 语句如下：

SELECT 学号, 姓名, 出生日期, 籍贯
FROM 学生
WHERE 姓名 Like "钱 * " AND 籍贯="江苏"

在查询条件中，可以使用 Access 提供的字符运算符，见表 7-11。

表 7-11　字符运算符

序号	字符运算符	功能	例子	例子含义
1	Between…AND	介于两者之间	Between 80 AND 100	在 80~100 之间
2	Like	模糊查询	Like "钱 * "	姓"钱"的
3	Not Null 或 Is Not Null	非空	Is Not Null	检索该字段非空的记录
4	Is Null	空	Is Null	检索该字段为空的记录
5	IN	在某一集合内	IN("计算机","电子")	等价于"计算机"OR"电子"

4) 创建计算字段

在设计数据库表时,对于其中涉及计算的字段,可以由后续的查询来完成,无须在制表时输入,节省了时间和精力,也让数据库表中的数据变得简练,减少错误发生的可能。

在查询中可以使用任何一种 Access 的内置函数为表的字段定义计算操作,并且可以将计算结果作为新的字段。Access 计算字段表达式与 Excel 的公式类似,可以包含字段名(要求用"[ ]"括起来)、函数、运算符等。

例如,根据学生的出生日期来计算年龄,则年龄的计算公式可设计为:由当前的年份与其出生年份相减得到,即为 Year(Date())－Year([学生]![出生日期])。其中的年龄是计算表达式所对应的字段名,Year、Date 均为 Access 内置的日期/时间函数。

具体操作步骤如下:

(1) 在查询设计视图中,将光标移至"字段"行的空白列,输入计算表达式。简单的表达式可以直接输入,若计算的表达式比较复杂,可以在 Access 提供的【表达式生成器】中输入。单击工具栏上的【生成器】按钮，会进入如图 7-64 所示的【表达式生成器】对话框。

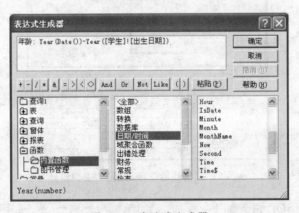

图 7-64　表达式生成器

如果想使用表中的字段名,可以在对话框左侧双击"表",然后选择要使用的表(如"学生"表),在中间选择需要的字段(如出生日期),然后单击【粘贴】按钮就可以将这个表名和字段名(如[学生]![出生日期])粘贴到上方的表达式栏中。如果该字段名在数据库中是唯一的,则可省略字段名前面的表名及感叹号。

如果需要使用函数,可以双击左侧的"函数",选择"内置函数",然后在中间选择函数的类型,在右侧选择需要的函数(如 Year),单击【粘贴】按钮,则函数出现在上方的表达式中,按函数要求,在对应位置加入对应函数即可。当然,用户也可以直接在上方输入表达式。

(2) 单击【确定】按钮,返回如图 7-65 所示的查询设计视图,在表达式前多了文字"表达式1:"(在查询结果中可以看到最后多了一个"表达式 1"字段),可以将"表达式 1"重新命名(如"年龄")作为计算字段名。注意,英文冒号":"是分隔符,用于将计算字段名和表达式分隔开。

(3) 单击工具栏上的【视图】按钮或【运行】按钮,查询结果如图 7-66 所示。

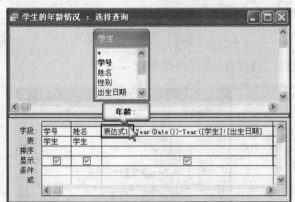

图 7-65　"学生的年龄情况"查询设计视图　　　　图 7-66　"学生的年龄情况"查询结果

(4) 单击该窗口中的【关闭】按钮,保存该选择查询为"学生的年龄情况"。

该查询相应的 SQL 语句如下:

```
SELECT 学号, 姓名, Year(Date())-Year([出生日期]) AS 年龄
FROM 学生
```

5) 总计查询

总计查询用于统计不同组的数据,可以统计它们的总计、平均值、最大值、最小值和计数。例如,每学年都要对书籍的借阅量进行统计,此时需要求的是每本书、每学年被借出的次数。

操作步骤如下:

(1) 在查询设计视图中创建选择查询,添加借阅表,从中选择"学号"、"姓名"、"书编号"3 个字段。然后在"学号"字段的"排序"单元格选择"升序"(按学号的大小依次排序);学年的判断通过"借阅日期"和"归还日期"条件设置来完成,假设需要统计"2006—2007一学年中各学生的借书量",则要将"借阅日期"的条件设置为">= #2006-9-1#",将"归还日期"的条件设置为"<= #2007-7-1#",两个条件是需要同时满足的,如图 7-67 所示。

(2) 单击工具栏上的【总计】按钮 Σ,在查询设计网格中增加了"总计"行,选择要总计的"学号"字段,在其"总计"单元格中单击下拉按钮,从下拉列表中选择"计数"。对于其余的"书编号"和"书名"字段,设置对应的"总计"单元格为"分组";对于"借阅日期"、"归还日

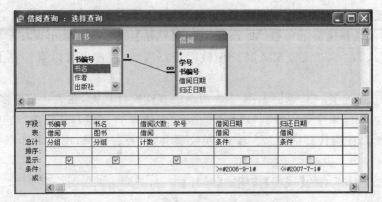

图 7-67 "借阅查询"查询设计视图

期"字段,设置对应的"总计"单元格为"条件",如图 7-67 所示。

（3）单击工具栏上的【视图】按钮或【运行】按钮,查询结果如图 7-68 所示。

（4）可以看到,最后一列的总计字段名为"借阅次数",需要在查询设计视图中的"学号"字段前添加"借阅次数:",其中,英文冒号":"前的"借阅次数"为显示结果的列标题,"学号"为所求借阅次数的"计数"字段的字段名。

（5）单击该窗口中的【关闭】按钮,保存该选择查询为"借阅查询"。

该查询的 SQL 语句如下:

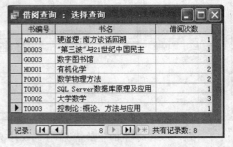

图 7-68 "借阅查询"查询结果

SELECT 借阅.书编号,图书.书名,Count(借阅.学号) AS 借阅次数
FROM 图书 INNER JOIN 借阅 ON 图书.书编号=借阅.书编号
WHERE ((借阅.借阅日期)>=#9/1/2006#) AND ((借阅.归还日期)<=#7/1/2007#)
GROUP BY 借阅.书编号,图书.书名

若只显示借阅了不止一次的书籍信息,则需要在"借阅次数"字段设置条件">=2",其余设置同上,如图 7-69 所示。

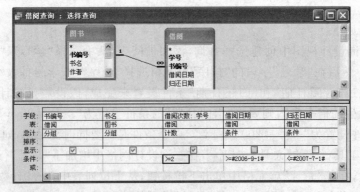

图 7-69 "借阅查询"查询设计视图（超出两次的）

其结果显示如图 7-70 所示。

该查询对应的 SQL 语句如下：

```
SELECT 借阅.书编号, 图书.书名, Count(借阅.学号) AS 借阅次数
FROM 图书 INNER JOIN 借阅 ON 图书.书编号=借阅.书编号
WHERE ((借阅.借阅日期)>=#9/1/2006#) AND ((借阅.归还日期)<=#7/1/2007#)
GROUP BY 借阅.书编号, 图书.书名
HAVING  (Count(借阅.学号))>=2
```

2. 使用查询向导创建选择查询

Access 提供了一种简便的方法来创建查询，即查询向导。

如果使用向导创建选择查询"所有学生借阅图书的情况"，操作步骤如下：

（1）打开要建立查询的"图书管理"数据库，在数据库窗口中单击【对象】下的【查询】选项，然后双击【使用向导创建查询】选项，进入如图 7-71 所示的【简单查询向导】对话框。

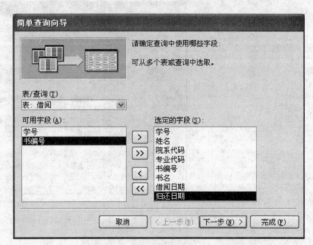

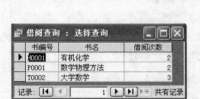

图 7-70　"借阅查询"查询结果
　　　　　（超出两次的）

图 7-71　【简单查询向导】对话框（选择字段）

（2）在【表/查询】下拉列表框中选择"表：学生"，在【可用字段】列表框中分别选择"学号"、"姓名"、"院系代码"、"专业代码"字段，并单击＞按钮或直接双击选中字段，将其移至【选定的字段】列表框中。若单击＞＞按钮，能将【可用字段】列表框中所有的字段都添加到【选定的字段】列表框中。若想删除某个字段，可以在【选定的字段】中先选中并单击＜按钮还原，或者直接双击选定字段，若想全部还原，则单击＜＜按钮。

（3）重复（2），将"表：图书"中的"书编号"、"书名"，"表：借阅"中的"借阅日期"、"归还日期"移至"选定的字段"列表框中，如图 7-71 所示。

（4）单击【下一步】按钮，弹出下一个【简单查询向导】对话框（如图 7-72 所示），在该对话框中会提示"请确定采用明细查询还是汇总查询"。保留默认选项【明细】单选按钮，单击【下一步】按钮，弹出下一个【简单查询向导】对话框。

（5）在该对话框的【请为查询指定标题】文本框中输入所建查询的名称（如"所有学生借阅情况"），如图 7-73 所示。

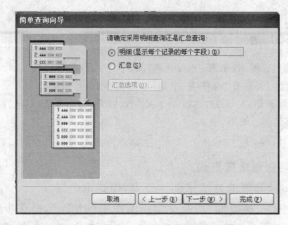

图 7-72　简单查询向导（明细或汇总）

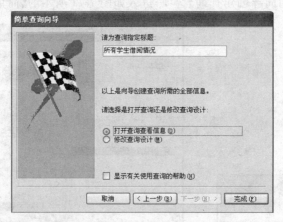

图 7-73　简单查询向导（指定标题）

保留默认的【打开查询查看信息】单选按钮，然后单击【完成】按钮，即可完成使用向导创建的选择查询，并将查询结果显示出来，如图 7-74 所示。

学号	姓名	院系代码	专业代码	书编号	书名	借阅日期	归还日期
090010148	周丽萍	001	00103	T0001	SQL Server数据库原理及应用	2006-3-1	2006-3-31
090010148	周丽萍	001	00103	T0002	大学数学	2007-2-2	2007-3-6
090010149	王英	001	00103	D0002	NGO与第三世界的政治发展	2006-3-6	2006-4-2
090010149	王英	001	00103	D0004	全球化:西方理论前沿	2006-5-6	2006-6-20
090010149	王英	001	00103	F0001	数学物理方法	2006-10-4	2006-11-3
090020202	冯军	002	00201	F0004	现代公有制与现代按劳分配度分析	2006-8-15	2006-9-7
090020202	冯军	002	00201	H0001	有机化学	2006-10-2	2006-11-1
090020203	齐海栓	002	00201	D0003	"第三波"与21世纪中国民主	2006-5-3	2006-6-8
090020203	齐海栓	002	00201	G0001	图书馆自动化教程	2006-8-16	2006-8-23
090020206	彭卓	002	00201	D0004	全球化:西方理论前沿	2006-5-7	2006-6-24
090020206	彭卓	002	00201	T0002	大学数学	2007-2-3	2007-3-9
090020207	田柳青	002	00201	G0002	多媒体信息检索	2006-8-18	2006-8-29
090020207	田柳青	002	00201	T0004	政府网站的创建与管理	2008-3-7	2008-4-20
090020208	胡康轩	002	00201	F0001	现代市场营销学	2006-8-17	2006-8-26
090020216	王海云	002	00202	F0002	项目管理从入门到精通	2007-9-1	2007-9-14
090020217	陈树树	002	00202	D0005	政府全面质量管理:实践指南	2006-5-10	2006-7-6
090020217	陈树树	002	00202	G0003	数字图书馆	2006-8-20	2006-9-4

图 7-74　简单查询向导（查询结果）

　新编计算机应用基础教程（第 2 版）

(6) 如果生成的查询不完全符合要求,可以返回向导或在查询设计视图中更改查询。该查询对应的 SQL 语句如下:

SELECT 学生.学号, 学生.姓名, 学生.院系代码, 学生.专业代码, 图书.书编号, 图书.书名, 借阅.借阅日期, 借阅.归还日期
FROM 学生 INNER JOIN (图书 INNER JOIN 借阅 ON 图书.书编号=借阅.书编号) ON 学生.学号=借阅.学号

7.6　实践案例 2——学生信息管理系统中查询的建立

操作重点
- 简单查询的设计
- 汇总查询的设计

操作难点
- 包含表达式计算的查询设计
- 汇总查询的设计

7.6.1　任务要求

本例素材使用"学生信息管理"数据库中的数据创建各类选择查询,如图 7-75 所示。

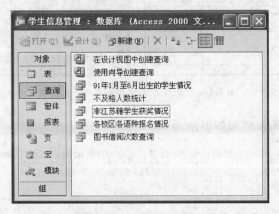

图 7-75 【查询】对象窗口

Access 数据库中主要有选择查询、参数查询、操作查询以及 SQL 查询。在上一节重点介绍了选择查询,并在每个示例的最后给出了查询的相应 SQL 语句。在本节将以几个典型的选择查询的创建为例,让大家进一步了解查询、掌握查询建立的方法。

7.6.2 操作步骤

上一节中重点介绍了创建查询最常用的两种方法,即在查询设计视图中创建和使用查询向导创建,当然还可以用 SQL 语句创建。

下面以"查询设计视图"为设计环境,介绍几个典型查询示例。

1. 创建"非江苏籍学生获奖情况"查询

根据该查询的要求,需要选择"学生"、"奖学金"表,输出学号、姓名、籍贯、奖励类别及奖励金额等相关信息。

在【查询】对象窗口中双击【在设计视图中创建查询】,打开查询设计视图。首先选择"学生"、"奖学金"表,由于在"实践案例 1"中已经创建了数据库中所有表间的关系,因此这里可以省略表间关系的建立。如果两表之间的联系未建立,必须先通过拖动的方式完成表间关系的建立。

然后选择"学号"、"姓名"、"籍贯"、"奖励类别"、"奖励金额"字段,在"籍贯"的"条件"行中设置"<>江苏"或"Not 江苏",如图 7-76 左图所示,单击【运行】按钮即可看到如图 7-76 右图所示的结果。

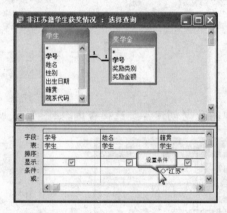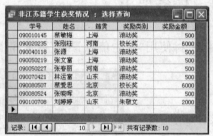

图 7-76　"非江苏籍学生获奖情况"查询

该查询对应的 SQL 语句如下:

```
SELECT 学生.学号, 学生.姓名, 学生.籍贯, 奖学金.奖励类别, 奖学金.奖励金额
FROM 学生 INNER JOIN 奖学金 ON 学生.学号=奖学金.学号
WHERE  Not (学生.籍贯)="江苏"
```

2. 创建"1991 年 1 月至 6 月出生的学生情况"查询

根据该查询的要求,需要选择"学生"、"院系"表,输出学号、姓名、院系、出生日期等相关信息。

在【查询】对象窗口中双击【在设计视图中创建查询】,打开查询设计视图。首先选择"学生"、"院系"表,确定两个表之间的关系。然后选择"学号"、"姓名"、"院系"、"出生日期"字段,在"出生日期"的"条件"行中直接输入或右击进入"表达式生成器"设置

"Between ♯1991-1-1♯ And ♯1991-6-30♯"或">=♯1991-1-1♯ And <=♯1991-6-30♯",如图 7-77 右图所示,完成条件设置后的查询设计视图如图 7-77 左上图所示,单击【运行】按钮即可看到如图 7-77 左下图所示的结果。

> **注意**:"Between...And..."是包含两端值的,以本查询为例,即包含 1991-1-1 和 1991-6-30。其中,在两个日期值的两端需要加"♯"。

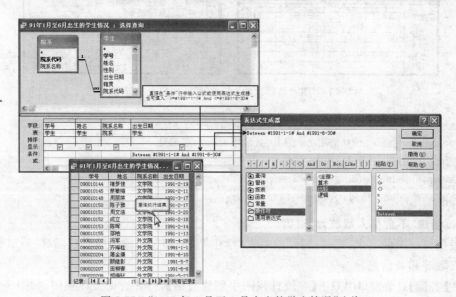

图 7-77 "1991 年 1 月至 6 月出生的学生情况"查询

该查询对应的 SQL 语句如下:

```
SELECT 学生.学号, 学生.姓名, 院系.院系名称, 学生.出生日期
FROM 院系 INNER JOIN 学生 ON 院系.院系代码=学生.院系代码
WHERE   (学生.出生日期) Between #1/1/1991#And #6/30/1991#
```

3. 创建"图书借阅次数"查询

根据该查询的要求,需要选择"图书"、"借阅"表,输出书编号、书名、次数等相关信息。在【查询】对象窗口中双击【在设计视图中创建查询】,打开查询设计视图,如图 7-78 所示。首先选择"图书"、"借阅"表,确定两个表之间的关系,然后选择"书编号"、"书名"等已有字段。由于要求查询每本图书借阅的次数,需要对书籍进行分组,并对借书的学生进行计数统计。因此,单击工具栏上的【总计】按钮添加"总计"行,然后设置"书编号"及"书名"字段为"分组";并双击"借阅"表中的"学号"字段将其添加到下方,作为统计次数的"计数"字段。

该查询中要求仅对"计数"次数为 3 次以上的图书信息做统计,因此在"次数:学号"字段对应的"条件"行中设置">=3"的条件,另外对查询结果根据借阅次数值做"升序"排列。

该查询对应的 SQL 语句如下:

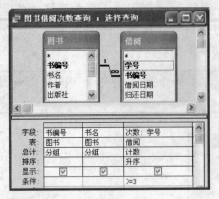
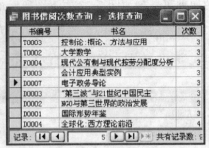

图 7-78   "图书借阅次数"查询（借阅次数大于等于 3）

```
SELECT 图书.书编号, 图书.书名, Count(借阅.学号) AS 次数
FROM 图书 INNER JOIN 借阅 ON 图书.书编号=借阅.书编号
GROUP BY 图书.书编号, 图书.书名
HAVING  Count(借阅.学号)>=3
ORDER BY Count(借阅.学号)
```

4．创建"不合格人数统计"查询

根据该查询的要求，需要选择"院系"、"学生"、"成绩"表，输出院系代码、院系名称、不合格人数等相关信息。

在【查询】对象窗口中双击【在设计视图中创建查询】，打开查询设计视图，如图 7-79 所示。首先选择"院系"、"学生"、"成绩"表，确定 3 个表之间的关系，然后选择"院系代码"、"院系名称"等已有字段。

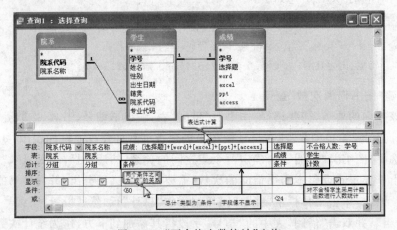

图 7-79   "不合格人数统计"查询

对于"不合格"的认定规则是，总成绩小于 60 分或选择题小于 24 分。在已有的"成绩"表中没有现成的"总成绩"字段，因此需要通过表达式计算来完成对总成绩的统计，统计公式为"[选择题]＋[word]＋[excel]＋[ppt]＋[access]"。

既然是对不合格人数的统计，需要增加"总计"行，设定根据"院系代码"、"院系名称"

进行分组，对满足"成绩＜60 或选择题＜24"这个"条件"的"学号"字段进行"计数"操作，以得到"不合格人数"值，查询结果如图 7-80 所示。

该查询对应的 SQL 语句如下：

SELECT 院系.院系代码, 院系.院系名称, Count(学生.学号) AS 不合格人数
FROM 院系 INNER JOIN (成绩 INNER JOIN 学生 ON 成绩.学号=学生.学号) ON 院系.院系代码=学生.院系代码
WHERE ([选择题]+[word]+[excel]+[ppt]+[access])＜60 OR 成绩.选择题＜24
GROUP BY 院系.院系代码, 院系.院系名称

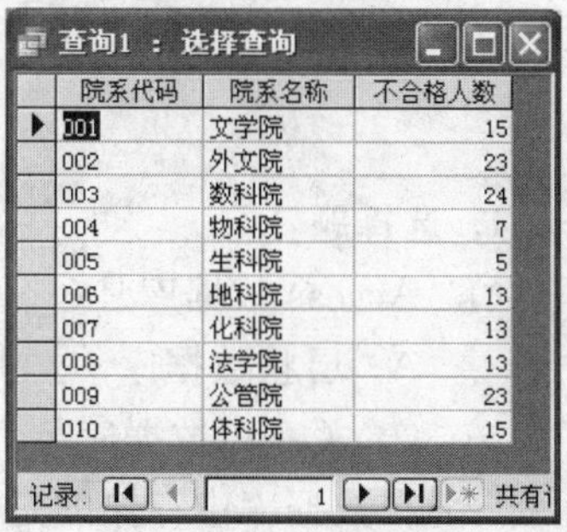

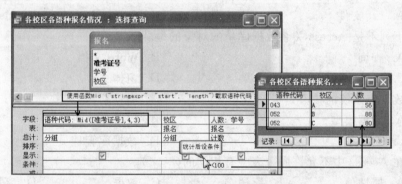

图 7-80 "不合格人数统计"查询结果

5. 创建"各校区各语种报名情况"查询

根据该查询的要求，需要选择"报名"表，输出语种代码、校区、人数等相关信息。

在【查询】对象窗口中双击【在设计视图中创建查询】，打开查询设计视图，如图 7-81 所示。首先选择"报名"表，在查询结果中需要的 3 个字段仅有"校区"是现成的，其余两个均要通过处理得到。

图 7-81 "各校区各语种报名情况"查询

"语种代码"根据要求是"准考证号"中从第 4 位开始向后 3 位，因此采用了 Mid 函数，该函数的作用是从现有文本中的某个位置开始截取若干个字符作为新文本。该函数有 3 个参数，在该查询中：现有文本"stringexpr"对应"准考证号"字段（两端需要加"[ ]"）、起始位置"start"对应"4"（第 4 个字符开始）、截取长度"length"对应"3"（连续 3 个字符）。

完成"语种代码"的提取后，要实现对人数的统计，显然需要添加"总计"字段，然后根据"语种代码"、"校区"进行分组，对"学号"进行人数统计，同时对统计的数据进行筛选，凡是符合"报名人数＜100"条件的即为要找的记录。具体设置如图 7-81 左图所示，对应的查询结果如图 7-81 右图所示。

该查询对应的 SQL 语句如下：

SELECT Mid([准考证号],4,3) AS 语种代码, 报名.校区, Count(报名.学号) AS 人数
FROM 报名
GROUP BY Mid([准考证号],4,3), 报名.校区
HAVING Count(报名.学号)＜100

7.7 思考与实践

1. 选择题

(1) Access 数据库是( )。

    A. 层状数据库   B. 网状数据库

    C. 关系型数据库   D. 树状数据库

(2) 在数据库中存储的是( )。

    A. 数据   B. 数据模型

    C. 数据以及数据之间的联系   D. 信息

(3) DBMS 是( )。

    A. 数据库   B. 数据库系统

    C. 数据库管理系统   D. 数据处理系统

(4) Access 数据库文件是( )。

    A. txt 文件   B. mdb 文件   C. doc 文件   D. xls 文件

(5) 下列不是 Access 关系数据库中的对象的是( )。

    A. 查询   B. Word 文档

    C. 数据访问页   D. 窗体

(6) 数据库系统的核心是( )。

    A. 数据模型   B. 数据库管理系统

    C. 数据库   D. 数据库管理员

(7) 在 Access 中不允许同一表中有相同的( )。

    A. 属性值   B. 字段名   C. 数据   D. 字段

(8) Access 表中字段的数据类型不包括( )。

    A. 文本   B. 备注型   C. 通用   D. 日期/时间型

(9) 在下列关于输入掩码的叙述中,错误的是( )。

    A. 在定义字段的输入掩码时,既可以使用输入掩码向导,也可以直接使用字符

    B. 定义字段的输入掩码,是为了设置密码

    C. 输入掩码中的字符"0"表示可以选择输入数字 0 到 9 之间的一个数

    D. 在直接使用字符定义输入掩码时,可以根据需要将字符组合起来

(10) 修改表结构只能在( )中。

    A. 数据表视图   B. 设计视图

    C. 表向导视图   D. 数据库视图

(11) 下列关于表的设计原则的说法中,错误的是( )。

    A. 表中的每一列必须是类型相同的数据

    B. 表中的每一字段必须是不可再分的数据单元

    C. 表中行、列的次序不能任意交换,否则会影响存储的数据

新编计算机应用基础教程(第 2 版)

D. 同一个表中不能有相同的字段,也不能有相同的记录

(12) 在 Access 中,将"名单"表中的"姓名"与"工资标准"表中的"姓名"建立关系,且两个表中的记录都是唯一的,则这两个表之间的关系是(　　)。

A. 一对一　　　　　　　　　　B. 一对多

C. 多对一　　　　　　　　　　D. 多对多

2. 填空题

(1) Access 数据库包含 _____、_____、_____、_____、_____、_____ 和 _____ 等数据库对象。

(2) 目前常用的数据模型有 _____、_____ 和 _____。

(3) 用二维表的形式来表示实体之间联系的数据模型称为 _____。

(4) 数据库管理员的英文缩写是 _____。

(5) 如果在表中建立"性别"字段,并要求用逻辑值表示,其数据类型应该是 _____。

(6) 在查询的"条件"项上,同一行的条件之间是 _____ 的关系,不同行的条件之间是 _____ 的关系。

(7) 在人事数据库中,建立数据库表来记录人员简历,其"简历"字段的数据类型应该是 _____。

3. 上机操作题

建立如下数据库,它有两个表组成,即部门表(描述某公司部门的相关信息,如表 7-12 所示)和雇员表(描述该公司中雇员的基本情况,如表 7-13 所示)。

表 7-12　部门表

部门编号	部门名称	部门所在地
01	财务部	上海
02	研发部	北京
03	销售部	广州
04	生产部	天津

表 7-13　雇员表

雇员编号	姓名	职务	受雇日期	工资	奖金	部门编号
0001	张飞	销售员	1980-12-7	900	500	03
0002	李金	销售员	1981-2-12	850	400	03
0003	齐丽	销售员	1982-8-9	1000	600	03
0004	朱阳	会计	1980-3-9	1200		01
0005	张晓彤	会计	1985-4-2	1000		01
0006	周天意	经理	1979-5-12	3000		03

雇员编号	姓名	职务	受雇日期	工资	奖金	部门编号
0007	李进	经理	1976-12-8	3500		02
0008	宗小琪	工程师	1983-6-12	2800	400	02
0009	周星星	工人	1984-3-2	1800		04
0010	朱晓峰	车间主任	1987-9-12	2000		04

根据表7-12和表7-13建立一个数据库(如人事管理系统),完成两个表的建立和数据输入工作,然后通过建立查询完成以下任务。

(1) CX1:列出公司中所有雇员的雇员编号、姓名及所在部门名称;

(2) CX2:列出"财务部"中所有雇员的姓名及其工资、奖金情况,结果按雇员姓名的字母顺序显示;

(3) CX3:列出工资在2000～3000之间的雇员的姓名、工资和职务;

(4) CX4:列出"周"姓员工的姓名、职务和所在部门的名称;

(5) CX5:列出1980年12月25日以后进入公司各部门担任各职务的人数;

(6) CX6:列出各部门中的最低工资、最高工资、平均工资以及总工资;

(7) CX7:列出公司中奖金未知的雇员的编号、姓名、工资及职务。

第 **8** 章　Office 2003 综合实训

　　为进一步提高综合应用 Office 2003 的实践能力，本章安排了多个综合实训项目以利于强化训练。为节省篇幅，各综合实训均将实验要求和操作过程结合在一起按顺序说明，且关键操作辅以图解，一般性操作仅提示过程。通过本章的学习，读者应掌握以下内容：

- Word、Excel 的综合应用
- Word、PowerPoint 的综合应用
- Word 的样式设置与自动功能
- PowerPoint 与 FrontPage 的综合应用
- Access 与 Excel 的综合应用

8.1　综合实训 1——Word 与 Excel 的综合应用(一)

8.1.1　操作重点

　　(1) Word：页面设置、竖排文本框、设置文本框格式、首字下沉、段落设置、高级替换、插入自选图形、插入图片、设置对象格式、奇/偶数页页眉的设置等。

　　(2) Excel：工作表的更名、利用公式计算百分比、数据的排序、生成三维柱形图、图表以"增强型图元文件"形式选择性粘贴到 Word 等。

8.1.2　实训操作

　　打开本书的素材文档"第 8 章\sample\综合实训 1"文件夹中的 ed. doc 文件，参考样张(如图 8-1 所示)按下列要求进行操作。

　　(1) 如图 8-2 所示，将页面设置为 A4 纸，上、下、左、右页边距均为 3 厘米，每页 40 行，每行 38 个字符。

　　(2) 参考样张，在文章的适当位置插入竖排文本框"酷爱动物的南非人"，并设置文字格式为华文新魏、二号字、红色。

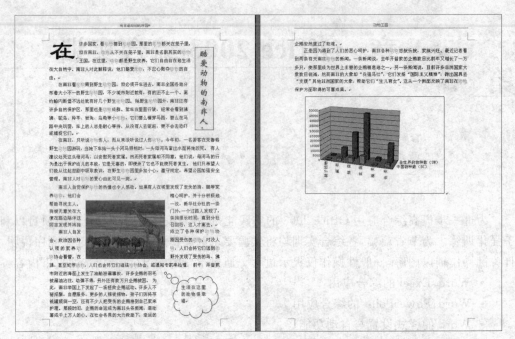

图 8-1 综合实训 1 样张

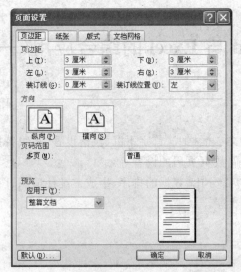
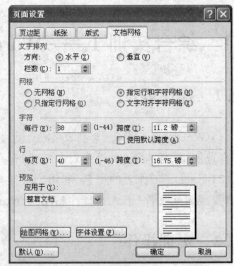

图 8-2 页面设置

（3）设置文本框格式为浅黄色填充色、红色边框，高度为 7 厘米，宽度为 1.6 厘米，环绕方式为四周型，并适当调整其位置，如图 8-3 所示。

（4）设置正文第一段首字下沉 3 行、距正文 0.3 厘米，首字字体为隶书、红色，其余各段落设置为首行缩进两个字符。

（5）将正文中所有的"动物"设置为金色，并加着重号。

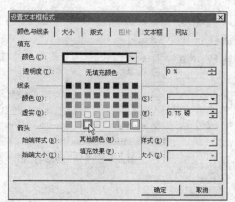

图 8-3　设置文本框格式

> **注意**：选择【编辑】|【替换】命令，打开【查找和替换】对话框中的【替换】选项卡，在【查找
> 内容】和【替换为】文本框中均输入"动物"，然后单击【高级】按钮打开下部窗格，
> 这时应先用鼠标选择【替换为】文本框中的"动物"文本，然后单击【格式】按钮指
> 定修改后的格式，再单击【全部替换】按钮，如图 8-4 所示。

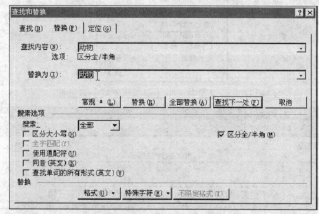

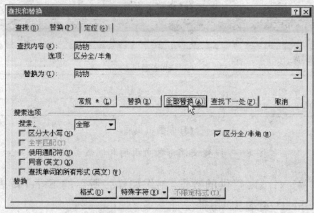

图 8-4　【查找和替换】对话框的【替换】选项卡

（6）参考样张，在正文的适当位置插入自选图形"云形标注"（如图 8-5 所示），并添加文字"生活在这里的动物很幸福"，然后设置自选图形的格式为浅绿色填充色、四周型环绕方式、右对齐。

（7）参考样张，在正文的适当位置插入图片 pic.jpg，设置图片高度为 5 厘米、宽度为 7 厘米，环绕方式为四周型。

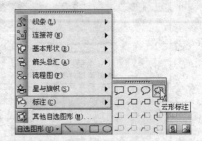

图 8-5　选择"云形标注"

（8）设置文档奇数页页眉为"南非是动物的乐园"、偶数页页眉为"动物王国"，如图 8-6 所示。

(a)【页眉和页脚】工具栏

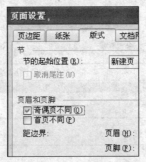

(b) 在页面设置中选中【奇偶页不同】复选框

(c) 奇数页页眉

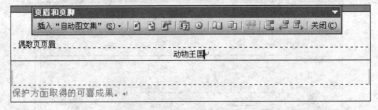

(d) 偶数页页眉

图 8-6　设置文档奇数页页眉和偶数页页眉

（9）根据工作簿 ex1.xls 提供的数据，制作如样张所示的 Excel 图表，具体要求如下：
① 将工作表 Sheet1 更名为"物种统计"。
② 在"物种统计"工作表 D2:D14 的各单元格中，分别利用公式计算各物种分类群

"中国物种数(SC)"占"全世界的物种数(SW)"的比例,结果按百分比格式显示,保留两位小数,如图 8-7 所示。

D2 =B2/C2

ex1.xls

	A	B	C	D
1	分类群	中国物种数(SC)	全世界的物种数(SW)	比例
2	哺乳类	499	4000	12.48%
3	鸟 类	1186	9040	13.12%
4	爬行类	376	6300	5.97%
5	两栖类	279	4184	6.67%
6	鱼 类	2804	19056	14.71%
7	昆 虫	40000	751000	5.33%
8	苔 藓	2200	16600	13.25%
9	蕨 类	2600	10000	26.00%
10	裸子植物	200	750	26.67%
11	被子植物	25000	220000	11.36%
12	真 菌	8000	46983	17.03%
13	藻 类	500	3060	16.34%
14	细 菌	5000	26900	18.59%
15				

物种统计 / Sheet2 / Sheet3

图 8-7 百分比计算

③ 在"物种统计"工作表中,将数据按"比例"从高到低排序,如图 8-8 所示。

ex1.xls

	A	B	C	D
1	分类群	中国物种数(SC)	全世界的物种数(SW)	比例
2	裸子植物	200	750	26.67%
3	蕨 类	2600	10000	26.00%
4	细 菌	5000	26900	18.59%
5	真 菌	8000	46983	17.03%
6	藻 类	500	3060	16.34%
7	鱼 类	2804	19056	14.71%
8	苔 藓	2200	16600	13.25%
9	鸟 类	1186	9040	13.12%
10	哺乳类	499	4000	12.48%
11	被子植物	25000	220000	11.36%
12	两栖类	279	4184	6.67%
13	爬行类	376	6300	5.97%
14	昆 虫	40000	751000	5.33%
15				

物种统计 / Sheet2 / Sheet3

图 8-8 降序排序

④ 参考样张,根据排名前 6 位的物种分类群数据(不包括"比例"列),生成一张"柱形图",并嵌入到当前工作表中,要求系列产生在列,设置系列轴、分类轴及数值轴字号均为 10,取消选中【自动缩放】和【显示图例】复选框,如图 8-9~图 8-12 所示。

⑤ 参考样张,将生成的图表以增强型图元文件形式选择性粘贴到 Word 文档的末尾,如图 8-13 所示。

⑥ 将工作簿以文件名"EX"、文件类型"Microsoft Excel 工作簿(* . xls)"存放于"第 8 章\sample\综合实训 1"文件夹中。

(10) 将编辑好的文章以文件名"DONE"、文件类型"RTF 格式(* . rtf)"存放于"第 8 章\sample\综合实训 1"文件夹中,如图 8-14 所示。

图 8-9　图表类型——柱形图

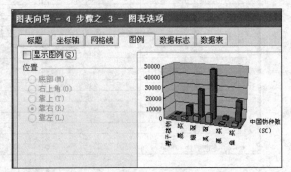

图 8-10　系列产生在列，无图例

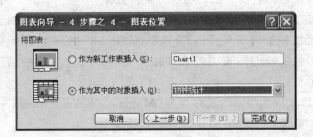

图 8-11　嵌入当前工作表

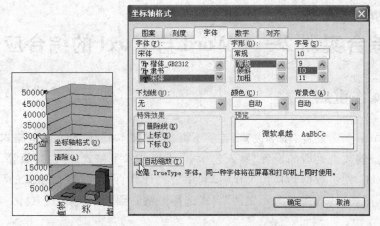

图 8-12 坐标轴设置及取消自动缩放

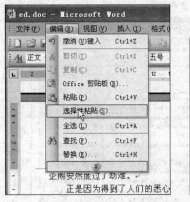

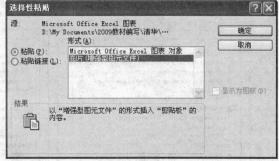

图 8-13 选择性粘贴增强型图元文件

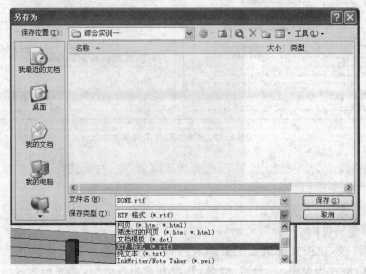

图 8-14 以 RTF 格式类型保存文件

8.2 综合实训2——Word 与 Excel 的综合应用（二）

8.2.1 操作重点

（1）Word：页面设置、段落设置、首字下沉、竖排文本框、设置文本框格式、高级替换、页面边框、奇/偶数页页眉的设置、插入艺术字、设置艺术字格式、分栏排版等。

（2）Excel：网页数据转换为工作表、利用公式计算百分比、数值格式的设定、生成数据点折线图、图表以"增强型图元文件"形式选择性粘贴到 Word 等。

8.2.2 实训操作

打开本书的素材电子文档"第 8 章\sample\综合实训 2"文件夹下的 ED.doc 文件，参考样张（如图 8-15 所示）按下列要求进行操作。

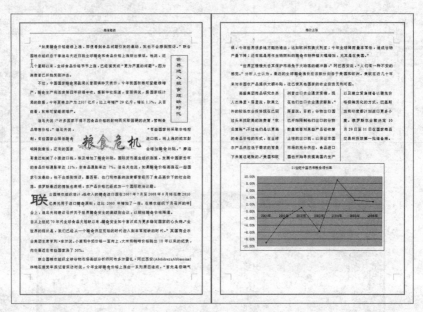

图 8-15　综合实训 2 样张

（1）将页面设置为 A4 纸，上、下页边距为 3 厘米，左、右页边距为 2 厘米，每页 38 行，每行 40 个字符。

（2）设置正文为 1.5 倍行距，第四段首字下沉两行，首字字体为隶书、绿色，其余各段落首行缩进两个字符。

（3）参考样张，在正文的适当位置插入内容为"世界进入粮食短缺时代"的竖排文本框，设置其字体格式为隶书、三号字、红色，环绕方式为四周型，填充色为浅黄色。

（4）将正文中的所有"粮食"设置为加粗、红色、加着重号格式。

（5）参考样张，为页面添加 3 磅海绿色的单线边框，如图 8-16 所示。然后选择【格式】|【边框和底纹】命令，弹出【边框和底纹】对话框，切换到【页面边框】选项卡进行设置。

（6）设置奇数页页眉为"粮食短缺"、偶数页页眉为"粮价上涨"。

（7）参考样张，在正文第三段的适当位置插入艺术字"粮食危机"，要求采用第三行第四列样式，设置艺术字的字体为华文行楷、44 号，环绕方式为四周型。

（8）将正文最后一段分成等宽的三栏，并加分隔线（注意：选取最后一段时，不包括该段最后的回车符，否则分栏排版后全部文本会排到左边第 1 栏）。

（9）根据"中国粮食产量.htm"网页提供的数据，制作如样张所示的图表，具体要求如下：

① 将"中国粮食产量.htm"中的表格数据转换为 Excel 工作表，要求自第一行第一列开始存放，将工作表命名为"中国粮食产量"。

② 在"中国粮食产量"工作表 C1 单元格中输入"增长率"，然后在 C3:C21 各单元格中利用公式分别计算历年粮食的增长率（增长率＝（当年产量－上年产量）/上年产量），结果以百分比格式显示，保留两位小数，如图 8-17 所示。

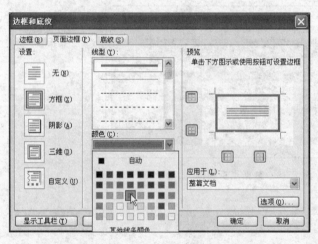

图 8-16　页面边框设置　　　　　　　　　　图 8-17　增长率的计算

③ 在"中国粮食产量"工作表中，设置 B2:B21 单元格区域中的数值格式为带千位分隔符，保留一位小数。

④ 参考样张，根据 A15:A21 及 C15:C21 单元格区域中的数据生成一张"数据点折线图"，嵌入到当前工作表中，要求系列产生在列，图表标题为"21 世纪中国历年粮食增长率"，且不显示图例，如图 8-18 和图 8-19 所示。

⑤ 将生成的图表以"增强型图元文件"形式选择性粘贴到 Word 文档的末尾。

⑥ 将工作簿以文件名"EX"、文件类型"Microsoft Excel 工作簿（＊.xls）"存放于"第 8 章\sample\综合实训 2"文件夹中。

（10）将编辑好的文章以文件名"DONE"、文件类型"RTF 格式（＊.rtf）"存放于"第 8

图 8-18　生成数据点折线图

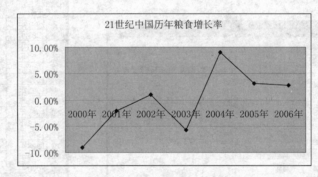

图 8-19　数据点折线图

章\sample\综合实训 2"文件夹中。

8.3　综合实训 3——Word 与 PowerPoint 的综合应用

8.3.1　用样式设置文档格式及自动功能的应用

1. "样式"概述

在"3.1.3 Word 2003 的视图方式"中的"大纲视图方式"中,简单介绍过"样式"。"样式"是专门制作的文本格式包,只需应用一次就可以完成很多格式属性的设置,而且可以重复不断地使用该样式,因此特别适用于对文档各级标题的格式设置。

2. 用"样式"设置标题的常用方法

(1)在页面视图下选择标题内容后,单击【格式】工具栏左侧【样式】框右边的下拉按钮,在样式列表中指定标题的样式级别。对于同一级别的其他标题可使用格式刷工具复制样式。

（2）在大纲视图中通过按钮设置标题的"样式"级别。

3. "样式"的部分自动功能

当 Word 文档采用"样式"工具设置各级标题时,可实现许多自动功能。例如实现 Word 文档目录的自动生成,自动提取各章节标题作为页眉内容,自动将 Word 文档转换成 PPT 演示文稿等。这将为我们进行长文档处理（如毕业论文写作）和演示文稿制作带来很大的方便。

（1）Word 文档目录的自动生成。其操作详见综合实训 3 的实验操作过程。

（2）自动提取 Word 长文档各章节标题作为页眉内容。操作步骤如下:

① 使用"样式"工具设置各章标题的样式（如设置论文大标题为样式"标题 1",各章标题为样式"标题 2"）。

② 选择【视图】|【页眉和页脚】命令,进入"页眉和页脚"编辑状态,此时插入点在页眉处。如果奇/偶页页眉要求显示不同级别的标题,例如偶数页眉显示论文大标题,奇数页眉显示各章标题,则应先设置奇偶页不同,分别处理奇/偶页页眉。

③ 对应偶数页眉,选择【插入】|【域】命令,打开【域】对话框（如图 8-20 所示）,在【类别】下拉列表中选择【链接和引用】选项,在【域名】列表框中选择 StyleRef 选项,再在右侧的【样式名】列表框中选择设置论文大标题的样式（如"标题 1"）。

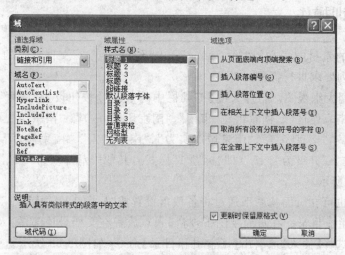

图 8-20 【域】对话框

④ 单击【确定】按钮返回"页眉和页脚"编辑状态,相应的论文大标题即显示在偶数页眉处。

⑤ 对应奇数页眉,同上操作,然后在右侧的【样式名】列表框中选择设置各章标题的样式（如【标题 2】）,单击【确定】按钮返回"页眉和页脚"编辑状态,相应的各章标题即显示在各章奇数页眉处。

（3）自动将 Word 文档转换成 PPT 演示文稿。其操作详见综合实训 3 的实验操作过程,转换规律是,Word 文档中每个采用"标题 1"样式设置的标题,对应产生一张幻灯片,幻灯片上部的标题就是 Word 文档中"标题 1"样式设置的标题;Word 文档中用"标题 2"、"标题 3"样式设置的标题,对应幻灯片下部文本框中的显示内容;Word 文档中的"正文"样式内容在幻灯片中不显示。所谓"正文"样式就是未用"样式"工具设置的 Word 文本。

8.3.2　操作重点

(1) Word:

① 在大纲视图下设置标题样式。

② 自动生成 Word 文档目录。

③ Word 文档自动生成 PPT 演示文稿。

(2) PowerPoint:

① 应用设计模板、应用母版插入自选图形、设置幻灯片编号及自动更新的日期、设置页脚。

② 设置幻灯片切换效果、插入文本框、设置超链接。

③ 修改版式、填充背景、自定义动作按钮、设置放映方式。

8.3.3　实训操作

打开本书的素材电子文档"第 8 章\sample\综合实训 3"文件夹中的 Word 文档"南京.doc",按下列要求进行操作。

(1) 切换到大纲视图,通过【大纲】工具栏中的⇦或⇨按钮设置"南京"、"南京概况"、"南京气候"、"南京辖区"、"南京市花、市树"、"南京历史(一)"、"南京历史(二)"、"南京名称"、"当代南京"、"南京经济"、"南京城市实力"、"南京名人"、"南京体育"、"南京名胜"等段落由"正文文本"升级为"1 级"(即"标题 1"样式),其他段落降级为"2 级"(即"标题 2"样式),如图 8-21 所示。

以上操作也可在页面视图下通过将各段落设置成"标题 1"及"标题 2"样式完成。

(2) 自动生成目录。在页面视图下,将插入点放置在文档最顶部,输入"目录"文字作为标题。然后选择【插入】|【引用】|【索引和目录】命令(如图 8-22 所示),弹出【索引和目录】对话框,切换到【目录】选项卡,在【显示级别】微调框中选择所需的目录级别,如选择 1,将自动生成 1 级标题目录,如图 8-23 所示。

(3) 将 Word 文档自动生成 PowerPoint 演示文稿。选择【文件】|【发送】| Microsoft Office PowerPoint 命令,即自动生成 PowerPoint 演示文稿,如图 8-24 所示。

(4) 在新生成的演示文稿中,选择【格式】|【幻灯片设计】命令,打开【幻灯片设计】窗格,设置所有幻灯片应用设计模板"Blends.pot"。

(5) 选择【视图】|【母版】|【幻灯片母版】命令,打开幻灯片母版视图,插入"八角星"自选图形,并将自选图形的高度和宽度均设置为 3 厘米。然后在自选图形中添加"NJ"字

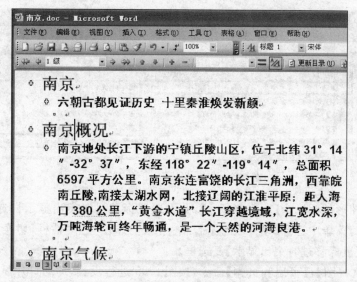

图 8-21　大纲视图

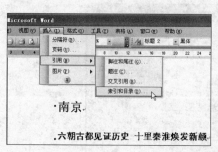
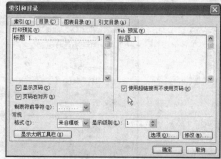

图 8-22　自动生成目录菜单命令

图 8-23　自动生成的目录

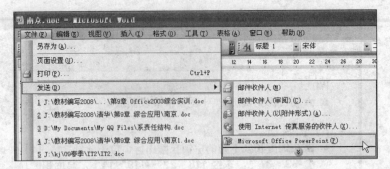

图 8-24　自动生成 PPT 菜单命令

母,设置自选图形的阴影为【阴影样式 4】,并设置鼠标移过时突出显示自选图形(右击自选图形,在快捷菜单中选择【动作设置】命令,弹出【动作设置】对话框,切换到【鼠标移过】选项卡,选中【鼠标移过时突出显示】复选框)。

(6) 选择【视图】|【页眉和页脚】命令,按图 8-25 进行设置,即幻灯片显示自动更新的日期(样式为"××××年××月××日")及幻灯片编号,页脚内容为"南京",在标题幻灯片中不显示。

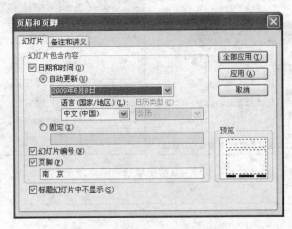

图 8-25　【页眉和页脚】对话框

(7) 设置所有幻灯片的切换效果为盒状展开、慢速、每隔 5 秒自动换页,换页时伴有激光声。

(8) 将第 1 张幻灯片的版式修改为"标题幻灯片",在第 5 张幻灯片中插入竖排文本框,输入文本"南京欢迎你!",设置其字体格式为华文新魏、48 号字、加粗、阴影、红色。然后为文本框中的文本"南京欢迎你!"创建超链接,指向第一张幻灯片,如图 8-26 所示。

(9) 将第 13 张幻灯片"南京名胜"的背景填充效果设置为【茵茵绿原】,将底纹样式设置为【角部辐射】,将变形设置为第 1 行第 2 种形式,如图 8-27 所示。

(10) 在第 13 张幻灯片的右下角插入一个"自定义"动作按钮,然后在动作按钮中添加文字"当代南京",设置该动作按钮超链接指向第 8 张幻灯片"当代南京",同时播放声音"风铃",如图 8-28 所示。

图 8-26　为文本框添加超链接

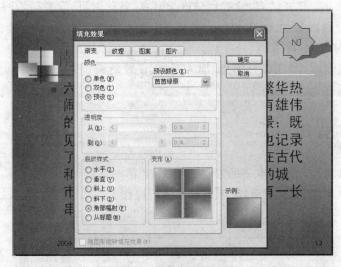

图 8-27　填充效果设置

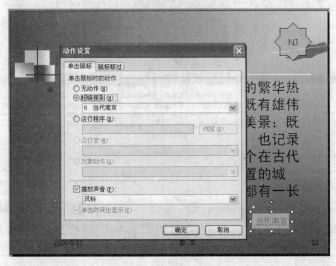

图 8-28　动作按钮设置

（11）将幻灯片放映方式设置为【在展台浏览（全屏幕）】。

（12）保存编辑完的演示文稿，保存类型为【PowerPoint 放映（＊.pps）】格式，文件名为"南京.pps"，保存在"第 8 章\sample\综合实训 3"素材文件夹中。

8.4 综合实训 4——PowerPoint 与 FrontPage 的综合应用（一）

8.4.1 操作重点

（1）FrontPage：打开站点、设置目录框架网页、新建网页、设置初始网页、设置文本格式、设置表格、设置图片的 DHTML 效果、应用主题、设置框架网页超链接、设置目标框架、用超链接演示文稿 Web 页。

（2）PowerPoint：应用设计模板、插入图片、设置动画效果、幻灯片切换、设置换页方式、设置页脚、保存 PPT、另存为 Web 页。

8.4.2 实训操作

本例所需素材均存放于本书的素材电子文档"第 8 章\sample\综合实训 4"素材文件夹中，参考样页（如图 8-29 所示）按下列要求进行操作。

图 8-29 综合实训 4 的网页样张

（1）打开站点 WEB（如图 8-30 所示），新建一个【目录】框架网页（如图 8-31 所示）。在左框架中选择【新建网页】，然后右击，在右键菜单中选择【框架属性】命令，弹出【框架属性】对话框（如图 8-32 所示），设置其宽度为 200 像素；在右框架中选择【设置初始网页】为 main.htm（如图 8-33 所示）。

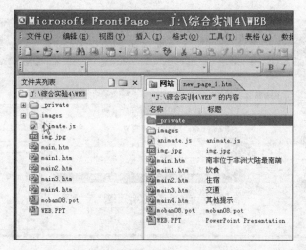

图 8-30　打开站点 WEB

图 8-31　新建【目录】框架网页

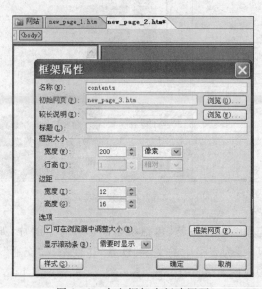

图 8-32　在左框架中新建网页

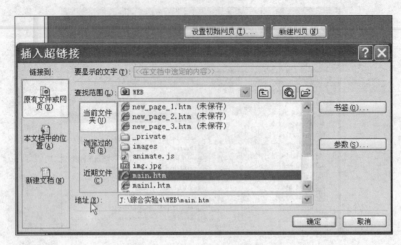

图 8-33　在右框架设置初始网页

（2）参考样页，在左框架网页中输入文字"南非旅游"，设置其字体格式为华文行楷、24 磅，并在其下方插入一个 5 行 1 列的表格，设置表格宽度为 80％，然后在表格中分别输入文字"饮食"、"住宿"、"交通"、"提示"和"更多"，设置其字体均为楷体、18 磅。

（3）在 main.htm 网页中，设置图片的 DHTML 效果为鼠标悬停时图片交换成 img.jpg，如图 8-34 和图 8-35 所示。

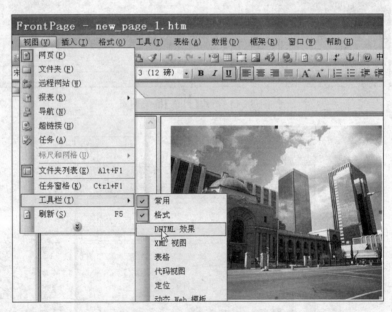

图 8-34　DHTML 效果菜单命令

（4）为所有网页应用"秋叶"主题，包括动态图形和背景图片，如图 8-36 所示。

（5）在左框架网页中，为表格中的文字"饮食"、"住宿"、"交通"和"提示"建立超链接，如图 8-37 所示，分别指向网页 main1.htm、main2.htm、main3.htm 和 main4.htm，目标框架均为右框架。

　　　　　　　　　　　　　　新编计算机应用基础教程(第 2 版)

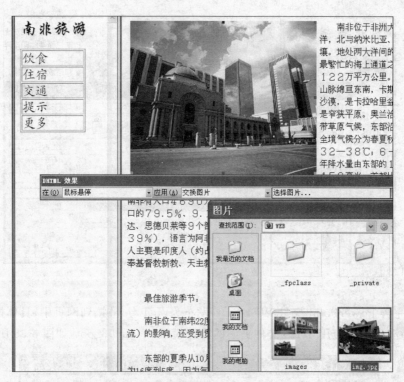

图 8-35　设置图片的 DHTML 效果

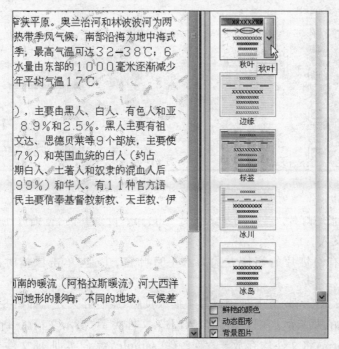

图 8-36　应用"秋叶"主题

图 8-37　建立超链接

（6）完善 PowerPoint 文件 WEB.ppt，发布为网页，并链接到网页中，具体操作如下：
① 为演示文稿应用 WEB 文件夹中的设计模板 moban08.pot，如图 8-38 所示。

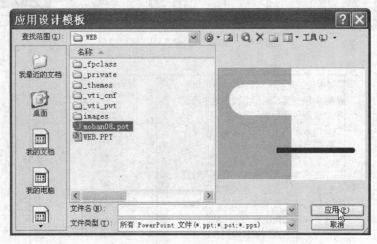

图 8-38　应用设计模板 moban08.pot

② 在第 5 张幻灯片文字下方插入图片 img.jpg，设置其高、宽缩放比例为 50％，动画效果为自右侧飞入。

③ 设置所有幻灯片的切换方式为水平百叶窗、中速，单击鼠标时换页，并伴有鼓掌声。

④ 除标题幻灯片外，在其他幻灯片中插入页脚"旅游好去处"，如图 8-39 所示。

⑤ 将制作好的演示文稿以文件名"WEB"、文件类型"演示文稿（＊.ppt）"保存，同时另存为 WEB.htm，将文件均存放于"第 8 章\sample\综合实训 4"文件夹下的 WEB 站点中。

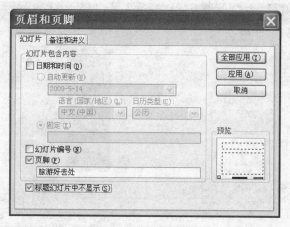

图 8-39 设置页脚

⑥ 为左框架网页表格中的文字"更多"建立超链接,指向 WEB. htm 文件,其目标框架为"新建窗口",如图 8-40 所示。

图 8-40 建立超链接,指向 WEB. htm 文件,目标框架为"新建窗口"

(7) 将制作好的左框架网页、框架网页分别以文件名 left. htm、index. htm 保存,如图 8-41 和图 8-42 所示,其他修改过的网页以原文件名保存,所有文件均存放于"第 8 章\sample\综合实训 4"文件夹下的 WEB 站点中。

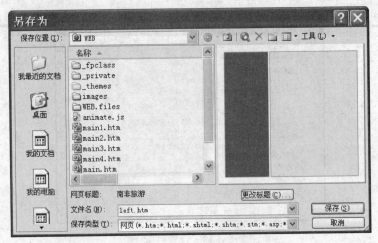

图 8-41　左框架网页的保存

图 8-42　框架网页的保存

8.5　综合实训 5——PowerPoint 与 FrontPage 的综合应用(二)

8.5.1　操作重点

(1) FrontPage：打开站点、设置目录框架网页、新建网页、设置初始网页、设置文本格式、设置表格、设置框架网页超链接，设置目标框架、书签、网页背景颜色、背景音乐，插入水平线、用超链接演示文稿 Web 页。

(2) PowerPoint：应用设计模板、插入图片、设置动画效果、利用母版修改标题样式、设置幻灯片放映方式、保存 PPT、另存为 Web 页。

8.5.2 实训操作

本例所需素材均存放于本书的素材电子文档"第8章\sample\综合实训5"文件夹的web子文件夹中,参考样张(如图8-43所示)按下列要求进行操作。

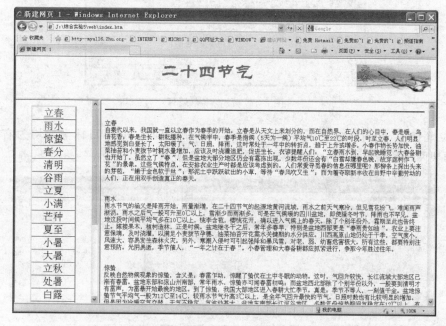

图8-43 综合实训5样张

(1) 打开站点web,新建一个"横幅和目录"的框架网页。在上框架中选择【新建网页】,然后右击,在弹出的快捷菜单中选择【框架属性】命令,设置框架高度为110像素;在左框架中选择【新建网页】,设置左框架宽度为20%;右框架选择【设置初始网页】,初始网页为main.htm。

(2) 制作上框架网页。

① 选择上框架区域,然后【插入】|【Web组件】命令,弹出【Web组件】对话框,选择【动态效果】下的【字幕】选项,单击【完成】按钮。在【字幕属性】对话框中输入字幕文字"二十四节气",并设置方向为左,延迟为90,表现方式为【滚动条】,如图8-44所示。

② 选择字幕,设置字体为华文隶书、粗体、红色、36磅。

③ 插入images中的spring.jpg,然后选中插入的图片右击,在弹出的快捷菜单中选择【图片属性】命令,弹出【图片属性】对话框,在【外观】选项组中取消选中【保持纵横比】复选框,设置图片宽度为200像素,高度为70像素。

④ 选中插入的图片,单击工具栏中的【右对齐】按钮。

(3) 参考样张,将"24节气.xls"电子表格中的24个节气名称以表格形式复制到左框架网页中,要求表格边框的粗细为3,各单元格文字水平居中。

(4) 为左框架网页中的前两个节气"立春"和"雨水"以及最后两个节气"小寒"和"大

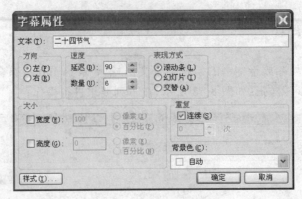

图 8-44 设置字幕属性

寒"建立超链接,分别指向右框架网页 main. htm 中的同名书签,目标框架均为右框架。
保存框架网页后在浏览器中可观察效果,如图 8-45 所示。

图 8-45 使用书签超链接到右框架网页中的不同位置

(5) 设置右框架网页的背景颜色为 Hex＝{FF,FF,CC}。在右键快捷菜单中选择【网页属性】命令,然后将弹出的【网页属性】对话框中切换到【格式】选项卡,选择【背景颜色】中的【其他颜色】,在【值】文本框中输入"Hex＝{FF,FF,CC}",单击【确定】按钮,如图 8-46 所示。在【网页属性】对话框的【常规】选项卡中设置背景音乐为 music. mid,且循环播放。

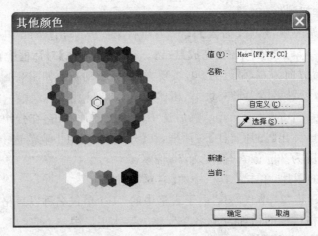

图 8-46 网页背景颜色的设置

（6）参考样张，在右框架网页的最上方插入蓝色、水平、无阴影实线，设置其宽度为100％、高度为3，如图8-47所示。

（7）完善 PowerPoint 文件 web.ppt，并发布为网页，链接到网页中，具体操作如下：

① 为所有幻灯片应用 web 文件夹中的设计模板 Network.pot。

② 在最后一张幻灯片的右下方插入 images 文件夹中的图片 spring.jpg，并设置其动画效果为自右侧飞入。

③ 利用幻灯片母版修改幻灯片标题的样式为华文新魏、44号字、加粗、倾斜。

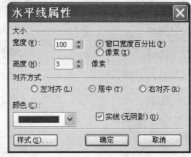

图 8-47　插入水平线

④ 将所有幻灯片的放映方式设置为"观众自行浏览（窗口）"。

⑤ 将制作好的演示文稿以文件名"web"、文件类型"演示文稿（∗.ppt）"保存，同时另存为 web.htm，文件均存放于"第8章\sample\综合实训5"文件夹下的 web 站点中。

⑥ 为右框架网页右下方的文字"更多信息"创建超链接，指向 web.htm，目标框架为"新建窗口"。

（8）将制作好的上框架网页、左框架网页、框架网页分别以文件名 top.htm、left.htm、index.htm 保存，其他修改过的网页以原文件名保存，所有文件均存放于"第8章\sample\综合实训5"文件夹下的 web 站点中。

8.6　综合实训6——Access 与 Excel 的综合应用

8.6.1　操作重点

（1）创建 Access 数据库。

（2）利用【使用设计器创建表】工具在设计视图下创建表结构。

（3）利用【数据表视图】输入、修改表记录。

（4）将 Excel 电子表格导入 Access 数据库【表】对象中。

（5）利用【查询设计器】创建简单查询和汇总查询。

（6）将 Access 数据库查询结果导出为 Excel 电子表格。

8.6.2　实训操作

1. 学生成绩数据库表结构

（1）在学生成绩数据库中新建"学生信息表"、"课程表"，并从 Excel 电子表格中导入"选课成绩表"。

（2）学生成绩数据库中各表的结构及其联系如表8-1～表8-3所示。

表 8-1 "学生信息表"结构

字段名称	数据类型(长度或属性)	说　　明
学号	文本(4)	主键
姓名	文本(8)	
系名	文本(10)	
性别	文本(1)	
出生日期	日期	
高考总分	数字(整型)	

表 8-2 "课程表"结构

字段名称	数据类型(长度或属性)	说　　明
课程编号	文本(5)	主键
课程名称	文本(10)	
学时	数字(整型)	

表 8-3 "选课成绩表"结构

字段名称	数据类型	说　　明	
学号	文本	外关键字	组合主键
课程编号	文本	外关键字	
成绩	数字		

说明:不同的记录主键值不可以相同。在"学生信息表"中,"学号"可作为主键;在"课程表"中,"课程编号"可作为主键;在"选课成绩表"中则用"学号"和"课程编号"两个字段构成组合主键,以保证表中记录的唯一性。

2. 创建"学生成绩"空数据库

(1) 启动 Access,选择【文件】|【新建】命令,打开【新建文件】任务窗格,单击【空数据库】链接,弹出【文件新建数据库】对话框。

(2) 选择保存位置为"第 8 章\sample\综合实训 6"文件夹,输入数据库文件名为"学生成绩",单击【创建】按钮,生成"学生成绩"空数据库,如图 8-48 所示。

3. 使用设计器工具创建"学生信息表"、"课程表"结构

(1) 在【表】对象窗口中双击【使用设计器创建表】,打开表的设计视图。

(2) 按表 8-1 中"学生信息表"的结构要求输入字段名称、数据类型和属性,如图 8-49 所示。

(3) 选择"学号"字段行,右击打开快捷菜单,选择【主键】命令,设置"学号"为主键。

(4) 单击工具栏上的【保存】按钮,在弹出的【另存为】对话框中输入新表的名称"学生信息表",保存该表,然后用同样的方法创建和保存"课程表"结构。

图 8-48　创建"学生成绩"空数据库

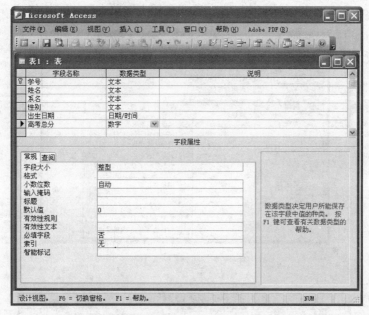

图 8-49　创建"学生信息表"结构

4. 使用数据表视图输入、修改、删除"学生信息表"、"课程表"中的记录

（1）在数据库窗口中选择【表】对象，双击"学生信息表"，打开"学生信息表"的数据表视图。注意，首次打开时无任何记录。

（2）在数据表视图中逐行输入记录，如图 8-50 所示。

学号	姓名	系名	性别	出生日期	高考总分
A003	李康	机电	男	1991-7-15	350
A041	张明	机电	男	1991-8-10	348
C001	关海涛	计算机	男	1990-5-12	376
C002	方玲	计算机	女	1991-7-20	337
C005	刘雷	计算机	男	1990-6-30	365
C008	王宁	计算机	女	1991-8-20	333
M038	尹云云	化工	女	1992-1-20	369
R098	赵丹飞	国际贸易	男	1992-5-16	341
					0

图 8-50　输入"学生信息表"记录

(3) 如果需要修改，可将光标定位到待修改字符处进行修改。

(4) 如果需要删除某记录，可单击待删除的记录行，然后选择【编辑】|【删除记录】命令，删除相应记录。

用同样的方法输入、编辑“课程表”记录，如图 8-51 所示。

课程表 ：表

课程编号	课程名称	学时
BA001	计算机基础	64
BA002	大学英语	96
CC112	软件工程	64
CS202	数据库	64
EE103	控制工程	64
ME234	有机化学	48
MS211	国际贸易	48
		0

图 8-51　输入“课程表”记录

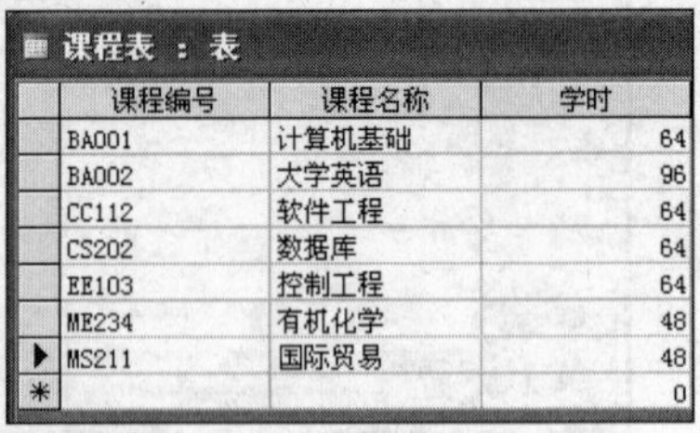

5. 将 Excel 电子表格导入 Access 数据库

(1) 右击【表】对象窗口的空白处，在快捷菜单中选择【导入】命令，如图 8-52 所示，弹出【导入】对话框(如图 8-53 所示)。然后在【查找范围】下拉列表框中选择“第 8 章\sample\综合实训 6”文件夹，设置文件类型为“Microsoft Excel(*. xls)”，选择“选课成绩表”，单击【导入】按钮。

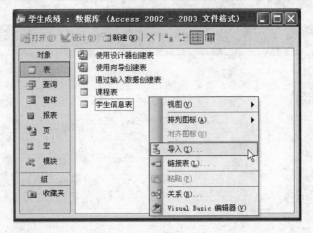

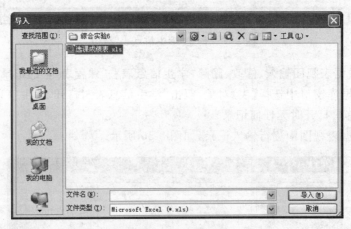

图 8-52　选择【导入】命令

图 8-53　【导入】对话框

(2) 打开【导入数据表向导】对话框，如图 8-54(a)所示。此时显示工作表为“成绩表”，单击【下一步】按钮，选中【第一行包含标题】复选框(如图 8-54(b)所示)；单击【下一

步】按钮,选中数据的保存位置为【新表中】单选按钮(如图 8-54(c)所示);单击【下一步】按钮,设置主键,因本表将有两个主键,此处选中【不要主键】单选按钮(如图 8-54(d)所示);单击【下一步】按钮,将导入到表的名称改为"选课成绩表"(如图 8-54(e)所示),单击【完成】按钮,实现将"选课成绩表.xls"工作簿中的"成绩表"电子表格导入到本数据库中形成"选课成绩表"。图 8-55 所示为数据库【表】对象窗口中显示了已建立的"学生信息表"、"课程表",以及从 Excel 电子表格中导入的"选课成绩表"。

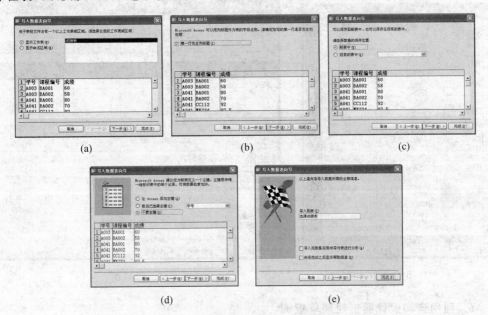

图 8-54 【导入数据表向导】对话框

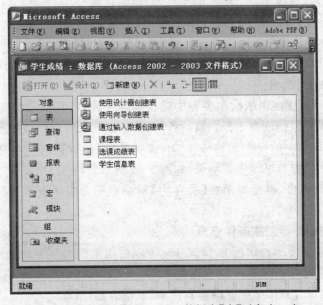

图 8-55 "选课成绩表"已导入数据库【表】对象窗口中

（3）在数据库【表】对象窗口中双击"选课成绩表"，即可打开"选课成绩表"的数据表视图，如图 8-56 所示，在其中浏览、添加、编辑数据即可。

（4）选择【视图】|【设计视图】命令，或者单击工具栏最左边的转入设计视图按钮，切换到设计视图。选择"学号"字段行，按住 Ctrl 键选择"课程编号"字段行，然后选择【编辑】|【主键】命令，定义两字段均为主键（组合主键），如图 8-57 所示。

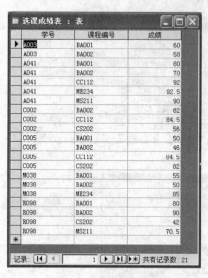

图 8-56　"选课成绩表"数据记录

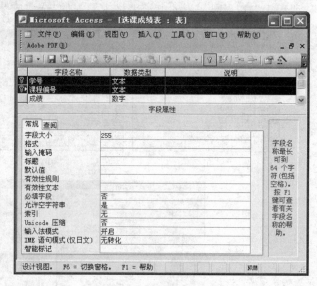

图 8-57　设置组合主键

6. 利用查询设计器创建简单查询

根据"学生信息表"，利用【查询设计器】查询学生的各课程成绩，要求输出"学号"、"姓名"、"课程名称"及"成绩字段"，将查询保存为"成绩查询"。

（1）单击【对象】窗格中的【查询】选项，打开【查询】对象窗口。

（2）双击【在设计视图中创建查询】，弹出【显示表】对话框。

（3）先后选择"学生信息表"、"选课成绩表"、"课程表"，添加至查询设计视图的上部，然后关闭【显示表】对话框。

（4）在查询设计视图中依次在各表中选择所需字段，将其拖放到查询设计视图下部字段行各列（或者将鼠标放在下部字段行各列，从下拉列表中选择），如图 8-58 所示。

（5）单击工具栏中的视图切换按钮，或者单击【运行】按钮，或者选择【视图】|【数据表视图】命令，即可显示查询结果，如图 8-59 所示。

（6）关闭查询窗口，根据提示在【另存为】对话框中命名该查询为"成绩查询"，单击【确定】按钮后保存。

7. 利用查询设计器创建条件查询

根据"学生信息表"，查询所有 1991-12-31 以后出生的男学生的记录，要求输出所有字段，将查询保存为"1991-12-31 以后出生的男学生"。

（1）双击【在设计视图中创建查询】，弹出【显示表】对话框。

（2）选择"学生信息表"，将其添加至查询设计视图的上部，然后关闭【显示表】对

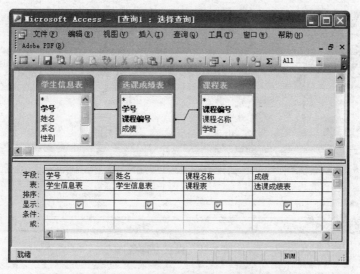

图 8-58 在查询设计视图中设置查询字段

图 8-59 查询数据表视图显示查询结果

话框。

（3）依次选择所有字段，拖放到查询设计视图下部的字段行各列。

（4）将光标置于"出生日期"字段的"条件"行，在西文输入方式下输入"＞1991-12-31"
（按 Enter 键后自动变为"＞＃1991-12-31＃"；然后置于"性别"字段的"条件"行，在西文
输入方式下输入"＝"，在中文输入方式下输入"男"（按 Enter 键后自动变为"＝"男"")），
如图 8-60 所示。

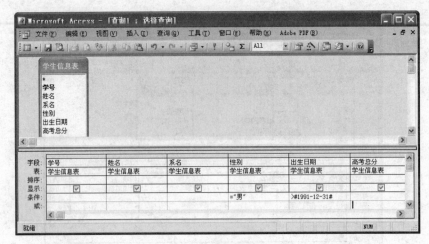

图 8-60　设置查询条件

（5）单击【运行】按钮![运行]，即可显示条件查询结果，如图 8-61 所示。

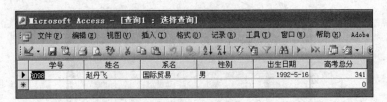

图 8-61　条件查询结果

（6）关闭查询窗口，在【另存为】对话框中命名该查询为"1991-12-31 以后出生的男学生"，然后单击【确定】按钮保存。

8. 利用查询设计器创建汇总查询

根据"课程表"和"选课成绩表"查询各课程平均分，要求输出"课程编号"、"课程名称"、"平均分"，并按"平均分"降序排序，将查询保存为"课程平均分"。

（1）双击【在设计视图中创建查询】，弹出【显示表】对话框。

（2）选择"课程表"和"选课成绩表"，将其添加至查询设计视图的上部，然后关闭【显示表】对话框。

（3）依次选择"课程编号"、"课程名称"、"成绩"字段，拖放到查询设计视图下部的字段行各列，并将"成绩"字段名称改为"平均分:成绩"。注意，其中的"："为西文冒号，冒号前为查询显示的列标题，冒号后为实际字段，如图 8-62 所示。

（4）单击工具栏中的总计按钮![总计]，或者选择【视图】|【总计】命令，在查询设计视图下部增加"总计"行。然后选择"平均分:成绩"字段的"总计"行，单击右侧的下拉按钮，在下拉列表中选择"平均值"；将"课程编号"、"课程名称"字段列的"总计"行保持为"分组"。

（5）单击"平均分:成绩"字段下的"排序"行，在下拉列表中选择"降序"。

（6）单击【运行】按钮![运行]，即可汇总计算和显示课程平均分并按降序排列查询结果，如图 8-63 所示。

　————————　新编计算机应用基础教程（第 2 版）

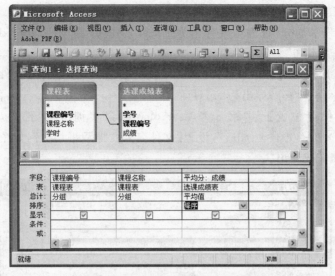

图 8-62　设置查询平均值和降序排序

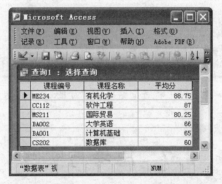

图 8-63　课程平均分降序排序查询结果

（7）关闭查询窗口，在【另存为】对话框中命名该查询为"课程平均分"，然后单击【确定】按钮保存。这时，数据库【查询】对象窗口中的显示如图 8-64 所示。

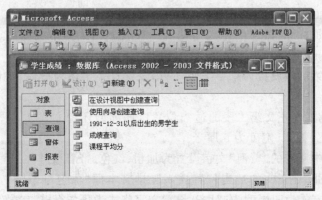

图 8-64　数据库【查询】对象窗口中显示 3 项查询

9. 将查询结果导出为 Excel 工作簿

将上述"课程平均分"查询结果导出为 Excel 工作簿"课程平均分.xls",保存于"第 8 章\sample\综合实训 6"文件夹中。

(1) 在数据库【查询】窗口中选择【课程平均分】查询,然后选择【文件】|【导出】命令,弹出【将查询"课程平均分"导出为…】对话框。

(2) 选择【保存位置】为"第 8 章\sample\综合实训 6"文件夹,【保存类型】为"Microsoft Excel 97-2003(*.xls)",设置【文件名】为"课程平均分",如图 8-65 所示,然后单击【导出】按钮完成导出。

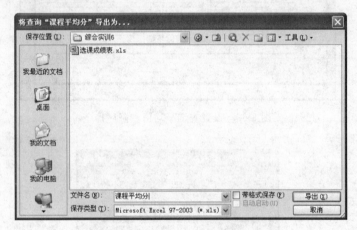

图 8-65　将查询结果导出为 Excel 工作簿

8.7　思考与实践

1. 编辑文稿操作

调入本书的素材电子文档"第 8 章\exercise"中的 ED.RTF 文件,参考样张(如图 8-66 所示)按下列要求进行操作。

(1) 设置页面纸型为自定义大小,宽度为 20 厘米、高度为 26 厘米。

(2) 给文章加标题"黄河的今天与明天",设置其格式为华文新魏、一号字、红色、居中,填充灰色-25%的底纹。

(3) 将正文第一段设置为首字下沉 3 行,设置首字字体为楷体、蓝色,设置其余段落为首行缩进两个字符。

(4) 参考样张,在正文第二段的适当位置以四周型环绕方式插入图片 Pic.jpg,并设置图片的高度为 4 厘米、宽度为 6 厘米。

(5) 将正文中所有的"黄河"文字设置为加粗、红色、带着重号。

(6) 参考样张,在正文的适当位置插入竖排文本框"保卫母亲河",设置其线条为金色、1.5 磅,环绕方式为四周型、右对齐,设置文字格式为华文行楷、二号字、蓝色。

(7) 将正文的最后一段分为等宽的两栏,不加分隔线。

图 8-66　样张

（8）根据 Abc.txt 提供的数据，制作如样张所示的图表，具体要求如下：

① 将 Abc.txt 文件中的数据转换为 Excel 工作表，要求自第一行第一列开始存放，将工作表命名为"沙量统计"。

② 在"沙量统计"工作表中，将 A1:D1 单元格区域合并及居中，并设置其中文字的格式为黑体、16 号字、红色。

③ 在"沙量统计"工作表 D4:D19 的各单元格中，利用公式计算各站的"距平百分率"，结果以百分比格式表示，保留两位小数（距平百分率＝（多年均值－沙量）/多年均值）。

④ 参考样张，筛选沙量大于 1 亿吨的记录，并根据结果的"站名"和"沙量"两列数据生成一张"柱形圆柱图"，嵌入到当前工作表中，要求系列产生在行，图例位于底部，图例字号为 9 号字，取消自动缩放，数据标志显示值。

⑤ 将生成的图表以"增强型图元文件"形式选择性粘贴到 Word 文档的末尾。

⑥ 将工作簿以文件名"EX"、文件类型"Microsoft 工作簿（＊.XLS）"存放于"第 8 章\exercise"文件夹中。

（9）将编辑好的文章以文件名"DONE"、文件类型"RTF 格式（＊.RTF）"存放于"第 8 章\exercise"文件夹中。

2.　网页制作操作

所需素材均存放于本书的素材电子文档"第 8 章\exercise"文件夹的 Web 子文件夹中，参考样张（如图 8-67 所示）按下列要求进行操作。

（1）打开站点 Web，新建一个"横幅和目录"框架网页，将上框架、左框架和右框架的初始网页分别设置为 top.htm、left.htm 和 main.htm，并设置上框架的高度为 75 像素，设置左框架的宽度为 180 像素。

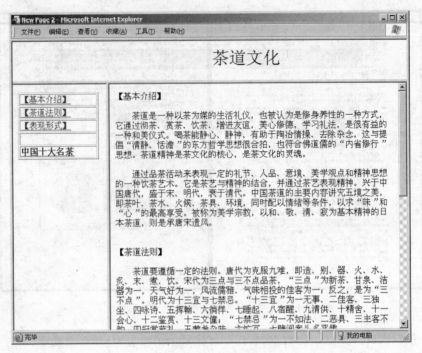

图 8-67　样张

（2）在上框架网页中将文字"茶道文化"转换成字幕，设置字幕的表现方式为幻灯片、宽度为 80%、背景颜色为黄色。

（3）在左框架网页中，为"【基本介绍】"、"【茶道法则】"和"【表现形式】"建立超链接，分别指向右框架网页中的同名书签，目标框架均为右框架（main）。

（4）在右框架网页文字的下方插入图片 pic.jpg，居中显示。

（5）设置右框架网页的过渡效果：离开网页时，显示纵向棋盘式效果。

（6）完善 PowerPoint 文件 Web.ppt，并发布为网页，链接到网页中，具体要求如下：

① 在第一张幻灯片的右侧插入图片 tea.jpg，并为图片设置动作：单击鼠标时放映最近观看的幻灯片。

② 利用幻灯片母版将所有幻灯片标题的格式设置为楷体、44 号字、加粗、倾斜。

③ 将所有幻灯片背景的填充效果预设为【薄雾浓云】，将底纹样式设为【角部辐射】。

④ 除标题幻灯片外，设置其他幻灯片均显示自动更新的日期（样式为"××××年××月××日"）和幻灯片编号。

⑤ 将制作好的演示文稿以文件名"Web"、文件类型"演示文稿（＊.PPT）"保存，同时另存为 Web.htm，将文件均存放于"第 8 章\exercise"文件夹下的 Web 站点中。

⑥ 为左框架网页中的文字"中国十大名茶"创建超链接，指向 Web.htm，目标框架为"新建窗口"。

（7）将制作好的框架网页以文件名 Index.htm 保存，将其他修改过的网页以原文件名保存，文件均存放于"第 8 章\exercise"文件夹下的 Web 站点中。

3. 数据库操作

打开"第 8 章\exercise"文件夹中的"学生成绩.mdb"数据库,数据库包括学生表 S(学号 SNO,姓名 SNAME,系名 DEPART,性别 SEX,出生日期 DDATE)、课程表 C(课程编号 CNO,课程名称 CNAME)和成绩表 SC(学号 SNO,课程编号 CNO,成绩 GRADE),按下列要求进行操作:

(1) 根据 S 表,查询所有 1982-12-31 以后出生的男学生的记录,要求输出所有字段,将查询保存为 Q1。

(2) 根据 C 和 SC 表,查询各课程平均分,要求输出 CNO、CNAME、平均分,并按 CNO 升序排序,将查询保存为 Q2。

(3) 将 Q2 的查询结果导出为 Excel 工作簿 Q2. xls,存放于"第 8 章\exercise"文件夹中。